Kosten der Luftreinhaltung

Europäische Hochschulschriften

Publications Universitaires Européennes
European University Studies

Reihe V
Volks- und Betriebswirtschaft

Série V Series V
Sciences économiques, gestion d'entreprise
Economics and Management

Bd./Vol. 2507

PETER LANG
Frankfurt am Main · Berlin · Bern · Bruxelles · New York · Wien

Matthias Laforsch

Kosten der Luftreinhaltung

Ein Ansatz zur Erstellung von Kostenfunktionen für die Emissionsminderung zur Unterstützung internationaler umweltpolitischer Verhandlungen

PETER LANG
Europäischer Verlag der Wissenschaften

Die Deutsche Bibliothek - CIP-Einheitsaufnahme

Laforsch, Matthias:

Kosten der Luftreinhaltung : ein Ansatz zur Erstellung von Kostenfunktionen für die Emissionsminderung zur Unterstützung internationaler umweltpolitischer Verhandlungen / Matthias Laforsch. - Frankfurt am Main ; Berlin ; Bern ; Bruxelles ; New York ; Wien : Lang, 1999

(Europäische Hochschulschriften : Reihe 5, Volks- und Betriebswirtschaft ; Bd. 2507)
Zugl.: Karlsruhe, Univ., Diss., 1999
ISBN 3-631-35077-5

D 90
ISSN 0531-7339
ISBN 3-631-35077-5

Für Béatrice

und meine Eltern

Kurzfassung der Dissertation

Viele Probleme der Luftreinhaltung sind nicht auf einzelne Staaten begrenzt, sondern es bestehen grenzüberschreitende Effekte. Aufgrund der Souveränität der Länder können umweltpolitische Ziele nur über multinationale Verhandlungen in vertragliche Verpflichtungen überführt werden. Dabei wird die Effizienz von Verhandlungslösungen immer bedeutender. Zur Beurteilung der Effizienz von gemeinsamen Emissionsminderungsstrategien dienen nationale Kostenfunktionen für die Emissionsminderung, die einen Zusammenhang zwischen Minderungskosten und zu erreichenden Minderungsraten herstellen. Für das Problem der bodennahen Ozonbildung und eine europaweite Begrenzung des Ausstoßes flüchtiger organischer Stoffe (VOC) existieren jedoch bisher nur unbefriedigende Ansätze zur Erstellung von Kostenfunktionen, die von einem Ranking der Minderungsmaßnahmen nach durchschnittlichen Vollkosten pro geminderter Emissionseinheit ausgehen.

Das Ziel der vorliegenden Arbeit ist, anschließend an eine Untersuchung naturwissenschaftlicher, technischer, ökonomischer und politischer Aspekte des Ferntransports von Luftschadstoffen, die Entwicklung einer neuen Methodik und eines darauf aufbauenden rechnergestützten Instruments zur Erstellung von Kostenfunktionen. Die technischen und ökonomischen Eigenschaften von Minderungsmaßnahmen auf Anlagenebene sind abzubilden und durch eine geeignete Aggregierung in Kostenfunktionen für multinationale Verhandlungen zu überführen. Hierfür sind die Vielzahl und Heterogenität von VOC-Emissionsquellen sowie die Lebensdauer- und Reinvestitionszyklen von bereits existierenden und zukünftigen Maßnahmen abzubilden.

In der Methodik zur Erstellung von VOC-Kostenfunktionen werden techno-ökonomische und länderspezifische Daten separat erfaßt. Ausgangspunkt für die Charakterisierung von Emissionsminderungsmaßnahmen auf Anlagen- bzw. Technologieebene ist der Referenzanlagenansatz. Über die Bildung typischer Anlagenkategorien und die Erstellung spezifischer Flow-sheets werden länderunabhängig Anwendbarkeit und Effizienz unterschiedlicher Minderungsmaßnahmen beurteilt und die emissionsminderungsinduzierten Investitions- und Betriebsausgabenkomponenten erfaßt. Zur Ermittlung des Emissionsaufkommens und -minderungspotentials in zukünftigen Perioden werden landesspezifische Projektionen zur wirtschaftlichen Aktivität der einzelnen VOC-Quellen und zu den Beiträgen der Anlagenkategorien zur sektoralen Aktivität genutzt. Der gegenwärtige Implementierungsstand von Maßnahmen wird über eine Auswertung der Gesetzgebung und eine Befragung von Branchenexperten erfaßt.

Um auf dieser Basis VOC-Kostenfunktionen zu aggregieren, wurde das rechnergestützte Stoffflußmodell ARGUS-VOC entwickelt. Hierin werden alle Anlagen mit Varianten von Produktions- und Abscheidetechnologien und ihrer Flüsse über ein lineares Gleichungssystem modelliert. Die Kapazitäten dieser Prozesse und Technologien und das Niveau der Flüsse werden in den einzelnen Perioden so allokiert, daß bei vorgegebener Nachfrage für festgelegte Emissionsniveaus die Summe der abgezinsten emissionsbedingten Ausgaben minimiert wird. Über ein daran gekoppeltes Lebensdauermodell werden die verbleibenden Kapazitäten von Technologien und Spielräume für den strukturellen Wandel abgebildet.

Über die sektorale Aggregation werden erstmalig anlagenbezogene VOC-Kostenfunktionen für multinationale Verhandlungsprozesse verfügbar gemacht. Durch mehrperiodige Modellierung der Technologieimplementierung können hier nunmehr nicht nur die Erfüllung von Emissionszielen in einer Zielperiode, sondern auch die ökonomischen Auswirkungen von verschiedenen Emissionsminderungspfaden (z. B. Übergangsfristen) berücksichtigt werden. Gegenüber Energieflußmodellen wurde eine weitreichendere parametrische Darstellung der heterogenen Produktions- und Transformationsprozesse zur Betrachtung der unterschiedlichen Stoff-, Energie-, Emissions- und Produktflüsse realisiert.

Vorwort

Die vorliegende Dissertation entstand in den Jahren 1995 bis 1998 während meines Forschungsaufenthaltes am GRASCE (Groupe de recherche sur l'adaptation, la systémique et la complexité économique) der Université Aix-Marseille III in Aix-en-Provence, der dankenswerterweise durch ein Graduiertenstipendium des Landes Baden-Württemberg gefördert wurde und meiner Tätigkeit als wissenschaftlicher Mitarbeiter am DFIU (Deutsch-Französisches Institut für Umweltforschung) an der Universität Karlsruhe. Ansatzpunkte für die Betrachtung der Kosten der Luftreinhaltung und die Entwicklung eines Ansatzes zur Erstellung von Kostenfunktionen für die Emissionsminderung ergaben sich aus der Übertragung von Gedanken aus dem Kontext organisationeller Entscheidungsprobleme auf länderübergreifende Verhandlungsprozesse zur Luftreinhaltung und der praktischen Bearbeitung von Forschungsprojekten im Auftrag des Umweltbundesamtes zur Vorbereitung neuer UN/ECE-Protokolle unter der Convention on Long-range Transboundary Air Pollution.

Ich danke der Equipe des GRASCE - besonders Frau Prof. Dr. Magalie Orillard und Herrn Prof. Dr. Jean-Louis Le Moigne - für ihre freundliche Aufnahme und ihren wissenschaftlichen Rat während meines Aufenthaltes in Aix-en-Provence. Mein herzlichster Dank gilt meinem Doktorvater Herrn Prof. Dr. Otto Rentz für sein Vertrauen und seine konstruktive und effektive Unterstützung während meiner gesamten Ausbildungs- und Promotionszeit. Frau Prof. Dr. Janine Lagrange von der Universität Straßburg und Herrn Prof. Dr. Werner Rothengatter von der Universität Karlsruhe möchte ich ausdrücklich für die Übernahme der Korreferate danken.

Ich danke auch allen meinen ehemaligen Kolleginnen und Kollegen am DFIU/IIP - insbesondere den Mitgliedern der „VOC-Gruppe“ Herrn Dr. Thomas Holtmann, Frau Ing chim Sandrine Nunge und Frau Dipl.-Ing. Nurten Avci - für die ergebnisreiche und angenehme Zusammenarbeit, die sich positiv auf das Entstehen dieser Arbeit ausgewirkt hat. Zu allergrößtem Dank bin ich auch meinen Eltern verpflichtet - für Ihre Förderung, die mir gewährten Freiräume und Ihren fortwährenden Beistand.

Ganz besonderes dankbar bin ich meiner lieben Lebensgefährtin Béatrice Bonnefoy. Ihre Geduld, Ihr Verständnis und Ihre Bereitschaft mit mir in fremde Gefilde östlich der Vogesen aufzubrechen, gaben mir den nötigen Rückhalt für diese Arbeit.

Frankfurt, im Mai 1999 — Matthias Laforsch

Inhaltsverzeichnis

I. Einführung

Viele Umweltprobleme sind nicht auf einen einzelnen Staat begrenzt, sondern es bestehen grenzüberschreitende Effekte. Beispiele hierfür sind die Versauerung von Böden und Gewässern ("Saurer Regen") in vielen europäischen Ländern durch Säurebildner, die Eutrophierung von Gewässern oder die Problematik des troposphärischen Ozons, die auch durch Emissionen von anderen Staaten hervorgerufen werden. Durch Verhandlungen über Minderungsstrategien für Emissionen zwischen Staaten können Lösungen erreicht werden, durch die die ökologischen Auswirkungen des grenzüberschreitenden Transports von Umweltschadstoffen begrenzt werden. Dabei wird seit einiger Zeit die Effizienz von Verhandlungslösungen als zusätzliches Ziel von Minderungsstrategien als besonders relevant eingestuft [230].

In den vergangenen Jahren haben die Effekte des grenzüberschreitenden Transports von Umweltschadstoffen zu verstärkter internationaler Zusammenarbeit geführt. Insbesondere in Europa zeigt sich, daß die räumliche Ausdehnung ökologisch zusammenhängender Luft- und Wassersysteme als Aufnahme- und Transportmedien meist nicht mit den politischen Grenzen von Staaten übereinstimmt. Aus diesem Grunde wurden in der Vergangenheit Regelwerke auf supranationaler Ebene erarbeitet, beispielsweise die "Convention on Long-range Transboundary Air Pollution" (CLRTAP) im Rahmen der Europäischen Wirtschaftskommission der Vereinten Nationen (UN/ECE). Die Konkretisierung dieses Abkommens erfolgte in den Jahren von 1985 bis 1991 durch mehrere Protokolle für unterschiedliche Schadstoffe, in denen Minderungsverpflichtungen für einzelne Länder festgelegt werden, die damals für alle Länder einheitliche Minderungsraten vorsahen.

Die im Rahmen dieser ersten Protokollgeneration erarbeiteten Emissionsziele und die zu ihrer Erreichung eingeleiteten Maßnahmen bedürfen aber aufgrund ihrer unzureichenden ökologischen Wirkung einer Fortentwicklung. Darüber hinaus stießen die hier festgeschriebenen, für alle Länder einheitlichen Minderungsraten ("Flat-rate"-Ansatz) auf Kritik, weil kein Ursache-Wirkungs-Bezug besteht [40] und damit auch das Ziel einer effizienten Gestaltung von länderübergreifenden Emissionszielen nicht erreicht werden kann. Da nach bisherigem Wissen die Umsetzung solcher Emissionsziele in Abhängigkeit von der zugrunde gelegten Minderungsrate zum Teil erhebliche technologische und strukturelle Anpassungsmaßnahmen der betroffenen Länder erfordert, steigt auch die Einsicht in die Wichtigkeit von Effizienzkriterien bei der Identifizierung von länderübergreifenden Minderungstrategien für Luftschadstoffe.

Die Erarbeitung solcher länderübergreifender Minderungstrategien stellt die wirtschaftswissenschaftliche Forschung vor die Herausforderung, geeignete Planungsansätze bereitzustellen, mit deren Hilfe effiziente Allokationen für anstrebenswerte Umwelt- bzw. Luftqualitätsziele aufgezeigt und adäquate Strategien und Instrumente für die Erreichung dieser Ziele entwickelt werden können.

Jedoch ergibt sich aus den Eigenheiten des grenzüberschreitenden Transports von Luftschadstoffen an die Entwicklung von ökonomischen Planungsansätzen eine Reihe von spezifischen Problemen. Eine besondere Schwierigkeit bei der Erarbeitung von Regelwerken auf supranationaler Ebene ergibt sich dabei aus der Souveränität der einzelnen Länder. Dadurch können potentielle effiziente Allokationen von länderübergreifend definierten Umwelt- bzw. Luftqualitätszielen nicht einfach "angeordnet" werden, sondern sie sind lediglich als Grundlage für multinationale Verhandlungsprozesse zu betrachten, in denen umweltpolitische Zielsetzungen in politische Verpflichtungen überführt werden. Für die Erarbeitung von ökonomischen Planungsansätzen knüpft sich daran die Forderung einer sinnvollen Reflexion der vielschichtigen Anforderungen, die aus der Betrachtung real existierender Verhandlungsprozesse resultieren. So sind z. B. innerhalb von umweltpolitischen Verhandlungsprozessen wissenschaftliche Argumente nicht nur verläßlich, sondern auch überzeugend und verständlich vorzutragen.

Eine weitere Schwierigkeit für umweltökonomische Planungsansätze ergibt sich aus der Tatsache, daß im Kontext von grenzüberschreitenden Luftschadstoffen eine Reihe von strenggenommen "nicht-ökonomischen" Größen integriert werden müssen. Dies betrifft beispielsweise naturwissenschaftliche Größen aus der Abbildung des Schadstofftransports oder technische Größen aus der Betrachtung von möglichen Maßnahmen zur Emissionsminderung an den individuellen Emissionsquellen von Luftschadstoffen.

Vor diesem Hintergrund ist die Entwicklung einer zweiten Generation von Protokollen im Rahmen der CLRTAP der UN/ECE zu sehen. Deren Grundlage bilden wirkungsorientierte, schadstoffübergreifende und kosteneffektive Minderungsstrategien. Ein zweites Schwefelprotokoll trat bereits 1994 auf dieser Basis in Kraft. Entsprechend befindet sich ein Multi-Pollutant- und Multi-Effects-Protokoll, das die Schadstoffe NO_x, VOC und NH_3 umfaßt, derzeit in Vorbereitung.

Zur Umsetzung des Ursachen-Wirkungs-Bezugs im Umweltschutz wurde im Rahmen der Vorbereitung der UN/ECE-Protokollverhandlungen der sogenannte "Integrated-Assessment-Ansatz" entwickelt. Hiermit wird angestrebt, die Höhe der von den Ländern zu erreichenden Emissionsminderung von der Wirkung der Deposition der Luftschadstoffe auf die Rezeptoren, d. h. die Gesamtheit der betrachteten Ökosysteme, abhängig zu machen. Dazu werden Emissionen, atmosphärischer Transport und Deposition integriert betrachtet. Die Ermittlung der politischen Entscheidungsvariablen, d. h. kosteneffektive Emissionsminderungsraten für einzelne Länder, erfolgt dabei unter der globalen Zielsetzung, eine möglichst kosteneffektive Allokation der Emissionsminderungsraten im Hinblick auf die nationalen Minderungskosten der beteiligten Länder zu finden.

Der Zusammenhang zwischen nationalen Minderungskosten und den zu erreichenden Minderungsraten für die jeweiligen Länder wird in Integrated-Assessment-Modellen durch sogenannte Emissionsminderungs-Kostenfunktionen hergestellt. Dabei sind solche Kostenfunktionen nicht nur für Integrated-Assessment-Modelle erforderlich, sie werden in der Umweltökonomie auch als ein zentraler Bestandteil des umweltökonomischen Instruments der Kosten-Nutzen-Analyse oder bei der Ausgestaltung von umweltpolitischen Instrumenten als Entscheidungsgrundlage für die Umsetzung von Emissionssteuerlösungen oder von handelbaren Emissionszertifikaten gesehen.

Gegenstand der vorgestellten Arbeit ist es daher, vor dem naturwissenschaftlichen, ökonomischen und politischen Hintergrund der aktuellen Diskussion des Problems der grenzüberschreitenden Luftschadstoffe die Relevanz von Kostenfunktionen für die Emissionsminderung aufzuzeigen und durch die Entwicklung einer neuartigen technologiebasierten Methodik für die Erstellung von Kostenfunktionen einen Beitrag zur Entwicklung von effizienten ökonomischen Planungsmodellen zur Luftreinhaltung zu leisten.

I.1 Problemstellung

Für die Erarbeitung des zweiten VOC- und des zweiten NO_x-Protokolls im Zusammenhang mit dem troposphärischen Ozonproblem ist wie beim zweiten Schwefelprotokoll im Rahmen der UN/ECE ein Integrated-Assessment-Modell zu entwickeln. Dazu werden neben kritischen Depositionsraten bzw. Konzentrationen für Ozon, Emissionsdaten für die Stoffgruppen VOC und NO_x und Transferkoeffizienten zur Beschreibung des Schadstofftransports und der Schadstoffumwandlung sowie Daten zu Emissionseigenschaften und Kosten von möglichen Minderungsmaßnahmen benötigt.

Die techno-ökonomischen Daten zu möglichen Minderungsmaßnahmen sind zu nationalen Kostenfunktionen zu integrieren, die auf der Basis einer gegebenen Emissionsentwicklung und implementierter Minderungsmaßnahmen in den betrachteten Ländern entwickelt werden. Derartige Kostenfunktionen zählen auch zur erforderlichen Datengrundlage bei der Planung fortschrittlicher umweltpolitischer Instrumente wie dem Einsatz von Emissionssteuern oder der Vergabe von handelbaren Emissionsrechten.

Bei dem Einsatz von Emissionsminderungskostenfunktionen in umweltökonomischen Planungsansätzen sind wie in vielen anderen Fällen auch, in denen ökonomische Modelle für praktische Anwendungsprobleme entwickelt oder angewendet werden, jedoch nicht allein ökonomische Einflußgrößen zu betrachten, sondern es existiert eine Vielzahl weiterer Determinanten. Diese stammen aus den Bereichen der Naturwissenschaften (z. B. Modellierung der Schadstoffausbreitung und -umwandlung), der Technik (z. B. technische Bewertung möglicher Maßnahmen zur Emissionsminderung und des zugehörigen Produktionsumfelds) und der Politik (z. B. unterschiedliche Interessen und Motivationen der an umweltpolitischen Entscheidungsprozessen beteiligten Akteure). Dabei ist es für die Akzeptanz von ökonomischen Ansätzen wichtig, daß die Gesamtheit dieser verschiedenen Aspekte in den zu entwickelnden Modellen und Methoden in angemessener Weise reflektiert wird.

Viele dieser Aspekte gehen aufgrund ihrer zentralen Stellung innerhalb umweltökonomischer Planungsansätze auch bei der Erstellung von Kostenfunktion ein. Mit Hilfe der Kostenfunktionen sollen die minimalen Kosten, die aus dem Einsatz von den unterschiedlichsten Emissionsminderungsmaßnahmen an verschiedensten Emissionsquellen resultieren, in Abhängigkeit von vorgegebenen nationalen Emissionsniveaus abgebildet werden. Zur Entwicklung von Kostenfunktionen sind demnach außerdem eine detaillierte Kenntnis der Emissionsquellen und aller dort einsetzbaren Emissionsminderungsmaßnahmen sowie ein adäquates Allokationswerkzeug zur Maßnahmenauswahl nötig. Letzteres dient dazu, aus einer möglichen Menge von Minderungsmaßnahmen diejenigen zu ermitteln, mit deren Einsatz sich ein vorgegebenes Emissionsziel zu geringsten Kosten technisch sinnvoll erreichen läßt. Die Emissionsminderungskostenfunktion stellt folglich die untere Einhüllkurve der Gesamtkosten aller möglichen Maßnahmenkombinationen in Abhängigkeit von den zu erreichenden Emissionszielen dar.

Erfahrungen mit dem Einsatz von Emissionsminderungskostenfunktionen sind aus der Erarbeitung des zweiten Schwefelprotokolls vorhanden. Die Realisierung eines Ursache-Wirkungs-Bezuges durch das Konzept des Integrated-Assessment-Modelling (IAM) legt bereits die Vermutung nahe, daß Höhe und Form der Kostenfunktion einen

Einfluß auf das Ergebnis, d. h. die Bestimmung der nationalen Emissionsminderungsvorgaben, haben. Diese Hypothese wird von in diesem Zusammenhang angefertigten Studien [180, 182] eindrucksvoll bestätigt. Die Berücksichtigung von verschiedenen SO_2-Kostenfunktionen in Integrated-Assessment-Modellen, die mit unterschiedlichen Ansätzen und unter Zugrundelegung verschiedener Szenarien erstellt wurden, führt für einige Länder zu einer weiten Streuung der Emissionsminderungsverpflichtungen (z. B. 20 – 90 % für Moldawien), oder haben erhebliche Unterschiede der berechneten nationalen Minderungskosten für ein gegebenes Emissionsziel zur Folge (z. B. zwischen 489 und 6.940 Mio. DM für eine Minderung der Schwefelemissionen von 66 % gegenüber den Emissionen von 1988 für Polen) (vgl. [182]).

Bei näherer Betrachtung der Vorbereitung des zweiten VOC- und des zweiten NO_x-Protokolls[1] im Zusammenhang mit dem Problem der Ozonbildung in bodennahen Schichten der Atmosphäre ist festzustellen, daß für die Erstellung von Kostenfunktionen für die VOC-Emissionsminderung bislang noch kein geeigneter Ansatz existiert. Zur Vorbereitung von Verhandlungsprozessen zu diesen Protokollen ist es daher notwendig, eine adäquate Methodik zur Erstellung von VOC-Kostenfunktionen zu entwickeln und diese im Anschluß auf die an den Verhandlungen beteiligten Länder anzuwenden.

Im Vergleich zur Erstellung von Kostenfunktionen für SO_x- und NO_x-Emissionen stellen sich bei der Bewertung von Minderungsmaßnahmen und der Erstellung von Kostenfunktionen für die Schadstoffklasse VOC u. a. aufgrund der Vielzahl und Heterogenität der Emissionsquellen deutlich mehr und schwieriger zu lösende Probleme. Außerdem spielen Maßnahmen der Substitution von Einsatzstoffen von Produktionstechnologien (strukturelle Maßnahmen) bei der VOC-Minderung aus industriellen Quellen eine bedeutende Rolle. Ihre technische und ökonomische Charakterisierung wird jedoch dadurch erschwert, daß die Kosten derartiger Maßnahmen auf eindeutige Weise von produktionsbedingten Kosten abgegrenzt werden müssen und die Betrachtung der Technologiesubstitution in zeitlicher Perspektive eine sinnvolle Abbildung von Technologielebensdauer und Reinvestitionszyklen erfordert.

[1] VOC bezeichnen flüchtige organische Stoffe (engl. "volatile organic compounds); NO_x bezeichnen verschiedene Stickoxide (vgl. hierzu Abschnitt II.1.1)

I.2 Zielsetzung

Die aufgezeigten Probleme führen zu der Schlußfolgerung, daß für eine methodische Erstellung von VOC-Kostenfunktionen zunächst eine eingehende Untersuchung der naturwissenschaftlichen, technischen, ökonomischen und politischen Determinanten des Ferntransport von Luftschadstoffen im Hinblick auf die Planung effizienter Minderungstrategien durchgeführt werden muß. Dabei sind die für die Schadstoffklasse VOC gegebenen Besonderheiten zu berücksichtigen und methodische Einschränkungen von existierenden Ansätzen zur Erstellung von VOC-Kostenfunktionen zu untersuchen. Im Anschluß daran ist unter Beachtung dieser Determinanten und auf Basis einer Analyse der methodischen Einschränkungen existierender Ansätze eine neue, weiterentwickelte Methodik zur Erstellung von nationalen VOC-Kostenfunktionen zu konzipieren und auf ein ausgewähltes Land (hier die Bundesrepublik Deutschland) anzuwenden.

Daraus ergibt sich für die vorgestellte Arbeit im einzelnen die folgende Zielsetzung:

- Erarbeitung der grundlegenden Zusammenhänge des grenzüberschreitenden Transports von Luftschadstoffen in bezug auf die Quellenkategorien als Ausgangspunkt von Emissionen, deren Transport und Umwandlung und ihre anschließende Deposition und die damit verbundenen Wirkungen. Bei der Darstellung dieser Zusammenhänge sollen die wichtigsten Implikationen für die Entwicklung effizienter Minderungsstrategien auf internationaler bzw. europäischer Ebene herausgearbeitet werden.
- Darstellung der Rahmenbedingungen für Verhandlungsprozesse zur Minderung grenzüberschreitender Luftschadstoffemissionen auf europäischer Ebene aus ökonomischer Sicht. Dabei sollen insbesondere Potentiale für Verhandlungslösungen herausgearbeitet und ökonomische Ansätze zur Entwicklung effizienter länderübergreifender Minderungsstrategien und Instrumente zu ihrer Umsetzung untersucht werden. Bei dieser Untersuchung soll gleichzeitig veranschaulicht werden, welchen Beitrag Kostenfunktionen bei der Entwicklung und Anwendung von ökonomischen Ansätzen und Instrumenten zur Emissionsminderung leisten können.
- Darstellung der politischen und institutionellen Rahmenbedingungen für Verhandlungsprozesse. Hierbei sollen die Optionen zur organisationellen und normativen Gestaltung von Verhandlungsprozessen veranschaulicht werden. Besondere Aufmerksamkeit soll dabei auf Organisation, Arbeitsweise und Ergebnisse von Verhandlungsprozessen innerhalb supranationaler Institutionen in Europa gerichtet

werden. Als wichtiger Ansatz für die hier verfolgte Zielsetzung soll das Konzept von Integrated-Assessment-Modellen untersucht werden.

- Untersuchung der Eignung derzeit existierender Ansätze zur Erstellung von VOC-Kostenfunktionen vor dem Hintergrund der bereits aufgezeigten naturwissenschaftlichen, ökonomischen und politischen Rahmenbedingungen. Dabei sollen techno-ökonomische Aspekte, die sich zum einen aus den Anforderungen der Integrated-Assessment-Modelle und den praktischen Fragestellungen der Emissionsminderung in den zu untersuchenden Quellenkategorien zum anderen ergeben, dargestellt werden. Auf dieser Basis ist ein Anforderungskatalog zu erstellen, der die Grundlage für die Konzeption einer weiterentwickelten Methodik zur Erstellung von VOC-Kostenfunktionen darstellt.
- Konzeption einer weiterentwickelten technologiebasierten Methodik zur Erstellung von VOC-Kostenfunktionen. Als relevante Komponenten der Methodik sollen neuentwickelte Instrumente zur Bestimmung und Erfassung relevanter techno-ökonomischer Parameter von VOC-Emissionsminderungsmaßnahmen (wie z. B. der Kosten und Investitionen von Maßnahmen) und von Quellen (z. B. Bildung von typischen Anlageklassen über den "Referenzanlagenansatz"), neue Konzepte zur Bestimmung länderspezifischer Daten und ein Ansatz zur Aggregierung techno-ökonomischer Daten zu VOC-Kostenfunktionen auf der Grundlage eines optimierenden Stoffflußmodells unter Berücksichtigung dynamischer Effekte wie Technologiewandel und Reinvestitionszyklen vorgestellt werden.
- Anwendung der Methodik auf stationäre VOC-Emissionsquellen in der Bundesrepublik Deutschland.

I. Vorgehensweise

Zur Erreichung der im vorangehenden Abschnitt beschriebenen Zielsetzung wird wie folgt vorgegangen.

In einem ersten Schritt werden zunächst gemäß der Zielsetzung die naturwissenschaftlichen (Kapitel II), ökonomischen (Kapitel III) und politisch-institutionellen (Kapitel IV) Zusammenhänge des grenzüberschreitenden Transports von Luftschadstoffen herausgearbeitet. Im Hinblick auf das Ziel einer effizienten Gestaltung von Minderungsstrategien als Ergebnis von Verhandlungsprozessen werden die Datenanforderungen von existierenden Integrated-Assessment-Modellen und solchen, die sich derzeit in Vorbereitung befinden, hinsichtlich ihrer spezifischen Anforderungen an Kostenfunktionen untersucht (Kapitel IV). Danach werden die relevanten technischen und ökonomischen Einflußgrößen dargestellt, die bei der Unterstützung von Verhandlungsprozessen zur Minderung von grenzüberschreitenden Luftschadstoffen (Kapitel V) in Form von Kostenfunktionen integriert werden müssen. Hierbei wird insbesondere die Vorbereitung des neuen Integrated-Assessment-Modells im Zusammenhang mit dem troposphärischen Ozonproblem berücksichtigt, und existierende Ansätze zu Erstellung von VOC-Kostenfunktionen werden vorgestellt. Aufbauend auf die vorangehenden Darstellungen und eine Analyse bestehender Ansätze wird ein Anforderungskatalog für die Konzeption einer weiterentwickelten Methodik zur Erstellung von VOC-Kostenfunktionen formuliert.

Danach werden die einzelnen Komponenten der neu entwickelten Methodik vorgestellt (Kapitel VI). Diese umfaßt hinsichtlich der Erarbeitung einer technologiespezifischen Datengrundlage für VOC-Kostenfunktionen (Kapitel VI; Abs. 1) die Identifizierung und Beurteilung von VOC-Emissionsquellen, die Definition des erforderlichen Aggregationsniveaus und die techno-ökonomische Charakterisierung der VOC-Minderungsmaßnahmen. Die Aufteilung der Quellen bis zum Niveau der Sektoren geschieht kompatibel zur CORINAIR-Systematik. Die genaue Erfassung der Kosten und Emissionseigenschaften von VOC-Minderungsmaßnahmen benötigt eine weitere Disaggregierung auf Anlagen- bzw. Prozeßebene, hierfür wird das Konzept der Referenzanlage entwickelt.

Nach der Entwicklung einer einheitlichen, länderunabhängigen Technologiedatenbank werden Ansätze vorgestellt, die zu einer umfassenden Bestimmung eines Datensatzes auf Länderebene nötig sind (Kapitel VI; Abs. 2).

Zur Allokation bzw. Aggregation der Eingangsdaten zu VOC-Kostenfunktionen wird das optimierende Stoffflußmodell ARGUS-VOC (Allokationsmodul zur rechnergestützten Generierung wirtschaftlicher Umweltschutzstrategien für **VOC**-Emissionen) entwickelt und vorgestellt (Kapitel VI; Abs. 3).

Danach wird die vorgestellte Methodik auf relevante stationäre VOC-Emissionsquellen in der Bundesrepublik Deutschland angewendet, und die verschiedenen Ergebnisse, die mit diesem Modell auf Sektor- bzw. auf Länderebene unter Zugrundelegung verschiedener Szenarien erzeugt wurden, werden vorgestellt. Diese werden im Anschluß kritisch diskutiert, und es werden einige wichtige Schlußfolgerungen herausgearbeitet (Kapitel VII). Zuletzt werden die Ergebnisse der Arbeit zusammengefaßt, und es wird ein Ausblick auf zukünftige Gestaltungen von länderübergreifenden Emissionsminderungsstrategien gegeben (Kapitel VIII).

II. Grundlegende Zusammenhänge des grenzüberschreitenden Transports von Luftschadstoffen

In diesem Kapitel werden die grundlegenden Zusammenhänge zwischen Emissionen von verschiedenen Schadstoffen, ihrem Transport und ihrer Deposition und den möglichen zu erwartenden schädlichen Wirkungen auf verschiedenartige Rezeptoren dargestellt und grenzüberschreitende Probleme der Luftverschmutzung von globalen abgegrenzt. Diese Darstellung bietet unter besonderer Berücksichtigung der Situation in Europa die Basis für die Untersuchung der ökonomischen und rechtlichen Ansätze zur Minderung der grenzüberschreitenden Luftverschmutzung und zur Analyse der Möglichkeiten zur Unterstützung von Verhandlungs- und Entscheidungsprozessen in diesem Kontext.

II.1 Emissionen und Emissionsquellen

Nach [240] werden Emissionen als "... das Entweichen von luftverunreinigenden Stoffen jeglicher Art in die offene Atmosphäre" definiert. Hierunter werden Veränderungen der natürlichen Zusammensetzung der Luft, insbesondere durch Gase, aber auch durch Rauch, Ruß, Staub, Aerosole, Dämpfe und Geruchsstoffe verstanden [131].

Im Zusammenhang mit der Entwicklung von Strategien zur Minderung von Emissionen unterscheidet man diese vor allem nach Art und Herkunft bzw. Quellen. Im Anschluß an die Untersuchung der kausalen Zusammenhänge zwischen Emissionen und den daraus resultierenden Wirkungen auf die menschliche Gesundheit, auf Ökosysteme und auf das Klima über die Wirkungskette Emission-Transmission-Immission eröffnet sich durch die Unterscheidung der Emissionen nach Schadstoffart und durch die Zuordnung dieser Schadstoffe zu verschiedenen Wirkungskategorien die Möglichkeit, den zukünftigen Handlungsbedarf schadstoffspezifisch abzuleiten. Die wichtigsten Arten von Emissionen, die aufgrund ihrer schädlichen Wirkungen in den umweltpolitischen Agenden vieler Nationen und supranationaler Gremien aufgenommen wurden, sind Gase wie Kohlendioxid (CO_2), Kohlenmonoxid (CO), Schwefeldioxid (SO_2), Stickoxide (NO_x) und in letzter Zeit auch Ammoniak (NH_3), aber auch Stoffgruppen wie VOC (flüchtige organische Komponenten) und Schwermetalle.

In Abbildung II.1 sind die Zusammenhänge zwischen großen Quellenkategorien, emittierten Schadstoffen und Wirkungen auf verschiedene Rezeptoren in Verbindung mit dem Problem der grenzüberschreitenden Luftverschmutzung stark vereinfachend veranschaulicht.

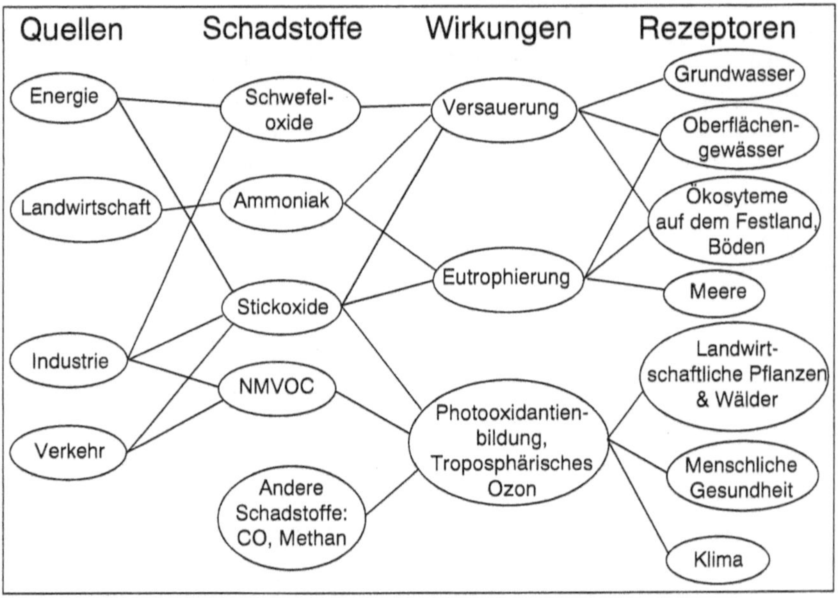

Abbildung II.1: Zusammenhang zwischen großen Quellenkategorien, emittierten Schadstoffen und Wirkungen auf verschiedene Rezeptoren [89]

Es ist zu erkennen, daß einige Schadstoffe, wie Schwefeldioxid oder NMVOC (= Nicht-Methan-VOC), mehreren Quellenkategorien zugeordnet werden können. Dabei kann ein Schadstoff zu verschiedenen Wirkungen beitragen, und es können einer Wirkungskategorie mehrere auslösende Schadstoffe zugeordnet werden. Eine zentrale Rolle (vgl. Abbildung II.1) spielt die Schadstoffgruppe NO_x, die von verschiedenen Quellengruppen wie Energieumwandlung, Verkehr und Industrie emittiert wird und die zu Versauerung, Eutrophierung und troposphärischem Ozon beiträgt [89].

Die vorliegende Arbeit beabsichtigt nicht, die komplexe Wirkungskette von Emissionen, Transmission und Immissionen und die daraus resultierenden Wirkungen im Detail darzustellen. Mit Blick auf vorhandene ökonomische Modelle zur Unterstützung von Entscheidungsprozessen im Zusammenhang mit der Problematik des grenzüberschreitenden Transports von Luftschadstoffen ist jedoch festzustellen, daß diese nicht ohne Berücksichtigung solcher naturwissenschaftlicher Aspekte, wie der

Zusammenhänge zwischen Emission und Wirkung und technischer Aspekte, die sich aus der Umsetzung von Maßnahmen bei den identifizierten Emissionsquellen ergeben, erstellt werden können. Aus diesem Grunde werden in diesem und den zwei folgenden Abschnitten einige ausgewählte, grundlegende Zusammenhänge des grenzüberschreitenden Transports von Luftschadstoffen dargestellt, die zugleich einen Auslöser für nationale und internationale Anpassungsmaßnahmen und den notwendigen Input für zu erstellende Entscheidungsunterstützungsmodelle darstellen.

II.1.1 Schadstoffe und ihre Entstehung

Entsprechend Abbildung II.1 werden als relevante Schadstoffe im Zusammenhang mit grenzüberschreitenden Problemen der Luftverschmutzung Schwefeloxide (SO_x), Stickoxide (NO_x), flüchtige organische Verbindungen (NMVOC), Ammoniak (NH_3) und in gewissem Umfang auch Kohlenmonoxid (CO) und Methan (CH_4) identifiziert. Darüber hinaus tragen Stoffe wie Kohlendioxid (CO_2) und Flourchlorkohlenwasserstoffe (FCKW) zu globalen Umweltproblemen, wie dem Treibhauseffekt oder der Abnahme des stratosphärischen Ozons, bei.

Hinsichtlich der Entstehung dieser Schadstoffe sind anthropogene von biogenen Emissionen zu unterscheiden. Die wichtigsten anthropogenen Emissionen können dabei je nach Schadstoff zu variierenden Anteilen den Hauptquellengruppen Energieumwandlung, Industrie, Verkehr und Landwirtschaft zugeordnet werden. Dabei sind auch ausgeprägte Unterschiede hinsichtlich der Anteile von anthropogenen und biogenen Emissionen in verschiedenen Ländern festzustellen. So weisen die biogenen SO_2-Emissionen im globalen Maßstab einen Anteil von rund 40 % an den gesamten SO_2-Emissionen (z. B. aus Ozeanen, Sümpfen oder durch Vulkanismus) [131] auf, während sie bei den 15 Mitgliedstaaten der Europäischen Union insgesamt nur zu weniger als 20 % zu den gesamten SO_2-Emissionen beitragen.

Im folgenden werden die einzelnen Schadstoffkategorien im Kontext mit dem Ferntransport von Luftschadstoffen charakterisiert:

- **Schwefeldioxid (SO_2)**

Anthropogenes Schwefeldioxid entsteht vor allem in Verbrennungsprozessen bei der Oxidation des im Brennstoff enthaltenen Schwefels. SO_2 ist ein farbloses, stechend riechendes Gas und kann in der Luft ab einer Konzentration von ca. 0,6 - 1 mg/m^3 über seinen Geruch wahrgenommen werden [22].

Die Gesamtmenge der SO_2-Emissionen eines Landes wird dabei zum einen von seinem Energieverbrauch (über 90 % der anthropogenen SO_2-Emissionen in Industrieländern stammen aus stationären Quellen zur Energieerzeugung [131]) und von dem Anteil eingesetzten Energieträger beeinflußt (dabei sind die Massenanteile des Schwefelgehalts bei typischen Brennstoffen stark unterschiedlich: z. B. Kohle 0,5 - 2, Heizöl 0,2 - 2, Benzin 0,001 - 0,06 und Erdgas 0,0005 - 0,02 Massen-% [22]). Der SO_2-Ausstoß in den Unterzeichnerstaaten der CLRTAP[2] weist seit Inkrafttreten eine fallende Tendenz auf.

- **Stickoxide (NO_x)**

Der Sammelbegriff Stickoxide (NO_x) umfaßt unterschiedliche Formen von chemischen Verbindungen zwischen Stickstoff und Sauerstoff[3], wobei die beiden bedeutendsten Verbindungen Stickstoffmonoxid (NO) und Stickstoffdioxid (NO_2) sind. Nur diese beiden werden daher als NO_x-Emissionen verstanden, wobei die Emission als Massenstrom meist als NO_2 angegeben wird.

Anthropogen bedingte NO_x-Emissionen entstehen in Verbrennungsprozessen bei hohen Temperaturen durch Oxidation des in der Verbrennungsluft enthaltenden und des im Brennstoff gebundenen Stickstoffs. Dabei wird zunächst hauptsächlich Stickstoffmonoxid (NO) gebildet, das anschließend mit dem restlichen in den Abgasen oder in der Atmosphäre vorhandenen Sauerstoff zu Stickstoffdioxid weiter reagiert.

Abgesehen von anthropogenen NO_x-Emissionen sind große Mengen der emittierten Stickstoffoxide auch biogenen Ursprungs, wie beispielsweise aus Böden oder durch Blitzschlag (in [131] werden Zahlen für den biogenen Anteil der NO_x-Emissionen zwischen 40 und über 90 % angegeben).

---

[2] Zur Konvention über den weiträumigen Transport von Luftschadstoffen der UN/ECE (CLRTAP) und ihrer Folgeprotokolle vergleiche Abschnitt IV.1.2.2.

[3] Distickstoff-Emissionen (N_2O) zählen nicht zu den Stickoxiden, sondern zu den Treibhausgasen. N_2O wird zu einem großen Teil durch den sogenannten Denitrifikationsprozeß gebildet, bei dem Mikroorganismen in Böden und Gewässern Nitrat anstelle von molekularem Sauerstoff als Wasserstoffakzeptor dient (Nitratatmung) [29].

- **Ammoniak (NH_3)**

Ammoniak (NH_3) ist ein Gas mit stechendem Geruch, das nur zu einem vergleichsweise geringen Teil von industriellen Quellen emittiert wird. Hier wird es zur Herstellung von Düngemitteln, Kunst-, Spreng- und Farbstoffen sowie Medikamenten verwendet. Der größte Anteil der NH_3-Emissionen (z. B. 95 % der Gesamtemissionen in den 15 EU-Mitgliedsstaaten [46]) stammt aus der Land- und Forstwirtschaft und entsteht dort insbesondere als Produkt biologischer Zerfallsprozesse von Proteinen auf Bodenoberflächen (z. B. Pflanzenreste und tierische Ausscheidungsprodukte) [249].

- **Flüchtige organische Verbindungen (VOC)**

Im Gegensatz zu den Schadstoffen SO_x, NO_x und NH_3 umfaßt der Sammelbegriff VOC (engl. "volatile organic compounds") eine Vielzahl unterschiedlicher Einzelsubstanzen, deren Gesamtanzahl zahlenmäßig nicht bestimmbar ist. Eine Gemeinsamkeit dieser Verbindungen ist das Vorhandensein organisch gebundenen Kohlenstoffs als molekulare Grundstruktur, wobei unter normalen Bedingungen ein nennenswerter Anteil in der Gasphase vorliegt [154]. VOC können sich hinsichtlich ihrer chemischen bzw. luftchemischen Eigenschaften und umweltspezifischen Wirkungen stark unterscheiden.

In der Literatur existiert keine einheitliche und allgemein anerkannte Definition von VOC. In [154] werden organische Stoffe den VOC zugeordnet, die bei einer Temperatur von 20 °C und einem Luftdruck von 1.013 hPa einen Dampfdruck von mehr als 1,3 hPa aufweisen. Flüchtige organische Verbindungen tragen unter Mitwirkung von Stickoxiden zur Bildung von Photooxidantien (insbesondere Ozon) in der Troposphäre bei. Dabei ist das troposphärische Ozonproblem vom stratosphärischen Ozonproblem zu unterscheiden, das durch einen Ozonabbau in der Stratosphäre durch langlebige Spurengase anthropogenen Ursprungs (z. B. FCKW, Halone, Tetrachlorkohlenstoff) gekennzeichnet ist.

Der Anteil der biogenen Emissionen an den VOC-Gesamtemissionen liegt bei durchschnittlich 20 % in den 15 Mitgliedsstaaten der Europäischen Union [66] und ca. 9 % in der Bundesrepublik [193]. Die anthropogenen VOC-Emissionen (insbesondere aus stationären industriellen Quellen und dem Verkehr) bestehen aus aliphatischen und aromatischen, gesättigten und ungesättigten Kohlenwasserstoffen sowie aus organischen Verbindungen mit Heteroatomen (z. B. Aldehyde, Ketone, Ether, Ester, Carbonsäuren, organische Schwefel- und Stickstoffverbindungen). VOC-Emissionen aus natürlichen Quellen bestehen zum größten Teil aus Alkanen, insbesondere Methan aus der anaeroben Fermentation von Biomasse, Alkenen und Terpenen.

Neben dem Dampfdruck ist die Reaktivität ein zweiter wichtiger Parameter bei der Charakterisierung von Einzelsubstanzen innerhalb der Schadstoffgruppe VOC. Zur Darstellung des Beitrags der einzelnen Stoffe an der Ozonbildung in der Troposphäre wurde z. B. für jeden Stoff das Photooxidantien-Bildungspotential zu dem des Referenzstoffes Ethylen ins Verhältnis gesetzt, wobei das Ozonbildungspotential von Ethylen als Bezugswert verwendet wird (vgl. hierzu [51, 193]). Durch Multiplikation mit dem Faktor 100 für den Bezugswert Ethylen als dem reaktivsten VOC ergeben sich dann dimensionslose Größen im Wertebereich von 0 bis 100.

Die Photooxidantien-Bildungspotentiale werden in Modellversuchen separat für jede Einzelsubstanz ermittelt. In der Realität liegen die VOC-Emissionen jedoch meist als stoffliches Gemisch aus mehreren verschiedenen Komponenten vor (z. B. Lösemittel aus Lacken und Klebstoffen) und können darüber hinaus auf vielfältige Weise in der Atmosphäre miteinander reagieren und insbesondere während des Transports dabei weitere Zwischenprodukte bilden. Vor diesem Hintergrund erscheinen auf einzelne Substanzen bezogene Minderungsstrategien wenig zielführend. Daher werden bei derzeitigen Aktivitäten im Zusammenhang mit VOC-Emissionen (z. B. EU-Lösemitteldirektive, Vorbereitung des kombinierten VOC- und NO_x-Protokolls der UN/ECE) bislang Einzelsubstanzen nicht explizit unterschieden.

Aufgrund seiner unterschiedlichen Quellenstruktur (d. h. hauptsächlich natürliche und landwirtschaftliche Quellen) und seinem im Vergleich deutlich Photooxidantien-Bildungspotential wird bei der Erarbeitung von Minderungsstrategien Methan nicht zu der Schadstoffgruppe der VOC gezählt. Die verbleibenden flüchtigen organischen Substanzen, außer Methan, werden dann unter der Bezeichnung NMVOC (Nicht-Methan-VOC) geführt.

- **Treibhausgase CO_2, CH_4, FCKW, N_2O und O_3**

Zu den wichtigsten anthropogenen Treibhausgasen zählen die Gase Kohlendioxid (CO_2), Methan (CH_4), die Schadstoffgruppe Flourchlorkohlenwasserstoffe (FCKW), Distickstoffoxid (NO_2) und Ozon (O_3). Diese Gase zeichnen sich durch breite Absorptionsbanden im Infrarot (IR)-Bereich aus. In der Atmosphäre absorbieren diese Gase das von der Erdoberfläche oder Wolken reflektierte IR-Licht in der Troposphäre und strahlen es richtungsunabhängig wieder aus, so daß es teilweise wieder zur Erde zurückgestrahlt wird. Bei der Erwärmung der Erdoberfläche durch direkte Sonneneinstrahlung sowie durch die Rückstrahlung von IR-Licht wird Wärmeenergie sowohl über die Verdunstung von Wasser als auch durch den Auftrieb der Luft zurück in die Atmosphäre transferiert. Dadurch entsteht eine die Erdoberfläche umgebende warme Hülle. Diesen Vorgang bezeichnet man als Treibhauseffekt; es existieren deutliche Hinweise, daß dieser Effekt durch die Emission von anthropogenen Treibhausgasen verstärkt wird (vgl. [110, 222]). Der Beitrag zur zusätzlichen globalen Erwärmung von CO_2 ist dabei mit 50 % am größten. Die anderen Gase sind in bedeutend geringerer Konzentration in der Atmosphäre anzutreffen, sind aber deshalb wichtig, weil sie mehr IR-Strahlung absorbieren als CO_2 (z. B. absorbiert ein CH_4- Molekül 32-, ein N_2O-Molekül 150-, ein O_3-Molekül 2.000- und ein FCKW-Molekül durchschnittlich 15.500-mal so viel Energie wie ein CO_2-Molekül).

Im Zusammenhang mit der Diskussion der Wirkungskategorien von Schadstoffen (vgl. hierzu Abschnitt II.3) sei an dieser Stelle erwähnt, daß der Schadstoff O_3 nicht nur zur Treibhausgasproblematik beiträgt, sondern auch im Zusammenhang mit dem stratosphärischen Ozonproblem zu betrachten ist. Im Unterschied zum troposphärischen Ozonproblem ist hier eine Abnahme der Ozonkonzentration in der Stratosphäre unter dem Einfluß von Luftschadstoffen zu beobachten.

Neben Stickstoffoxiden sind FCKW-Moleküle maßgeblich am Abbau der Ozonschicht in der Stratosphäre beteiligt. Zum Problem des stratosphärischen Ozonabbaus und der daraus resultierenden Verstärkung der UV-B-Strahlung vergleiche beispielsweise [48, 78, 153, 249].

II.1.2 Zuordnung von Schadstoffen zu Quellenkategorien

Mit Blick auf die Entwicklung von Emissionsminderungsstrategien zur Minderung von schädlichen Wirkungen von Luftschadstoffen ist nicht nur eine Unterscheidung von Emissionen nach unterschiedlichen Schadstoffkategorien erforderlich. Sollen bei der Gestaltung von Emissionsminderungsstrategien mögliche technische bzw. strukturelle Emissionsminderungsmaßnahmen berücksichtigt werden, so ist festzustellen, daß eine problemorientierte Analyse der Verfügbarkeit und des Potentials von Emissionsminderungsmaßnahmen neben einer klaren Unterscheidung von Schadstoffkategorien auch eine adäquate Zuordnung der Emissionen der unterschiedlichen Luftschadstoffe zu definierten Quellenkategorien erfordert. Dabei stellt sich heraus, daß ein Großteil der für die Emissionsminderung zur Verfügung stehenden Maßnahmen in der Praxis nur schadstoff- und emissionsquellenspezifisch einsetzbar ist.

Eine Zuordnung von Luftschadstoffemissionen zu Emissionsquellen ist auf vielfältige Weise möglich, jedoch hängt ihre Aussagekraft maßgeblich von der gewählten Quellenaggregation und der Datenqualität ab. Dabei werden die relevanten Emissionsquellen über die Definition von adäquaten Quellenkategorien strukturiert. Solche Quellenkategorien werden i. a. als Sektoren bezeichnet. Sektoren innerhalb der Emittentenstruktur sollten hinsichtlich der Vielzahl zu betrachtender emissionsrelevanter Aktivitäten eindeutig definiert und gegen andere Sektoren abgegrenzt sein, damit bei der Erfassung von Emissionen Überschneidungen und Lücken vermieden werden (z. B. Doppelerfassung bzw. Nichterfassung von Emissionen).

Für eine zuverlässige Abschätzung von Emissionsminderungspotentialen, die sich über die Implementierung von strukturellen und technischen Emissionsminderungsmaßnahmen[4] ergeben, ist es weiterhin nötig, die sektorale Auflösung so zu wählen, daß eine Zuordnung von Minderungsmaßnahmen mit einer entsprechend detaillierten Darstellung ihrer zugehörigen emissionsrelevanten Auswirkungen und im Zusammenhang mit einer ökonomischen Bewertung auch der Kosten einer Maßnahme möglich ist. Aus diesem Grunde ist es in vielen Fällen erforderlich, innerhalb eines Sektors weitere Disaggregierungs- bzw. Aggregierungsschritte durchzuführen, weil Anwendbarkeit und Kosten beispielsweise von anlagen- oder technologiespezifischen Parametern, wie der Kapazität, den angewendeten Verfahren oder den eingesetzten Brennstoffen abhängen. Eine solche Auflösung ist insbesondere im Zusammenhang mit ordnungsrechtlichen Instrumenten in der Umweltpolitik bedeutend, da hier verstärkt auf der Technologieebene reglementierend eingegriffen wird (z. B. über die Richtlinie des Rates der europäischen Gemeinschaften über die integrierte Vermeidung und Verminderung der Umweltverschmutzung [174], die die Bestimmung von BVT (beste verfügbare Technologien) auf Anlagenebene fordert).

Bei einer systematischen Zuordnung von Schadstoffemissionen zu Quellenkategorien spricht man auch von Emissionskataster oder Emissionsinventar (vgl. [105, 156]. Über die stoffliche und sektorale bzw. intrasektorale Auflösung hinaus sind weitere Strukturmerkmale von Emissionskatastern die zeitliche und die räumliche Auflösung (z. B. von globalen Katastern über Länderkataster bis hinunter zu Rasterelementen von 1 km Seitenlänge).

---

[4] Vgl. hierzu die Darstellung verschiedener Maßnahmen zur Emissionsminderung auf verschiedenen Betrachtungsebenen in Abschnitt III.1.1.

Derzeit besteht im Zusammenhang mit dem grenzüberschreitenden Transport von Luftschadstoffen eine Reihe länderübergreifender Emissionskatastersysteme, die beispielsweise von EU, OECD, CORINAIR, UN/ECE, IPCC oder EMEP erstellt werden. Die im Rahmen von CORINAIR dokumentierten Emissionsdaten werden derzeit von verschiedenen Aktivitäten, Organisationen und legislativen Vorhaben genutzt, beispielsweise der EEA (Europäische Umweltagentur, Kopenhagen), der CLRTAP (Konvention über den weiträumigen Transport von Luftverunreinigungen der Europäischen Wirtschaftskommission der Vereinten Nationen), EU-Lösemitteldirektive, EU-Direktive zu Großfeuerungsanlagen, UN-Klimarahmenkonvention.

Das Emissionskataster CORINAIR umfaßt im derzeitigen Stand (CORINAIR 94 [73]) 11 Hauptsektoren, 77 Subsektoren und 358 Einzelsektoren. Darin sollen in der Zukunft Emissionsdaten für 30 europäische Länder für die Schadstoffe SO_2, NO_x, NMVOC, CH_4, CO, CO_2, N_2O, NH_3, 9 verschiedene Schwermetalle und 10 POP (engl. "Persistant organic pollutants") berücksichtigt werden.[5]

Tabelle II.1: Emissionen von ausgewählten Schadstoffen und CO_2 für die Mitgliedsstaaten der EU im Jahre 1994 [46]

Sektor	SO_2 [Mg]	NO_x [Mg]	NMVOC [Mg]	NH_3 [Mg]	CO_2 [Gg]
Combustion in energy and trans-formation industries	7.300.688	2.400.337	147.860	3.267	1.036.284
Non-Industrial combustion	1.011.629	552.949	548.954	1.319	608.705
Combustion in manufacturing industries	2.312.346	1.184.710	61.230	1.709	579.837
Production processes	546.657	215.167	979.289	100.872	141.157
Extraction and distribution of fossil fuels / geothermal energy	31.402	113.539	841.083		1.303
Solvent and other product use	77	552	3.912.828	1.951	3.651
Road transport	505.029	6.052.042	5.025.798	32.111	662.725

5 Für 10 europäische Länder sind derzeit jedoch noch keine Daten verfügbar: Bulgarien, Estland, Lettland, Litauen, Polen, Rumänien, Slowakei, Slowenien, Tschechische Republik und Ungarn.

Sektor	SO_2 [Mg]	NO_x [Mg]	NMVOC [Mg]	NH_3 [Mg]	CO_2 [Gg]
Other mobile sources and machinery	259.580	1.892.823	844.456	124	117.372
Waste treatment and disposal	79.525	96.938	217.281	36.014	64.883
Agriculture and forestry, land use and wood stock change	390	34.479	2.982.351	3.357.690	- 58.812
Nature	2.237.199	19.652	1.339.174	547	2871
Summe	**14.284.500**	**12.563.200**	**16.900.300**	**3.535.600**	**3.160.000**

Tabelle II.1 gibt einen Ausschnitt des Emissionskatasters CORINAIR 94 für die Schadstoffe SO_2, NO_x, NMVOC, NH_3 und CO_2 wieder, die Emissionen für 15 Mitgliedsstaaten der Europäischen Union sind für 11 Hauptsektoren dargestellt. Es ist festzustellen, daß rund 75 % der SO_2-Emissionen von stationären Verbrennungsprozessen in der Energieerzeugung und 6 % von mobilen Quellen emittiert werden. Bei NO_x-Emissionen betragen die Emissionsanteile 33 % durch stationäre Quellen in der Energieerzeugung und 63 % durch mobile Quellen, bei CO_2-Emissionen betragen diese Anteile 70 % und 23 %.

Die Schadstoffe NMVOC und NH_3 werden hingegen nur zu 6 % bzw. 0,2 % aus stationären Quellen in der Energieerzeugung emittiert. Dafür sind 31 bzw. 40 % der gesamten NMVOC-Emissionen den Hauptsektoren "Lösemittelanwendung" und "Verkehr" zuzuordnen, während 95 % der gesamten NH_3-Emissionen aus dem Hauptsektor "Land- und Forstwirtschaft, Bodennutzung" stammen. Jeder Schadstoff besitzt demzufolge ein spezifisches Emittentenprofil, so daß in diesem Zusammenhang eine Unterscheidung einzelner Schadstoffe und die darauf aufbauende Emissionsquellenorientierung bei der mengenmäßigen Aufteilung der Emissionen in bezug auf eine zielgerichtete Erarbeitung von Minderungsstrategien sinnvoll erscheint.

Jedoch kann es bei der Bewertung von Maßnahmen, die innerhalb eines Sektors anwendbar sind, zu Schwierigkeiten kommen, wenn Maßnahmen sich gleichzeitig auf mehrere Schadstoffe auswirken. So werden beispielsweise durch den Einbau von Katalysatoren in Fahrzeugen gleichzeitig verschiedene Schadstoffe, wie NO_x und NMVOC, gemindert oder es kommt durch nachfrageseitige Maßnahmen bei der Energieversorgung durch einen sinkenden Energieeinsatz (z. B. Kohle) zu sinkenden CO_2-Emissionen, es werden aber gleichzeitig auch NO_x- und SO_2-Emissionen gemindert. In solchen Fällen ist es, insbesondere wenn Emissionsminderungsstrategien nach Effizienzkriterien (z. B. wenn bei der Ermittlung der Emissionsminderungskosten innerhalb eines Sektors für mehrere Schadstoffe Doppelzählungen vermieden werden sollen) erstellt und bewertet werden, erforderlich, verschiedene Schadstoffe gemeinsam zu betrachten. Vor diesem Hintergrund werden derartige Ansätze mit dem Präfix "multi-pollutant" gekennzeichnet.

II.2 Transport, Umwandlung und Deposition von Luftschadstoffen

Schadstoffe, die in die Atmosphäre emittiert werden, unterliegen im folgenden Transport-, Umwandlungs- und Depositionsprozessen. Dabei wird ihre räumliche und zeitliche Verteilung durch eine Vielzahl physikalischer, chemischer und biologischer Prozesse bestimmt, wobei die Art der emittierten Verbindungen (z. B. in Bezug auf Reaktivität) und der Art der Emission (z. B. Emission aus stationären Quellen, die mit einem hohen Schornstein ausgerüstet sind, oder mobile Quellen) eine determinierende Rolle spielen. [131]

II.2.1 Transport von Luftschadstoffen

Seit den siebziger Jahren ist bekannt, daß manche Luftschadstoffe vor ihrer Deposition und der Entfaltung ihrer Wirkung Tausende von Kilometern zurücklegen können, woraus folgt, daß hier eine internationale Kooperation zur Problemlösung erforderlich ist. Dabei kommt in Entscheidungs- und Verhandlungsprozessen zur Entwicklung von Minderungsstrategien im internationalen Rahmen einer Verbesserung des Verständnisses der Verknüpfung von Quellen und Rezeptoren von Emissionen und der dort auftretenden Schäden eine wachsende Bedeutung zu.

- **Räumliche und zeitliche Dimension des Schadstofftransports**

Im allgemeinen ist festzustellen, daß der Bereich, innerhalb dessen sich die räumliche und zeitliche Dimension des Schadstofftransports bewegt, relativ groß ist. Darüber hinaus unterscheiden sich die einzelnen Schadstoffe stark in bezug auf ihre räumliche und zeitliche Ausbreitung.

Die folgende Unterteilung wird vorgenommen [29]:

- Der urbane oder lokale Schadstofftransport begrenzt sich auf eine horizontale Ausdehnung von 10 bis 100 km und auf die unterste Atmosphärenschicht (vertikale Ausdehnung < 2 km). Dabei vergehen zwischen Emission und Deposition der emittierten Schadstoffe im Mittel einige Stunden bis zu zwei Tagen (z. B. VOC, NO_x).
- Der regionale oder kontinentale Schadstofftransport ist durch eine horizontale Ausdehnung gekennzeichnet, die zwischen dem urbanen oder lokalen Schadstofftransport und einer Strecke von 1.000 bis 5.000 km liegt, dabei ist auch hier nur die untere Atmosphärenschicht betroffen. Die zeitliche Ausdehnung bewegt sich hier im Bereich von einigen Tagen (z. B. VOC, NO_x, SO_2).
- Der globale Schadstofftransport betrifft sowohl die untere (Troposphäre) als auch die darüberliegende Schicht der Atmosphäre (Stratosphäre). Die Schadstoffe breiten sich dabei global in einem Zeitintervall von 10 Tagen bis zu mehreren Jahren aus (z. B. CO_2, FCKW, CH_4, N_2O).

Diese Klassen zur Beschreibung des Schadstofftransports können anschließend mit bestimmten Wirkungskategorien (vgl. II.2) verbunden werden. Dabei stehen Probleme wie Versauerung, Eutrophierung oder die Erhöhung der Ozonkonzentration in der unteren Schicht der Atmosphäre (troposphärisches Ozonproblem) mit dem regionalen oder kontinentalen Schadstofftransport in Verbindung. Weltweite auf atmosphärische Emissionen zurückgehende Probleme, beispielsweise die fortschreitende Erwärmung der Atmosphäre durch Treibhausgase oder die Ausdünnung der stratosphärischen Ozonschicht, gehen auf den globalen Stofftransport zurück.

Aufgrund der Tatsache, daß Emissionen und Wirkungen verknüpft und somit Emissionsminderungen in der Regel zur Abnahme oder zur Beseitigung der schädlichen Wirkung von Luftschadstoffen führen, ist im Hinblick auf die Erstellung von Emissionsminderungsstrategien auch auf eine angemessene räumliche Entsprechung derartiger Aktivitäten und der Ausdehnung des Schadstofftransports zu achten. In diesem Sinne trägt die Erforschung des Ferntransports von Luftschadstoffen auch dazu bei, ein geeignetes Maß für die geographische Ausdehnung von Vereinbarungen über Emissionsminderungen zu bestimmen.

- **Beschreibung des Schadstofftransports**

Das grundlegende wissenschaftliche Problem bei der Beschreibung des Schadstofftransports (Ausbreitungsrechnung) besteht darin, Schadstoffkonzentrationen in der Atmosphäre ausgehend von den Konzentrationen im Abgas eines oder eines Kollektivs von Emittenten als Funktion von Zeit- und Raumkoordinaten zu bestimmen. Dazu müssen die relevanten meteorologischen Parameter sowie Größen, die Umwandlung und Depositionsprozesse in und aus der Atmosphäre beschreiben, erfaßt werden. Da diese Variablen, die selbst Funktionen von Raum und Zeit sein können, in der freien, meist turbulenten Atmosphäre über komplexe Wechselwirkungsbeziehungen determiniert sind, ist die Beschreibung des Schadstofftransports nicht trivial. [226]

Aus diesem Grunde werden in Modellen zur Beschreibung des Schadstofftransports häufig weitgehende Vereinfachungen vorgenommen. In solchen Modellen werden je nach räumlicher Auflösung (makro-, meso-, und mikro-skalige Modelle) verschiedene Gleichungen zur Beschreibung atmosphärischer Phänomene (z. B. allgemeine Zirkulation, Fronten, Land-See-Wind, Wolkenhaufen, Gewitterzellen [226]), die auf Konvektions- und Diffusionsprozesse zurückgehen, kombiniert. Meteorologische Einflußgrößen bei der Ausbreitung von Schadstoffen sind: Wind, Turbulenz, Inversion, Mischungs- und Sperrschichten [22, 226].

Für die Verwendung auf internationaler Ebene ist bis heute eine Vielzahl von Berechnungsmodellen und Abschätzungsverfahren entwickelt worden; im europäischen Ausbreitungsmodell EMEP werden beispielsweise Modelle zur Beschreibung der räumlichen Verteilung auf Grundlage von Langrange- und Euler-Ansätzen integriert und mit gemessenen Konzentrationswerten verglichen (vgl. hierzu [225, 226]).

II.2.2 Umwandlung von Luftschadstoffen

Viele der emittierten Schadstoffe sind chemisch nicht stabil und werden in der Atmosphäre durch chemische Reaktionen umgewandelt oder verbinden sich mit anderen natürlichen Komponenten bzw. anderen Schadstoffkomponenten, die in der Luft enthalten sind. Dabei entsteht bei zahlreichen und komplizierten Reaktionen eine große Anzahl von neuen Zwischen- und Endprodukten.

Aus diesem Grunde müssen Modelle zur Beschreibung des Schadstofftransports neben Gleichungen in Bezug auf Konvektions- und Diffusionsprozesse durch reaktionskinetische Gleichungen ergänzt werden, mit denen die Umwandlungsraten von Schadstoffen in der Atmosphäre beschrieben werden.

Das luftchemische Verhalten der verschiedenen Schadstoffe ist dabei sehr unterschiedlich und umfaßt sowohl homogene (z. B. photochemische und radikalchemische Reaktionen in der Gasphase) als auch heterogene Reaktionen (z. B. Bildung von Aerosolen oder Absorption und Umwandlung in Wolkentröpfchen).

Die Art und Weise, in welcher chemische Reaktionen in der Atmosphäre stattfinden, wird für die Schadstoffe SO_2, NO_x und VOC im folgenden kurz skizziert.

- **Reaktionen von SO_2 in der Atmosphäre**

Ein Großteil der anthropogenen SO_2-Emissionen aus stationären Verbrennungsprozessen gelangt über Hochkamine in höhere Schichten der Troposphäre. Dabei gleicht sich die Temperatur der emittierten Gase der der Luft an, wobei das luftchemische Verhalten abhängig von den vorherrschenden Wetterverhältnissen ist. Bei überwiegend trockenen Wetterverhältnissen bildet sich über verschiedene Reaktionen (z. B. durch direkte Photooxidation oder Oxidation durch photochemisch gebildete Komponenten [249]) in der Gasphase SO_3, das in Abhängigkeit von vorliegenden atmosphärischen Strömungen sich in der Nähe des Emissionsorts ablagert oder über mehrere hundert Kilometer transportiert wird. Dies führt später (trockene Deposition) zu einer sauren Ablagerung (siehe Abschnitt II.2.3), da SO_3 mit H_2O unter Bildung von Schwefelsäure reagiert [249].

Stößt das emittierte SO_2 in der Atmosphäre auf Feuchtigkeit, so sind an den hier stattfindenden Reaktionen zwei Phasen beteiligt, und man spricht von heterogenen Reaktionen. Dabei wird zum einen das gasförmige SO_2 in Wassertröpfchen physikalisch gelöst oder es stellt einen Kondensationskeim zur Bildung primärer Aerosole dar. Zum anderen finden in den Wassertröpfchen chemische Reaktionen statt (hauptsächlich die Oxidation von SO_2 in der Flüssigphase). Auf diese Weise regnen große Mengen des gasförmigen SO_2 aus (nasse Deposition).

- **Reaktionen von NO_x in der Atmosphäre**

Der Großteil der in die Atmosphäre emittierten NO-Emissionen wird zu NO_2 umgewandelt. Durch die Oxidation von NO_2 wird über unterschiedliche Reaktionswege gasförmige Salpetersäure gebildet. Die gasförmige Salpetersäure lagert sich anschließend durch trockene oder nasse saure Deposition ab [249].

Anders als SO_2 sind die Komponenten NO und NO_2, die unter dem Namen NO_x zusammengefaßt sind, photochemisch sehr aktiv. Somit trägt NO_x zusammen mit VOC wesentlich zur Bildung von Photooxidantien bei.

- **Reaktionen von VOC in der Atmosphäre**

Flüchtige organische Komponenten (VOC) tragen unter Mitwirkung von Stickstoffoxiden unter Einfluß von Sonneneinstrahlung in verschiedener Weise zur Bildung von Photooxidantien, insbesondere Ozon, in der Troposphäre bei. Dabei entstehen aus den VOC anthropogenen oder natürlichen Ursprungs bei Reaktionen mit Hydroxyl (OH)-Radikalen Peroxiradikale, die unter Rückbildung von OH-Radikalen bevorzugt eine Oxidation des NO zu NO_2 bewirken. Während dieses Prozesses wird unter Vergrößerung des NO_2/NO-Verhältnisses, das sich bei starker Sonnenstrahlung einstellt, auch das äußerst reaktionsfreudige Ozon O_3 gebildet. [95, 181]

Dabei treten Besonderheiten hinsichtlich des Einflusses des NO_x/VOC-Verhältnisses auf die Ozonbildung auf. Diese sind in Abbildung II.2 dargestellt.

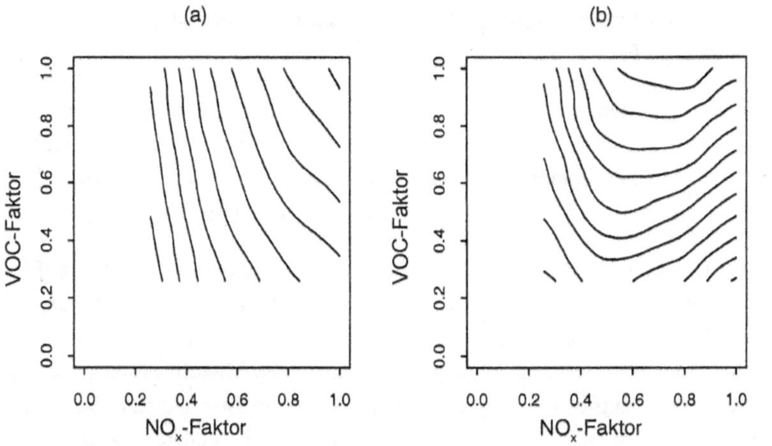

Abbildung II.2: Typische Muster der Ozonbildung in Europa:
(a) Isoplethendiagramm für den NO_x-limitierten Fall;
(b) Nichtproportionale Ozonbildung bei NO_x-Überschuß [8]

Im Bereich von relativ kleinen NO_x/VOC Verhältnissen (Abbildung II.2 (a)) wurde bei Smogkammerversuchen [213] nur ein geringer Einfluß der Minderung der VOC-Konzentration auf die durchschnittliche Ozonkonzentration festgestellt, da hier ein ausreichendes Angebot von Peroxiradikalen vorliegt, so daß bei der Umwandlung von NO zu NO_2 Ozon gebildet werden kann. Eine Reduzierung der gesamten NO_x-Konzentration führt hier jedoch unmittelbar zu sinkenden Ozonkonzentrationen. In diesem Bereich des Konzentrationsverhältnisses spricht man von einer NO_x-limitierten Ozonbildung.

In Bereichen mit insgesamt höheren Emissionsdichten, wie beispielsweise in dicht besiedelten Gebieten Nord-West-Europas, deren NO_x/VOC Konzentrationsverhältnis in Abbildung II.2 (b) dargestellt ist, bilden die Isoplethen in der Abbildung einen Grat, der das Diagramm in zwei Bereiche unterteilt. Auf der linken Seite des Grates ist wieder der NO_x-limitierte Fall dargestellt. Auf der rechten Seite ist das NO_x/VOC-Verhältnis relativ hoch, so daß die NO_2-Konzentration ausreichend hoch ist und NO_2 und VOC in Bezug auf die Reaktion mit OH-Radikalen in Konkurrenz stehen. In diesem Bereich führt schon eine relativ kleine Minderung der VOC-Konzentration zu einem ausgeprägten Rückgang der Ozonkonzentration, während bei Ausbleiben einer entgegenwirkenden VOC-Minderung eine NO_x-Minderung sogar zu steigenden Ozonkonzentration führen könnte ("Nichtlinearität der Ozonbildung"). In [50] werden Modelle zur Beschreibung der atmosphärischen Umwandlung von VOC und NO_x mit Ausbreitungsmodellen kombiniert, und es wird auf die Existenz einer NO_x-Limitierung der Ozonbildung beim Ferntransport von Schadstoffen hingewiesen.

In der Natur sind derzeit hinsichtlich der Erhöhung von Ozonkonzentration zwei Arten von Belastungen zu beobachten: Zum einen kommt es zu einem langfristigen globalen Anstieg der Ozonhintergrundkonzentration. Zum anderen können zunehmend Episoden erhöhter lokaler und regionaler Ozonkonzentrationen wahrgenommen werden.

Auf der Basis der vorangehenden Darstellungen ist zu konstatieren, daß zur Erreichung einer möglichst kosteneffektiven Allokation von Minderungsmaßnahmen für NO_x und VOC auf regionaler oder globaler Ebene Ansätze zur adäquaten Darstellung der Ozonbildung mit Berücksichtigung der auftretenden Nichtlinearitäten und der Ausbreitung der Schadstoffe integriert werden müssen. So ist beispielsweise für eine Verringerung der Ozonbildung auf europäischer Ebene, insbesondere in Regionen mit hoher Emissionsdichte, sowohl die Minderung von NO_x- als auch von VOC-Emissionen notwendig, während für eine Minderung der Ozonkonzentrationen auf globaler Ebene (Ozonhintergrundkonzentration) Maßnahmen zur Minderung der NO_x-Emissionen i. a. hinreichend sind.

Die Erarbeitung von Minderungsstrategien wird durch den beschriebenen Sachverhalt noch komplexer, weil es dabei zu berücksichtigen gilt, daß nicht in allen Konzentrationsbereichen eine relative NO_x-Minderung zu einem Rückgang der Ozonkonzentrationen führt.

II.2.3 Die Deposition von Luftschadstoffen

Lagern sich Luftverunreinigungen, nachdem sie vielfältigen Transport- und chemischen Umwandlungsprozessen unterworfen waren, auf Oberflächen ab, so spricht man von Deposition. Bei den angesprochenen Oberflächen kann es sich um biologische Oberflächen wie z. B. Ackerland, Pflanzenblätter, Gewässer, aber auch die Lunge des Menschen oder abiotische Oberflächen wie z. B. Fassaden von Gebäuden handeln.

Bei der Deposition von Luftschadstoffen kommen in unterschiedlicher Gewichtung folgende Transportmechanismen zur Geltung: [22]

- turbulente Diffusion aufgrund atmosphärischer Turbulenz,
- molekulare Diffusion aufgrund Brownscher Molekularbewegung,
- Sedimentation infolge Gravitation,
- Impaktion (Trägheitsabscheidung von bewegten Aerosolen).

Über Gleichungen, die die zeitliche Änderung der Konzentration von Luftverunreinigungen in der Atmosphäre aufgrund der Abscheidung von Luftschadstoffen beschreiben, wird angestrebt, die Deposition auf eine bestimmte Fläche mengenmäßig zu bestimmen.

Allgemein hängen die mittleren Verweilzeiten von atmosphärischen Verunreinigungen von den Geschwindigkeiten der Umwandlungs- und Depositionsprozesse ab. Somit ist eine ausreichend lange mittlere Verweilzeit in der Atmosphäre die Bedingung für den Ferntransport von Luftschadstoffen. So wird beispielsweise NO_2 im Gegensatz zu SO_2 nicht über so große Entfernungen transportiert, weil Umsatz- und Depositionsgeschwindigkeit von NO_2 und seinen Reaktionsprodukten höher sind als diejenigen von SO_2. Die Gesamtmenge der Deposition setzt sich dabei aus der trockenen und der nassen Deposition zusammen [45].

Unterscheidet sich beim Ferntransport von Schadstoffen, wie das in Europa, das aus Staaten mit relativ geringer räumlicher Ausdehnung besteht, oft der Fall ist, das Land, in der die Emission stattfindet, von dem Land, in dem die Deposition stattfindet, so spricht man von grenzüberschreitender Luftverschmutzung.

Im Unterschied dazu können Luftschadstoffe mit geringen Umsatz- und Depositionsraten, deren mittlere Verweilzeit viele Jahre beträgt, sich bei konstanten bzw. steigenden Emissionsraten relativ gleichmäßig verteilt in der Atmosphäre anreichern und dabei über die Troposphäre hinausgelangen. Solche Luftschadstoffe werden mit globalen atmosphärischen Umweltproblemen, wie der Klimaerwärmung durch die Anreicherung von Treibhausgasen oder dem Abbau der stratosphärischen Ozonschicht, in Verbindung gebracht (vgl. Abschnitt II.1.1).

Im Rahmen dieser Arbeit werden damit vor dem Hintergrund von Aktivitäten zur Minderung von Umweltschäden durch Luftverunreinigungen die grenzüberschreitende und die globale Luftverschmutzung voneinander unterschieden. Dabei ist die grenzüberschreitende Luftverschmutzung durch eine an Emission und atmosphärischen Transport anschließende Deposition der Luftverunreinigungen (in einem anderen Land) und die globale Luftverschmutzung durch eine Anreicherung von Luftverunreinigungen in der Atmosphäre gekennzeichnet. Für die Erarbeitung von Minderungsstrategien bedeutet dies, daß je nach Art der Luftverschmutzung Lösungen in einem länderübergreifenden Kontext bzw. globalen Kontext erarbeitet werden müssen. Dabei ist zu berücksichtigen, daß bei der Erarbeitung von kosteneffizienten länderübergreifenden Strategien im Zusammenhang mit dem grenzüberschreitenden Transport von Luftschadstoffen den Unregelmäßigkeiten bei Schadstofftransport und -umwandlung eine besondere Bedeutung zukommt.

Die ökologischen Auswirkungen von Emission, Ferntransport und Deposition von Luftschadstoffen werden im folgenden Abschnitt am Beispiel einiger Wirkungskategorien auf regionaler Ebene dargestellt.

II.3 Wirkung von Luftschadstoffen

Das Spektrum der nachteiligen Wirkungen von Luftverunreinigungen, wie sie sich aus der Sicht des Menschen darstellen, ist weitreichend. Dabei können sich atmosphärische Luftverunreinigungen unmittelbar auf das körperliche Wohlbefinden des Menschen oder über eine Veränderung der Lebensbedingungen des Menschen in seiner Umwelt auswirken, so beispielsweise über die Verbindung des Menschen zur ebenfalls durch Luftschadstoffe beeinträchtigten Tier- und Pflanzenwelt. Schäden wie die Klimaveränderung oder der Anstieg der UV-Strahlung durch den Abbau der stratosphärischen Ozonschicht beeinflussen sowohl das körperliche als auch das seelische Wohlbefinden des Menschen. Darüber hinaus verursachen manche Luftschadstoffe

Schäden an Sachgütern (z. B. Gebäuden) und führen somit zu einer materiellen und/ oder ideellen Beeinträchtigung des Menschen [88].

Einige Wirkungskategorien von Luftschadstoffen, wie beispielsweise die Probleme der Versauerung, der Eutrophierung oder die Photooxidantien- und Ozonbildung in den bodennahen Schichten der Atmosphäre, setzen die Deposition von Schadstoffen aus der Atmosphäre voraus. Diese stehen demnach im Zusammenhang mit dem Ferntransport bzw. dem grenzüberschreitenden Transport von Luftschadstoffen. Dagegen ist die Treibhausgasproblematik oder der Abbau der stratosphärischen Ozonschicht dadurch gekennzeichnet, daß die Anreicherung von Luftschadstoffen in der Atmosphäre gegenüber der Ablagerung überwiegt. Auf die Umweltwirkungen von globalen Luftschadstoffen soll im Rahmen dieser Arbeit nicht weiter eingegangen werden, es sei dazu auf die Literatur verwiesen (vgl. [45, 48, 153, 257]).

In Abbildung II.2 in Abschnitt II.2 sind die wichtigsten Wirkungskategorien im Zusammenhang mit dem Ferntransport von Luftschadstoffen dargestellt. Diese werden im folgenden kurz erläutert:

- **Versauerung**

Die Versauerung von Böden und Oberflächengewässern und des Grundwassers stellt ein Umweltproblem dar, das schon vor rund dreißig Jahren erkannt wurde und welches schon früh als länderübergreifendes Problem der Luftverschmutzung identifiziert wurde [258].

Die Versauerung wird hauptsächlich durch die trockene bzw. nasse Deposition von Schwefel- und Stickstoffkomponenten verursacht, die sich auf einer hohen bzw. auf der höchsten Oxidationsstufe befinden und die auf Emissionen von Schwefeldioxid, Stickstoffoxiden und Ammoniak zurückgehen. Die Beiträge der Schwefel- bzw. Stickstoffdeposition zur Versauerung von Böden stellen sich in verschiedenen Regionen unterschiedlich dar. In Skandinavien ist die Schwefeldeposition der Hauptauslöser der Versauerung, während in Mitteleuropa auch die Deposition von Stickstoffkomponenten einen bedeutenden Anteil an der Versauerung hat [90].

Es wird angenommen, daß die Versauerung von Böden einer der wichtigsten Faktoren für das sogenannte Waldsterben in vielen Regionen Europas ist. Überschreitet die Deposition das natürliche Vermögen, basische Kationen zu bilden, so findet eine graduelle Veränderung des pH-Wertes im Boden infolge einer Verdrängung von basischen Kationen durch saure Sulfat- und Nitrationen statt. Durch die Verschiebung des pH-Wertes im Boden in den sauren Bereich werden vermehrt höhere Konzentrationen von Aluminiumionen aus dem Boden herausgelöst, die als toxisch für Wurzeln von Bäumen und anderen Pflanzen gelten [249].

Die Versauerung von Seen ist ein relevantes Umweltproblem in nördlichen Gebieten des Vereinigten Königreiches, in Skandinavien und in angrenzenden Gebieten Rußlands. Aufgrund der Versauerung sind dort die Vermehrungszyklen von Fischen zum Stillstand gekommen, und viele Seen in Skandinavien werden zur Erhaltung der Fischpopulationen mit Kalk behandelt [29]. Darüber hinaus führt die Versauerung des Grundwassers zu Korrosionsproblemen bei den Wasserversorgungssystemen.

- **Eutrophierung**

Zusätzlich zu ihrem Beitrag zur Versauerung sind die in die Atmosphäre emittierten NO_x-Emissionen auch noch als Nährstoffe wirksam. Das Wachstum vieler mariner und terrestrischer Ökosysteme wird durch die natürlichen Einträge von Stickstoffkomponenten bestimmt. In solchen Ökosystemen fungieren die Depositionen von Stickstoffkomponenten anthropogenen Ursprungs als Düngemittel.

Ähnlich wie bei der Versauerungsproblematik handelt es sich bei der Eutrophierung um einen andauernden Prozeß. Dabei wird das Gleichgewicht der charakteristischen Stoff- und Energieströme des betrachten Mediums durch die Schadstoffeinträge verschoben. Bei der Eutrophierung wird dabei zuerst durch die erhöhte Stickstoffzufuhr das Pflanzenwachstum wie beispielsweise die Entwicklung von Wasseralgen angeregt. So wird auch angenommen, daß die Beschleunigung des Baumwachstums in Teilen Europas wenigstens teilweise auf die angestiegene atmosphärische Stickstoffzufuhr zurückgeht. Allmählich entwickelt sich unter der Einwirkung der vermehrten Stickstoffzufuhr ein eutrophes System [12].

In maritimen Ökosystemen und Oberflächengewässern bedeutet dies, daß aufgrund des durch die erhöhte Nährstoffzufuhr begünstigten Algenwachstums der Sauerstoffgehalt sinkt, wenn abgestorbene Pflanzenteile sedimentieren und sich zersetzen. Während auf der einen Seite über Fäulnisprozesse verbliebene Sauerstoffreste reduziert werden, entstehen auf der anderen Seite verschiedene Stoffwechselprodukte wie z. B. Methan oder Ammoniak. Dies wiederum führt zu einer weiteren Beeinträchtigung des Lebens im betroffenen Gewässer. Bei einem See wird das Endstadium des Eutrophierungsprozesses als "Umkippen" bezeichnet, das Gewässer gilt damit als biologisch tot [12].

Bei terrestrischen Ökosystemen wurde durch die vermehrte Stickstoffzufuhr eine Veränderung der natürlichen Zusammensetzung der Pflanzenpopulation beobachtet. Bei diesem Prozeß werden einige Pflanzenarten massiv durch solche verdrängt, die sich besser an ein höheres Stickstoffangebot anpassen. Darüber hinaus kann das sich bei diesen anfänglich guten Wachstumsbedingungen entwickelnde kräftige Pflanzenwachstum langfristig zu einer Erschöpfung von anderen Nähr- und Spurenstoffen führen. Hierdurch kann eine erhöhte Anfälligkeit für Frostschäden und Schädlingsbefall entstehen [29].

- **Photooxidantienbildung: Troposphärisches Ozon**

Bei der Entstehung von troposphärischem Ozon lassen sich verschiedene Ebenen der geographische Ausdehnung unterschieden. Aus räumlicher Sicht reicht das Spektrum der Ozonbildung von der lokalen Ebene, in Ballungszentren wie in Los Angeles, Athen oder Mexiko City, über die regionale Ebene, in Mittel- und Nord-West-Europa, bis hin zur globalen Ebene, durch die Zunahme der Ozonhintergrundkonzentration in den mittleren Breitengraden der nördlichen Erdhalbkugel.

Die lokale Ozonbildung zeichnet sich im allgemeinen durch große zeitliche und räumliche Verschiebungen hinsichtlich der beobachtbaren Konzentrationen aus, die meist auf Emissionen desselben Tages zurückgehen.

Auf der regionalen Ebene tritt die Ozonbildung zumeist in Verbindung mit beständigen Hochdruckgebieten auf. Dabei werden hohe Ozonkonzentrationen mit Schwankungen zwischen Tag und Nacht beobachtet [29].

Daneben wird auf globaler Ebene eine allmähliche Zunahme der Ozonhintergrundkonzentrationen beobachtet. Nach [29] ist rund die Hälfte der Ozonkonzentration in den mittleren Breitengraden der nördlichen Erdhalbkugel auf steigende Konzentrationen der anthropogenen Vorläuferkomponenten zurückzuführen.

Vor diesem Hintergrund ergibt sich für die Erarbeitung von Minderungsstrategien für die wichtigsten Ozonvorläuferkomponenten folgende Situation [29]:

- Auf lokaler Ebene kann eine spürbare Minderung der Ozonkonzentration durch eine Minderung von VOC-Emissionen erreicht werden,
- Auf regionaler bzw. europäischer Ebene kann eine Minderung der Ozonkonzentration durch gleichzeitige Minderung der VOC- und der NO_x-Emissionen erreicht werden,

- Dagegen sind auf globaler Ebene insbesondere NO_x-Minderungen für eine Senkung der Ozonhintergrundkonzentration ausschlaggebend.

Zusammenfassend ist somit festzustellen, daß bei der Erarbeitung von Minderungsstrategien für Ozonvorläuferkomponenten die Zielsetzungen und mögliche Ergebnisse in Abhängigkeit von der betrachteten Ebene der geographischen Ausdehnung angepaßt werden, bzw. als Kompromiß für mehrere Ebenen der geographischen Ausdehnung formuliert werden müssen.

Die Wirkungen von hohen Ozonkonzentrationen umfassen Folgen für die menschliche Gesundheit und die Schädigung von Pflanzen. Dabei hängt die spezifische schädliche Wirkung von Ozon nicht nur von der Konzentration in der Luft, sondern auch von der zeitlichen Dauer der Belastung ab. Darüber hinaus gilt Ozon aufgrund seiner Eigenschaft, elektromagnetische Strahlen im UV-Bereich zu absorbieren, in der Troposphäre auch als Treibhausgas. So wird der relative Beitrag des troposphärischen Ozons am zusätzlichen Treibhauseffekt in der Zeit zwischen den Jahren 1800 bis 1990 mit rund 17 % bewertet [257].

In bezug auf die Schädigung von Pflanzen können verschiedene Schädigungsmechanismen beobachtet werden. Durch Spaltöffnungen (Stomata) gelangt zusammen mit der für die Photosynthese notwendigen Luft Ozon in das Hohlraumsystem im Inneren von Pflanzenblättern bzw. -nadeln. Dabei agiert Ozon als Oxidationsmittel, was zu einer Zerstörung von Lipoprotiden der Zellmembranen (mit den Folgen: Veränderungen im Zellstoffwechsel, Änderung der Zellstrukturen, Verringerung des Wachstums und Herabsetzung der Widerstandskraft der Pflanze gegen Krankheitserreger) und weiterhin zu chronischen und akuten Schädigungen der Blattorgane wie Verfärbungen (Chlorosen) bzw. Eintrocknen (Nekrosen) führen kann. Bei besonders sensiblen Pflanzenarten, zu denen auch viele landwirtschaftliche Nutzpflanzen wie Weizen, Roggen, Gerste, Tomate, Kartoffel, Weinrebe oder Tabak aber auch Gehölze wie Schwarzkiefer, Platane, Walnuß, Eberesche oder europäische Lärche zählen, liegt die Schädigungsschwelle bei Konzentrationen von 40 ppb bei einer Expositionsdauer von einigen Stunden. Hier wirken sich erhöhte Ozonkonzentrationen infolge von Ernteverlusten oder Waldschäden auch direkt wirtschaftlich aus (vgl. [5, 142, 249]).

Auf die menschliche Gesundheit wirkt sich Ozon nach Aufnahme über die Schleimhäute oder nach Einatmung in den Lungenbläschen durch Oxidationsreaktionen auf die Zellfunktion aus. Folge ist bei geringerer Konzentration (15 - 100 ppb) das Auftreten von Hustenreiz und Augenbrennen bei empfindlichen Personen, Kopfschmerzen, Lungenfunktionsstörungen, die Zunahme von Asthmaanfällen und bei höheren Konzentrationen (100 - 200 ppb) eine verminderte Leistungsfähigkeit bei der Normalbevölkerung durch eine eingeschränkte Lungenfunktion nach einer Exposition von einer Stunde, Funktionsstörungen des Augenmuskels, Brustschmerzen, Störungen des zentralen Nervensystems bis hin zu entzündlichen Reaktionen des Gewebes oder Chromosomenschäden beim Menschen (bei Konzentrationen über 400 ppb). (vgl. [22, 142, 181])

- **Synergieeffekte zwischen Schadstoffen und multiple Wirkungen**

Zu den in den obenstehenden Darstellungen beschriebenen Wirkungskategorien können zwar im allgemeinen die hauptverantwortlichen Luftschadstoffe benannt werden, jedoch ist diese Zuordnung mit Vorsicht zu interpretieren. Möchte man nämlich zur Definition von Schwellenwerten für die Beurteilung der Wirkung von Luftschadstoffen beispielsweise kritische Eintrags- oder Expositionsraten definieren, so ist zu bedenken, daß bei den beschriebenen Wirkungskategorien zumeist mehrere Komponenten aus der Atmosphäre zusammenwirken. Die simultane Betrachtung mehrerer Schadstoffe bei der Ermittlung von sogenannten Dosis-Wirkungs-Beziehungen ist nicht trivial, und es treten, wenn derartige Zusammenhänge überhaupt quantifiziert werden können, häufig mehr oder weniger stark ausgeprägte Nichtlinearitäten auf.

So ist das Zusammenspiel von Photooxidantien, Schwefel- und Stickstoffkomponenten im allgemeinen sehr komplex. Obwohl Photooxidantien in erster Linie das Blattwerk schädigen, während sich die Versauerung auf das Wurzelwerk von Pflanzen auswirkt, zeigt eine Reihe von Studien (z. B. [91]) synergetische Effekte von Ozon, SO_2 und NO_x. So kann die kombinierte Belastung durch Versauerung und Photooxidantien das Potential für Waldschäden erhöhen. Außerdem wurde schon gezeigt, daß saure Niederschläge zusammen mit Ozon zu einem verstärkten Stoff- und Wasserverlust bei koniferenartigen Pflanzen führen [29]. In diesem Kontext gibt es erst wenige Ergebnisse von eher qualitativer Art.

Beim Zusammenwirken von SO_2 und NO_x in Verbindung mit der Versauerungsproblematik geht man zwar davon aus, daß Sulphat- und Nitrationen bei der Verdrängung von basischen Kationen in Konkurrenz stehen, jedoch kann die Dosis-Wirkungs-Beziehung nicht über eine einfache Linearkombination der Einträge beider Komponenten dargestellt werden. Dies liegt daran, daß für Nitrationen im Boden zusätzliche natürliche Quellen und Senken (z. B. Aufnahme durch Pflanzen, Denitrifikation) bestehen. Bei der Definition von kritischen Eintragsraten beider Komponenten geht man deshalb den Weg, "critical-load-functions" oder "eco-system-protection-isolines" zu definieren [169].

Bei der Definition von Dosis-Wirkungs-Beziehungen für troposphärisches Ozon werden, abhängig davon, ob man auf die Beeinträchtigung der menschlichen Gesundheit oder die Schädigung von Pflanzen abzielt, kritische Expositions- oder Dosiswerte (als Funktion des Produktes von Konzentration und Zeit) unterschiedlich definiert. So wird zum Schutz von Pflanzen die Exposition als Summe aller Differenzen der gemittelten stündlichen Ozonkonzentrationen in ppb und dem Wert von 40 ppb während der Tagesstunden, für den Fall daß die gemessenen Konzentrationen 40 ppb übersteigen, berechnet (AOT40). Als kritischer Ozon-Schwellenwert für landwirtschaftliche Nutzpflanzen wird die Überschreitung von 3000 ppb·h der AOT40-Exposition in der Wachstumsperiode während der Tagesstunden (Mai - Juli) und für Gehölze die Überschreitung von 10000 ppb·h der AOT40-Exposition für Tagesstunden über eine 6-monatige Wachstumsphase hinweg, definiert [169]. Als ein Indikator für die Bedrohung der menschlichen Gesundheit wird von der WHO [256] dagegen 60 ppb als 8-Stunden-Mittelwert vorgeschlagen (AOT60).

Jüngere Untersuchungen weisen darauf hin [18], daß eine AOT60-Exposition, definiert als kumulative überschüssige Exposition über 60 ppb für eine Periode von 6 Monaten, als Ersatzindikator mit einer der AOT40-Exposition vergleichbaren Praktikabilität als Schwellenwert für den Schutz der menschlichen Gesundheit verwendet werden kann. Dabei wurde auch gezeigt, daß die AOT60-Exposition im europäischen Vergleich besonders schwerwiegend im Südwesten Deutschland (d. h. insbesondere in nordwestlichen Regionen Badens) und im Nordosten Frankreichs überschritten wird. Für die Erarbeitung von Minderungsstrategien bedeutet das Vorliegen unterschiedlicher Definitionen für kritische Ozonschwellenwerte eine weitere Erschwernis, da nun Maßnahmen zur Emissionsminderung bei Existenz mehrerer teilweise nicht kongruenter Ziele definiert werden müssen.

Das beschriebene Problem wird noch durch die zentrale Rolle von Stickstoffkomponenten bei den Wirkungskategorien Versauerung, Eutrophierung und troposphärischem Ozon verstärkt. Nicht zuletzt auch vor dem Hintergrund, daß dem Kriterium der Kosteneffizienz bei der Erarbeitung von Minderungstrategien steigende Bedeutung beigemessen wird, sollten die multiplen Wirkungen von NO_x-Emissionen simultan betrachtet werden. Ansätze, die gleichzeitig mehrere Wirkungskategorien umfassen, werden deshalb mit dem Präfix "multi-effects" gekennzeichnet. Probleme bei der Umsetzung von multi-effects-Ansätzen ergeben sich hinsichtlich der Definition von Kriterien, um Auswirkungen in unterschiedlichen Wirkungskategorien vergleichbar zu machen, und daraus, diese Kriterien (Ziele) zur Vorbereitung von Entscheidungen zu bewerten bzw. zu gewichten.

II.4 Zusammenfassung

In diesem Kapitel wurden für die wichtigsten Luftschadstoffe die Zusammenhänge zwischen Quellenkategorien als Ausgangspunkt von Emissionen, dem Transport und der Umwandlung dieser Luftschadstoffe und ihrer anschließenden Deposition und der damit verbundenen Wirkungskategorien bei unterschiedlichen Rezeptoren dargestellt.

Dabei kann insgesamt festgestellt werden, daß diese Zusammenhänge meist komplexe Wechselwirkungsbeziehungen sind und somit in Modellen zu ihrer Beschreibung häufig weitgehende Vereinfachungen vorgenommen werden müssen. Trotz dieser Unsicherheiten wird in der Umweltpolitik auf nationaler und internationaler Ebene auf diese Modelle Bezug genommen. Dabei wird zumeist die Erarbeitung von Strategien zur Minderung der Emission von Luftschadstoffen avisiert, um auf diesem Wege eine Minderung ihrer nachteiligen Wirkungen auf die Gesundheit sowie die Umwelt des Menschen zu erreichen.

In den einzelnen Abschnitten dieses Kapitels wurden bei der Darstellung der Emissionen und Emissionsquellen, des Transports, der Umwandlung, der Deposition und der Wirkung von Luftschadstoffen mögliche Ansatzpunkte für die Erstellung von Minderungsstrategien beschrieben, aber auch auf mögliche Schwierigkeiten, die sich aufgrund der für diese Darstellung entwickelten Ansätze ergeben, hingewiesen.

Dies betrifft insbesondere das Problem einer adäquaten Zuordnung der Emissionen der einzelnen Luftschadstoffe zu Quellenkategorien und die Feststellung, daß bei der Betrachtung des Transports und der Umwandlung von Luftschadstoffen in bezug auf ihre räumliche und zeitliche Dimension erhebliche Unterschiede bei den verschiedenen Luftschadstoffen zu beobachten ist. Dabei wurde grundsätzlich zwischen grenzüberschreitenden und globalen Luftschadstoffen unterschieden, da sich beispielsweise grenzüberschreitende Luftschadstoffe im Vergleich zu globalen Luftschadstoffen durch eine ungleichmäßige Schadstoffausbreitung und Deposition auszeichnen. Darüber hinaus ist bei Abbildung der Ozonbildung zu beachten, daß in bestimmten Bereichen des VOC/NO_x-Konzentrationsverhältnisses Nichtlinearitäten auftreten.

Bei der Betrachtung der Wirkungen von Schadstoffen ist zu bedenken, daß sich in bezug auf maßgebliche Luftschadstoffe und ihre räumliche und zeitliche Dimension verschiedene Kategorien von Wirkungen unterscheiden lassen. Die Art der Luftschadstoffe und die räumliche und zeitliche Dimension der Wirkungen determiniert wiederum die Möglichkeiten zur Erarbeitung von angepaßten Minderungsstrategien (z. B. durch geeignete technische Emissionsminderungsmaßnahmen). Die Erarbeitung von eindeutigen Zielsetzungen in Minderungsstrategien wird dabei noch erschwert, wenn bei der Betrachtung der Wirkungen Synergieeffekte zwischen Schadstoffen und multiple Wirkungen berücksichtigt werden sollen.

Insgesamt ist also die Erarbeitung von effizienten Minderungsstrategien nur auf Grundlage einer Charakterisierung der Emissionen in bezug auf ihre quellengruppen-, schadstoff- und wirkungsspezifischen Eigenschaften möglich.

III. Die Minderung grenzüberschreitender Luftschadstoffemissionen aus ökonomischer Sicht

Im vorangegangenen Kapitel wurde der Zusammenhang zwischen Emissionen von Schadstoffen in die Atmosphäre und deren Wirkungen dargestellt. Durch eine adäquate Minderung dieser Emissionen sollen nun Ökosysteme hinsichtlich unterschiedlicher Wirkungskategorien geschützt werden.

Nach einer Einführung in den grenzüberschreitenden Transport von Luftschadstoffen werden in diesem Kapitel einige Rahmenbedingungen für Verhandlungs- und Entscheidungsprozesse auf europäischer Ebene dargestellt. Hierfür werden Ziele, Ansatzpunkte und Grenzen von Anpassungsmaßnahmen mit dem Ziel, Emissionen zu mindern, auf nationalem und internationalem Niveau aufgezeigt. Anschließend wird untersucht, welche Beiträge die Wirtschaftswissenschaften durch die Schaffung von Möglichkeiten zur Bewertung des Nutzens und der Kosten von umweltpolitischen Optionen bei der Beurteilung von Möglichkeiten zur internationalen Zusammenarbeit, bei der Bestimmung von Emissionszielen und der Definition von geeigneten Instrumenten zu Erreichung von Emissionszielen leisten können. Dabei wird auch auf die Schwächen der vorgestellten Ansätze hingewiesen. Am Ende dieses Kapitels wird beschrieben, wie die zwischenstaatliche Zusammenarbeit derzeit in europäische politisch-administrative Strukturen eingebettet ist und welche Ergebnisse in diesen Strukturen bei Verhandlungs- und Entscheidungsprozessen erzielt wurden. Dabei wird u. a. auch der Frage nachgegangen, inwieweit hier Ansätze und Empfehlungen der Wirtschaftswissenschaften umgesetzt werden.

III.1 Der grenzüberschreitende Transport von Luftschadstoffemissionen als Auslöser nationaler und internationaler Anpassungsmaßnahmen

Vor dem Hintergrund der in Kapitel II beschriebenen Wirkungen stellt sich die Frage, wie gegen das Problem des grenzüberschreitenden Transports von Luftschadstoffen vorgegangen werden kann, bzw. welche Maßnahmen getroffen werden können. Solche Maßnahmen können grundsätzlich in zwei Kategorien eingeteilt werden. Die erste Kategorie umfaßt Maßnahmen defensiv-nachsorgender Art. Hier wird versucht, die Auswirkungen von Umweltschäden nachträglich zu beheben (Sanierung von Umweltschäden), wie das Beispiel der Kalkzugabe in skandinavische Seen zur Erhaltung der verbleibenden Fischpopulationen zeigt. Die zweite Kategorie umfaßt offensive bzw. vorsorgende Maßnahmen. Hier sollen schädliche Wirkungen von Luftschadstoffen bei der Gestaltung menschlicher Aktivitäten durch geeignete Anpassungsmaßnahmen, d. h. von vornherein vermieden werden.

III.1.1 Ziele und Ansatzpunkte von Anpassungsmaßnahmen

Das Vorsorgeprinzip gilt als anerkanntes Leitbild für nationale und internationale Umweltpolitik. Es ist zusammen mit anderen Prinzipien wie dem Verursacherprinzip, sowie der Festlegung der Einbindung des Umweltschutzes in andere Politikbereiche verbindlich z. B. im Maastrichter Vertrag über die Europäische Union (vgl. [242]; Titel XVI, Art. 130 R-T und [194, 113]) festgeschrieben und wird häufig im Vergleich zum Nachsorgeprinzip als die ökologisch effektivere Variante beurteilt (z. B. wegen des Risikos von Langzeitwirkungen und Irreversibilitäten).

Im Rahmen der vorliegenden Arbeit steht die Vorsorge gegen schädliche Wirkungen von Emissionen und damit das Streben nach einer Minderung der Emission von grenzüberschreitenden Luftschadstoffen als übergeordnetes Ziel im Vordergrund. Damit rücken gleichzeitig Aspekte der Planung und Gestaltung und der techno-ökonomischen Bewertung von möglichen Anpassungsmaßnahmen, die zu einem Rückgang von Emissionen führen, in den Vordergrund des Interesses. Anpassungsmaßnahmen zur Minderung grenzüberschreitender Luftverschmutzung können auf verschiedenen Ebenen angesiedelt sein und dabei auf technologisch-produktionsbezogene, normativ-instrumentelle oder auch organisationell-strukturelle Veränderungen abzielen. Die genannten Ebenen unterscheiden sich auch dahingehend, inwieweit Emissionsminderungen erreicht werden können. Im folgenden werden die genannten Ebenen, auf denen Anpassungsmaßnahmen durchgeführt werden können, erläutert.

- **Technologisch-produktionsbezogene Anpassungsmaßnahmen**

Die Durchführung von Anpassungsmaßnahmen auf der Ebene von Produktion und Produktionstechniken kann zu einer Emissionsminderung führen. Dabei ist zwischen einer Umgestaltung der produktionsbezogenen Technik- und einer Umgestaltung von Produktions- und Konsumstrukturen zu unterscheiden (vgl. [228]). Bei Maßnahmen, die auf das technologische Umfeld der Produktion abzielen, werden insgesamt weder Quantität noch Qualität des volkswirtschaftlichen Angebotes und des entsprechenden

Konsums verändert. Dies kann beispielsweise über die Substitution von Einsatzstoffen, durch Modifikation von Produktionsprozessen und durch dem Produktionsprozeß nachgeschaltete Abgasreinigungsverfahren erreicht werden. Dabei können in der Realität Substitutionsmaßnahmen jedoch sehr wohl einen gewissen Einfluß auf die Kapazität der Produktion und die Qualität von Produkten haben, wenn zum Beispiel durch den Übergang zu wasserbasierenden Lacken Trocknungsvorgänge verlangsamt werden oder die Härte, Resistenz und das Aussehen von Lackschichten verändert werden.

Eine Umgestaltung von Produktions- und Konsumstrukturen hat dagegen einen verringerten Ausstoß von Emissionen durch eine Veränderung der Quantität und der Qualität des volkswirtschaftlichen Angebotes zur Folge. In einem Umgestaltungsprozeß werden dabei Produktion und Konsum mit hohem Schadstoffausstoß verringert oder durch emissionsärmere Alternativen verdrängt. Der Beitrag der Wirtschaftswissenschaften in diesem Bereich betrifft die Beurteilung und Auswahl verschiedener Emissionsminderungsalternativen (vgl. hierzu Kapitel V).

- **Normativ-instrumentelle Anpassungsmaßnahmen**

Auf die Anpassung von Produktion und Konsum bauen normativ-instrumentelle Anpassungsmaßnahmen auf. Dabei geht es zum einen um den Einsatz von geeigneten Regelwerken und Anreizsystemen, um die Umgestaltung von Produktion und Konsum in Richtung eines verminderten Stadstoffausstoßes zu bewirken. Auf der anderen Seite sind geeignete Planungsinstrumente nötig, mit denen die Entwicklung der Ist- und Sollsituation bestimmt und verglichen werden kann und mit denen erforderliche Instrumente zur Zielerreichung (Regelwerke und Anreizsysteme) entwickelt und beurteilt werden können.

Der Beitrag, den die wirtschaftswissenschaftliche Forschung bei der Entwicklung solcher Planungsinstrumente leisten kann, betrifft insbesondere die Effizienz[6] der Ziel-

---

[6] Die (ökonomische) Effizienz einer gegebenen umweltpolitischen bzw. allokativen Zielsetzung wird durch die Wirtschaftlichkeit des Mitteleinsatzes bestimmt, der zu ihrer Erreichung notwendig ist; dabei ist die kostengünstigste Anpassungsmöglichkeit auszuwählen. Die Wirksamkeit bei der Erreichung der ökologischen Zielsetzung (ökologische Effektivität) ist dabei häufig unsicher und muß durch geeignete Kontrollmechanismen abgesichert werden (vgl. Definitionen der ökonomischen Effizienz und ökologischen Effektivität in [261]). Eine davon abweichende Definition der Effizienz von umweltpolitischen Maßnahmen und Instrumenten ist in [70] gegeben. Hiernach soll "*der Gesamtaufwand für die Zielerreichung (...) in einem wirtschaftlich, technisch, ökologisch und sozial vertretbaren Verhältnis zum gewünschten Ergebnis stehen, wobei die Maßnahmen gesamtökologisch vertretbar sein müssen.*"

erreichung bei der Allokation der zur Verfügung stehenden Ressourcen. Im Zusammenhang mit dem grenzüberschreitenden Transport von Luftschadstoffen betreffen die zu lösenden Planungsprobleme das Aufzeigen der Potentiale der Emissionsminderung und die Ausgestaltung zwischenstaatlicher Kooperation, die Definition länderübergreifender bzw. länderspezifischer Emissionsziele und Minderungstrategien, die Ausarbeitung von Szenarien auf der Ebene der Produktion und des Konsums, mit denen derartige Emissionsziele erreicht werden können, und die Entwicklung von geeigneten Instrumenten zur Umsetzung solcher Minderungsstrategien. Bei der Lösung der genannten Planungsprobleme im Zusammenhang mit der grenzüberschreitenden Luftverschmutzung sind allerdings Ansätze aus den Wirtschaftswissenschaften sinnvoll durch Instrumente zu ergänzen, die die Zusammenhänge zwischen Emission und Wirkung beschreiben (vgl. Kapitel II). Ein zentrales Problem bei der Beurteilung der Effizienz von länderübergreifenden und länderspezifischen Minderungstrategien und das zentrale Thema der vorliegenden Arbeit stellt die Bewertung von nationalen und sektoralen Vermeidungskosten von Emissionen dar. Zur Lösung dieses Problems müssen ökonomische und technologische Parameter gemeinsam betrachtet werden; ein entsprechender Ansatz wird in Kapitel VI vorgestellt.

- **Organisationell-strukturelle Anpassungsmaßnahmen**

Die im vorangehenden Abschnitt beschriebenen Planungsprozesse, aber auch Verhandlungs- und Entscheidungsprozesse (diese dienen u. a. dem Interessenausgleich zwischen Akteuren) finden in bestimmten organisationellen Strukturen eingebettet statt. Dazu müssen für das gegebene Problem des grenzüberschreitenden Transports von Luftschadstoffen adäquate organisationelle Strukturen geschaffen werden oder es muß eine Anpassung bestehender organisationeller Strukturen stattfinden. Beispielsweise werden bestehende organisationelle Strukturen, wie sie innerhalb der Europäischen Union geschaffen wurden oder bei der UN/ECE seit der Ratifizierung der "Convention on Long-range Transboundary Air Pollution" existieren, genutzt und im Rahmen eines Selbstorganisationsprozesses für ein aktuelles Problem des grenzüberschreitenden Transport von Luftschadstoffen angepaßt. Dies betrifft u. a. die Zusammensetzung und die Interaktionsmöglichkeiten von Gremien und anderen Akteuren (z. B. Non-governmental-organisations, Industrieverbände, Umweltschutzorganisationen, usw.) und die Nutzung und Einbindung wissenschaftlicher Unterstützung in Planungs-, Entscheidungs- und Verhandlungsprozesse.

Der Aspekt der organisationell-strukturellen Anpassung ist im Zusammenhang mit der grenzüberschreitenden Luftverschmutzung besonders hervorzuheben, da durch den

Schadstofftransport der Anwendung unilateraler Maßnahmen auf technisch-produktionsbezogener bzw. auf normativ-instrumenteller Ebene Grenzen gesetzt sind. Es können zwar durch ökonomische Planungsansätze effiziente multinationale Allokationen für Emissionsminderungsmaßnahmen vorgeschlagen werden, doch diese können aufgrund der Souveränität der einzelnen Länder nicht einfach diktiert werden. Statt dessen müssen Lösungen durch Verhandlungen zwischen den beteiligten Ländern über Emissionsreduktionen aber auch mögliche Kompensationen erreicht werden [199]. Die Ergebnisse solcher Verhandlungen werden dann in Form von völkerrechtlichen Vereinbarungen festgeschrieben.

III.1.2 Formen bilateraler bzw. multilateraler Zusammenarbeit zur Minderung grenzüberschreitender Luftschadstoffemissionen

Bei Umweltwirkungen durch grenzüberschreitenden Schadstofftransport werden in der Literatur grundsätzlich, je nachdem, wo Emission und Wirkungen auftreten, verschiedene Formen unterschieden (vgl. [124, 199, 201, 246]):

- Einwegbelastung,
- Zwei- oder Mehrwegbelastung (regional-reziproke Belastung),
- globale Belastung (Atmosphäre als internationales öffentliches Gut).

Bei der Beschreibung dieser Formen der Belastung durch den grenzüberschreitenden Stofftransport mit den Mitteln der Mikroökonomie wird davon ausgegangen, daß die beteiligten Länder bzw. Regionen sowohl ihre eigenen Grenzkosten der Vermeidung von Emissionen als auch ihren Grenznutzen durch vermiedene Schadstoffeinträge kennen und dabei konsequent ihre eigenen Interessen vertreten (d. h. Maximierung ihres individuellen Nutzens durch Kosten-Nutzen-Vergleich).

Die Einwegbelastung beschreibt eine Situation, bei der ein Luftschadstofftransport nur in einer Richtung stattfindet. Dabei wird angenommen, daß der Emittent sein Emissionsziel so festlegt, daß im eigenen Land die Grenzkosten der Vermeidung dem ökologischen Grenznutzen entsprechen. Da der Schadstofftransport nur in die Richtung des angrenzenden Landes bzw. der angrenzenden Region stattfindet und im extremen Fall die Gesamtmenge der in einem Land emittierten Schadstoffmenge in das Nachbarland transportiert und dort abgelagert wird, wird der Emittent im extremen Fall seinen Kapitaleinsatz zur Vermeidung von Emissionen gegen Null gehen lassen.

Demgegenüber verlangt die Lösung eines derartigen Problems nach dem sogenannten Verursacherprinzip[7], daß der Emittent alle Kosten der Emissionsminderung zu tragen hat, während hier nur das betreffende Nachbarland in den Genuß der positiven Auswirkungen der Emissionsminderung kommt. Es ist festzustellen, daß hier die Kosten-Nutzen-Verteilung der beteiligten Länder eine asymmetrische Form aufweist. Dabei ist eine zufriedenstellende Lösung für beide Länder schwierig zu erreichen, insbesondere dann, wenn adäquate Instrumente zur Konfliktlösung nicht zur Verfügung stehen.

Eine jüngere Untersuchung der grenzüberschreitenden Umweltpolitik hat jedoch gezeigt, daß eine Situation mit stark asymmetrischen Kosten-Nutzen-Verteilungen bisher praktisch noch nicht innerhalb von zwischenstaatlichen Kooperationsprojekten behandelt wurde. Dies mag nach [201] zum einen daran liegen, daß die Behandlung solcher Probleme durch kooperatives Vorgehen durch die betroffenen Länder in der Realität (z. B. anstelle einer auf Konfrontation ausgerichteten Strategie) von vornherein vermieden wird.

Zum anderen ist anzumerken, daß für Luftschadstoffe die Problematik der Einwegbelastung in reiner Form praktisch nie auftritt[8]. Aufgrund von Änderungen der vorherrschenden Atmosphärenströmungen kommt es zu wechselseitigen Belastungen, wobei Schadstoffe innerhalb einer Region meist wechselseitig (reziprok) von einem Land ins andere getragen werden. Jedoch ist im Fall von reziproken Belastungen die Deposition von Emissionen eines Landes oder einer Region nicht gleichmäßig auf alle anderen Länder oder Regionen verteilt.

Aus diesem Grunde sind Mehrwegbelastungen durch grenzüberschreitende Luftschadstoffe auch klar von globalen Belastungen abzugrenzen, weil man bei letzteren davon ausgeht, daß jedes Land auf der Erde in "vergleichbarem" Ausmaß betroffen ist. Unter diesen Annahmen stehen sich bei globalen Belastungen Länder mit gleichförmigem Belastungsexport und homogenem Interesse an einer Emissionsminderung, egal an welchem Ort sie stattfindet, gegenüber. Somit nützt eine einseitige Emissionsminderung auch allen anderen Ländern, unabhängig davon, ob diese auch ihre Emissionen verringert haben. Dies bedeutet mit anderen Worten, daß im Sinne einer effizienten

---

[7] Nach [158] wird das Verursacherprinzip folgendermaßen definiert: "Grundsatz der Umweltpolitik (...), nach dem die Kosten zur Vermeidung, Beseitigung oder zum Ausgleich von Umweltbelastungen dem Verursacher zugerechnet werden." Dabei sollte nur für den Fall, daß der Verursacher nicht festzustellen oder akute Gefahr zu beseitigen ist, auf das Gemeinlastprinzip zurückgegriffen werden.

[8] Ein Beispiel, das üblicherweise zur Illustration des Falles der Einwegbelastung zitiert wird, ist die Situation zweier Anrainer (Unter- und Oberlieger) eines grenzüberschreitenden Flusses.

kollektiven Minderungsstrategie jedes Land seine Emissionen soweit verringern müßte, bis die Grenzkosten der Emissionsreduktion dem Grenznutzen der Emissionsminderung in allen Ländern entsprechen.

Im Falle von reziproken Belastungen, wie sie im Zusammenhang mit grenzüberschreitenden Luftschadstoffen bei weitem vorherrschen, kann der mengenmäßige Transport von Schadstoffen zwischen Ländern und Regionen nicht vereinfacht über eine proportionale Beziehung zur Gesamtmenge der Luftschadstoffemissionen beschrieben werden, sondern er wird über Ansätze zur Schadstoffausbreitungsrechnung und zur Abbildung von Depositionsvorgängen dargestellt, die letztlich auch das erreichte Grenznutzenniveau determinieren. Somit kann für grenzüberschreitende Luftschadstoffemissionen im Gegensatz zu globalen Luftschadstoffemissionen keine kollektive Minderungsstrategie in Form eines einheitlichen globalen Emissionsziels über ein länderübergreifendes Gleichgewichtsmodell hergeleitet werden, bei dem die nationalen Grenzkosten an ein kollektives Grenznutzenniveau angepaßt werden. Daraus folgt, daß Emissionsziele als Ausgangspunkt für Verhandlungen zur Minderung der Emissionen grenzüberschreitender Luftschadstoffe länderspezifisch zu definieren sind.

Infolge der Diffusion bzw. Transmission von Luftschadstoffen ist zu konstatieren, daß unilaterale Anpassungsmaßnahmen vielfach nur eine begrenzte Wirkung zeigen. Im Falle von globalen Emissionen leisten beispielsweise nationale Alleingänge eines kleinen Landes bei der Emissionsminderung angesichts der weltweiten Gesamtemissionen nur einen unbedeutenden Beitrag oder führen bei grenzüberschreitenden Luftschadstoffen zu einer asymmetrischen Verteilung von Kosten und Nutzen.

Zusammenfassend ist festzustellen, daß über die beschriebenen Formen von Umweltwirkungen wie Einweg- oder Mehrwegbelastungen Interdependenzen zwischen Ländern gegeben sind. Jedoch ist aus der Perspektive der Ökonomie das Vorhandensein solcher Interdependenzen aufgrund von Stofftransport- und Depositionsmechanismen allein noch nicht ausschlaggebend für das Zustandekommen oder Nicht-Zustandekommen von zwischenstaatlicher Zusammenarbeit (Kooperation) zur Lösung von Problemen der grenzüberschreitenden Luftverschmutzung.

Die Entwicklung von zwischenstaatlicher Zusammenarbeit zur Minderung grenzüberschreitender Luftschadstoffemissionen zwischen mehreren Ländern oder Regionen hängt letztlich vom Interesse und vom Willen der Teilnehmer ab, kollektive Emissionsminderungsstrategien auszuarbeiten. Die Kriterien und Leitlinien (z. B. Effizienz, Vorsorge- oder Verursacherprinzip) bei der Erarbeitung von kollektiven Strategien, welche die wirklichen Präferenzen der beteiligten Akteure widerspiegeln, sind im allgemeinen wissenschaftlich nicht zu beurteilen oder zu bestimmen. Sie sind vielmehr selbst ein Ergebnis von Verhandlungs- und Entscheidungsprozessen, die im Rahmen zwischenstaatlicher Zusammenarbeit stattfinden.

Bei der Anwendung von Kosten-Nutzen-Vergleichen, wie in den obenstehenden Darstellungen beschrieben, wird die Existenz von Grenznutzen- und Grenzkostenfunktionen vorausgesetzt. Deren Ermittlung erweist sich jedoch als nicht triviale Aufgabe, weshalb auch der praktische Einsatz solcher ökonomischen Planungsinstrumente vielfach nur mit Vorbehalt möglich ist. In den folgenden Abschnitten wird u. a. dargestellt, daß Vermeidungskostenfunktionen in zahlreichen ökonomischen Ansätzen eine zentrale Rolle spielen und welche allokativen Auswirkungen der Einsatz unterschiedlicher nationaler Vermeidungskostenfunktionen, aber auch die Variation anderer wichtiger Einflußparameter haben. Länderspezifische Vermeidungskostenfunktionen sind daneben auch zentraler Bestandteil von neuen "integrierten Ansätzen", wie sie derzeit von der EU und der UN/ECE im Zusammenhang mit der Erarbeitung von Minderungsstrategien für grenzüberschreitende Luftschadstoffemissionen wie SO_2, NO_x und VOC eingesetzt bzw. erarbeitet werden.

III.2 Potentiale internationaler Zusammenarbeit und Ansatzpunkte für Verhandlungsprozesse zur Minderung grenzüberschreitender Luftschadstoffemissionen

Vor dem Hintergrund reziproker Belastungen durch den grenzüberschreitenden Transport von Luftschadstoffen liefert die neoklassische Theorie durch die Einführung von Kosten-Nutzen-Konzepten eine methodische Grundlage, um die Motivation bzw. das Interesse von Ländern an zwischenstaatlicher Zusammenarbeit zur Minderung der grenzüberschreitenden Luftverschmutzung auf Basis von Kosten-Nutzen-Vergleichen zu beschreiben. Dabei wird eine zweckgebundene und vollständige Rationalität[9] der beteiligten Entscheidungsträger vorausgesetzt.

[9] Die zweckgebundene und vollständige Rationalität des "homo oeconomicus", wie sie in der Neoklassischen Theorie postuliert wird, wird von Autoren der "konstruktivistischen Schule" kritisiert, da reale Akteure in Entscheidungssituationen nicht in der Lage sind, den Anforderungen des "homo oeconomicus" gerecht zu werden. Als Konsequenz werden alternative Rationalitätskonzepte vorgeschlagen (z. B. begrenzte Rationalität und prozedurale Rationalität von Simon [209, 210], organisationelle Rationalität von Cohen, March und Olsen [44]).

Unter diesen Voraussetzungen bietet sich die Möglichkeit, durch entsprechende Weiterentwicklung der Werkzeuge (z. B. Entwicklung spieltheoretischer Ansätze) Potentiale internationaler Zusammenarbeit bei der Luftreinhaltung aufzuzeigen und Ansätze zur Definition von kostenoptimalen Emissionszielen und Instrumente zu deren effizienter Umsetzung zu entwickeln.

Da bei der Betrachtung grenzüberschreitender Luftschadstoffe wie SO_2, NO_x oder VOC davon auszugehen ist, daß in Abhängigkeit von den vorherrschenden meteorologischen Voraussetzungen und den Umwandlungs- und Depositionseigenschaften der Schadstoffe ein bestimmter Anteil der in einem Land emittierten Schadstoffe zu Immissionen in anderen Ländern führt, stellt sich aus der Sicht der Ökonomie u. a. die Frage nach einer effizienten Festlegung von spezifischen Emissionszielen für die betroffenen Länder.

Mit Hilfe von spieltheoretischen Ansätzen kann beschrieben werden, daß verschiedene Lösungen aufgrund einer unvollständigen Integration der Schäden, die die Deposition von Schadstoffen in einem anderen Land verursacht, insgesamt zu ineffizienten Ergebnissen führen. Geht man beispielsweise von dem bilateralen Fall aus, der durch Zweiwegbelastungen infolge von Luftschadstoffemissionen in zwei Ländern gegeben ist, so stellt sich unter der Voraussetzung, daß beide Länder nur den Teil der Schäden einbeziehen, der in ihrem eigenen Land wirksam wird (nicht-kooperatives Spiel), ein ineffizientes Nash-Gleichgewicht[10] ein. Aufgrund der Souveränität der einzelnen Länder kann eine effiziente Lösung (z. B. als pareto-effiziente Emissionsziele), wie sie sich über die Aggregierung einer länderübergreifenden Schadensfunktion ergeben würde, aber nicht einfach diktiert werden.

Deshalb können sich die betroffenen Länder an effiziente Emissionsziele nur im Rahmen internationaler Zusammenarbeit, d. h. durch freiwillige Kooperation, annähern. Hinsichtlich der erreichbaren Effizienz der freiwilligen Kooperation, z. B. durch Verhandlungen zwischen den beteiligten Ländern, wurde von Coase ein zentrales Theorem der Wohlfahrtstheorie formuliert [43]. Mit seiner Grundaussage, daß alle durch hierarchische Koordination erzielbare Wohlfahrtseffekte, wenn von Transaktionskosten abgesehen wird, auch durch freiwillige Verhandlungen zwischen Betroffenen erreicht werden können [247], hat das sogenannte Coase-Theorem eine wichtige Bedeutung für die Ökonomie der grenzüberschreitenden Luftreinhaltung erlangt, erstens deshalb, weil gezeigt wird, daß sich effiziente Lösungen zur Minderung grenz-

[10] Vgl. hierzu die Definitionen in [25, 104].

überschreitender Luftschadstoffe auch bei individuell-nutzenmaximierender Orientierung der Beteiligten erreichen lassen, und zweitens, weil über das Instrument der Verhandlungen auch die Bedeutung der institutionellen Rahmenbedingungen hervorgehoben wird. [247]

Somit können unter den Voraussetzungen des Coase-Theorems bei voller Souveränität beider Länder, d. h. im Gültigkeitsbereich der nicht-kooperativen Spieltheorie, durch Verhandlungen über Emissionsreduktionen und eventuelle Kompensationen Lösungen erreicht werden, die mindestens einen Teil der beteiligten Länder besser, keines jedoch schlechter stellen. Greift man den weiter oben beschriebenen bilateralen Fall mit Zweiwegbelastung wieder auf, so ist zu bemerken, daß durch Verhandlungen über das Nash-Gleichgewicht hinausgehende Emissionsreduktionen erreicht werden können, wenn dabei insgesamt die länderspezifischen Kosten der zusätzlichen Emissionsreduzierung auf beiden Seiten, welche den Nutzengewinn im eigenen Lande übersteigen, zum Ausgleich gebracht werden können. Zur Erreichung eines solchen Ausgleichs können in Verhandlungen auch Vereinbarungen über mögliche Kompensationszahlungen getroffen werden.

Dabei ist zu bedenken, daß im beschriebenen Fall viele Aspekte unberücksichtigt bleiben, die in Verhandlungen über Emissionsreduktionen für die Allokation von länderspezifischen Vermeidungspflichten relevant werden. Hierzu zählt die Tatsache, daß zumeist mehr als nur zwei Länder an den Verhandlungsprozessen beteiligt sind. In [19] wird gezeigt, daß das Zustandekommen von internationalen Abkommen zur Emissonsminderung mit steigender Anzahl und steigender Heterogenität der beteiligten Länder erschwert wird. Dies gilt besonders, wenn in den Abkommen einfache Regelungen wie einheitliche Emissonsminderungsraten ohne die Möglichkeit von Kompensationszahlungen avisiert werden. Weitere wichtige Aspekte sind die relative Verhandlungsmacht einzelner Länder oder die Einbeziehung von Nichtverschlechterungsbedingungen (vgl. [124]).

Darüber hinaus sind für das Zustandekommen von zwischenstaatlicher Zusammenarbeit auch Differenzen hinsichtlich des länderspezifischen Vermeidungsnutzens und der Vermeidungskosten ausschlaggebend (vgl. [80, 124]). Von Interesse hierbei ist auch die instrumentale Ausgestaltung des Kompensationsansatzes (z. B. durch Übertragung des Instruments von Emissionsgutschriften auf internationale Probleme der Luftreinhaltung, internationaler Handel mit Emissionsrechten, Joint Implementation) bei der länderübergreifenden Reinhaltung der Luft (vgl. hierzu auch Abschnitt III.4.2).

Erweitert man die bisherige Betrachtungsweise der internationalen Zusammenarbeit um die zeitliche Dimension (Übergang von einer statischen zu einer dynamischen Betrachtungsweise), so stellt sich die Frage, ob eine zwischenstaatliche Zusammenarbeit zur Minderung grenzüberschreitender Luftschadstoffe auch längerfristig effizient gestaltet werden kann und damit auch die Frage nach der Stabilität eines einmal erzielten Verhandlungsergebnisses. In einer spieltheoretischen Darstellungsweise liegt eine Situation vor, in der die beteiligten Länder immer wieder zu entscheiden haben, ob sie die im Abkommen festgelegten Emissionsgrenzen einhalten bzw. eventuell verabredete Kompensationszahlungen leisten sollen, so daß hier von wiederholten Spielen[11] gesprochen wird [37].

Im Falle von Mehrweg- oder globaler Belastung wird die Stabilität eines einmal erreichten Verhandlungsergebnisses durch die sogenannte Trittbrettfahrer-Problematik (Free-Rider-Problem[12]) bedroht. Dabei tritt die Situation ein, in der einer oder mehrere Teilnehmer von einem internationalen Abkommen in Form von Emissionsminderungen anderer Emittentenländer profitieren möchten, ohne selbst die vereinbarten Leistungen in Form von Emissionsminderungen im eigenen Land oder Kompensationszahlungen umzusetzen. Die Wahrscheinlichkeit des Auftretens von Trittbrettfahrerverhalten steigt mit der Anzahl der am Abkommen beteiligten Länder, da z. B. in einer größeren Gruppe das nicht-kooperative Verhalten eines einzelnen Landes insgesamt eine anteilsmäßige geringere Auswirkung auf die Gesamtemission hat (dies gilt insbesondere für globale Luftschadstoffe) und gleichzeitig die Möglichkeiten einer wirksamen Kontrolle der Einhaltung von Vereinbarungen verringert werden.

Ein Zustand, in dem sich ein am Verhandlungsprozeß beteiligtes Land in Erwartung der Nicht-Kooperation eines anderen Landes ebenfalls für die nicht-kooperative Strategie entscheidet, entspricht in der Spieltheorie allgemein einem sogenannten "Gefangenendilemma" (vgl. hierzu [248]). Wird die Einhaltung von festgelegten Emissionsgrenzen als wiederholtes Spiel betrachtet, besteht aber für die Länder die Möglichkeit zu "lernen", daß eine nicht-kooperative Strategie langfristig Nachteile nach sich zieht und daß somit schließlich ein Anreiz für Kooperation besteht.

---

[11] Vgl. hierzu die Definitionen in [25, 104].

[12] Eine allgemeine Darstellung Trittbrettfahrerproblems in Zusammenhang mit kollektiven Gütern findet sich z. B. in [157].

In einer dynamischen Perspektive wird eine sogenannte "tit-for-tat"-Strategie[13], d. h. daß die an einer Vereinbarung zur Luftreinhaltung beteiligten Länder sich von Anfang an an die abgesprochenen Emissionsziele halten, dann als effizient bezeichnet, wenn die Summe der Nettoerträge einer abdiskontierten Zahlungsreihe[14] der beteiligten Länder bei kooperativem Verhalten größer ist als bei nicht-kooperativem Verhalten.

Darüber hinaus können stabile Vereinbarungen (oder auch "self-enforcing"-agreements) [20], aus der Perspektive der Spieltheorie betrachtet, erreicht werden, wenn in den Vereinbarungen Sanktionen vorgesehen werden. Derartige Sanktionen bestehen beispielsweise darin, daß im Falle der Nichtkooperation eines Landes andere Länder mit der Erhöhung ihrer Emissionen drohen können oder daß handelspolitische Strafen verhängt werden.

Zusammenfassend ist somit festzustellen, daß durch Anwendung von Werkzeugen aus der Spieltheorie einige Aussagen über Potentiale für das Zustandekommen von internationaler Zusammenarbeit im Bereich der grenzüberschreitenden Luftverschmutzung getroffen werden können. Es können generell auch Hinweise auf die Eignung bestimmter Instrumente (z. B. Kompensationen, Sanktionen) zur Behebung von ineffizienten Situationen oder des sogenannten Gefangenendilemmas gegeben werden.

In der Realität sind Verhandlungsprozesse jedoch nicht ausschließlich durch strategische Überlegungen der beteiligten Länder zur Maximierung der eigenen Verhandlungsgewinne geprägt. Wie schon erwähnt, bestehen innerhalb einer Gruppe von Ländern mit grenzüberschreitendem Transport von Luftschadstoffen beträchtliche Unsicherheiten hinsichtlich der Schadstoffausbreitung und -deposition und somit auch in bezug auf den erwarteten Nutzen von Emissionsminderungsmaßnahmen. Darüber hinaus sind bei den beteiligten Ländern a priori auch die länderspezifischen Vermeidungskosten der Schadstoffemissionen nicht bekannt oder sie sind mit großer Unsicherheit behaftet.

---

[13] Vgl. hierzu die Darstellungen in [16].

[14] Aus spieltheoretischer Sicht können sich der Bildung einer solchen Zahlungsreihe unterschiedliche Ergebnisse einstellen, je nachdem ob die Einhaltung von Emissionszielen als ein "unendliches" oder "endliches" Spiel betrachtet wird, da es bei "endlicher " Betrachtung eine letzte Periode gibt, in der einem Land durch Abweichungen von den vereinbarten Emissionszielen kein Schaden entsteht (z. B. dadurch, daß andere Länder ebenfalls von den Emissionszielen abweichen).

Aus diesem Grunde werden im Rahmen der hier vorgestellten Arbeit Verhandlungsprozesse zur Minderung der grenzüberschreitenden Luftverschmutzung nicht nur als Möglichkeit des strategischen "Aushandelns" einer kollektiven Vorgehensweise betrachtet, wobei die Interessen der beteiligten Akteure zum Ausgleich gebracht werden. Der Begriff Verhandlungsprozeß wird vielmehr erweitert, da in der Realität der Verhandlungsprozesse zur Minderung grenzüberschreitender Luftschadstoffe im allgemeinen Mechanismen zur Problem- und Zielidentifizierung und zur Reduzierung von Unsicherheiten der Verhandlungsgrundlagen zur Bewertung des Einflusses möglicher Unsicherheiten untrennbar mit eigentlichen strategischen "Aushandlungsprozessen" verbunden sind.

In die Richtung einer Erweiterung des Verhandlungsbegriffs laufen auch neuere Ansätze zur politik- und sozialwissenschaftlichen Betrachtung der Umweltpolitik. In [198, 247] wird argumentiert, daß Verhandlungsprozesse verschiedene Kommunikationsmodi bzw. verschiedene Dimensionen der Kommunikation umfassen, die sich hinsichtlich ihrer funktionalen Bezüge und ihrer strukurellen Ausgestaltung unterscheiden. So grenzt [198] grundsätzlich die Kommunikationsmodi "Argumentieren" und "Verhandeln" (hier im Sinne von Aushandeln) gegeneinander ab, wobei sich im funktionalen Sinne das "Argumentieren" auf die Lösung kognitiver Probleme und das "Verhandeln" auf die Lösung distributiver Probleme bezieht.

Unter dem Gesichtspunkt, daß die Bewältigung von distributiven Problemen ein Mindestmaß an geteilten Annahmen über die Realität erfordert, kommt einer wissenschaftlichen Unterstützung von Verhandlungsprozessen zur Minderung der grenzüberschreitenden Luftschadstoffemissionen mit der oben beschriebenen Begriffserweiterung eine besondere Bedeutung zu (z. B. durch Beiträge zur Verbesserung der Schadstoffausbreitungsrechnung oder wie in der vorliegenden Arbeit durch eine Verbesserung der ökonomischen Bewertung von Vermeidungskosten der Emissionen). Diese Feststellung wirkt sich somit auch auf eine anzustrebende Differenzierung von Verhandlungsprozessen hinsichtlich der beteiligten Akteure aus. Beim "Aushandeln", wobei die Lösung distributiver Probleme im Vordergrund steht, werden einzelne Länder als Teilnehmer im Verhandlungsprozeß im allgemeinen als elementare Einheiten betrachtet (vgl. hierzu [82]). Im Gegensatz dazu beruhen Verhandlungen im erweiterten Sinne auf einer breiteren und differenzierteren Teilnehmerbasis. Das bedeutet, daß hier neben Ländervertretern auch wissenschaftliche Experten und Vertreter von Interessenverbänden (z. B. aus Industrie oder Umweltschutz) an der Lösung von kognitiven und distributiven Problemen beteiligt sind. Somit werden für die Erarbeitung effizienter Lösungen neben der formellen Verhandlungsdiplomatie auch andere Kommunikationsformen, wie Fachgespräche in Gremien und Arbeitsgruppen oder Lobbying wichtig, wobei durch eine gestreute Zusammensetzung der Beteiligen, z. B. durch Vergrößerung der Informationsbasis, auch die Möglichkeit besteht, den ursprünglich vorhandenen Lösungsraum für Verhandlungslösungen zu vergrößern, wobei es eventuell auch schwieriger werden kann, einen Konsens zu finden.

Neben der Frage nach möglichen Potentialen des Zustandekommens von internationaler Zusammenarbeit ist auch die effiziente Ausgestaltung und Umsetzung von Abkommen zur Minderung der grenzüberschreitenden Luftverschmutzung von Bedeutung. In den beiden folgenden Abschnitten werden ausgewählte Ansätze zur Definition von Emissionszielen und Instrumente zur Umsetzung gegebener Emissionsziele vorgestellt. Dabei wird insbesondere auf mögliche Verteilungswirkungen dieser Ansätze und Instrumente eingegangen.

III.3 Die Definition von Emissionszielen als Ausgangspunkt für Verhandlungen zur Minderung grenzüberschreitender Luftschadstoffemissionen

Einen ersten wesentlichen Beitrag, den die Umweltökonomie bei der Unterstützung von Verhandlungsprozessen zur Minderung der Emissionen grenzüberschreitender Luftschadstoffe leisten kann, betrifft die Zielformulierung. Es geht hierbei um die Frage, welche Umwelt- bzw. Luftqualitätsziele für unterschiedliche Schadstoffe definiert werden sollen.

Wie schon erwähnt, zeichnen sich grenzüberschreitende Luftschadstoffe gegenüber globalen Schadstoffen durch einen "ungleichmäßigen" Schadstofftransport aus, welcher zum lokalen bzw. regionalen Auftreten von Schäden führen kann (z. B. Versauerung, Eutrophierung, troposphärisches Ozonproblem). Es kann somit keine unmittelbare Abhängigkeit zwischen Umwelt- bzw. Luftqualitätszielen und Emissionszielen hergestellt werden. Daher ist es nicht sinnvoll, Emissionsziele pauschal für ein Kollektiv betroffener Länder zu definieren.

Wissenschaftlich untermauerte Vorschläge für Emissionsziele, die als Grundlage für Verhandlungsprozesse dienen können, müssen demnach vielmehr regional oder für einzelne Länder differenziert definiert werden. Damit eine differenzierte Definition von Emissionszielen, beispielsweise in Form von zulässigen Emissionen oder Minderungspflichten, von den betroffenen Ländern als Verhandlungsgrundlage akzeptiert werden kann, muß die Verteilung der Emissionen den unterschiedlichen Interessen der

Länder gerecht werden (z. B. Beseitigung von Wirkungen der Schadstoffe, Einsatz kosteneffizienter Emissionsminderungsmaßnahmen, Förderung des wirtschaftlichen Wachstums) und als "faire" Allokation akzeptiert werden (vgl. [39]). Im folgenden werden einige Konzepte zur Definition von Emissionszielen dargestellt und hinsichtlich ihrer Verteilungswirkungen beurteilt.

III.3.1 Kosten-Nutzen-Analyse

Theoretisch handelt es sich bei der Anwendung von Kosten-Nutzen-Analysen zur Definition von Emissionszielen um ein Teilgebiet der Wohlfahrtsökonomie, die sich u. a. mit der Bestimmung von optimalen Ressourcenallokationen beschäftigt. Probleme im Zusammenhang mit grenzüberschreitenden Luftschadstoffen ergeben sich aufgrund der Nutzung der Luft als Aufnahmemedium von Emissionen. Aus dieser Perspektive wird i. a. die Luft als öffentliches Gut[15] betrachtet. Dabei werden die durch die Luftschadstoffemissionen hervorgerufenen Schäden, die sich nach Transport, Umwandlung und Deposition an verschiedenen Rezeptoren ergeben, in den Marktpreisen für die Nutzung der Luft nicht und nur unzureichend widergespiegelt. Aufgrund des Fehlens von ökonomischen Signalen in Form von Preisen findet seitens der Emittenten keine adäquate schadensbezogene Anpassung der Emissionen statt, und die Schäden werden den Verursachern nicht angelastet.

Außerhalb von Marktbeziehungen auftretende Wirkungen, bei denen Verursacher und Betroffene nicht übereinstimmen, werden auch als "externe Effekte" bezeichnet. Aufgrund des weiträumigen Schadstofftransports kommt es in diesem Zusammenhang insbesondere in Europa zu grenzüberschreitenden externen Effekten. Dabei sind aufgrund der Souveränität der Einzelstaaten dem regulierenden Eingreifen von übergeordneten Instanzen Grenzen gesetzt.

Somit ist in diesem Kontext allgemein ausgedrückt das Ziel von Kosten-Nutzen-Analysen, die negativen Wirkungen von Luftschadstoffen zu vermindern und damit die Nutzungsrechte der Luft als Aufnahmemedium für Emissionen so zu begrenzen, daß dabei die Wohlfahrt des betrachteten Länderkollektivs maximiert wird. Die zugrunde gelegten Wohlfahrtsfunktionen werden dann für die Definition von kollektiv wohlfahrtsoptimalen Emissionszielen genutzt. Das vorherrschende Kriterium für die

---

[15] Dies trifft auf die Situation zu, in der keine ökonomischen Instrumente wie z. B. Emissionssteuern zum Einsatz kommen (vgl. Abschnitt III.4.3).

Beurteilung der Vorteilhaftigkeit einer Alternative ist das Prinzip, daß diejenigen Individuen eines betrachteten Kollektivs, die von einer Alternative profitieren, die Wohlfahrtseinbußen von anderen Individuen mindestens so weit ausgleichen, daß diese nicht schlechter gestellt werden (Pareto-Verbesserung) [102].

In diesem Sinne wird die globale Wohlfahrtsfunktion für mehrere Länder als ungewichtete Summe der nationalen Wohlfahrtsfunktionen formuliert. Für den Fall grenzüberschreitender Luftschadstoffe kann eine derartige Wohlfahrtsfunktion als Summe der nationalen Kostenfunktionen der Emissionsminderung und der Schadensfunktionen der Luftverschmutzung bezogen auf das derzeitige Niveau und der Schäden aufgrund der grenzüberschreitenden Deposition von Luftschadstoffen definiert werden. Wird das Ziel einer kollektiven Wohlfahrtsmaximierung mittels optimaler Definition länderspezifischer Emissionsziele verfolgt, so ist das Minimum der oben dargestellten Wohlfahrtsfunktion zu bestimmen (vgl. [83]). Der klassische Ansatz zur Lösung dieses Minimierungsproblems besteht darin, aus der Menge möglicher Emissionsziele durch Formulierung von zusätzlichen Nebenbedingungen und Anwendung der Methode der Lagrange-Multiplikatoren ein optimales Emissionsziel zu ermitteln, bei dem die Grenzkosten der Emissionsminderung gerade den monetarisierten Grenzschäden der Schadstoffemissionen entsprechen. [83, 208]

Im Falle von globalen Emissionen geht man bei der Lösung des Minimierungsproblems meist von einem linearen Zusammenhang zwischen Emission und Immission und einer Gleichverteilung der emittierten Schadstoffe aus, so daß die durchschnittliche Immission als unabhängig vom Ort der Emission angesehen wird. Wird darüber hinaus angenommen, daß der entstehende Schaden durch einen globalen Schadstoff unabhängig von der Immission anderer Schadstoffe ist (vgl. [83]), so daß die depositionsabhängige Schadensfunktion mittels einer linearen Transformation durch eine emissionsabhängige Schadensfunktion ersetzt werden kann, so kann die Wohlfahrtsfunktion zur Ermittlung des Emissionsziels nach dem optimalen kollektiven Emissionsniveau aufgelöst werden.

Bei grenzüberschreitenden Luftschadstoffen ist aufgrund der Abhängigkeit der Deposition vom Ort der Emission die Lösung des durch die Wohlfahrtsfunktion gestellten Optimierproblems nicht trivial. Die Allokation im Sinne von länderspezifischen Emissionszielen kann deshalb theoretisch nur durch eine Integration der räumlichen und mengenmäßigen Abhängigkeit der Deposition von der Emission in eine Kosten-Nutzen-Analyse gelingen.

Wie schon zuvor bei der Darstellung von möglichen Potentialen zur internationalen Zusammenarbeit festgestellt wurde, ist eine Einschränkung der Anwendung auch bei Kosten-Nutzen-Analysen dadurch gegeben, daß Kostenfunktionen für die Vermeidung von Emissionen bzw. für Schadensfunktionen der Luftschadstoffe nicht oder nur teilweise verfügbar sind. Bei der Diskussion der Kostenfunktionen für die Emissionsminderung werden häufig die auftretenden Schwierigkeiten bei ihrer Erstellung unterschätzt oder vernachlässigt. Die Anwendung und Erstellung solcher Kostenfunktionen stellt das zentrale Thema der vorliegenden Arbeit dar, das in den folgenden Kapiteln methodisch aufgearbeitet wird. Für Kosten-Nutzen-Analysen im allgemeinen liegt eine weitere Hauptschwierigkeit zur Ermittlung von optimalen Emissionszielen bei der Ermittlung der durch die Emission von Luftschadstoffen verursachten Kosten bzw. des Nutzens der Verbesserung der Luftqualität.

Neben der quantitativen Erfassung der verschiedenen mit Produktionsprozessen verbundenen Schadstoffemissionen müssen gleichzeitig alle Individuen betrachtet werden, deren Wohlfahrt durch das Problem der grenzüberschreitenden Luftverschmutzung und seiner Behandlung voraussichtlich verändert wird. In der in der vorliegenden Arbeit vorgestellten Beschreibung des multinationalen Kosten-Nutzen-Ansatzes stellen einzelne Länder jeweils die Individuen dar; jedoch kann eine detailliertere Auflösung, beispielsweise nach Industriesektoren, für die gegebene Fragestellung nötig sein.

Bei der Ermittlung der durch die Emission von Luftschadstoffen verursachten Kosten wird angestrebt, die durch den Transport von Luftschadstoffen entstandenen externen Effekte bzw. den Nutzen der Verbesserung der Luftqualität zu monetarisieren. Dazu finden sich in der Literatur verschiedene Schätzmethoden [67, 80, 94]. Ihre Anwendung ist aber aufgrund der damit verbundenen Unsicherheiten kritisch zu beurteilen. Grundsätzlich können zwei Arten von Ansätzen zur Lösung dieses Monetarisierungsproblems (Schätzmethoden) unterschieden werden. Die indirekten Ansätze (z. B. Reisekostenansatz, Ansatz der hedonistischen Preise, Analyse von Marktpreisdifferenzen) gehen davon aus, daß zwischen Umweltqualität und marktfähigen Gütern Beziehungen bestehen, so daß aus der beobachtbaren Nachfrage nach marktfähigen Gütern auf die Wertschätzung der Umweltqualität zurückgeschlossen werden kann.

Bei direkten Ansätzen (z. B. verschiedene Ansätze zu Zahlungsbereitschaftsbefragungen: "willingness to pay to secure a benefit" bzw. "to prevent a loss" und "willingness to account to forego a benefit" bzw. "to tolerate a loss") wird versucht, die Wertschätzung für die Umweltqualität unmittelbar bei den betroffenen Individuen ausfindig zu machen. Dabei wird angestrebt, den Individuen im Rahmen einer Befragung durch eine detaillierte Beschreibung der Aspekte der Umweltqualität und der Umstände ihrer Bereitstellung eine Vorstellung von Märkten für Umweltqualität zu geben und sie dann direkt nach ihrer Zahlungsbereitschaft für ein bestimmtes Luftqualitätsniveau zu fragen.

Insgesamt ist festzustellen, daß die hier skizzierten Ansätze zu Ermittlung der Kosten der Luftverschmutzung i. a. mit erheblichen Unsicherheiten verbunden sind (vgl. hierzu auch [80]) und daß darüber hinaus eine Anwendung von Kosten-Nutzen-Analysen im Zusammenhang mit grenzüberschreitenden Luftschadstoffen aufgrund ihrer ungleichmäßigen Ausbreitung bei der notwendigen länderspezifischen oder sogar regional aufgelösten Allokation erhebliche Schwierigkeiten aufwirft. Deswegen werden in den beiden folgenden Abschnitten alternative Ansätze vorgestellt und kritisch bewertet, mit denen die hier beschriebenen Schwierigkeiten ganz oder teilweise umgangen werden können.

III.3.2 Einheitliche Emissionsziele für mehrere Länder

Eine Alternative zum Einsatz der Kosten-Nutzen-Analyse wäre die Definition einheitlicher Emissionsziele für alle beteiligten Länder. Diese können z. B. in Form von identischen Emissionsminderungsraten für einen bestimmten Luftschadstoff in bezug auf ein für alle Länder definiertes Referenzszenario festgelegt werden. Bei der ersten Generation von Abkommen zu grenzüberschreitenden Luftschadstoffen in Europa im Rahmen der "Convention on Long-range Transboundary Air Pollution" der UN/ECE einigten sich die Unterzeichnerstaaten auf einheitliche Emissionsminderungsraten. Es wurde dabei ein eher fundamentales Fairnessprinzip in bezug auf die Gleichbehandlung der beteiligten Länder verwirklicht. So sah das erste Schwefelprotokoll [56] beispielsweise eine Minderung der Schwefelemissionen von 30 % bis zum Jahre 1993 bezogen auf das Jahr 1980 für alle teilnehmenden Länder vor.

Aus der heutigen Perspektive betrachtet erscheint es jedoch fraglich, ob über einheitliche Emissionsziele wirklich eine "faire" Behandlung aller Länder erreicht wird, da dabei weder in der Vergangenheit realisierte Emissionsminderungen noch Unterschiede des Emissionsminderungspotentials einzelner Länder berücksichtigt werden. Bei der Fortschreibung solcher Protokolle oder bei der Erarbeitung von Protokollen, die die Minderung neuer Schadstoffe avisieren, wird gegenwärtig das Ziel verfolgt, die tatsächlichen Umsetzungsstände von Minderungsmaßnahmen der einzelnen Länder, die zur Erfüllung der Protokollanforderungen oder der nationalen Gesetzgebung realisiert wurden, mit in die Verhandlungen einzubeziehen. Aufgrund der sich u. a. aus den unterschiedlichen Implementierungständen von Maßnahmen ergebenden Unterschiede der nationalen Kostenfunktionen der Schadstoffvermeidung kann über einheitliche Emissionsziele keine kosteneffektive Allokation der Emissionsminderungsanforderungen in verschiedenen Ländern zur Erreichung festgelegter Luft- bzw. Umweltqualitätsziele erreicht werden. Darüber hinaus kann dies zur Schaffung von Anreizen zur Nichterfüllung internationaler Abkommen (Freifahrerverhalten) bzw. zur Bestrafung von unilateralen Bemühungen zur Minderung von Emissionen führen.

Ein weiterer Grund für die geringe Effizienz von einheitlichen Emissionszielen ergibt sich aus der mangelnden Berücksichtigung der ungleichmäßigen Schadstoffausbreitung, wie sie über eine adäquate Abbildung von Quellen-Rezeptor-Beziehungen ("source-receptor-relationships") der Schadstoffe erreicht wird. Somit verursachen einheitliche Emissionsminderungsraten selbst unter der Annahme vergleichbarer Kosten der Emissionsminderung für verschiedene Länder höhere Kosten, als zur Erreichung festgelegter Luftqualitätsziele eigentlich erforderlich wären. Darüber hinaus werden bei der Definition von einheitlichen Emissionszielen rezeptorspezifische Unterschiede (hinsichtlich unterschiedlicher Schadstoffsensibilität und geographischer Verteilung der betrachteten Rezeptoren) in bezug auf die Wirkung der Luftschadstoffe vernachlässigt, wie sie beispielsweise mittels differenzierter maximaler Depositionen bzw. Einträge für eine Auswahl von Rezeptoren für ein gegebenes Ökosystem festgelegt werden können. Geht man in Europa davon aus, daß hier im regionalen Vergleich beträchtliche Unterschiede in bezug auf die Schadstoffsensibilität der vorherrschenden Pflanzenarten anzutreffen sind (beispielsweise wird angenommen, daß die mediterrane Vegetation im allgemeinen weniger stark von hohen Ozonkonzentrationen beeinträchtigt wird), so kann die Definition einheitlicher Emissionsraten selbst bei gleichzeitiger Berücksichtigung der unterschiedlichen Schadstoffausbreitung zu ineffizienten Lösungen führen.

III.3.3 Multi-nationale Allokation von Emissionszielen

Zur methodischen Definition von Emissionszielen, bei der gleichzeitig länderspezifische Unterschiede der Emissionsvermeidungskosten und die ungleichmäßige Schadstoffausbreitung betrachtet werden, wurde das Konzept der multinationalen Allokation entwickelt. Es beruht auf der Bestimmung einer optimalen Lösung durch integrierte Bewertung ("integrated assessment") von nationalen Emissionsminderungskostenfunktionen, von atmosphärischem Transport und von der Deposition bzw. der Wirkungen von Luftschadstoffen.

Mathematisch wurde ein solches Optimierproblem für $i = 1, ..., n$ Emissionsquellen und für $j = 1, ..., m$ Rezeptoren u. a. von Gustafson und Kortanek beschrieben[16] (vgl. hierzu [6, 92, 227]):

$$\begin{cases} Min. & \sum_{i=1}^{n} c_i(e_i^0 - e_i) \\ u.d.N. & \sum_{i=1}^{n} a_{i,j} \cdot e_i \le D_j^*, \qquad \forall j = 1,...,m \end{cases} \qquad \text{Problem (1)}$$

mit:

c_i Kosten der Emissionsminderung bei Quelle i; (Kostenfunktion).

e_i^0 Ursprüngliche Emissionen von Quelle i.

e_i Emissionsziel; Emissionen von Quelle i nach erfolgter Emissionsminderung.

D_j^* Depositionsziel an Rezeptor j.

$a_{i,j}$ Transportkoeffizient; Menge der an Rezeptor j deponierten Schadstoffe aus Quelle i.

$$D_j = \sum_{i=1}^{n} a_{i,j} \cdot e_i \qquad \forall j = 1,...,m$$ Tatsächliche Deposition an Rezeptor j.

Die notwendige Voraussetzung für eine Lösung des Optimierproblems mit positiven Werten für e_i ist gegeben durch:

$$c_i' - \sum_{j=1}^{m} a_{i,j} \cdot \lambda_j = 0, \qquad \forall i = 1,...,n \qquad \text{Gleichung (1)}$$

mit:

c_i' Grenzkosten der Emissionsminderung bei Quelle i.

λ_j Schattenpreis von Depositionsziel D_j^* an Rezeptor j.

---

16 Aus Gründen der Übersichtlichkeit wird der Ansatz hier nur für einen einzelnen Schadstoff dargestellt.

Geht man in den obenstehenden Gleichungen von einer Quellenbetrachtung auf eine Länderbetrachung über (mit $i = 1, ..., n$; für n verschiedene Länder), wobei die Rezeptoren beispielsweise als Flächenelemente in einem geographischen Gitternetz aufgefaßt werden können, so stellen die Lösungen e_i des Gleichungssystems länderspezifische optimierte Emissionsziele dar. Der Ansatz kann somit zur multinationalen Allokation von Emissionszielen genutzt werden.

Anders als bei der Kosten-Nutzen-Analyse wird hier der "Grenzschaden" nicht indirekt mit Hilfe einer monetären Bewertung von Umweltschäden ermittelt, sondern er ergibt sich aus der Summe der mit den Transportkoeffizienten gewichteten Schattenpreise[17] für die Einhaltung der Depositionsziele aller betrachteten Rezeptoren (mit $j = 1, ..., m$). Dabei werden die Rezeptoren, für die die Schattenpreise λ_i Werte größer 0 annehmen, als bestimmende Rezeptoren (engl. "binding receptors" bzw. "binding grids") bezeichnet, während an Rezeptoren mit Schattenpreisen von 0 die festgelegte maximale Eintragsgrenze D_j^* von den tatsächlichen Depositionen D_j unterschritten wird [82]. Die ökonomische Bewertung der Einhaltung von maximalen Eintragsgrenzen über die Schattenpreise stellt somit keine monetäre Erfassung von Umweltschäden im eigentlichen Sinne dar, sondern folgt lediglich aus der Bestimmung von effizienten Kostenniveaus aus den quellen- bzw. länderspezifischen Vermeidungskostenfunktionen, bei denen maximale Eintragsgrenzen aller betrachteten Rezeptoren nicht überschritten werden.

Im Vergleich zur Methode der Kosten-Nutzen-Analyse und der Festlegung einheitlicher Emissionsziele stellt die vorgestellte multinationale Allokation für das Problem des grenzüberschreitenden Transports von Luftschadstoffe einen gleichzeitig praktikableren und hinsichtlich der Kostenallokation optimalen Ansatz zur Definition von Emissionszielen dar, da hier die schwierige ökonomische Bewertung der Umwelt- bzw. Luftqualität durch eine einfachere Vorgabe wirkungsbezogener Schadstoffdepositionen an den betrachteten Rezeptoren vermieden wird, z. B. über die Bestimmung kritischer Depositionsraten oder Konzentrationen ("critical loads" bzw. "critical concentrations"). Der zugrundeliegende Optimieransatz wurde schon in vergleichbarer Form in sogenannten "Integrated-Assessment-Modellen" (IAM) zur Unterstützung von Verhandlungsprozessen im Rahmen der Versauerungsstrategien der EU und der UN/ECE angewendet (vgl. hierzu Kapitel IV).

---

[17] Vgl. hierzu die Definition in [208].

Durch die Tatsache, daß hier durch Einführung von maximalen Eintragsgrenzen eine eigentliche ökonomische Bewertung des Schadens entfällt, kommt den nationalen Kostenfunktionen in der Zielfunktion jedoch noch eine größere Bedeutung zu. Die nationalen Kostenfunktionen stellen in diesem Kontext die alleinige Grundlage zur Integration von sowohl ökonomischen als auch technischen[18] Größen dar.

Bei Betrachtung des oben vorgestellten Optimieransatzes ist festzustellen, daß optimale Emissionsziele entscheidend von den exogen festzulegenden Depositionszielen an den einzelnen Rezeptoren abhängen. Als Folge ist es mit diesem Ansatz nicht möglich, unterschiedliche Umweltwirkungen verschiedener Emissionsallokationen zu beurteilen, da in der Lösung die Emissionsziele nur von den bestimmenden Rezeptoren beeinflußt werden, in denen die maximal zulässige Deposition von der tatsächlichen Deposition überschritten wird. Zur Verdeutlichung dieses Sachverhalts werden zwei Emissionsziele e^1 und e^2 mit ihren zugehörigen Depositionsvektoren D^1 und D^2 und Kosten c^1 und c^2 betrachtet, die beide eine zulässige Lösung des Optimierproblems (Problem (1)) darstellen; außerdem wird angenommen, daß c^2 geringfügig höher als c^1 ist. Da nur die bestimmenden Rezeptoren die Lösung determinieren, kann das jedoch bedeuten, daß sich eine Situation ergibt, in der $D_j^2 \leq D_j^1$ für alle Rezeptoren j, darüber hinaus jedoch $D_j^2 << D_j^1$ für einige Rezeptoren j. In einem solchen Fall stellt e^1 zwar die optimale Lösung dar, obwohl für einen geringfügigen Mehrbetrag $\Delta c = c_2 - c_1$ an einigen Rezeptoren bzw. Ländern deutlich geringere tatsächliche Depositionen erreicht werden können. Dies wäre aus ökologischer Sicht eine vorteilhaftere Lösung und würde voraussichtlich von einigen am Verhandlungsprozeß beteiligten Ländern präferiert. Aufgrund der in obenstehendem Beispiel beschriebenen Schwächen des Optimalitätskonzepts bei der Beurteilung von Emissionsallokationen mit unterschiedlichen ökologischen Auswirkungen und ähnlichen Kosten unterscheidet Hoel [103] zwischen den Begriffen Effizienz und Kosteneffektivität, wobei nach dieser Definition eine optimale Lösung gleichzeitig eine kosteneffektive aber nicht notwendigerweise eine effiziente Lösung darstellt.

Eine weitere eher anwendungsbezogene Schwierigkeit durch die exogene Definition von maximalen zulässigen Depositionen ergibt sich im Falle einer überschaubaren Anzahl von bestimmenden Rezeptoren, für die die Erfüllung der Depositionsrestriktion

[18] Im methodischen Teil der Arbeit wird dargestellt, daß die einzelnen Punkte aus den Kostenfunktionen im Grunde Technologiekonfigurationen entsprechen, durch die ein vorgegebenes Emissionsniveau zu geringsten Kosten erreicht werden kann (vgl. Kapitel V und VI).

für einige Länder erhebliche Emissionsminderungen mit erheblichen Kosten zur Folge hat. Da in Verhandlungsprozessen für länderübergreifende Abkommen zur Minderung grenzüberschreitender Luftschadstoffe hohe Emissionsminderungskosten im allgemeinen eine eher negative Wirkung zeigen oder zur Blockierung der Verhandlung führen können, werden in der Praxis Vorschläge zur Relaxation der Depositionsrestriktionen bestimmender Rezeptoren gemacht. Dabei ist zu beachten, daß die Optionen, durch die eine Relaxation von Depositionsrestriktionen erreicht werden könnten, wiederum selbst Gegenstand von Abstimmungsprozessen der beteiligten Länder sind.

Eine anerkannte Option zur Durchführung einer Zielrelaxation ist beispielsweise die folgende:

> Die Berechnung von sogenannten "Gap-Closure-Szenarien": für jeden betrachteten Rezeptor wird die zu erreichende maximale Deposition um denselben Prozentsatz gemindert (vgl. hierzu Abschnitt IV.2.1).

Im folgenden werden drei neuere Vorschläge zur Zielrelaxation skizziert [7]:

- Relaxation über Grenzkostenrestriktionen: Der Startpunkt stellt ein "gap-closure" von 50 % für jeden Rezeptor dar. Übersteigen die Grenzkosten, die einem gegebenen Rezeptor zugeordnet werden, eine bestimmte Schranke, bleibt die übrige Überschreitung der Deposition unberücksichtigt,
- Relaxation über "ökologische Kompensation": Ausgehend von einer Anfangsverteilung von Depositionszielen an jedem Rezeptor wird ein Optimum bestimmt. Durch weitere iterative Optimierläufe, bei denen Überschreitungen der maximalen Depositionen durch zusätzliche (gewichtete) Verbesserungen an anderen Rezeptoren ausgeglichen werden, werden mögliche Kosteneinsparungen aufgezeigt,
- Relaxation durch Distanzieren von der ursprünglichen geographischen Rezeptor-Auflösung (z. B. 150 · 150 km Grids) und Integration von ökologischen Restriktionen auf Länderebene: dazu sind mehrere Möglichkeiten zur Definition von Luftreinhaltungszielen denkbar, wie die Verbesserung von Umweltindikatoren auf Länderebene, wobei für die über Indikatoren bewertete Verbesserung der Umwelt- bzw. Luftqualität eines Landes gewisses Anpassungsintervall (z. B. Übergangsfristen) zulässig ist oder verschiedene Gewichtungsfaktoren (z. B. Einwohnerzahl, schützenswerte Ökosysteme) für die einzelnen Länder definiert werden können.

Eine letzte Anmerkung gilt der Abbildung atmosphärischer Umwandlungsprozesse. Der in Problem (1) vorgestellte Ansatz ermöglicht zwar über die Transportkoeffizienten $a_{i,j}$ die Berücksichtigung der Schadstoffausbreitung zwischen Quellen und Rezeptoren. Die Schadstoffumwandlung in der Atmosphäre, wie sie beispielsweise bei der Bildung von troposphärischem Ozon durch NO_x und VOC und weiteren Schadstoffkomponenten stattfindet, bleibt hier jedoch unberücksichtigt, so daß entsprechende Optimiermodelle in dieser Richtung weiterzuentwickeln sind. Ein Ansatz für die Integration der Ozonbildung wird in Kapitel IV im Zusammenhang mit der Darstellung der praktischen Umsetzung des Integrated Assessment bei der Vorbereitung von neuen UN/ECE-Protokollen zur Minderung der grenzüberschreitenden Luftverschmutzung vorgestellt.

III.4 Ausgewählte Instrumente zur Umsetzung von gegebenen Emissionszielen

Ein weiterer Beitrag der Umweltökonomie zur Unterstützung von Verhandlungsprozessen zur Minderung grenzüberschreitender Luftschadstoffe betrifft die Definition und Auswahl von geeigneten Instrumenten, durch die bestimmte Umwelt- bzw. Luftqualitätsniveaus erreicht werden sollen. Aus der Sicht der Ökonomie wird eine effiziente Umsetzung des angestrebten Umwelt- bzw. Luftqualitätsniveaus erreicht, wenn entsprechende Emissionsziele für einzelne Schadstoffe durch die Auswahl eines geeigneten Instrumentariums möglichst genau und kosteneffizient erreicht werden können [38]. Bei Vorliegen von definierten Emissionszielen wird in bezug auf ihre planerische Umsetzung auch von effizienten Minderungsstrategien gesprochen.

Aus der Perspektive einer technologisch-produktionsbezogenen Anpassung (s. a. Abschnitt III.1.1) zielt die Erarbeitung von effizienten Minderungsstrategien auf die Bestimmung einer kosteneffizienten Allokation aller möglichen additiven, produktionsintegrierten und konsumbezogenen Emissionsminderungsmaßnahmen in einem Land, in einer Region oder in einem Sektor ab, wobei in Abhängigkeit vom betrachteten Schadstoff, dem Einfluß der Quellenstruktur, der Verfügbarkeit und dem Implementierungsstand von Technologien und deren möglicher zeitlicher Entwicklung Rechnung getragen werden muß (vgl. hierzu Kapitel VI.; Anforderungen an Kostenfunktionen).

Aus normativ-instrumenteller Sicht bezieht sich die Erarbeitung von effizienten Minderungstrategien auf die Konzeption und die Auswahl von ökonomischen und ordnungsrechtlichen Werkzeugen, durch die für die Emittenten adäquate Anreize geschaffen werden, so daß mögliche additive produktionsintegrierte und konsumbezogene Emissionsminderungsmaßnahmen möglichst effizient und zielgerichtet umgesetzt werden.

Vor dem Hintergrund multi-nationaler Verhandlungsprozesse zur Minderung grenzüberschreitender Luftschadstoffe stellen sich bei der Konzeption und Auswahl geeigneter ökonomischer und ordungsrechtlicher Instrumente folgende Kernfragen:

1. Ist die Konzeption und Auswahl umweltpolitischer Instrumente auf supranationaler Ebene überhaupt Gegenstand der angestrebten multinationalen Vereinbarung?

   Es besteht bei der Ausgestaltung von multinationalen Vereinbarungen grundsätzlich die Möglichkeit, die Diskussion von Instrumenten auszuklammern. Gegenstand der Verhandlungsprozesse ist dann lediglich die Erarbeitung von länderspezifischen Emissionsminderungspflichten und die Instrumentenwahl bleibt Angelegenheit der Länder.

2. Welchen Verbindlichkeitscharakter erhalten diese angestrebten Instrumente?

   Die Instrumente haben für die an einer internationalen Vereinbarung beteiligten Länder verbindlichen ("obligatory") bzw. nicht-verpflichtenden ("mandatory") Charakter. Nicht-verpflichtend definierte Instrumente (z. B. in Form von technischen Normen) sind dann nur als richtungsweisend zu verstehen.

3. Wie werden Instrumente hinsichtlich der Steuerungsvariablen und ihrer räumlichen Auflösung differenziert?

   Instrumente können hinsichtlich des Steuerungsziels nach marktanalogen Instrumenten wie Preislösungen (z. B. durch Vorgabe eines fixen Steuersatzes bei variablen Emissionsmengen) oder Mengenlösungen (z. B. Vorgabe von Emissionsmengen, während sich der Preis für Umweltnutzungen am Markt bildet) und ordnungsrechtlichen Instrumenten (Umweltauflagen über Ge- und Verbote) unterschieden werden. Im internationalen Kontext stellt sich darüber hinaus die Frage, ob die Instrumente homogen für alle Länder oder länderspezifisch (z. B. durch variierende Steuersätze für verschiedene Länder) definiert werden.

Es ist festzustellen, daß die Fragen 1. und 2. mit den Werkzeugen der Ökonomie objektiv nicht zu beantworten sind. Dieses ist wiederum Gegenstand von Verhandlungsprozessen zwischen den betroffenen Ländern (vgl. [196]). Eine Einigung in bezug auf eine länderübergreifende Ausgestaltung von mengen- bzw. preispolitischen Instrumenten ist innerhalb der Verhandlungsprozesse aufgrund ihrer komplexen Operationalisierbarkeit bei der Übertragung von einzelstaatlichen Hoheitskompetenzen auf supranationale Koordinationsmechanismen nur schwierig zu erlangen.

Deshalb standen bei internationalen Abkommen zur Minderung von grenzüberschreitenden Luftschadstoffemissionen bislang Verhandlungen über Emissionsminderungspflichten im Vordergrund. Begleitend dazu können jedoch Anregungen zur instrumentalen Umsetzung solcher Emissionsminderungspflichten mit meist nichtverpflichtendem Charakter erarbeitet werden, die länderspezifisch oder länderübergreifend (z. B. beste verfügbare Technologien) ausgestaltet werden können.

Im den folgenden Abschnitten werden ausgewählte ordnungs-, mengen- und preispolitische Instrumente im Zusammenhang mit der Minderung grenzüberschreitender Luftschadstoffe hinsichtlich der Kriterien ökologische Effektivität, ökonomische Effizienz und Operationalität im internationalen Kontext diskutiert (für eine umfassende Darstellung umweltpolitischer Instrumente siehe z. B. [39, 202, 228, 252]).

III.4.1 Ordnungsrechtliche Instrumente

Eine vergleichsweise "direkte" Umsetzung von gegebenen Emissionszielen, über die sich verschiedene Länder in einem internationalen Abkommen zur Minderung grenzüberschreitender Luftschadstoffe geeinigt haben, läßt sich über den Einsatz von ordnungsrechtlichen Instrumenten realisieren. Ordnungsrechtliche Instrumente umfassen verschiedene Formen von Auflagen (Ge- und Verbote), um ein gewünschtes Emissionsverhalten von Produzenten und anderen für Emissionen verantwortlichen Wirtschaftssubjekten zur erreichen. Auf nationaler Ebene wird versucht, durch Ge- und Verbote die Schadstoffemissionen aller relevanten Produktions- und Konsumaktivitäten durch den Einsatz geeigneter Maßnahmen so zu steuern, daß ein angestrebtes Emissionsniveau erreicht werden kann. Damit kann konstatiert werden, daß die ökologische Effektivität von Auflagen über eine geeignete "Auflagendosierung" in bezug auf ihre Ausgestaltung und Intensität relativ sicher erreicht werden kann. Für die Ausgestaltung des Instrumentariums der Auflagen stehen verschiedene Varianten zur Verfügung (vgl. [21]):

1. Für den Schadstoffausstoß einer Produktionsanlagenkategorie wird ein definierter Grenzwert vorgeschrieben oder es wird ein spezifisches Produktionsverfahren mit bestimmtem Schadstoffausstoß vorgeschrieben.

   Danach wird der Schadstoffausstoß in Relation zu einem kapazitätsabhängigen Wert der Aktivität für eine definierte Anlagenkategorie limitiert (z. B. Schadstoffausstoß pro Volumeneinheit Abgas oder Schadstoffausstoß pro Produktions- bzw. Aktivitätseinheit). Zur detaillierten Definition solcher Grenzwerte ist eine entsprechende Anzahl von unterschiedlichen Einflußgrößen zu berücksichtigen. Diese umfassen beispielsweise Parameter in bezug auf die Einteilung von Anlagenkategorien, die Auswahl des kapazitätsabhängigen Bezugswertes, zeitliche Übergangsfristen bis zum Inkrafttreten der Auflagen aber auch die meßtechnische Verifikation der Einhaltung der Grenzwerte in bezug auf statistische (z. B. kontinuierliche Messung, Halbstunden-, Stunden-, Tagesmittelwerte) und physikalische Rahmenbedingungen (z. B. Sauerstoffgehalt im Abgas zur Festlegung der Referenzgasmenge; damit wird eine unzulässige Verdünnung des Abgases vor der Messung ausgeschlossen). Folglich stellt sich ein Vergleich von Grenzwerten verschiedener Länder als komplexe Aufgabe dar (vgl. [183, 184]).

2. Für die Schadstoffemission wird für eine gesamte Betriebsstätte, unternehmensintern oder unternehmensübergreifend ein Grenzwert vorgeschrieben.

   Eine angestrebte Emissionshöchstmenge kann dann durch Anpassung der Produktionsmenge oder durch eine intra- bzw. infrabetriebliche Allokation von Emissionsminderungsmaßnahmen erreicht werden (z. B. bleibt bei der Ausgleichspolitik ("offset-policy") die Aufteilung der emittierten Schadstoffe den Betreibern von Anlagen in einer Region überlassen). Die Genehmigung einer solchen intra- bzw. infrabetrieblichen Kompensation (in Deutschland z. B. § 7 Abs. 3 BImSchG) zielt auf eine Flexibilisierung des Ordnungsrechts ab, bei dem beispielsweise innerhalb einer sog. "Emissionsglocke"[19] die Möglichkeit für Unternehmen geschaffen wird, einen Ausgleich herbeizuführen, indem an Quellen mit besonders kosteneffizienter Reduzierung Auflagen überfüllt werden und gleichzeitig bei anderen Quellen Grenzwerte überschritten werden dürfen.

[19] Zu den wirtschaftlichen Auswirkungen von Emissionsglocken bei der Umsetzungen von Auflagen vgl. z. B. [178].

3. Die Betriebsgenehmigung für eine Neuanlage wird nur dann erteilt, wenn die Produktionsanlage dem neuesten Stand der Technik[20] entspricht.

   Durch den Einsatz der jeweils fortschrittlichsten Emissionsminderungsmaßnahmen bzw. Produktionstechnologien wird die Umweltbelastung theoretisch größtmöglich verringert. Dabei ist der Stand der Technik ein unbestimmter Rechtsbegriff, und die Anforderungen, welche an die jeweils einzusetzende Technik bei der Genehmigung von Neuanlagen zu stellen sind, sind in Verwaltungsvorschriften (z. B. in technischen Regelwerken wie die TA-Luft) zu bestimmen. Bei der Ausgestaltung solcher technischer Regelwerke muß der Unterschiedlichkeit verschiedener Anlagen und dem ständigen Fortschreiten der technischen Entwicklung Sorge getragen werden. Eine praktikable Möglichkeit ist die Bestimmung von "besten verfügbaren Techniken" (BVT), die dann auch eine Basis für die Ableitung von Referenzwerten bzw. Emissionsgrenzwerten bildet. (vgl. [179, 185, 186])

4. Durch Verbot von bestimmten Produktions- oder Konsumaktivitäten werden entsprechende Emissionen von Luftschadstoffen ganz abgestellt.

Die ökonomische Effizienz der Auflagen auf Anlagenebene wird aufgrund fehlender Anpassungsmöglichkeiten an eine potentielle kosteneffiziente Allokation von Emissionsminderungsmaßnahmen kritisch beurteilt. Durch Schaffung von Ausgleichsmöglichkeiten im Rahmen von intra- bzw. infrabetrieblicher Kompensation können ordnungsrechtliche Instrumente aber prinzipiell ökonomisch effizienter gestaltet werden.

Die Operationalisierbarkeit von Auflagenlösungen im internationalen Kontext richtet sich zum einen nach dem Verbindlichkeitscharakter des angestrebten Instruments (bindende bzw. nicht-verpflichtende Lösungen) und zum anderen nach der Wahl der möglichen Ausgestaltungsvarianten. Aufgrund der Tatsache, daß in verschiedenen Ländern ordnungsrechtliche Maßnahmen in unterschiedlicher Form und unterschiedlichem Ausmaß bereits eingeführt wurden und daß zur Vermeidung von Wettbewerbsnachteilen von Unternehmen Auflagenlösungen anlagenspezifisch definiert werden müssen, erscheint eine Vereinbarung über bindende einheitlich definierte ordnungsrechtliche Instrumente im internationalen Kontext nur schwierig erreichbar.

Auf internationaler Ebene können aber länderübergreifend Vorschläge zur nationalen Ausgestaltung von besten verfügbaren Techniken oder zur Grenzwertbildung gemacht werden. Praktisch ist mit einem solchen Vorgehen auch ein Informations- und Erfah-

[20] Einige Anmerkungen zur Auslegung des Begriffes "Stand der Technik" finden sich z. B. in [171].

rungstransfer zwischen Ländern, die schon Erfahrungen mit Auflagenlösungen gesammelt haben, zu Ländern, die erst am Anfang des Einsatzes von ordnungsrechtlichen Instrumenten stehen, verbunden.

Werden solche BVT und Grenzwerte zunächst als unverbindliche Auflagenlösungen avisiert, so ergibt sich der Vorteil, daß in einem ersten Schritt gemeinsame Richtlinien zu einer länderübergreifenden Vorgehensweise erarbeitet werden können (z. B. in bezug auf eine transparente Definition von Anlagenkategorien oder zur Ausgestaltung von Grenzwerten), ohne befürchten zu müssen, daß dieser Prozeß aufgrund strategischer Überlegungen einiger Länder, z. B. zur Vermeidung von Wettbewerbsnachteilen der eigenen Industrie, gestört werden würde. Eine erste Grundlage für die Definition von länderübergreifenden Grenzwerten für die Schadstoffe NO_x und VOC wurde beispielsweise in [183 und 184] gelegt. Hier wird die Grenzwertdefinition für die Schadstoffgruppe VOC von 12 Unterzeichnerstaaten der CLRTAP für über 140 verschiedenen Quellenkategorien detailliert dargestellt und der Versuch gemacht, auf dieser Basis einheitliche Grenzwerte (z. B. über das Kriterium des "kleinsten gemeinsamen Nenners") abzuleiten. Parallel dazu wurden in [185 und 186] für über 40 Quellenkategorien Vorschläge zur länderübergreifenden Definition von BVT zur Minderung von VOC-Emissionen aus stationären Quellen auf der Grundlage von Referenzanlagenkategorien erarbeitet. Diese Arbeiten können in Zukunft als Ausgangspunkt für Verhandlungen über den Einsatz von für alle Länder verbindlichen Auflagenlösungen sein. Werden derartige Daten durch relevante ökonomische Größen vervollständigt, so stellen diese, wie in der vorliegenden Arbeit gezeigt wird, einen elementaren Teil der zur Erstellung von Emissionsminderungs-Kostenfunktionen benötigten Informationsbasis dar (vgl. Kapitel V ff.).

III.4.2 Mengenpolitische Instrumente

Die Grundidee der mengenpolitischen Instrumente beruht auf der Festsetzung einer Obergrenze (Kontingent) für die Gesamtemission eines bestimmten Schadstoffes in einer gegebenen Region innerhalb eines bestimmten Zeitraumes, wobei dem Markt die Bestimmung des Preises der Nutzung der Luft als Entsorgungsmedium von Schadstoffen und die Aufteilung der zugelassenen Emissionsquellen überlassen wird. Als Hilfsmittel, mit dem ein Handel von Nutzungsrechten der Luft erreicht werden kann, werden sogenannte Kompensationslösungen oder Zertifikate (auch Lizenzen) diskutiert. Kompensationslösungen (z. B. Emissionsglocken, Offset-Politik) liegen auf der

Grenze zwischen ordnungsrechtlichen Instrumenten und wirtschaftlichen Anreizen, sie wurden bereits in Abschnitt III.4.1 angesprochen (vgl. hierzu auch [191]).

Im Unterschied zu Kompensationslösungen werden bei Zertifikatlösungen die Gesamtemissionskontingente der einzelnen Regionen in Teile gestückelt und als Zertifikate verbrieft. Solche Zertifikate können an die potentiellen Emittenten der Region verteilt werden (verkauft, versteigert oder gratis zugeteilt). Dadurch erhalten die potentiellen Emittenten das Recht, Schadstoffe in dem durch das Zertifikat zugestanden Höchstmaß in die Atmosphäre einzuleiten.

Vorausgesetzt, daß durch die initiale Aufteilung der regionalen Emissionsobergrenzen die angestrebten Umwelt- bzw. Luftqualitätsziele erreicht werden (zur Ermittlung solcher Emissionsobergrenzen eignet sich beispielsweise der multinationale Allokationsansatz, der in Abschnitt III.3.3 vorgestellt wurde) und daß die Zahl der ausgegebenen Zertifikate während einer gegebenen Zeitspanne nicht willkürlich erhöht werden darf, ist die ökologische Effektivität insofern gegeben, als daß hier die Emissionsmengen direkt festgelegt werden. Zur Implementierung von Zertifikatssystemen ist man somit "lediglich" auf die Kenntnis der ökologischen Wirkungsbeziehungen angewiesen, und die Erforschung der Preisbildung von Nutzungsrechten der Luft entfällt.

Die Zuteilung von Umweltzertifikaten auf die Produzenten und die damit verbundene Allokation der Nutzungsrechte der Luft erfolgt über den Zertifikatsmarkt. Auf diese Weise können die Emittenten in Abhängigkeit von ihrer spezifischen Situation, d. h. Kosten, Absatz- und Technologiedaten und Zertifikatsspreis, ihre optimale Menge von Zertifikaten nachfragen. Folglich werden Erzeuger in die Lage versetzt, auf die für sie kostengünstigste Weise zu produzieren und ihre gewinnmaximale Produktionsmenge auf den Markt zu bringen. In diesem Sinne erfolgt die Allokation der Nutzungsrechte der Luft ökonomisch effizient.

Im Gegensatz zu globalen Luftschadstoffen, bei denen der Ort der Emission bzw. der Emissionsminderung optimale Obergrenzen der Gesamtemissionen nicht beeinflußt, sind bei grenzüberschreitenden Luftschadstoffen für die Ausgabe von Emissionszertifikaten die relevanten Quellen-Rezeptor-Beziehungen zu integrieren. Überlegungen von Montgomery [147] machen deutlich, daß für grenzüberschreitende Luftschadstoffe eine Zertifikatlösung für jeden einzelnen betrachteten Rezeptor konzipiert werden muß. Unter diesen Umständen stellt eine dezentralisierte Marktlösung dann ein kosteneffektives Ergebnis dar, wenn die Emittenten Zertifikate für alle möglichen in ihrer "Schadstoffausbreitungsreichweite" liegenden Depositionen erwerben müssen.

Ein solches Vorgehen erscheint u. a. aufgrund des hohen Aufwandes und der beträchtlichen Unsicherheiten in der Praxis nicht operationalisierbar.

Größere praktische Relevanz könnten in Zukunft hingegen Ansätzen zukommen, die den Emissionsrechtehandel zwischen verschiedenen Quellen bzw. Ländern zu bestimmten Austauschraten ("exchange rates") erlauben [82, 114, 125]. Ausgehend von dem Gedanken, daß im Falle einer nicht-optimalen initialen Aufteilung der Emissionen zwischen Ländern (z. B. im Sinne von Problem (1)) ein Potential zum Handel mit Emissionsrechten existiert, können Austauschraten als die Summe der Emissionsminderungen einer Quelle bzw. eines Landes definiert werden, die erforderlich sind, um eine definierte Einheit von Emissionssteigerungen einer anderen Quelle bzw. eines anderen Landes zu kompensieren.

Ausgehend von dem in Problem (1) definierten Ansatz zur multinationalen Allokation kann die Austauschrate $\gamma_{i,j}$ zwischen den Ländern i und j folgendermaßen hergeleitet werden: [82]

$$\gamma_{i,j} = \frac{c_i'}{c_j'} = \frac{\sum_{l=1}^{m} a_{i,l} \cdot \lambda_l}{\sum_{l=1}^{m} a_{j,l} \cdot \lambda_l} \qquad \text{Gleichung (2)}$$

Hierbei bedeuten:

$\gamma_{i,j}$ Austauschrate zwischen den Ländern i und j.

c_i' Grenzkosten der Emissionsminderung des Landes i.

$a_{i,l}$ Transportkoffizient; Menge des in Land l deponierten Schadstoffes von Land i.

λ_l Schattenpreis des Depositionsziels in Land l.

l Länderindex; es gilt $l = 1,..., m$ und $i, j \in \{1,...,m\}$ und $i \neq j$.

m Menge der betrachteten Länder.

Eine derartige Definition der Austauschrate hat zur Folge, daß mit anderen Worten eine Emissionseinheit des Landes i mit $\gamma_{i,j}$ Emissionseinheiten des Landes j kompensiert werden kann. Die Stärke eines solchen Ansatzes ist, daß im Falle eines multinationalen Verhandlungsergebnisses über Emissionsminderungsverpflichtungen, welches nicht der optimalen Lösung im Sinne von Problem (1) entspricht, durch die Ermittlung und Bekanntmachung der potentiellen Austauschraten zwischen zwei Ländern ein Anreiz zum Emissionsrechtehandel geschaffen wird.

Dabei ist festzustellen, daß die nationalen Emissionsminderungs-Kostenfunktionen auch bei dem in den obenstehenden Darstellungen skizzierten Konzept eines grenzüberschreitenden Emissionsrechtehandels die fundamentale techno-ökonomische Informationsbasis zur Ermittlung kosteneffizienter Strategien darstellen.

Hinsichtlich der Operationalisierbarkeit eines solchen Ansatzes im internationalen Kontext ist zu bemerken, daß die institutionellen Rahmenbedingungen zur Umsetzung von Kosteneinsparungspotentialen aus dem Emissionsrechtehandel zuerst einmal geschaffen werden müssen. Dabei kann ein Emissionsrechtehandel institutionell auf einer zentralen oder dezentralen Struktur beruhen (vgl. [82]), die die Funktion einer wissenschaftlichen Unterstützung durch Berechnung von gewinnbringenden Emissionstransaktionen und durch Koordinierungsaufgaben zwischen Ländern übernimmt.

III.4.3 Preispolitische Instrumente

Vor dem Hintergrund der Minderung grenzüberschreitender Luftschadstoffe stellen sogenannte Steuerlösungen neben Abgabenlösungen die prominenteste Variante der preispolitischen Instrumente dar. Im Unterschied zu Mengenlösungen wird bei den Steuerlösungen durch das Setzen fester preislicher Signale (d. h. beispielsweise eine Verteuerung der Nutzung der Luft als Entsorgungsmedium für Schadstoffe) versucht, über eine Verlagerung der Allokation der Produktionsressourcen, z. B. Einsatz von emissionsarmen Produktionsfaktoren oder nachgeschaltete Emissionsminderungstechnologien, aufgrund von Wirtschaftlichkeitsüberlegungen von Produzenten oder Konsumenten in einer Region ein gewünschtes Emissionsniveau oder Umwelt- bzw. Luftqualitätsniveau zu erreichen. Dadurch kommt Emissionssteuern eine Lenkungs- und Anreizfunktion zu. Durch diese wird angestrebt, das sogenannte Marktversagen zu beseitigen, das sich bei Nutzungspreisen der Luft ergibt, welche die Externalitäten nicht genügend widerspiegeln. Damit die Steuerlösung ihre Lenkungs- und Anreizfunktion erfüllen kann, ist die Wahl einer geeigneten Bemessungsgrundlage von entscheidender Bedeutung. In diesem Zusammenhang werden als relevante Ansatzpunkte für Steuern und Abgaben beispielsweise umweltbelastende Produktionsverfahren, umweltbelastende Inputs und Produkte und die Erhebung einer Steuer auf die tatsächliche Menge der emittierten Schadstoffe selbst diskutiert (vgl. [62]).

Aufgrund der Tatsache, daß durch das Aufkommen von Emissionssteuern oder Ökosteuern, wie sie derzeit diskutiert werden, auf nationaler Ebene die Möglichkeit eröffnet wird, andere Steuern zu senken, kommt Steuerlösungen neben der Lenkungsfunktion auch noch eine fiskalische Funktion zu.

Vor dem Hintergrund der aktuellen Diskussion um eine ökologische Steuerreform wird von einigen Autoren als Vorteil von steuerlichen Instrumenten eine sogenannte "doppelte Dividende" genannt. Diese besteht in der Schaffung von Möglichkeiten, durch ökologische Steuern (z. B. durch Energiesteuern) neben den ökologischen Effekten gleichzeitig auch die Beseitigung von Ineffizienzen im bestehenden Steuer- und Abgabensystem zu erreichen (zum Stand der Diskussion um eine "doppelte Dividende" von ökologischen Steuern vgl. z. B. [28, 35, 53, 108, 146]).

Das theoretische Konzept von Emissionssteuern geht auf Pigou [168] zurück, der eine vollständige Internalisierung der externen Kosten vorschlug. Dabei werden dem Emittenten als Verursacher von Umweltschäden die externen Kosten der durch die Luftschadstoffe verursachten Schäden angerechnet. In der Praxis ist eine Umsetzung von sogenannten Pigou-Steuern aufgrund der Schwierigkeiten bei der konsistenten und vollständigen Erfassung aller möglichen Nutzengewinne und -verluste, über die die anzustrebenden Steuer- bzw. Abgabensätze festgelegt werden, nicht durchführbar (vgl. Abschnitt III.3.1).

Der auf Baumol und Oates zurückgehende Standard-Preis-Ansatz [23] zur Festlegung eines Steuer- bzw. Abgabensatzes für emittierte Schadstoffe sieht zur Erreichung eines vorgegebenen Emissionsziels vor, den Steuersatz so lange zu variieren, bis ein Niveau gefunden wird, durch das die avisierte Emissionsreduzierung zur Erreichung eines festgelegten Umwelt- bzw. Luftqualitätsstandards von den beteiligten Emittenten vorgenommen wird [77]. Damit für die Emittenten, d. h. Produzenten und Konsumenten, eine Anreizwirkung geschaffen wird und diese insgesamt zu einer Reduktion der Emissionen bis auf den exogen vorgegebenen Emissionszielwert veranlaßt werden, müssen die Grenzvermeidungskosten für eine zusätzlich vermiedene Schadstoffeinheit kleiner als die zu entrichtende Steuer je emittierter Einheit sein. Dabei besteht für eine staatliche Instanz das Problem, daß zu einer objektiven und für alle Emittenten "fairen" Festlegung des Steuersatzes die Kenntnis der Vermeidungskosten der einzelnen Emittenten erforderlich ist.

Aufgrund der bestehenden Unsicherheiten hinsichtlich der Vermeidungskosten bedarf es zu einer Ermittlung der Höhe des Steuersatzes, durch den die ökologische Zielsetzung gewährleistet wird, eines fortwährenden Anpassungsprozesses ("try-and-error" Verfahren). Aus diesem Grunde sind Emissionssteuern das Instrumentarium, das in

Hinsicht auf seine ökologische Effektivität den vergleichsweise höchsten Unsicherheitsgrad aufweist [21].

In bezug auf die ökonomische Effizienz von Emissionssteuern ist festzustellen, daß diese durch ihren Einfluß auf ökonomische Rahmendaten (steuerliche beeinflußte Marktpreise für Produktionsfaktoren, Zwischen- und Endprodukte) den Produzenten eine hohe Dispositionsfähigkeit und Verhaltensflexibilität und dem Konsumenten eine weitgehende Kaufsouveränität zugestehen. Durch die Einführung von Emissionssteuern wird die Nutzung der Luft als Entsorgungsmedium hinsichtlich der Vergleichbarkeit von Preisen anderen Produktionsfaktoren und Konsumprodukten gleichgestellt. Durch die Gegenüberstellung von Faktor- und Produktpreisen können die angesprochenen Wirtschaftssubjekte aus der Menge der möglichen Kombinationen von Alternativen hinsichtlich der Höhe der Produktion, der zu erzeugenden Produktpalette, der Zusammensetzung von Produktionsfaktoren, der Verwendung von Produktions- und Emissionsminderungstechnologien bzw. hinsichtlich der Menge und der Zusammensetzung der von ihnen präferierten Konsumprodukte diejenigen auswählen, die für sie eine gewinnmaximale Gesamtentscheidung darstellen.

Die Operationalisierbarkeit von Emissionssteuern stellt sich allerdings insbesondere im supranationalen Kontext der grenzüberschreitenden Luftschadstoffe als unvorteilhaft dar. Dies gilt, weil Unsicherheiten in bezug auf die Vermeidungskosten der Emittenten bestehen oder Preiselastizitäten des Angebots und der Nachfrage der eingesetzten Produktionsfaktoren (z. B. Brennstoffe) sich laufend ändern, beziehungsweise nur annähernd bekannt sind (vgl. [212]). Dadurch wird eine praktische Einführung von Emissionssteuern auf internationaler Ebene erschwert.

Soll ausgehend von dem multinationalen Allokationsansatz in Problem (1) abgeleitet werden, durch welchen Steuersatz t für einen bestimmten Schadstoff eine kosteneffektive Lösung erreicht werden kann, so wird angenommen, daß in jedem Land i die Wirtschaftssubjekte ihren Gewinn und Nutzen so bestimmen, daß die Summe aus den entsprechenden Vermeidungskosten und dem Steueraufkommen minimiert wird. Formal läßt sich dies folgendermaßen ausdrücken:

$$Min.\quad c_i(e_i^0 - e_i) + t_i \cdot e_i \qquad \forall i = 1,\dots,n \qquad \text{Gleichung (3)}$$

Mit:

c_i Kosten der Emissionsminderung des Landes *i*; (Kostenfunktion).

e_i^0 Ursprüngliche Emissionen von Land *i*.

e_i Emissionsziel; Emissionen von Land *i* nach erfolgter Emissionsminderung.

t_i Emissionssteuern des Landes *i*.

Das Minimum wird für eine Emissionsminderung $\Delta e_i = e_i^0 - e_i$ erreicht, wenn die Grenzkosten c_i' der Emissionsminderung des Landes *i* seinen Emissionssteuern entsprechen (vgl. [103]):

$$c_i'(e_i^0 - e_i) = t_i \qquad \forall i = 1,...,n$$ Gleichung (4)

Durch Vergleich mit der Optimumbedingung im mutli-nationalen Allokationsansatz in Gleichung (1) ergibt sich hieraus für einen kosteneffizienten Steuersatz t_i

$$t_i = \sum_{j=1}^{m} a_{i,j} \cdot \lambda_j \qquad \forall i = 1,...,n$$ Gleichung (5)

Aus Gleichung (5) folgt, daß sich im Falle ungleichmäßiger Schadstoffausbreitung (wie z. B. bei grenzüberschreitenden Luftschadstoffen) im Optimum unterschiedliche Steuersätze für die einzelnen Länder ($i=1,...n$) ergeben. Es ist deshalb festzustellen, daß zum einen, potentielle Verhandlungsprozesse, die eine Vereinheitlichung von Steuersätzen für alle Länder zum Ziel haben, zu einer nicht kosteneffizienten Emissionsallokation führen. Zum anderen erscheint eine Einigung auf länderspezifische Emissionssteuersätze im Hinblick auf schwer überschaubare Wettbewerbswirkungen durch unterschiedliche Besteuerung von Produktionsfaktoren in Verhandlungen nur mit Schwierigkeiten realisierbar.

Darüber hinaus müßten die institutionellen Rahmenbedingungen für eine differenzierte Steuerlösung auf internationaler Ebene erst einmal geschaffen werden. Dies betrifft die wissenschaftliche Unterstützung bei der Berechnung differenzierter Steuersätze für jedes Land und jeden relevanten grenzüberschreitenden Schadstoff und die Organisation der Verwaltung (z. B. dezentral oder zentral) des zu einer Initiierung von merklichen Emissionsminderungen nötigen Steuervolumens.

III.5 Zusammenfassung

Der Ausgangspunkt für die in diesem Kapitel durchgeführte Betrachtung umweltökonomischer Ansätze ist der Gedanke, daß durch eine angepaßte Minderung der Emissionen Vorsorge gegen die schädlichen Wirkungen dieser Luftschadstoffe getroffen werden kann. Mögliche Ansatzpunkte für Anpassungsmaßnahmen, die auf direktem oder indirektem Wege zu einer Emissionsminderung führen, wurden auf der technologisch-produktionsbezogenen, der normativ-instrumentellen und der organisationell-strukturellen Ebene diskutiert. Die Durchsetzung möglicher Anpassungsmaßnahmen wird jedoch dadurch erschwert, daß bei den grenzüberschreitenden Luftschadstoffen der Ort der Emissionen und des Auftretens von Belastungen meist nicht übereinstimmen. Es werden verschiedene Formen der Belastung im Zusammenhang mit grenzüberschreitenden Luftschadstoffen, wie insbesondere die Einweg- und die Zwei- oder Mehrwegbelastung, unterschieden. Die anschließende Untersuchung möglicher Anpassungsoptionen für die betroffenen Länder führte zu der Erkenntnis, daß aus der Perspektive der Umsetzung einseitiger Anpassungsreaktionen zufriedenstellende Lösungen für Probleme der grenzüberschreitenden Luftverschmutzung nur schwierig erreichbar erscheinen. Dabei wurden als ökonomische Ansatzpunkte die Konzepte des Grenznutzens und der Grenzkosten der Emissionsminderung gewählt, und es wurde gezeigt, daß Probleme insbesondere dann auftreten, wenn stark asymmetrische Kosten-Nutzen-Verteilungen vorliegen, wie z. B. im Falle von Einwegbelastungen.

Im Anschluß daran wurde in Anlehnung an Konzepte der Spieltheorie aufgezeigt, daß im Falle von reziproken Belastungen durch grenzüberschreitende Luftschadstoffe durchaus Potentiale für eine länderübergreifende Zusammenarbeit zur Emissionsminderung existieren und bei asymmetrischen Kosten-Nutzen-Verteilungen beispielsweise Kompensations- oder Sanktionsmechanismen zur Lösung herangezogen werden können. Aufgrund des Fehlens von supranationalen Instanzen, die derartige Lösungen diktieren könnten, beruht die internationale Zusammenarbeit zunächst auf freiwilligen Verhandlungen und der Möglichkeit, hierdurch zu Abkommen zu gelangen. Zur Beantwortung der bei einer längerfristigen Betrachtung solcher Abkommen auftauchenden Frage nach der Stabilität von Verhandlungsergebnissen, die aus der Perspektive wiederholter Spiele untersucht wird, werden mögliche Ansätze zur Vermeidung nicht-kooperativen Verhaltens untersucht. Dabei ist es wichtig, daß für die an einem Abkommen (z. B. über länderübergreifende Emissionsminderungsverpflichtungen) beteiligten Länder die Einhaltung des Verhandlungsergebnisses langfristig als "effektiv" und für sich nutzbringend beurteilen.

Die Betrachtung von Verhandlungsprozessen aus der Sicht strategischer Effektivitätskalküle der beteiligten Länder erlaubt dabei aber nur ein eingeschränktes Verständnis realer Verhandlungsprozesse zur Minderung von grenzüberschreitenden Luftschadstoffen. In diesem Kapitel wird deshalb aufgezeigt, daß in wirklichen Verhandlungsprozessen eine Vielzahl unterschiedlicher Akteure beteiligt ist und dabei nicht nur Lösungen für wahrgenommene distributive Probleme gesucht, sondern auf dem Weg zu länderübergreifenden Vereinbarungen gleichzeitig auch auftretende kognitive Probleme gelöst werden müssen.

Im Zusammenhang mit der länderübergreifenden Definition von Emissionszielen werden mögliche Ansätze mit den Hilfsmitteln der Umweltökonomie geprüft. Ein wichtiges Ergebnis ist, daß aufgrund des ungleichmäßigen Schadstofftransports bei grenzüberschreitenden Luftschadstoffen der auf die Kosten-Nutzen-Analyse zurückgehende Ansatz hinsichtlich seiner praktischen Anwendbarkeit kritisch zu beurteilen ist. Außerdem wird auf mögliche Schwierigkeiten bei der Monetarisierung des Nutzen verbesserter Luftqualität hingewiesen. Auch der Ansatz, über die Definition einheitlicher Emissionsziele zu effizienten Lösungen zu kommen, wird kritisch diskutiert. Eine methodische Alternative dazu stellt der multinationale Allokationsansatz dar, bei dem zusammen mit den nationalen Kosten der Emissionsminderung auch der Transport, die Deposition und die Wirkungen von Luftschadstoffen bewertet werden. Trotz des erheblichen Aufwandes zur Umsetzung dieses Ansatzes und möglicher methodischer Einschränkungen, die in diesem Kapitel beschrieben werden, stellt der multinationale Allokationsansatz ein brauchbares Hilfsmittel dar, Ansatzpunkte für die kosteneffiziente Gestaltung von Emissionszielen in Verhandlungsprozessen zu erhalten.

Am Ende dieses Kapitels werden einige ausgewählte Instrumente vorgestellt, wie ordnungsrechtliche, mengen- und preispolitische Instrumente zur Umsetzung von gegebenen Emissionszielen. Wichtig im Hinblick auf das Ziel dieser Arbeit, ein Konzept für eine neue Methodik zur Erstellung von Kostenfunktionen vorzulegen, ist in diesem Zusammenhang, daß sowohl bei der Definition von Emissionszielen als auch bei der Instrumentenwahl (dies gilt insbesondere für mengen- und preispolitische Instrumente) Kostenfunktionen, die einen Einblick darüber vermitteln, wie Emissionsminderungen in technischem und ökonomischem Sinne effizient erreicht werden können, ein zentrales Element umweltökonomischer Betrachtungen darstellen.

IV. Organisation und Unterstützung von Verhandlungsprozessen zur Minderung grenzüberschreitender Luftschadstoffemissionen in europäischen politisch-administrativen Strukturen

Im vorangehenden Kapitel wurden über die ökonomische Betrachtung der Rahmenbedingungen zwei für die vorliegende Arbeit fundamentale Feststellungen getroffen.

Erstens konnte durch die Untersuchung der Potentiale für zwischenstaatliche Zusammenarbeit deutlich gemacht werden, daß über freiwillige internationale Verhandlungen das Problem der unzureichenden Internalisierung von Umweltschäden in den Nachbarländern gelöst werden kann und somit Hemmnisse in bezug auf das Erreichen kosteneffektiver Minderungsstrategien aus dem Wege geräumt werden können.

Zweitens wird mit Eröffnung der Möglichkeit, über Verhandlungen zu effizienten Lösungen des Problems der grenzüberschreitenden Luftschadstoffe zu kommen, auch der Blick für den Einfluß der institutionellen Rahmenbedingungen geschärft. Dies betrifft auf der einen Seite die Optionen zur normativen Gestaltung und Umsetzung von Verhandlungen und deren Ergebnissen, wobei sowohl kognitive als auch distributive Probleme gleichermaßen behandelt werden müssen, wie z. B. bei der Ermittlung von Emissionszielen oder der Konzeption umweltpolitischer Instrumente. Auf der anderen Seite wird damit auch die organisationelle Gestaltung von Verhandlungsprozessen im Hinblick auf strukturelle und prozedurale Aspekte angesprochen.

Da bei Verhandlungsprozessen zur Minderung der Emissionen von grenzüberschreitenden Luftschadstoffen nicht nur distributive, sondern auch kognitive Probleme behandelt werden müssen, eröffnen sich Möglichkeiten für Effizienzsteigerungen bei der Entwicklung von Luftreinhaltungsstrategien auch über die Schaffung günstiger Rahmenbedingungen für eine an den konkreten Luftreinhaltungsproblemen orientierte Kommunikation zwischen den Verhandlungsteilnehmern. So werfen beispielsweise Unsicherheiten hinsichtlich länderspezifischer Vermeidungskosten kognitive Probleme auf, deren Lösung auch zur Bewältigung potentieller Verteilungskonflikte beitragen kann. Vor diesem Hintergrund kommt der Reduzierung von Unsicherheiten im Verhandlungsprozeß durch wissenschaftliche Unterstützung eine besondere Bedeutung zu.

In diesem Kapitel werden strukturelle Aspekte und wichtige Ergebnisse von Verhandlungsprozessen zur Minderung der grenzüberschreitenden Luftverschmutzung bei supranationalen Institutionen wie der EU und UN/ECE untersucht. Vor dem Hintergrund der Vorbereitung neuer UN/ECE-Protokolle für die Schadstoffe NO_x und VOC werden am Beispiel von Integrated-Assessment-Modellen Ansätze zur Steigerung der Effizienz von Verhandlungslösungen durch Nutzung wissenschaftlicher Entscheidungsunterstützung aufgezeigt. Dabei wird deutlich gemacht, daß Kostenfunktionen der Emissionsminderung zur Integration technischer sowie ökonomischer Kriterien in Integrated-Assessment-Modellen bei der Vorbereitung kosteneffektiver Verhandlungslösungen eine zentrale Bedeutung zukommt.

IV.1 Strukturelle Aspekte und Ergebnisse von Verhandlungsprozessen zur Minderung des grenzüberschreitenden Transports von Luftschadstoffemissionen

Aufgrund des Fehlens hierarchischer Entscheidungsstrukturen zur Lösung von Problemen der grenzüberschreitenden Luftverschmutzung ist die Durchführung von Projekten zur Luftreinhaltung auf eine freiwillige Zusammenarbeit zwischen verschiedenen Ländern angewiesen. Die Koordination der internationalen Zusammenarbeit beruht dabei auf Verhandlungsprozessen. Der Verlauf der Verhandlungsprozesse ist durch eine hohe Komplexität gekennzeichnet und wird durch eine Reihe verschiedener Faktoren beeinflußt. Dies sind z. B. die Interessenlage, die wirtschaftliche Situation und regulative Tradition im Bereich der Luftreinhaltung verschiedener Länder (vgl. [99, 100]), aber auch die Existenz von Unsicherheiten in bezug auf unterschiedliche Belastungsverteilung aufgrund der unregelmäßigen Schadstoffausbreitung und das Vorhandensein und die Leistungsfähigkeit von Problemlösungs- und Koordinationsstrukturen auf supranationaler Ebene. Derartige Einflußfaktoren auf die Effizienz und den Erfolg der Luftreinhalte- bzw. Umweltpolitik werden in der Literatur in einer Reihe von politik-, sozial-, rechts- und wirtschaftswissenschaftlichen Quellen untersucht, wie z. B. [32, 79, 93, 109, 116, 119, 155, 201, 207, 215, 259].

Im Rahmen dieses Kapitels soll jedoch auf Möglichkeiten zur Unterstützung von Verhandlungsprozessen durch Integration wissenschaftlicher Erkenntnisse, insbesondere in bezug auf die technische und ökonomische Bewertung von Emissionsminderungsoptionen eingegangen werden. Zu diesem Zweck werden im folgenden Abschnitt Organisation, Ablauf und Ergebnisse von Verhandlungsprozessen zur Minderung des grenzüberschreitenden Transports von Luftschadstoffen anhand ausgewählter Beispiele der Aktivitäten der EU und der UN/ECE als supranationale Gremien dargestellt.

IV.1.1 Zwischenstaatliche Netzwerke und Einbettung zwischenstaatlicher Zusammenarbeit zur Emissionsminderung in existierende politisch-administrative Strukturen in Europa

Bei der Behandlung von Problemen der grenzüberschreitenden Luftverschmutzung ist in der Regel eine Vielzahl unterschiedlicher Akteure beteiligt. Dabei können die Akteure hinsichtlich ihrer Zugehörigkeit zu verschiedenen politischen bzw. administrativen Ebenen (regional, nationalstaatlich und suprastaatlich) als auch zu verschiedenen funktionalen Systemen (Verwaltung, Politik, Wissenschaft, Öffentlichkeit) unterschieden werden.

Durch die Verflechtung der verschiedenen Akteure in sogenannten Netzwerken werden im Zusammenhang mit dem grenzüberschreitenden Transport von Luftschadstoffen Entscheidungs- und Verhandlungsmechanismen und Handlungsopportunitäten geschaffen, durch die eine Vielzahl von Problemlösungsansätzen erzeugt werden kann. Aus dieser Perspektive erfolgt die Problemlösung durch selbstorganisierte Netzwerke[21], die sich durch Verhaltenskoordination erzeugen und umgekehrt Produzenten der Verhaltenskoordination hinsichtlich einer normativen Behandlung des Ferntransports von Luftschadstoffen darstellen (vgl. [87]). Damit bietet sich zugleich eine Basis zur Interpretation möglicher zeitlicher Verzögerungen und Zwänge innerhalb der Entscheidungs- und Verhandlungsprozesse zur Minderung des grenzüberschreitenden Transports von Luftschadstoffemissionen wie auch zur Erklärung der Entwicklung innovativer Ansätze zur Problemlösung über organisationell-strukturelle Anpassungsmechanismen (vgl. Abschnitt III.1.1).

Die Evolution derartiger Netzwerke läßt sich als ein iterativer Prozeß beschreiben, wobei die Anpassung problemspezifisch bzw. projektorientiert verläuft. Als relevante Einflußfaktoren für einen solchen Anpassungsprozeß werden u. a. die Wahrnehmung der räumlichen Ausdehnung des Problems des grenzüberschreitenden Transports von Luftschadstoffen, das Auftreten und die Verflechtung vorliegender distributiver und kognitiver Probleme und die zur Verfügung stehenden Problemlösungskapazitäten[22]

---

[21] Vergleiche hierzu die Diskussion systemtheoretischer Ansätze zur Erklärung der Evolution natürlicher und sozialer Phänomene in z. B. [86, 138, 141].

[22] Vergleiche hierzu das von Prittwitz [245] formulierte Katastrophenparadox, wonach eine Weiterentwicklung der Umweltpolitik nicht nur durch die jeweiligen umweltrelevanten Problemlagen, sondern durch die zur Verfügung stehenden Kapazitäten bedingt wird.

(materieller und immaterieller Art) identifiziert. Vor diesem Hintergrund werden im folgenden als relevante Varianten in bezug auf die räumliche Differenzierung zwischenstaatlicher Netzwerke die bilaterale sowie die multinationale Zusammenarbeit als vorherrschendes Muster der multinationalen Zusammenarbeit und deren Einbettung in supranationale Organisationen dargestellt.

IV.1.1.1 Bilaterale Zusammenarbeit

Bei Vorliegen lokal bzw. regional abgegrenzter Probleme grenzüberschreitender Luftverschmutzung, von der nur zwei Länder maßgeblich betroffen sind (hierbei kann sowohl die Situation einer Einweg- als auch einer Zweiwegbelastung vorliegen), erweisen sich bilaterale Kooperationen als geeignete Problemlösungsstrukturen. Dabei hängt es von den Zielsetzungen der bilateralen Zusammenarbeit ab, inwieweit die Verflechtung vorliegender kognitiver und distributiver Probleme eine funktionale Ausdifferenzierung der beteiligten Akteure im Netzwerk notwendig macht, z. B. ob umweltpolitische Zielsetzungen mittels wissensbasierter, ordnungsrechtlicher oder ökonomischer Instrumente erreicht werden sollen.

Mit Blick auf wissenschaftliche Unsicherheiten im Zusammenhang mit der grenzüberschreitenden Luftverschmutzung kann nach [190] bilaterale Kooperation auf einer ersten Ebene zunächst einmal lediglich einen verbesserten Informationsaustausch in einem gemeinsamen "Informationspool" bedeuten, während auf einer zweiten Ebene gemeinsame Projekte und möglicherweise auch gemeinsame Projektgruppen auf Zeit initiiert werden. Auf einer dritten Ebene wird die zeitlich befristetete oder unbegrenzte Einrichtung gemeinsamer, pluridisziplinärer Gruppen unter einem gemeinsamen Dach vorgesehen.

Ein Beispiel für ein grenzübergreifendes Projekt stellt der "Luftreinhalteplan Straßburg/Ortenau" dar. Hier wurden mit dem Ziel, im französischen und deutschen Teil des Planungsgebiets die Luftqualität zu verbessern, in 4 Arbeitsgruppen, in denen bis zu 22 französische und deutsche Institutionen repräsentiert waren, Maßnahmenpläne für Emissionsminderungen auf der Grundlage von flächendeckenden Emissions- und Immissionserhebungen für die Schadstoffe SO_2, NO_x, CO, organische Dämpfe und Gase und Stäube entwickelt [229]. Dabei waren sowohl der Projektbeirat als auch die Arbeitsgruppen aus Vertretern von Politik, Verwaltung, Wissenschaft und Industrie aus beiden Ländern zusammengesetzt. Die Organisation der Arbeitsgruppen erfolgte projektorientiert, wodurch einzelne Umweltprobleme wie Emissionen und Emissionsminderungsmaßnahmen aus Verkehr, Industrie, Haushalten und Dienstleistungen in unterschiedlicher Zusammensetzung behandelt werden konnten. Bei der Realisierung spielte darüber hinaus als supranationale Organisation auch die Europäische Union eine wichtige Rolle, die im Rahmen des INTERREG-Programms das Projekt zu 50 % förderte. Aus rechtlicher Sicht kommt dem Luftreinhalteplan jedoch nicht der Status eines völkerrechtlich verbindlichen Abkommens zu, sondern er ist als wissenschaftlich fundierte Absichtserklärung zur Verbesserung der Luftverhältnisse im Großraum zu sehen.

Darüber hinaus gibt es für die Länder auch die Möglichkeit, die Zielsetzungen und Ergebnisse der grenzüberschreitenden Zusammenarbeit in völkerrechtlich bindenden Umweltschutzabkommen festzuschreiben. Dabei ist gemäß [159] die Bundesrepublik Deutschland von allen OECD-Ländern am meisten an bilateralen und trilateralen Umweltschutzabkommen als Vertragsstaat beteiligt. Im Bereich der Luftverschmutzung/Lärmminderung bestehen beispielsweise verbindliche Abkommen mit den Nachbarländern Schweiz und Österreich.

IV.1.1.2 Multinationale Zusammenarbeit

Mehrwegbelastungen durch grenzüberschreitende Luftschadstoffe, wie SO_x, NO_x und VOC, die über mehrere hundert Kilometer transportiert werden können, lassen sich zumeist räumlich nicht eindeutig einer bestimmten Region zuordnen, so daß sich Problemlösungsansätze allein durch multilaterale Zusammenarbeit ergeben. In Europa ist von den schädlichen Wirkungen grenzüberschreitender Luftschadstoffe wie der Versauerung, der Eutrophierung oder der Problematik des troposphärischen Ozons, eine Vielzahl europäischer Staaten gleichermaßen als Emittenten und Geschädigte betroffen.

Aufgrund der gegebenen räumlichen Verflechtung der verschiedenen Verursacher- und Wirkungsebenen im Zusammenhang mit grenzüberschreitenden Luftschadstoffen kommt bei der Entwicklung adäquater Handlungsstrategien zur Minderung schädlicher Umweltwirkungen einer organisationell-strukturellen Anpassung über die Vernetzung verschiedener Akteure auf nationaler und supranationaler Ebenen eine besondere Bedeutung zu. Eine solche organisationell-strukturelle Anpassung wird darüber hinaus auch durch das Fehlen supranationaler Instanzen bedingt, die, wie auf nationaler Ebene der Staat, verbindliche Regelwerke zur Luftreinhaltung erlassen und durchsetzen können. Damit treten dezentrale Lösungsansätze wie Verhandlungslösungen an die Stelle einer zentralen Lösung [112], wobei im allgemeinen eine Zustimmung der Beteiligten zur Entwicklung problembezogener Regelungsmechanismen vorausgesetzt wird. In der Literatur werden solche Regelungsmechanismen auch als "internationale Regime" bezeichnet (vgl. [32, 85, 155, 197, 200, 204]).

Die sich innerhalb derartiger Strukturen entwickelnden Entscheidungs-, Verhandlungs- und Koordinationsmechanismen bilden eine Basis für die Erarbeitung neuartiger Problemlösungsansätze (z. B. die gemeinsame Bearbeitung von Projekten oder die Festschreibung von verbindlichen Regelwerken, die eine länderübergreifende Vorgehensweise zur Emissionsminderung umfassen). Die Schwierigkeiten einer multinationalen Zusammenarbeit sind in Abhängigkeit von den angestrebten Zielen und der Zahl der beteiligten Staaten zu beurteilen. Es entsteht ein beträchtlicher sachlicher und institutioneller Koordinationsbedarf, wenn neben dem Einsatz wissensbasierter Instrumente (z. B. Informationstransfer in bezug auf Minderungstechnologien, Zusammenarbeit bei der Klärung wissenschaftlicher Fragen) auch Vereinbarungen hinsichtlich einer länderübergreifenden Einführung ökonomischer Instrumente angestrebt werden (z. B. für den Fall, daß bei ungleicher Kosten-Nutzen-Verteilung zwischen einigen Ländern Kompensationsmechanismen durchgesetzt werden sollen). Parallel dazu steigert sich der Grad der Verflechtung kognitiver und distributiver Probleme bei der multinationalen Zusammenarbeit auch mit zunehmender Anzahl beteiligter Länder, insbesondere dann, wenn in Vereinbarungen gleichzeitig Anreiz- und Sanktionsmechanismen zur Verhinderung eines möglichen Trittbrettfahrerverhaltens einzelner Länder einbezogen werden sollen.

Dabei kommt im Bereich des Ferntransport von Luftschadstoffen den supranationalen Institutionen eine besondere Bedeutung zu. Die verschiedenen Länder haben die Möglichkeit, dauerhaft oder zeitlich befristet einen Teil ihrer Kompetenzen in bezug auf die Luftreinhaltung auf supranationale Institutionen zu übertragen. Diese Kompetenzen umfassen die Durchführung von reinen Koordinierungs- und Planungsaufgaben aber auch die subsidiare Zuständigkeit für die Beschlußfassung in bezug auf die Einführung gemeinschaftlicher Rechtsvorschriften, wie z. B. im Falle der EU.

Nach Ansicht von [99, 100, 122] ermöglicht die Übertragung von Kompetenzen auf europäische Institutionen gleichzeitig eine dynamische Entwicklung der europäischen Umweltpolitik, da durch den institutionellen Kompetenzenwettbewerb zwischen supranationalen Institutionen und Nationalstaaten und dem "regulativen Wettbewerb" zwischen den einzelnen Ländern der Spielraum für innovative Problemlösungsoptionen vergrößert wird.

IV.1.1.3 Einbettung multinationaler Zusammenarbeit in supranationalen Institutionen in Europa

Angesichts der erwähnten Übertragung von Kompetenzen in bezug auf den grenzüberschreitenden Transport von Luftschadstoffen von einzelnen Ländern auf supranationale Institutionen ist festzustellen, daß tatsächlich ein Großteil der Projekte multinationaler Zusammenarbeit in Europa in supranationalen Institutionen "eingebettet" stattfindet. Supranationale Institutionen, die sich mit Fragen der grenzüberschreitenden Luftverschmutzung in Europa befassen, sind insbesondere:

- die Europäische Wirtschaftskommission der Vereinten Nationen (UN/ECE),
- die Europäische Union (EU), aber auch
- die Organisation für wirtschaftliche Zusammenarbeit und Entwicklung (OECD).

Dabei konzentrieren sich die Aktivitäten der UN/ECE und EU im Rahmen Luftreinhaltung maßgeblich auf den europäischen Kontext. Die Entwicklung, Zielsetzungen und Rechtsgrundlagen der Umweltpolitik der UN/ECE und EU werden im folgenden unter besonderer Berücksichtigung des grenzüberschreitenden Transport von Luftschadstoffen dargestellt.

- **Die Europäische Wirtschaftskommission der Vereinten Nationen (UN/ECE)**

Die UN/ECE mit Sitz in Genf besteht seit März 1947. Sie umfaßt 55 Mitgliedsländer[23] in West- und Osteuropa, sowie die USA und Kanada. Die UN/ECE stellt somit die einzige supranationale Institution in Europa dar, durch die auch in der Vergangenheit Zusammenkünfte zwischen Umweltexperten aus Ost und West organisiert und in der Folge Abkommen zur Luftreinhaltung über die damaligen Blockgrenzen hinweg von Staaten in Ost und West erarbeitet werden konnten. Innerhalb der UN/ECE konnten erstmals nahezu alle europäischen "Export"- und "Importländer" von grenzüberschreitenden Luftschadstoffemissionen zusammengeführt werden [246].

Die UN/ECE fungiert im Bereich der multinationalen Zusammenarbeit in bezug auf die grenzüberschreitende Luftverschmutzung als unterstützende (koordinierende) Einrichtung, die eine indirekte Hilfe durch die Erstellung und Vergabe von wissenschaftlichen Studien und Statistiken, die Organisation internationaler Konferenzen und die

---

[23] Stand: August 1998

Anregung von Konventionen leistet [111]. Das Exekutivorgan dieser Aktivitäten innerhalb der UN/ECE ist der "Executive Body" der "Convention on Long-range Transboundary Air Pollution".

Diese Konvention wurde im November 1979 in Genf auf Betreiben der UN/ECE von 30 Staaten Europas, der Europäischen Gemeinschaft und von den USA und Kanada unterzeichnet. Die Konvention trat am 16. März 1983 in Kraft. Seitdem wurde die Konvention, die als Rahmenvertrag zunächst relativ vage gehaltene Aufforderungen an die Mitgliedsstaaten umfaßt, ohne daß exakte Standards oder Sanktionen vorgesehen wurden, durch insgesamt 5 Protokolle ausgefüllt (vgl. Abschnitt IV.1.2). Die Aktivitäten und Zielsetzungen der Arbeitsgruppen (vgl. Abschnitt IV.1.1.4), die unterhalb des "'Executive Body" ins Leben gerufen wurden, umfassen die Vorbereitungen zur Entwicklung weiterer und zur Fortschreibung existierender Protokolle, z. B. für die Minderung von NO_x- und VOC-Emissionen, die hier besonders betrachtet werden.

- **Die Europäische Union (EU)**

Die EU[24] befaßt sich seit Ende der 60er Jahre mit Umweltfragen. Als Startpunkt der Umweltpolitik der EU gilt die Verabschiedung des Ersten Aktionsprogrammes der EG für den Umweltschutz im Jahr 1973, in dem sich die Gemeinschaft verpflichtete, das ihr zur Verfügung stehende Instrumentarium in den Dienst eines gemeinschaftlichen Umweltschutzes zu stellen. Seitdem wurde bereits das Fünfte Aktionsprogramm mit einer Laufzeit zwischen Anfang 1993 bis zum Jahr 2000 erarbeitet.

Die Aktionsprogramme der EU sind dabei primär als politische Absichtserklärungen und freiwillige Selbstbindungen des Rates und der Mitgliedsstaaten zu verstehen. Sie enthalten generelle Leitlinien und Grundsätze sowie eine allgemeine Beschreibung der erforderlichen Aktivitäten im Umweltschutz. In ihrem Fünften Aktionsprogramm unternimmt die EU eine stärkere Orientierung hin zu längerfristiger Zielformulierung und zu eher globalen Ansätzen, wie der Titel "Towards Sustainability" deutlich macht. Zur Erreichung dieser Zielsetzung wird eine Erweiterung der einsetzbaren Instrumente gefordert, die eine Ersetzung des "command-and-control" Ansatzes durch eine Aufteilung der Verantwortung zwischen verschieden Akteuren (Regierungen, Industrie

---

[24] Der Oberbegriff Europäische Union (EU) wird erst seit dem Inkrafttreten des Vertrages von Maastricht 1993 für die übergreifende Organisationsform der bisherigen Europäischen Gemeinschaft (EG) sowie der vertraglichen Koordinierung von Außen- und Innenpolitik außerhalb des Gemeinschaftsrechts verwendet.

und Öffentlichkeit) vorsieht. Dabei sollen auch verstärkt ökonomische Instrumente als Anreiz zum Gebrauch emissionsarmer Produkte und Prozesse zum Einsatz kommen.

Nach den Verträgen (Art. 155 EWGV) kommt der EU-Kommission das alleinige Recht zur Initiative zu; sie übernimmt also in der Regel die Rolle des Initiativträgers in Umweltfragen, obwohl hier Nationalstaaten durch regulative Vorschläge als "first-mover" auftreten können. Innerhalb des Verwaltungsapparats ist hauptsächlich die Generaldirektion XI (Umwelt, nukleare Sicherheit und Katastrophenschutz) für Fragen der Luftreinhaltung verantwortlich.

Vor Inkrafttreten der Einheitlichen Europäischen Akte im Jahre 1997 bestand die Rechtsgrundlage für die umweltpolitischen Aktivitäten der EG vor allem aus den beiden Generalermächtigungen des EWG-Vertrages für Rechtsangleichungen und zur Verwirklichung des Gemeinsamen Marktes (Art. 100 und 235 EWGV). Erst durch die Einheitliche Europäische Akte wurden ausdrücklich Kompetenzen von Mitgliedsstaaten für den Umweltschutz und damit auch für Fragen der Luftreinhaltung auf die EU übertragen. Im Unterabschnitt VI "Umwelt", Art. 130r bis 130t EWGV wird der Begriff "Umweltschutz" geleitet von Grundsätzen der Vorbeugung und der Bekämpfung der Umweltbeeinträchtigung an deren Ursprung und dem Verursacherprinzip bei der Folgenbekämpfung eingeführt. Durch die Einheitliche Europäische Akte erlangte die EU das Recht, umweltpolitische Entscheidungen auch dann zu treffen und durchzusetzen, wenn diese nicht primär wirtschaftspolitischen Zielen, insbesondere der Errichtung des Gemeinsamen Marktes, dienen. An dieser Stelle sei auf die umfangreiche Literatur zu dieser Thematik verwiesen (z. B. [107, 165, 132, 150, 136, 133]. Im Vergleich zur UN/ECE hat die EU damit weitgehendere Kompetenzen zur Umsetzung eigener Entscheidungen im Bereich der Luftreinhaltung und zu einer verbindlichen Normsetzung (z. B. Verordnungen und Richtlinien). Andererseits eignet sich die UN/ECE aufgrund ihrer Mitgliederstruktur in West- und Osteuropa als geeignete Plattform für geographisch umfassende Regelungen zur Problematik der grenzüberschreitenden Luftverschmutzung. Die EU ist auch in der UN/ECE als eigenständige Körperschaft integriert.

IV.1.1.4 Administrative Strukturen und Ablauf von Verhandlungsprozessen in UN/ECE und EU

Für Fragen der weiträumigen grenzüberschreitenden Luftverschmutzung innerhalb der UN/ECE stellt der Executive Body (EB) das höchste Entscheidungsgremium der

Convention on Long-range Transboundary Air Pollution (CLRTAP) dar. Der EB ist ein unabhängiges länderübergreifendes Organ der Vertragsparteien der CLRTAP. Aus rechtlicher Sicht bietet der EB der CLRTAP ein Forum für das Zusammentreffen der Vertragsparteien und für Verhandlungen zur Vorbereitung von Protokollen. Der Exekutivsekretär der Wirtschaftskommission für Europa übernimmt dabei im Auftrag der Vertragsparteien folgende Aufgaben:

- die Einberufung und Vorbereitung von Sitzungen des EB,
- die Weiterleitung von Berichten und anderen Informationen an die Vertragsparteien,
- die Übernahme sonstiger vom EB übertragener Aufgaben.

Darüber hinaus überwacht der EB die Implementierung der CLRTAP ("Implementation Comittee") durch die Vertragsparteien und organisiert die Erstellung von Arbeitsplänen in bezug auf künftige Aktivitäten. Zur Erfüllung der im Arbeitsplan festgeschriebenen Zielsetzungen kann der EB neue Organe ins Leben rufen oder das Mandat von Arbeitsgruppen zeitlich befristen [246, 258]. Abbildung IV.1 zeigt die derzeitige Struktur[25] der Arbeitsgruppen in Rahmen der CLRTAP, die u. a. die Verhandlungen zur Fortschreibung der NO_x- und VOC-Protokolle unterstützen. Neue Protokolle zu persistenten organischen Schadstoffen (POPs) und zu Schwermetallen ("heavy metals") wurden am 24. Juni 1998 durch die Umweltminister der Vertragsparteien auf einer Sondersitzung des EB in Århus in Dänemark unterzeichnet. Diese Protokolle müssen bis zu ihrem Inkrafttreten von mindestens 24 Vertragsparteien der CLRTAP ratifiziert werden. [230]

Die Verhandlungsprozesse zur Erarbeitung neuer Protokolle finden unter dem Dach der "Working Group on Strategies" statt, jedoch sind alle Arbeitsgruppen an der Erarbeitung der dazu notwendigen Informationsbasis beteiligt. Der Ermittlung atmosphärischer Transferkoeffizienten kommt bei der Erarbeitung aller Protokolle eine zentrale Bedeutung zu. Für die Entwicklung neuer Protokolle[26] werden darüber hinaus Daten zur Beurteilung der Wirkungen von Luftschadstoffen und Informationen zu Kosten und Effizienz von Minderungsmaßnahmen benötigt (vergleiche hierzu Abschnitt IV.2).

---

[25] Stand Februar 1998 [232].

[26] Bei der Fortschreibung der Protokolle wird in diesem Zusammenhang auch von Protokollen der 2. Generation gesprochen.

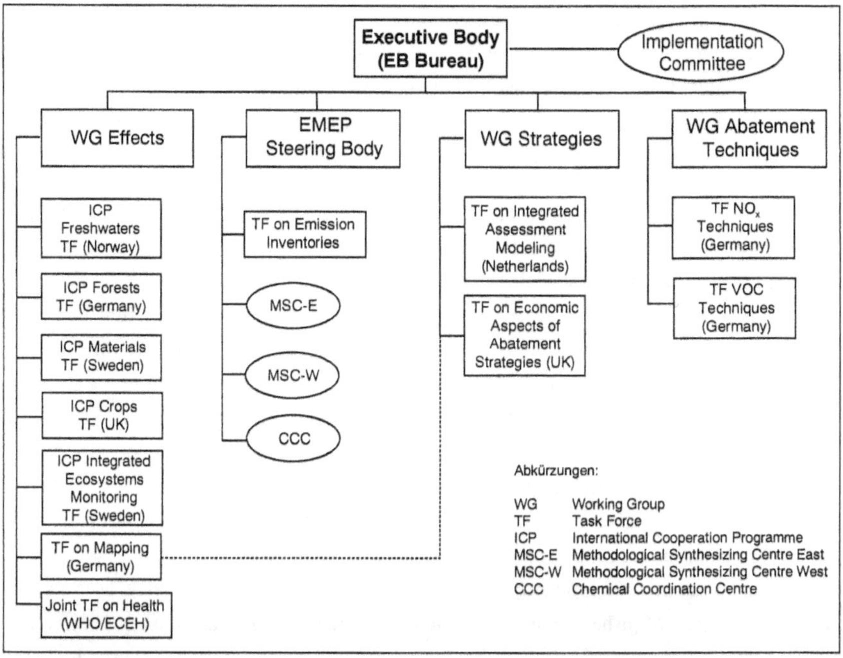

Abbildung IV.1: Derzeitige Struktur der länderübergreifenden Arbeitsgruppen und wissenschaftlichen Zentren im Rahmen der CLRTAP [232]

Im Gegensatz zur UN/ECE haben die Gremien der Europäischen Union (EU) die Möglichkeit, eigenständig rechtsverbindliche Regelwerke zur Begrenzung von Schadstoffemissionen zu erarbeiten. Dabei ist es Aufgabe der Europäischen Kommission, Vorschläge für Rechtsvorschriften zu machen, die entweder in Form von Verordnungen, die verbindlich in jedem Mitgliedsstaat gelten, oder in Form von Richtlinien Geltung erlangen, die für die Mitgliedsstaaten verbindlich sind und von ihnen in nationales Recht umgesetzt werden müssen. Verordnungen und Richtlinien der EU stellen damit vollwertige Gesetze dar. Innerhalb der Kommission ist die zuständige Generaldirektion gleichzeitig auch für die Überprüfung der Umsetzung von Richtlinien zuständig (vgl. IV.1.1.3).

Im Gesetzgebungsverfahren der EU werden die Entscheidungen über Vorschläge zu neuen Rechtsvorschriften im allgemeinen vom Ministerrat getroffen. Dies gilt insbesondere auch für Maßnahmen zur Emissionsminderung von Luftschadstoffen. Für Fragen der grenzüberschreitenden Luftverschmutzung sind im Rat der Europäischen Union die zuständigen Fachminister, d. h. die Umweltminister der Mitgliedsstaaten, vertreten, die gewöhnlich drei bis vier Mal pro Jahr zu offiziellen Sitzungen zusammentreten. Innerhalb des Ministerrates werden Entscheidungen auf dem Verhandlungswege zwischen souveränen Staaten getroffen, wobei die Interessen der einzelnen Mitgliedsstaaten zum Ausgleich gebracht werden. Folglich wird in dieser Hinsicht faktisch die Nähe des Entscheidungsmechanismus der EU zu Rechtssetzungsverfahren innerhalb anderer internationaler Institutionen deutlich.

Seit Inkrafttreten der Einheitlichen Europäischen Akte wurde die Möglichkeit geschaffen, Umweltmaßnahmen im Rat mit qualifizierter Mehrheit statt wie bisher mit Einstimmigkeit anzunehmen. Allerdings entscheidet der Rat selbst (mit Einstimmigkeitserfordernis), welche Beschlüsse mit qualifizierter Mehrheit getroffen werden (vgl. hierzu [107]). Die Existenz der anderen Organe, wie die Kommission und das Europäische Parlament (EP), macht die EU hingegen mit souveränen innerstaatlichen Entscheidungssystemen vergleichbar [107]; jedoch stellt sich die Funktionsweise und die Kompetenz dieser Gremien abweichend dar. Bei der Entscheidung über allgemeine Aktionsprogramme der Umweltpolitik und deren Schwerpunktsetzungen hat das Europäische Parlament das Recht, gemeinsam mit dem Rat zu entscheiden. Zu Umweltfragen mit Einstimmigkeitserfordernis seitens des Rates wird das Parlament gehört, doch ist seine Stellungnahme nicht verbindlich. Wenn der Rat über eine Maßnahme mit qualifizierter Mehrheit abgestimmt hat, darf das EP Änderungen vorschlagen. Neben dem Europäischen Parlament hat auch der Wirtschafts- und Sozialausschuß, als Vertretung organisierter gesellschaftlicher Interessen im europäischen Willensbildungsprozeß (z. B. europäische Umwelt- und Industrieverbände) die Möglichkeit, Änderungswünsche zu Gesetzesvorhaben an die Kommission weiterzuleiten.

Neben dem Europäischen Parlament und insbesondere dem Ministerrat und der Kommission, die Arbeitsgruppen zur Klärung wissenschaftlichen Fragestellungen bei der Vorbereitung von Gesetzesvorhaben im Zusammenhang mit der grenzüberschreitenden Luftverschmutzung ins Leben rufen können, existiert mit der seit 1994 in Kopenhagen tätigen Europäischen Umweltagentur ein weiteres Organ, welches den Entscheidungs- und Verhandlungsprozeß innerhalb der EU und in den Mitgliedsstaaten mit relevanten wissenschaftlich untermauerten Informationen unterstützt. Konkret kommen der Europäischen Umweltagentur dabei die Aufgaben zu, die einzelnen Organe der Union, die Mitgliedsstaaten sowie Drittstaaten mit technischen und wirtschaftsbezogenen wissenschaftlichen Informationen zu beliefern, die erforderlich sind, um Umweltschutzmaßnahmen und -rechtsvorschriften festzulegen, vorzubereiten und umzusetzen, Verfahren zur Vorhersage zu entwickeln, damit rechtzeitig geeignete Vorsorgemaßnahmen getroffen werden können und dafür Sorge zu tragen, daß europäische Umweltdaten in internationale Umweltprogramme einbezogen werden. Im Zusammenhang mit der grenzüberschreitenden Luftverschmutzung besteht ein wichtiger Beitrag in der Erarbeitung des europäischen Emissionsinventars CORNAIR in Zusammenarbeit mit dem European Air Topic Centre. Ein weiterer wichtiger Beitrag, der zukünftig von der Europäischen Umweltagentur erwartet wird, besteht in der Erarbeitung von länderübergreifend anzuwendenden Grundsätzen zur Ermittlung von Kosten der Emissionsminderung. Dies wird insbesondere für die hier bearbeitete Aufgabenstellung wichtig.

IV.1.2 Ausgewählte Ergebnisse von Verhandlungsprozessen zur Minderung der grenzüberschreitenden Luftschadstoffemissionen

Im folgenden Abschnitt sollen ausgehend von der Beschreibung der administrativen Strukturen und des Ablaufs von Verhandlungsprozessen in der UN/ECE und der EU zwei bedeutende Regelwerke als Beispiele von Ergebnissen von Verhandlungsprozessen herausgegriffen und kurz erläutert werden. Es handelt sich in beiden Fällen um Rahmenrichtlinien bzw. -konventionen, die nach Unterzeichnung der jeweiligen Mitgliedsstaaten durch spezifische Folgerichtlinien bzw. -protokolle ausgefüllt wurden. Die angesprochenen Regelwerke betreffen die Richtlinie 84/360/EWG des Rates vom 28. Juni 1984 zur Bekämpfung der Luftverunreinigung durch Industrieanlagen [172], die mit der Richtlinie 88/609/EWG des Rates vom 24. November 1988 zur Begrenzung von Schadstoffemissionen von Großfeuerungsanlagen in die Luft [173] konkretisiert wurde und die Rahmenkonvention über den weiträumigen Transport von Luftschadstoffen [54], mit ihren Folgeprotokollen zur Reduktion von SO_2-, NO_x- und VOC-Emissionen [55-59].

IV.1.2.1 Die Rahmenrichtlinie 84/360/EWG des Rates vom 28. Juni 1984 zur Bekämpfung der Luftverunreinigung durch Industrieanlagen und Folgerichtlinien

Weniger als ein Jahr nach der von der Europäischen Kommission organisierten Konferenz zum Problem der "Sauren Niederschläge als Herausforderung für Europa" wurde von den Umweltministern des Rates die Rahmenrichtlinie 84/360/EWG zur Bekämpfung der Luftverunreinigung durch Industrieanlagen angenommen, welche eine Reihe von Maßnahmen zur Vermeidung und Minderung von Emissionen industriellen Ursprungs vorsieht. Die wichtigste Bestimmung der Direktive betrifft die Verpflichtung der Mitgliedstaaten, alle ab dem 1. Juli 1987 neu zu errichtenden Industrieanlagen bestimmter Sektoren und definierter Kapazitätsklassen (ein Verzeichnis der betroffenen Anlagen befindet sich im Anhang der Direktive) Genehmigungsverfahren zu unterwerfen. Gleiches gilt auch für weitgehende technische Änderungen von Altanlagen. Dabei ist durch die Genehmigungsbehörden u. a. im Vorfeld zu prüfen, daß alle geeigneten Vorsorgemaßnahmen zur Vermeidung von Luftverschmutzung getroffen worden sind (einschließlich der Nutzung der besten verfügbaren Technologien, sofern die Durchführung solcher Maßnahmen keine unverhältnismäßig hohen Kosten verursacht), daß der Betrieb der Anlage keine signifikante Luftverunreinigung, insbesondere durch die Emission von Schwefel- und Stickstoffverbindungen, Kohlenmonoxid, organischen Substanzen, Schwermetallen und Schwermetallverbindungen, Stäube, Chlor und Fluor und deren Verbindungen (siehe Annes II der Direktive), verursachen wird, daß keiner der geltenden Emissionsgrenzwerte überschritten wird und daß alle geltenden Luftqualitätsgrenzwerte berücksichtigt werden.

Die Richtlinie sieht ebenfalls Regelungen für Altanlagen vor. Insofern sind von den Mitgliedstaaten geeignete Strategien anzuwenden, die eine fortschreitende Anpassung von Altanlagen an den für Neuanlagen vorgeschriebenen technischen Stand erlauben. Bei der Anpassung von Altanlagen sind u. a. technische Besonderheiten, der Auslastungsgrad und die Restnutzungsdauer der Anlage, die Art und die Menge der von der Anlage emittierten Schadstoffe und der Grundsatz, daß dies für die betreffenden Anlagen, insbesondere in Anbetracht der wirtschaftlichen Lage der Unternehmen des jeweiligen Sektors, nicht mit unvertretbar hohen Kosten verbunden sein sollte, zu berücksichtigen. In dieser Hinsicht wurde durch die Festlegung von konkreten Grenzwerten für Schadstoffemissionen, die sich an besten verfügbaren Technologien orientiert, durch die Direktive ein Fortschritt erzielt, da sich die europäischen Länder in vorausgehenden Verhandlungsprozessen lediglich auf Luftqualitätsziele einigen konnten, die für die Industrie einen gering einzustufenden Verpflichtungsgrad hatten. Darüber hinaus sieht die Direktive auch Maßnahmen zum Austausch von Informationen zwischen den Mitgliedsstaaten vor, insbesondere in bezug auf verwendete Emissionsminderungsmaßnahmen.

Vier Jahre nach Verabschiedung der Rahmenrichtlinie 84/360/EWG wurde mit der Richtlinie des Rates vom 24. November 1988 zur Begrenzung von Schadstoffemissionen von Großfeuerungsanlagen in die Luft (88/609/EWG) ein Vertragswerk angenommen, in dem für SO_2- und NO_x-Emissionen innerhalb der Europäischen Union Emissionsminderungen von 60 bzw. 40 % aus Anlagen, deren Feuerungswärmeleistung 50 MW_{th} oder mehr beträgt, bis zum Jahr 2003 in drei bzw. bis zum Jahr 1998 in zwei Etappen avisiert werden (ausgehend vom Basisjahr 1980), wobei die etappenweise definierten Emissionsobergrenzen der Mitgliedsstaaten länderspezifisch festgelegt werden. Zur Erreichung dieser Ziele werden in der Richtlinie 88/609/EWG länderübergreifend konkrete Emissionsgrenzwerte für SO_2, NO_x und Staub in Abhängigkeit von verschiedenen Brennstoffarten und Feuerungswärmeleistungsklassen definiert. In der Richtlinie werden ebenfalls Verfahrensweisen zur Messung und Überprüfung der Emissionswerte und Möglichkeiten für Ausnahmeregelungen hinsichtlich einer Überschreitung von Grenzwerten und Fristen festgelegt. Im Sinne einer Anpassung der Direktive an den technischen Fortschritt oder aber an unvorhergesehene Veränderungen der Energienachfrage bzw. des Angebots von Brennstoffen ist für die Mitgliedsstaaten und die Kommission die Möglichkeit vorgesehen, Vorschläge hinsichtlich einer Änderung von Grenzwerten und Minderungspflichten einzelner Länder einzureichen. Dies war bei der Fortschreibung von Grenzwerten für SO_2-Emissionen für Neuanlagen mit einer Feuerungswärmeleistung zwischen 50 und 100 MW_{th} im Jahre 1992 der Fall [132, 172, 173].

IV.1.2.2 Die Rahmenkonvention über weiträumigen Transport von Luftschadstoffen der UN/ECE und ihre Folgeprotokolle

Einer Empfehlung der Schlußakte der Konferenz über Sicherheit und Zusammenarbeit in Europa zur Verstärkung der internationalen Zusammenarbeit zur Bekämpfung von Umweltproblemen durch Luftschadstoffemissionen folgend, wurde die Rahmenkonvention über den weiträumigen Transport von Luftschadstoffen im November 1979 auf einer Sitzung auf Ministerebene unter dem Dach der UN/ECE erarbeitet und von 34 Regierungen in Ost- und Westeuropa, von den USA, Kanada und der Europäischen Gemeinschaft unterzeichnet. Als Initiatoren dieses Regelwerkes taten sich die skandinavischen Länder hervor, bei denen schon seit den 60er Jahren deutliche Schädigungen von Gewässern und Waldgebieten durch saure Niederschläge registriert wurden. Seit dem Inkrafttreten der Konvention im Jahre 1983 sind bis dato 43 Länder einschließlich der EU der Konvention beigetreten, die im wesentlichen als Rahmenvertrag mit allgemeiner Zielsetzung aufgefaßt werden kann. Sie stellt ein juristisch bindendes Instrument dar, mit dem eine Lösung des Problems des grenzüberschreitenden Transport von Luftschadstoffen über die gemeinsame Entwicklung von Emissionsminderungs- und Vermeidungsstrategien und die Zusammenarbeit politischer und wissenschaftlicher Akteure in verschiedenen Ländern angestrebt wird. Die konkrete Entwicklung von schadstoffspezifischen Minderungsstrategien erfolgte erst durch die Erweiterung der Rahmenkonvention durch fünf spezifische Folgeprotokolle (zwei weitere Protokolle zu POPs und "heavy metals" sind bislang von den Vertragsparteien noch nicht ratifiziert worden).

- **Das "EMEP"-Protokoll von 1984**

Das "EMEP"-Protokoll aus dem Jahre 1984 liefert die Grundlage für die weitere Entwicklung der Luftreinhaltepolitik im Rahmen der Konvention über den weiträumigen Transport von Luftschadstoffen. Es umfaßt die vertraglich festgelegte und langfristige Finanzierung eines Kooperationsprogrammes zur Überwachung und Bewertung des weiträumigen Schadstofftransportes in Europa. Das Programm, welches kostenteilig durch die Teilnehmerländer finanziert wird und im Jahre 1988 in Kraft trat, liefert mit der Erstellung von Emissionsdaten, der Erfassung von Daten zur Luft- und Niederschlagsqualität und der Abbildung des Schadstofftransportes eine wichtige Basis zur Erarbeitung der gemeinsamen Luftreinhaltepolitik, die sich an Vereinbarungen über die Verminderung von Schadstoffemissionen orientieren.

- **Das Schwefelprotokoll von 1985**

Im sogenannten Schwefelprotokoll, welches im Jahre 1985 in Helsinki unterzeichnet wurde und im Jahre 1987 in Kraft trat, verpflichten sich die Teilnehmerländer, ihre jährlichen Schwefelemissionen um mindestens 30% sofort und spätestens bis zum Jahre 1993 zu reduzieren, wobei das Jahr 1980 als Basis zur Berechnung der mengenmäßigen Minderung festgelegt wurde. Mit dem Protokoll wurde der in Kapitel III (vgl. Abschnitt III.3.2) vorgestellte Ansatz der Definition einheitlicher Emissionsziele für alle beteiligten Länder umgesetzt. Bis März 1998 hatten 21 Länder das Protokoll ratifiziert.

Als Folge wurden von einigen der beteiligten Länder Minderungen ihrer Schwefelemissionen von über 80 % umgesetzt. Jedoch ist festzustellen, daß insgesamt von allen Unterzeichnerstaaten der Konvention nur eine Minderung von rund 30 % erreicht wurde.

- **Das NO_x-Protokoll von 1988**

Das NO_x-Protokoll, das im Jahre 1988 in Sofia unterzeichnet wurde und 1991 in Kraft trat, sieht als ersten Schritt ein "Einfrieren" der NO_x-Emissionen auf dem Niveau von 1987 bis zum Jahr 1994 vor (mit Ausnahme der USA, die durchsetzten, ihre Emissionsminderung auf das Jahr 1978 zu beziehen). Zusätzlich zum Ansatz der Definition einheitlicher Emissionsziele wurde im NO_x-Protokoll als neues Charakteristikum die Verpflichtung der Länder zur Verwendung allgemeiner, länderübergreifend definierter bester verfügbarer und wirtschaftlich vertretbarer Emissionsminderungstechnologien eingeführt [258].

- **Das VOC-Protokoll von 1991**

Mit dem NO_x-Protokoll fand eine Erweiterung der Aktivitäten der UN/ECE in Richtung von Strategien zur Bekämpfung der Luftverschmutzung durch Photooxidantien statt. Im Jahre 1991 wurde dahingehend das sogenannte VOC-Protokoll im Hinblick auf die zweite wichtige für die troposphärische Ozonbildung verantwortliche Komponente von 23 Ländern unterzeichnet, es trat im September 1997 in Kraft. Hinsichtlich der Definition von Emissionsminderungszielen für die beteiligten Länder wurden im VOC-Protokoll folgende Optionen eingebracht:

(i) Eine VOC-Emissionsminderung von 30 % bis zum Jahr 1999, wobei ein Jahr zwischen 1984 und 1990 als Basis zugrunde gelegt wird.

(ii) Dieselbe VOC-Emissionsminderung wie unter (i) innerhalb einer sogenannten "Troposphoric Ozone Management Area" (TOMA) die im Anhang I des Protokolls definiert wird und die Verpflichtung, daß bis zum Jahre 1999 die nationalen Gesamtemissionen das Niveau von 1988 nicht übersteigen sollen.

(iii) In Ländern, in denen die Emissionen im Jahre 1988 ein bestimmtes definiertes Niveau nicht überstiegen haben, kann eine Stabilisierung der Emissionen auf diesem Niveau bis zum Jahr 1999 angestrebt werden.

Durch die obengenannten Optionen wird zwar im wesentlichen am Ansatz der Definition einheitlicher Emissionsziele festgehalten, jedoch ist durch die Schaffung der Möglichkeit einer partiellen Berücksichtigung regionaler Unterschiede hinsichtlich der Emissionen und der Schädigungen (z. B. in den TOMA) ein gewisser Fortschritt in bezug auf die Kosteneffizienz der angestrebten VOC-Emissionsminderungsmaßnahmen zu verzeichnen.

Wie das NO_x-Protokoll umfaßt auch das VOC-Protokoll Gebote für die Verwendung von besten verfügbaren, ökonomisch vertretbaren Technologien. Diese beziehen sich auf neue und existierende stationäre und mobile Quellen, für die Emissionsziele werden unterschiedliche Übergangsfristen festgeschrieben. Die Definitionen der besten verfügbaren, ökonomisch vertretbaren Technologien in den technischen Anhängen des Protokolls haben jedoch nur empfehlenden Charakter [132, 258].

- **Das zweite Schwefelprotokoll von 1994**

Ungeachtet der in Folge des 1. Schwefelprotokolls schon erreichten europaweiten Minderung der SO_2-Emissionen von rund 30 % wurde im Jahre 1988 im Executive Body der CLRTAP beschlossen, ein zweites Schwefel- und ein zweites NO_x-Protokoll vorzubereiten, da zum einen SO_2- und NO_x-Emissionen als andauernde Umweltbelastung und als langjähriges Problem identifiziert wurden und zum anderen, weil die in den bisherigen Protokollen festgelegten einheitlichen Minderungsraten für alle Länder zunehmend auf Kritik stießen. Diese Kritik richtete sich insbesondere auf das Fehlen eines Ursachen-Wirkungs-Bezugs bei der Erstellung von Minderungsstrategien für ganz Europa (vgl. [40]).

Das zweite Schwefelprotokoll wurde im Juni 1994 von 28 europäischen Ländern einschließlich der EU unterzeichnet und trat im August 1998 in Kraft. Als wichtigste methodische Neuerung wurde im zweiten Schwefelprotokoll ein Ursache-Wirkungs-Bezug umgesetzt. Dabei werden Emissionen, atmosphärischer Transport und die Deposition von Luftschadstoffen integriert betrachtet mit dem Ziel, den Grad der Emissionsminderung vom Einfluß der Depositionen auf die Rezeptoren abhängig zu machen. Konzeptuell erfolgte diese Integration durch die Umsetzung einer mit dem in Abschnitt III.3.3 beschriebenen multinationalen Allokationsansatz vergleichbaren Methodik. Eine Darstellung der Anwendung dieses Konzept zur Entscheidungsunterstützung hinsichtlich der Probleme der Versauerung und der troposphärischen Ozonbildung erfolgt in den Abschnitten IV.2.1 und IV.2.2. Darüber hinaus flossen bei der Vorbereitung des zweiten Schwefelprotokolls Empfehlungen zu besten verfügbaren Technologien und Anregungen zu Energiesparmaßnahmen auf der Nachfrageseite und der Verwendung von ökonomischen Instrumenten ein. Ein neues Merkmal der zweiten Protokollgeneration stellt auch die Entscheidung dar, dem Executive Body der CLRTAP ein neues Gremium mit festgelegten Kompetenzen zur Überprüfung der Erfüllung der Vereinbarungen ("review of compliance") zur Seite zu stellen ("Implementation Committee"). Die neue Organisationsstruktur der CLRTAP ist in Abbildung IV.1 gegeben.

IV.2 Die Umsetzung des Konzepts des Integrated Assessments zur Vorbereitung von Emissionsminderungsstrategien innerhalb der UN/ECE

Zur Vorbereitung von neuen Emissionsminderungsstrategien im Zusammenhang mit bestimmten Wirkungskategorien wie z. B. Versauerung oder troposphärische Ozonbildung wurde, wie in Vergangenheit für das zweite Schwefelprotokoll oder derzeit für neue NO_x- und VOC-Protokolle, das Konzept des sogenannten Integrated Assessment umgesetzt. Konzeptuell sind dabei die verwirklichten Integrated-Assessment-Modelle (IAM) in ihrer Grundstruktur ähnlich dem in Abschnitt III.3.3 vorgestellten multinationalen Allokationsansatz zur Definition von Emissionszielen (Problem (1)).

In der Vorbereitungsphase des zweiten Schwefelprotokolls wurden drei unterschiedliche Integrated-Assessment-Modelle mit verschiedenen Eigenschaften entwickelt: das RAINS Modell (Regional Air Pollution Information System) [4] vom International Institute for Applied System Analysis (IIASA), das CASM Modell (Coordinated Abatement Strategy Model] des Stockholm Environment Institute [223] und das ASAM Modell (Abatement Strategies Assessment Model) des Imperial College [15]. Ein Vergleich der angesprochenen Integrated-Assessment Modelle findet sich z. B. in [6].

Derzeit werden Anstrengungen zur Weiterentwicklung der genannten Modelle für ihre Verwendung bei der Vorbereitung von Minderungstrategien im Zusammenhang mit dem troposphärischen Ozonproblem unternommen. Es wird angenommen, daß sich das RAINS-Modell zukünftig als Referenzmodell innerhalb der UN/ECE durchsetzt. Darauf deuten sowohl die derzeitigen Aktivitäten der UN/ECE Task Force on Integrated-Assessment-Modelling als auch die Tatsache hin, daß sich auch die Generaldirektion XI der Europäischen Kommission für die Vorbereitung ihrer Versauerungs- und troposphärischen Ozonstrategie für das RAINS-Modell entschieden hat.

Globale Integrated-Assessment-Modelle werden derzeit auf internationaler Ebene auch zur Erstellung von Treibhausgasminderungsstrategien entwickelt (vgl. [3, 96, 148, 195]). Eine Übersicht von globalen Integrated-Assessment-Modellen findet sich in [63].

Im folgenden werden die Ansätze, die zur Verwirklichung von Integrated-Assessment-Modellen im Zusammenhang mit den Strategien zur Versauerungsproblematik und zum troposphärischen Ozonproblem konzipiert wurden, vorgestellt.

IV.2.1 Das Konzept des Integrated Assessment im Zusammenhang mit der Versauerungsproblematik

Der angestrebte Wirkungsbezug bei der Erstellung einer europaweiten Minderungsstrategie im Zusammenhang mit der Versauerungsproblematik wird im Integrated-Assessment-Ansatz über kritische Depositionen bzw. Konzentrationen hergestellt. Die vereinfachte methodische Darstellung dieses Ansatzes für einen bestimmten Schadstoff wie beispielsweise SO_2 im Fall der Versauerung ist in Abbildung VI.2 für drei beteiligte Länder graphisch dargestellt.

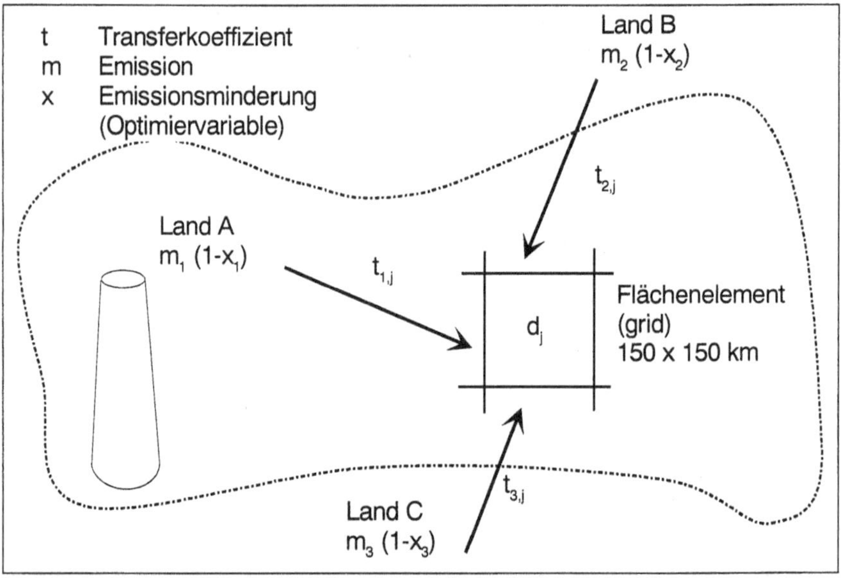

Abbildung IV.2: Methodische Darstellung des Integrated-Assessment-Ansatzes für einen Schadstoff (vgl. [254, 139])

Den Ausgangspunkt für die konkrete Umsetzung des Integrated-Assessment-Ansatzes zur Emissionsminderung bilden:

- Die Bestimmung kritischer Depositionsraten bzw. Konzentrationen eines oder mehrerer Schadstoffe (single- bzw. multi-pollutant Betrachtung) bezüglich einer Wirkungskategorie (z. B. Versauerung),
- Die Abbildung des Zusammenhangs zwischen Emissionen, atmosphärischem Transport und Umwandlung, Immissionen und Deposition, sowie

- Die Bestimmung der Emissionsentwicklung, der nationalen Minderungsmaßnahmen und der daraus resultierenden Kostenfunktionen für die betrachteten Schadstoffemissionen.

Innerhalb des Integrated-Assessment-Moduls werden auf der Basis des in der obenstehenden Aufzählung beschriebenen Dateninputs europaweite, kosteneffiziente Minderungsstrategien entwickelt. Die kritischen Depositionen bzw. Konzentrationen werden für eine gewählte Rezeptorstruktur definiert, die im Fall der Versauerung einer schachbrettartigen Aufteilung Europas in rund 800 Rasterflächen mit einer Ausdehnung von 150 · 150 km (den sogenannten Grids) entsprechen. Für die Minderung von SO_2-Emissionen, die wesentlich zur Versauerungsproblematik beitragen[27], läßt sich das zugrundeliegende lineare Optimiermodell folgendermaßen formulieren:

$$\begin{cases} Min. & \sum_{i=1}^{m} c_i(x_i) \\ u.d.N. & \sum_{i=1}^{m} m_i \cdot (1-x_i) \cdot t_{i,j} \le d_j \qquad \forall j = 1,\dots,n \end{cases} \qquad \text{Problem (2)}$$

mit:

c_i Nationale Minderungskosten des Landes *i*.

x_i Emissionsminderungsrate des Landes *i* (Optimiervariable).

m_i Gesamtemissionen des Landes *i*.

$t_{i,j}$ Transferkoeffizienten des Schadstofftransports von Land *i* nach grid *j*.

d_j Kritische Depositionsraten bzw. Konzentrationen.

Für das zweite Schwefelprotokoll wurden mit dem beschriebenen Ansatz Vorschläge zu Verhandlungen über Emissionsminderungsverpflichtungen für insgesamt 29 Länder berechnet. Dabei werden die zur Erreichung kritischer Depositionsraten bzw. Konzentrationen in den einzelnen Flächenelementen notwendigen Emissionsminderungen ermittelt. Der Bezug von Emissionen und Depositionen wird über eine Transfermatrix hergestellt, die die einzelnen Transferkoeffizienten enthält. Diese Matrix wird auf Basis von Ausbreitungsrechnungen (vgl. Abschnitt II.2.1) unter Einbezug von chemi-

[27] Analog zur der in Abbildung IV.2 dargestellten methodischen Vorgehensweise wird bei der mathematischen Formulierung des linearen Optimiermodells an einer Ein-Schadstoffbetrachtung festgehalten (d. h. SO_2).

schen Umwandlungsprozessen (vgl. Abschnitt II.2.2) erstellt. Über die einzelnen Transferkoeffizienten wird eine Verbindung zwischen länderspezifischen Emissionen und Depositionen in den einzelnen Grids über einem sogenannten "country to grid"-Ansatz geschaffen. Da im allgemeinen mehrere Länder mit ihren Emissionen zur Deposition in einem Flächenelement beitragen, besteht die Erfordernis festzulegen, welche Länder in welcher Höhe ihre Emissionen reduzieren sollen. Dazu dienen die nationalen Kostenfunktionen in der Zielfunktion, über die mittels der Betrachtung möglicher Minderungsoptionen die Abhängigkeit der Kosten von der jeweils erreichbaren Emissionsminderung dargestellt wird. Durch Optimierungsrechnungen wird dann ermittelt, wie eine europaweite, kosteneffiziente Allokation von Emissionsminderungsverpflichtungen bei vorgegebenen Depositionsgrenzen zu gestalten ist.

- **Sensitivität der Ergebnisse von Integrated-Assessment-Modellen auf Unterschiede hinsichtlich der verwendeten Kostenfunktionen**

Das Konzept des Integrated Assessment legt bereits die Vermutung nahe, daß Höhe und Form der Kostenfunktionen einen Einfluß auf das Ergebnis, d. h. die Bestimmung der nationalen Emissionsminderungsverpflichtungen, haben. In diesem Zusammenhang angefertigte Studien [182, 180] bestätigen diese Hypothese insofern, als die Berücksichtigung von verschiedenartigen SO_2-Kostenfunktionen im Integrated-Assessment-Modell, die unter unterschiedlichen methodischen Voraussetzungen und unter Zugrundelegung verschiedener Szenarien erstellt wurden, für einige Länder zu einer weiten Streuung der resultierenden Emissionsminderungsverpflichtungen führen (z. B. 20 - 90 % für Moldawien). Der Vergleich der resultierenden nationalen Minderungskosten für ein vorgegebenes Emissionsziel zeigt je nach verwendeter Kostenfunktion ebenfalls große Unterschiede (z. B. für Polen zwischen 489 und 6.940 Millionen DM zur Erreichung einer Emissionsminderung von 66 % gegenüber den Emissionen von 1980). Demzufolge bestimmt die Sensitivität der für die einzelnen Länder berechneten Emissionsminderungsraten als Ergebnisse von Integrated-Assessment-Modellen in Bezug auf die verwendeten Kostenfunktionen den Grad der einzuhaltenden Genauigkeit bei der Erstellung der in das Integrated-Assessment-Modul einfließenden Kostenfunktionen.

Darüber hinaus stellen die nationalen Emissionsminderungskostenfunktionen auch ein wichtiges eigenständiges Element im Verhandlungsprozeß dar, da die Akzeptanz der Emissionsminderungsvorgaben durch die betroffenen Länder maßgeblich von der Kenntnis der zugehörigen Folgekosten abhängt.

- **Die Berücksichtigung von "Gap-closure-scenarios"**

Die Berechnungen auf Grundlage des Integrated-Assessment-Ansatzes im Zusammenhang mit der Versauerungsproblematik ergaben, daß eine vollständige Einhaltung der kritischen Depositionsraten aufgrund der damit verbundenen Kosten politisch nicht durchsetzbar ist (vgl. hierzu auch die theoretischen Überlegungen zu der Problematik der bindenden Rezeptoren ("binding receptors"), die einen wesentlichen Einfluß auf die Kosteneffektivität der Minderungsstrategien haben und zu den vorgestellten Optionen einer Zielrelaxation in Abschnitt III.3.3).

Praktisch wurde aus dieser Problematik heraus für die Erarbeitung des zweiten UN/ECE Schwefelprotokolls der "60-%-gap-closure" Ansatz entwickelt [11]. Hiermit wird angestrebt, die Lücke zwischen den Ist-Depositionsraten und den nach einem sogenannten "5-percentile-critical-loads" Ansatz[28] ermittelten Depositionsgrenzwerten zu 60 % zu schließen (vgl. hierzu [255]). Eine davon etwas abweichende Definition des "gap-closure" Ansatzes wird von der Kommission der Europäischen Union vorgelegt, durch die eine direktere und transparentere Erreichung von Umweltqualitätszielen gewährleistet werden soll. Zur Entwicklung einer Gemeinschaftsstrategie gegen die Versauerung (Minderung der SO_2-Emissionen um 92 % bezogen auf die Emissionen des Jahres 1990) wird von der EU-Kommission das Ziel eines 50 %-igen Lückenschlusses ("gap-closure") verfolgt. Dabei soll für jedes Flächenelement (grid) des EMEP-Gitternetzes angestrebt werden, die Größe der Biotopflächen zu halbieren, auf denen im Jahr 1990 die kritischen Belastungen überschritten wurden (vgl. hierzu [70]). In beiden "gap-closure" Ansätzen werden jedoch Informationen zu den Überschreitungen von kritischen Depositionen in den Integrated-Assessment-Modellen nur teilweise genutzt. Dabei können niedrige kritische Depositionswerte, wie in Abschnitt III.3.3 allgemein für die multi-nationale Allokation von Emission dargestellt wurde, in den bestimmenden Rezeptoren (binding receptors) erheblichen Einfluß auf das Ergebnis der Optimierrechnungen des Integrated-Assessment-Modells haben.

Eine methodische Weiterentwicklung des "gap-closure" Ansatzes, die eine Verbindung zu kumulativen überschüssigen Einträgen bzw. Expositionen (vgl. hierzu die Darstellung der AOT40- und AOT60-Exposition im Zusammenhang mit dem Problem des troposphärischen Ozons in Abschnitt II.3) herstellt, wird in [8] zur Diskussion

[28] Beim "5-percentile-critical-loads" Ansatz ergeben sich die Depositionsgrenzwerte aus dem kritischen Depositionsgrenzwert, für den 95 % der Ökosysteme geschützt werden, die innerhalb der einzelnen Grids liegen.

gestellt. Für jedes Flächenelement des EMEP-Gitters werden im sog. "kumulativen Überschuß" alle sauren Depositionen, die über eine festgelegte kritische Deposition hinausgehen, aufsummiert und über Versauerungsäquivalente (acid equivalents (aeq)) pro Grid und pro Jahr dargestellt. Über diese Versauerungsaquivalente kann nun als "gap-closure" eine anteilsmäßige Reduzierung des "kumulierten Überschusses" avisiert werden. Zum Vergleich der einzelnen grids untereinander kann der "kumulierte Überschuß" über Division durch die Fläche der zu schützenden Ökosysteme auf die tatsächliche Größe der Biotopflächen jedes Flächenelements des EMEP-Gitters bezogen werden. Das Resultat dieser Operation wird als "durchschnittliche kumulative Exposition" ("average accumulated excess" (AAE) mit der Einheit [aeq/ha/a]) bezeichnet. Eine komprimierte Darstellung dieses Ansatzes verbunden mit einer kritischen Betrachtung der möglichen Implikationen auf die Ergebnisse der Optimierung findet sich in [2].

Bei der Anwendung von Szenarien zur Zielrelaxation werden im Optimiermodul (vgl. Problem (2)) in den Nebenbedingungen für die einzelnen Flächenelemente kritische Depositions- bzw. Konzentrationswerte für die Versauerung durch eine entsprechende Funktion ersetzt, die diese Werte in das gewünschte Szenario überführt (z. B. 60 % "gap-closure").

- **Die Erweiterung von Integrated-Assessment-Modellen auf die gemeinsame Betrachtung von Versauerung und Eutrophierung**

Zur simultanen Betrachtung der Wirkungskategorien Versauerung und Eutrophierung ("multi-effects-approach") muß der in Problem (2) dargestellte Integrated-Assessment-Ansatz entsprechend erweitert werden. In bezug auf die Definition kritischer Einträge sind in Problem (2) die Grenzwerte für SO_2-Depositionen durch geeignete Funktionen zu ersetzen, über die ein Maß für kritische Depositionen bei der Bodenversauerung in Abhängigkeit von der Schwefel- und Stickstoffdeposition und für die Eutrophierung abhängig von der Stickstoff- und Ammoniakdeposition dargestellt werden kann. Dazu werden sogenannte Überschreitungsfunktionen ("Exceedance Functions") vorgeschlagen, in denen "gap-closure" Szenarien über Überschreitungsisolinien in kritischen Depositionsfunktionen ("critical load functions") für die Versauerung und die Eutrophierung dargestellt werden (vgl. [170]. Diese Überschreitungsfunktionen treten an die Stelle der kritischen Depositionsraten bzw. Konzentrationen in Problem (2).

Im erweiterten Modell müssen die NO_x- und die NH_3-Emissionen mitberücksichtigt werden. Darüber hinaus werden auch belastbare Kostenfunktionen für die Minderung von NO_x- und NH_3-Emissionen benötigt. Ergebnisse für nationale Kostenkurven für die Minderung von NO_x-Emissionen liegen bereits für einige Länder als Ergebnis von optimierenden mehrperiodigen Energie-Emissions-Modellen vor [182], während diese für andere Länder jedoch nur auf vereinfachten statischen Ansätzen basieren. Bei der Formulierung der Zielfunktion eines solchen Ansatzes, der mehrere Wirkungskategorien gleichzeitig umfaßt ("multi-effects-approach"), über separat erstellte nationale Kostenfunktionen für die Schadstoffe SO_2, NO_x und NH_3 ist das Problem der Doppelerfassung von Kosten im Falle von Maßnahmen zu betrachten, die mehrere dieser Schadstoffe gleichzeitig zu mindern vermögen. Dahingehend werden im Rahmen der mathematischen Beschreibung des im Rahmen der vorgestellten Arbeit entwickelten Stoffflußmodells Vorschläge für die simultane Erstellung von Kostenfunktionen für mehrere Schadstoffe ("multi-pollutant-cost-funtions") gemacht (vgl. Abschnitt II.3.2).

IV.2.2 Das Konzept des Integrated Assessment im Zusammenhang mit der troposphärischen Ozonproblematik

Bei der Entwicklung eines Integrated-Assessment-Ansatzes im Zusammenhang mit der troposphärischen Ozonproblematik erlangt eine Reihe neuer Aspekte hinsichtlich der Bestimmung kritischer Depositionen, der Ausbreitungsrechnung und der Erstellung von Kostenfunktionen Bedeutung:

- Kritische Konzentrationen für troposphärisches Ozon sind zum einen in einem mittelfristigen Bereich zum Schutz der Vegetation und zum anderen im kurzfristigen Bereich (Tagesspitzen) zum Schutz der Gesundheit zu bestimmen. Zur Darstellung der Gefahr einer Schädigung der menschlichen Gesundheit und als kritischer Schwellenwert für den Schutz von Pflanzen wurden die Indikatoren AOT60 und AOT40 eingeführt (zur Definition und Bedeutung dieser Indikatoren vgl. Abschnitt II.3). Bei der Formulierung des Integrated-Assessment-Ansatzes folgt jedoch aus dem Vorliegen zweier teilweise nicht kongruenter ökologischer Zielsetzungen das Problem einer adäquaten Gewichtung der oben genannten Indikatoren. Als Lösung wird derzeit eine Kombination von verschiedenen "gap-closure" Szenarios und absoluten Maximalwerten, die in keinem Grid in vier Jahren innerhalb eines betrachteten 5-Jahres-Zeitraumes überschritten werden dürfen, diskutiert [9].
- Neben der Abbildung der atmosphärischen Ausbreitung der Schadstoffe NO_x und VOC erfordert die Erstellung eines Integrated-Assessment-Modells im Zusammenhang mit dem troposphärischen Ozonproblem die Modellierung der Ozonbildung aus diesen Schadstoffen. Dies bedingt die Erweiterung des Integrated-Assessment-Modells um nichtlineare Terme, da die komplexen Bildungsvorgänge von Photo-

oxidantien in Abhängigkeit von vorliegenden NO_x- und VOC-Konzentrationen nicht durch lineare Beziehungen beschrieben werden können (vgl. hierzu Abbildung II.2 in Abschnitt II.2.2), wie es beispielsweise bei der Versauerungs- und Eutrophierungsproblematik möglich ist. Als weitere wichtige Aspekte sind der Einfluß lokaler Gegebenheiten bei der Ozonbildung (z. B. kleinräumige meteorologische Prozesse bei komplexen Geländebedingungen) [224] oder die unterschiedlichen Auswirkungen verschiedener chemischer Komponenten innerhalb der Schadstoffgruppe VOC auf die Ozonbildung zu nennen [15].

- Für VOC-Emissionen stellen sich bei der Bestimmung von Minderungsmaßnahmen und der Erstellung von Kostenfunktionen im Vergleich zu SO_2- und NO_x-Emissionen deutlich mehr und schwieriger zu lösende Probleme. Die Erstellung einer geeigneten Datenbasis und die Konzeption einer geeigneten Methodik zur Entwicklung von VOC-Kostenfunktionen stellen die Grundlage für den methodischen Teil der vorliegenden Arbeit dar (vgl. hierzu Kapitel V - VII).

In den beiden folgenden Unterpunkten werden ein formaler Optimieransatz für die Konzeption eines Integrated-Assessment-Modells im Zusammenhang mit der troposphärischen Ozonproblematik und mögliche Ansätze zur Approximation der Ozonbildung innerhalb des Optimieransatzes dargestellt.

- **Die Formulierung des Optimieransatzes**

Die Entwicklung eines Optimiermodells zur Entwicklung von europaweiten, kosteneffizienten Minderungsstrategien für NO_x- und VOC-Emissionen erweist sich aufgrund der in den obenstehenden Darstellungen beschriebenen Unterschiede zu SO_2 hinsichtlich des Dateninputs, der Betrachtung von Nichtlinearitäten und der simultanen Betrachtung mehrerer Schadstoffe als komplexe Aufgabe. Ein solches Optimiermodell wird im folgenden für $i = 1,...,n$ Länder (z. B. im Bereich der UN/ECE für derzeit 53 Mitgliedsstaaten) und $j = 1,...,m$ Flächenelemente (nach der gegenwärtig Auflösung des EMEP-Rasters für rund 870 Grids mit einer Ausdehnung von $150 \cdot 150$ km) definiert. Näherungsweise wird dabei die Änderung der Ozonbelastung als totales Differential dargestellt, wobei die schadstoffspezifischen Transferkoeffizienten durch die partiellen Differentialkoeffizienten in bezug auf die einzelnen Schadstoffe gegeben sind (Problem (3)):

$$\begin{cases} Min. & \sum_{i=1}^{m} c_i(x_{i,VOC}, x_{i,NO_x}) \\ u.d.N. & O3_j^{basis} - \sum_{i=1}^{m} t_{i,j,VOC} \cdot m_{i,VOC} \cdot x_{i,VOC} + \\ & t_{i,j,NO_x} \cdot m_{i,NO_x} \cdot x_{i,NO_x} \leq f_j(O3_j^{max}) \quad \forall j = 1,\ldots,n \end{cases}$$

mit:

c_i Nationale Minderungskosten des Landes i für VOC und NO_x.

$x_{i,k}$ Emissionsminderungsrate für den Schadstoff k emittiert von Land i.

$m_{i,k}$ Jährliche Gesamtemission des Schadstoffes k emittiert von Land i.

$t_{i,j,k}$ Transferkoeffizient $\left(\partial O3_j / \partial x_{i,k} \right)$; Minderung der Ozonbelastung in grid j in Abhängigkeit von der Minderung der Emission von Schadstoff k in Land i.

$O3_j^{basis}$ Ausgangswert der Ozonbelastung in Flächenelement j (ohne Minderung).

$O3_j^{max}$ Einzuhaltende Grenzwerte der Ozonbelastung in Flächenelement j.

f_j Funktion zur Beschreibung des gewählten Szenarios der Begrenzung der Ozonbelastung in Flächenelement j (z. B. "gap-closure-scenario", ...).

Dabei wurden folgende Indices verwendet:

k Schadstoffindex mit $k \in \{VOC, NO_x\}$.

i Land; mit $i = 1, \ldots, n$.

j Grid, mit $j = 1, \ldots, m$.

Dabei sei hinsichtlich des Problems der Bereitstellung von Kostenfunktionen für VOC- und NO_x-Emissionen auf die in den folgenden Kapiteln vorgestellten Lösungsansätze verwiesen. Eine weitere Schwierigkeit bei der Umsetzung des in Problem (3) vorgestellten Ansatzes ergibt sich aus der Erfordernis, hinreichend genaue Approximationen für die Berechnung der schadstoffspezifischen Transferkoeffizienten zu ermitteln (d. h. die Modellierung der Ozonbildung in den einzelnen Flächenelementen einschließlich des Stofftransports der Vorläuferkomponenten (hauptsächlich VOC und NO_x).

- **Ansätze zur Approximation der Ozonbildung**

Im folgenden werden drei Ansätze für die Modellierung der Ozonbildung in komprimierter Form dargestellt. Das Kriterium für die Auswahl eines Ansatzes ist hier in erster Linie die Approximationsgüte der gewählten Funktion zu exakten, d. h. im Rahmen des EMEP-Programms ermittelten Daten zur Ozonbildung. Auf Methoden zur Überprüfung der Approximationsgüte wird jedoch hier nicht näher eingegangen; in der Praxis bieten sich hierfür regressionsanalytische Verfahren wie z. B. die Gauß'sche Fehlerquadratmethode an. Die ausgewählten Ansätze zur Approximation von Transferkoeffizienten sind:

1. Linearer Ansatz:

Der lineare Ansatz für die Approximation der relativen Änderung der Ozonbelastung in einem Grid j in Abhängigkeit von der Änderung der VOC- und NO_x-Emissionen lautet:

$$\Delta O3_j = \sum_{i=1}^{n} a_{i,j} \cdot m_{i,VOC} \cdot x_{i,VOC} + \sum_{i=1}^{n} b_{i,j} \cdot m_{i,NO_x} \cdot x_{i,NO_x} + c_j \qquad \text{Gleichung (6)}$$

Dabei sind die Parameter $a_{i,j}$, $b_{i,j}$ und c_j für jedes Grid j über regressionsanalytische Verfahren zu bestimmen, sie entsprechen den Transferkoeffizienten für die Schadstoffe VOC und NO_x . Infolge der Tatsache, daß die Ozonbildung in manchen Grids in Wirklichkeit nichtlinearen Gesetzmäßigkeiten folgt (vgl. Abbildung II.2), kann eine rein lineare Approximation der Ozonbildung innerhalb eines Integrated-Assessment-Modells im Vergleich zu den im Rahmen des EMEP-Programms ermittelten Meßwerten nur zu unrealistischen Ergebnissen führen.

Eine Erweiterung des linearen Ansatzes stellt die Ableitung des Transferkoeffizienten (mit ' gekennzeichnet) für VOC in Abhängigkeit von der relativen Minderung der NO_x-Emissionen dar, wobei sich für jedes Land *i* und jedes Grid *j* die Koeffizienten gemäß

$$\left({}^{\partial O3_j}\!/\!_{\partial x_{i,VOC}} \right)' = \left({}^{\partial O3_j}\!/\!_{\partial x_{i,VOC}} \right)^* \cdot \sum_{l=1}^{n} \left(g_{l,j} \cdot (1 - h_l(x_l)) \right) \qquad \text{Gleichung (7)}$$

verändern.

mit:

$g_{l,j}$ Einfluß der NO_x-Minderung auf den Transferkoeffizienten.

h_l Kennung der Emittentengröße: = 0 falls Land l ein Großemittent von NO_x,
= 1 sonst.

Dabei sind $i,l \in \{1,...,n\}$ und $i \neq l$.

n Anzahl der betrachteten Länder.

Dabei ist zu beachten, daß zur Umsetzung dieses Ansatzes Werte für $g_{l,j}$ und h_l benötigt werden[29]. Der mit * gekennzeichnete Transferkoeffizient in Gleichung (7) stellt dabei den im linearen Modell mit $a_{i,j}$ bezeichneten Wert dar. Schwierigkeiten bei dem linearen und dem erweiterten linearen Ansatz ergeben sich aus der Tatsache, daß sich die Gültigkeit der Approximation in beiden Fällen nur auf einen kleinen Bereich um die Ausgangswerte beschränkt. Für eine effektive Minderung der Ozonbelastungen sind jedoch Emissionsminderungen notwendig, die weit über den Ausgangszustand (d. h. aktuelle Emissionen und Ozonbelastungen) hinausgehen. Hier ist eine lineare Approximation nicht mehr ausreichend.

2. Quadratischer Ansatz

Da die Kurven, die zur Abbildung von Ozonisokonzentrationslinien in Abhängigkeit von den Vorläufersubstanzen VOC und NO_x dienen, starke Ähnlichkeit zu Kegelschnitten (d. h. Kurven zweiter Ordnung) aufweisen (vgl. hierzu auch Abbildung II.2 (b)), erscheint es naheliegend, die Ozonbildung durch einen quadratischen Ansatz zu approximieren.

Für zwei Schadstoffe (VOC, NO_x) kann die Ozonbildung in einem Grid j vereinfacht dargestellt werden durch (Gleichung (8)):

$$\Delta O3_j = a_j \cdot (\Delta E_{j,VOC})^2 + b_j \cdot (\Delta E_{j,NO_x})^2 + c_j \cdot \Delta E_{j,VOC} \cdot \Delta E_{j,NO_x} + d_j \cdot \Delta E_{j,VOC} + e_j \cdot \Delta E_{j,NO_x} + f_j$$

Dazu sind die Emissionsminderungen der Länder über entsprechende normierte Gewichtungsfaktoren (diese entsprechen den Koeffizienten des atmosphärischen Transports) in gridbezogene Emissionsminderungen zu überführen:

[29] Diese wurden für ein Projekt am IIP [177] von EMEP bereitgestellt.

$$\Delta E_{j,VOC} = \sum_{i=1}^{n} g_{i,j,VOC} \cdot m_{i,VOC} \cdot x_{i,VOC}$$

$$\Delta E_{j,NO_x} = \sum_{i=1}^{n} g_{i,j,NO_x} \cdot m_{i,NO_x} \cdot x_{i,NO_x}$$

Gleichung (9)

mit:

$g_{i,j,s}$ Gewichtungsfaktor zwischen länder- (i) und gridbezogenen (j) Emissionsminderungen des Schadstoffes s.

a_j, b_j, c_j, d_j, e_j, f_j Kegelschnittkoeffizienten für das Flächenelement j.

Zur Lösung dieses Ansatzes sind wiederum über geeignete regressionsanalytische Verfahren die Kegelschnittkoeffizienten und die Gewichtungsfaktoren zu ermitteln.

3. Vereinfachtes Ozonbildungsmodell in RAINS

Zur Herstellung einer Quellen-Rezeptor-Beziehung im RAINS-Modell wurde in der Weiterentwicklung des Integrated-Assessment-Modells ein vereinfachtes Modell implementiert, mit dessen Ergebnissen nach [101] eine Approximation an die von EMEP ermittelten Daten zur Ozonbildung [214] gelingt.

Dazu wird angenommen, daß die langfristige Ozonkonzentration in Flächenelement j in Abhängigkeit von den VOC- und NO_x-Emissionen aus jedem betrachteten Land und den durchschnittlichen "effektiven" NO_x-Emissionen steht, die in den betrachteten Flächenelementen während der Planungsperiode gegeben sind. Eine besondere Variable ermöglicht es, Austauschprozesse zwischen einer bodennahen Grenzschicht und der freien Troposphäre darzustellen, sie ist von dem Betrag der Emissionen und meteorologischen Einflüssen abhängig. Das daraus resultierende vereinfachte Ozonbildungsmodell hat folgende Form [101] (Gleichung (10)):

$$[O_3]_j = k_j + \sum_{i=1}^{n} (a_{i,j} \cdot m_{voc,i} + b_{i,j} \cdot m_{nox,i} + c_{i,j} \cdot (m_{nox,i})^2) + \alpha_j \cdot \overline{en}_j^{\,2} + \overline{en}_j \sum_{i=1}^{n} d_{i,j} \cdot m_{voc,i}$$

mit:

$[O_3]_j$ Langfristige Ozonkonzentration in grid *j*.

$m_{k,i}$ Emissionen des Schadstoffes *k* emittiert von Land *i*; mit $k \in \{VOC, NO_x\}$.

$\overline{en}_j$ Variable zur Darstellung von Austauschprozessen zwischen der bodennahen Grenzschicht und der freien Troposphäre.

k_j O_3-Hintergrundkonzentration in grid *j*.

$a_{i,j}$ VOC-Transportkoeffizient: lineare "country-to-grid" Ausbreitung von VOC-Emissionen von Land *i* nach Grid *j*.

$b_{i,j}$ NO_x-Transportkoeffizient: lineare "country-to-grid" Ausbreitung von NO_x-Emissionen von Land *i* nach Grid *j*.

α_j Korrekturfaktor zur Berücksichtigung von Nichtlinearitäten (in bezug auf das O_3/VOC-Verhältnis), die während des atmosphärischen Transports und lokal am Rezeptor auftreten.

$c_{i,j}$ Korrekturfaktor zur Berücksichtigung von Nichtlinearitäten im Umkreis von Ländern, die als Großemittenten von NO_x auftreten.

$d_{i,j}$ Faktor zur Berücksichtigung von Wechselwirkung von VOC und NO_x während des atmosphärischen Transports.

Die Koeffizienten $a_{i,j}$, $b_{i,j}$, $c_{i,j}$, $d_{i,j}$ und α_j werden über lineare Regression ermittelt. Dabei stellen die $m_{k,i}$ und $\overline{en}_j$ exogen definierte Variablen dar. In diesem Sinne können die Koeffizienten als zusammengesetzte Quellen-Rezeptor Matrix betrachtet werden [101].

Im Anschluß an die formale Darstellung des Optimieransatzes und den drei unterschiedlichen Ansätzen zur Modellierung der Ozonbildung ist festzustellen, daß i. a. ihre praktische Umsetzung und Integration in den in Problem (3) dargestellten Optimieransatz zur Entwicklung von europaweiten, kosteneffizienten Minderungsstrategien für NO_x- und VOC-Emissionen eine relativ zeit- und ressourcenintensive Aufgabe darstellt. Daher wurde beispielsweise die Berechnung der Parameter des oben dargestellten vereinfachten Ozonbildungsmodells in RAINS für 598 europäische Flächenelemente (bei einer Auflösung von $150 \cdot 150$ km) in einer Parallelcomputerumgebung durchgeführt, da hierdurch eine erhebliche Reduzierung der erforderlichen Rechenzeiten erreicht werden konnte (vgl. [233]).

Neben diesen anspruchsvollen meteorologischen und informatikbezogenen Aufgabenstellungen dürfen bei der Realisierung des Integrated-Assessment-Modelling im Zusammenhang mit der troposphärischen Ozonbildung jedoch keinesfalls die Anforderungen unterschätzt werden, die sich aus der Erstellung von nationalen Kostenfunktionen insbesondere für den Schadstoff VOC ergeben. Diese Kostenfunktionen sind ein sensitiver Bestandteil des gesamten Optimieransatzes und bestimmen zusammen mit den anderen Komponenten (vgl. Abschnitt IV.2.2) die Akzeptanz und den Nutzen des Integrated-Assessment-Modelling als Instrument zur wissenschaftlichen Unterstützung von Verhandlungsprozessen (auf Aspekte der wissenschaftlichen Unterstützung wird in den folgenden Abschnitten besonders eingegangen). Dies ist insofern wichtig, als daß seit einiger Zeit die Steigerung der Kosteneffizienz von länderübergreifenden Minderungsstrategien als eine der Kernaufgaben der supranationalen Aktivitäten in der Luftreinhaltung im Rahmen der CLRTAP der UN/ECE angesehen wird (vgl. hierzu [230]).

IV.3 Die Beurteilung von Integrated-Assessment-Modellen hinsichtlich des Aspekts der wissenschaftlichen Unterstützung von Verhandlungsprozessen

In den Abschnitten III.3.3, IV.2.1 und IV.2.2 wurde der theoretische Hintergrund der multinationalen Allokation im Zusammenhang mit grenzüberschreitenden Luftschadstoffen und ihre konkrete Umsetzung für die Probleme der Versauerung und des troposphärischen Ozons dargestellt. Der Reiz von Integrated-Assessment-Modellen im Sinne der wissenschaftlichen Unterstützung von Verhandlungsprozessen im Zusammenhang mit grenzüberschreitenden Luftschadstoffen geht dabei von der Ermöglichung einer konsistenten Analyse von Minderungsstrategien unter Einbeziehung von wissenschaftlichen Erkenntnissen aus den Bereichen der Ökonomie, der Technik, der Meteorologie und der Ökologie aus. Ähnlich drückt dies auch E. Parson aus [163], wenn er schreibt,... *"[Integrated] Assessment does not mean new science, but rather assembling, summarizing, organizing, interpreting, and possibly reconciling pieces of existing knowledge, and communicating them so that they are relevant and helpful for the deliberations of an intelligent but inexpert policy maker".*

Eine wichtige Erweiterung dieser Darstellung ergibt sich durch die Plazierung von Integrated-Assessment-Modellen in den Kontext von multi-nationalen Verhandlungsprozessen. Dabei wird von der Annahme ausgegangen, daß Entscheidungen nicht durch einen "einzelnen Entscheidungsträger", sondern innerhalb eines Netzwerkes verschiedener interagierender Akteure getroffen werden. Für die Modellierung ergibt sich somit der Anspruch, nicht nur verschiedenartige wissenschaftliche Erkenntnisse in das Modell zu integrieren, sondern auch die Auswirkungen verschiedener Szenarien, die den unterschiedlichen von den beteiligten Akteuren unterstützten Interessen und Motivationen entsprechen, zu analysieren. Im folgenden wird das Potential der wissenschaftlichen Unterstützung des Integrated Assessment hinsichtlich seines Beitrags in bezug auf die Problemlösung und die Problemdefinition innerhalb des gesamten Verhandlungs- und Entscheidungsprozeß zur Entwicklung von Minderungsstrategien für grenzüberschreitende Luftschadstoffe dargestellt.

IV.3.1 Der Beitrag des Integrated Assessment zur Problemlösung

Der Beitrag von Integrated-Assessment-Modellen zur Lösung von Problemen im Zusammenhang mit dem grenzüberschreitenden Transport von Luftschadstoffen besteht allgemein in der Bereitstellung von relevanten Informationen als Grundlage von Verhandlungsprozessen zwischen verschiedenen Nationen. Vor dem Hintergrund von Verhandlungsprozessen über Emissionsminderungsverpflichtungen für relevante Schadstoffe ist hier insbesondere die Bereitstellung von Informationen zu einer kosteneffizienten Allokation von Emissionsminderungen (z. B. in Form von länderspezifischen Emissionsminderungsraten) von Bedeutung. Die in der Vorbereitungsphase des zweiten Schwefelprotokolls errechneten Emissionsminderungsraten für die einzelnen Länder bei Zugrundelegung eines 60 % "gap-closure"-Szeanrio bildeten in diesem Sinne eine Basis für die Protokollverhandlungen. Aus Abbildung IV.3 ist zu erkennen, daß die Differenz zwischen den tatsächlich im Protokoll festgeschriebenen Minderungsraten für das Jahr 2000 und den Ergebnissen der Modellrechnungen nach dem 60 % "gap-closure" Szenario relativ klein ist. Das weist darauf hin, daß im zweiten Schwefelprotokoll die Empfehlungen der Modellrechnungen in den Verhandlungen weitgehend umgesetzt wurden.

Angesichts des Vertrauens, das den Ergebnissen des Integrated-Assessment-Modellings in bezug auf die Versauerungsproblematik entgegen gebracht wurde, kommt der Frage nach der Behandlung von Unsicherheiten bei der Entwicklung von Integrated-Assessment-Modellen und der Sensitivität der Ergebnisse von Integrated-Assessment-Modellen in bezug auf Unsicherheiten der Eingangsdaten eine besondere Bedeutung zu. Dies gilt insbesondere für die Entwicklung eines neuen Integrated-Assessment-Modells für das troposphärische Ozonproblem, da hier im Vergleich zur

Versauerungsproblematik die wesentlichen Zusammenhänge noch komplexer sind.

Die erforderliche Datengrundlage und die sich daraus ergebenden Unsicherheiten (Nichtlinearität der Ozonbildung, Definition kritischer Ozonbelastungen, Kostenfunktionen) sind im wesentlichen bei der Darstellung des Integrated-Assessment-Ansatzes im Zusammenhang mit der troposphärischen Ozonproblematik erläutert worden. Darüber hinaus ergeben sich Unsicherheiten aufgrund der relativ groben räumlichen Auflösung des EMEP-Modells, das in der derzeitigen Form keine detaillierte regionale Differenzierung der Berechnung der Schadstoffeinträge in die einzelnen Flächenelemente über Transferkoeffizienten zuläßt, hierbei wird ein "country-to-grid"-Ansatz zugrunde gelegt. [30]

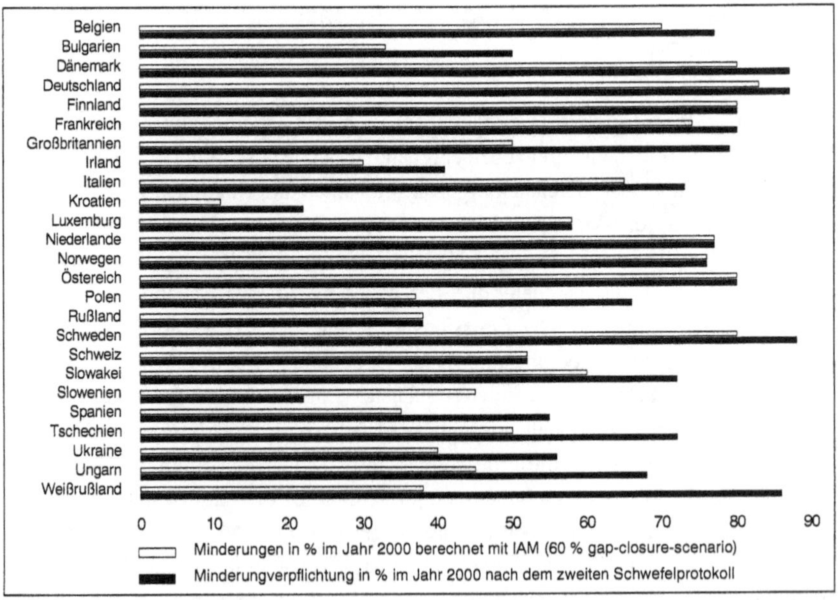

Abbildung IV.3: Vergleich der Emissionsminderungsverpflichtungen aus dem zweiten Schwefelprotokoll mit den Werten aus dem "60 %-gap-closure" Szenario.

---

[30] EMEP arbeitet derzeit an einer Verfeinerung der Auflösung der verwendeten grids in 50 · 50 km Raster und an der Bestimmung von "grid-to-grid"-Transferkoeffizienten. Endgültige Ergebnisse dieser Arbeit stehen zur Verwendung in IAM für die troposphärische Ozonproblematik aber noch nicht zur Verfügung.

Aus organisatorisch-struktureller Sicht ergeben sich Ansatzpunkte zur Verbesserung von Verhandlungsprozessen im Zusammenhang mit der Entwicklung einer europaweiten Strategie zur Minderung der troposphärischen Ozonbelastung über eine Reduzierung von Unsicherheiten der Eingangsdaten und der räumlichen Auflösung des Integrated-Assessment-Modells. Dies könnte beispielsweise über eine Verbesserung der Arbeitsvoraussetzungen der Gruppen erreicht werden, die für die Erarbeitung dieser Eingangsdaten verantwortlich sind. Damit verbunden ist auch die Ausweitung der Möglichkeiten der Zusammenarbeit der individuellen Gruppen. Vor diesem Hintergrund ist festzustellen, daß für Erfordernisse eines neuen Integrated-Assessment-Modells in bezug auf:

i) die Beurteilung der Wirkung von Schadstoffen über kritische Depositionsraten bzw. Konzentrationen oder daraus abgeleitete Szenarios und

ii) die Modellierung des Schadstofftransports über Transferkoeffizienten

unter dem Dach der UN/ECE mit den Koordinationszentren für Effekte und für atmosphärischen Transport und Umwandlung schon in der Vergangenheit leistungsfähige Strukturen geschaffen wurden (vgl. hierzu Abbildung VI.1), die mittels ihrer langfristig ausgelegten Ausstattung und ihres Mandats den zukünftigen Anforderungen gerecht werden können.

Darüber hinaus müssen für die Entwicklung von Integrated-Assessment-Modellen noch Kostenfunktionen für die Schadstoffe VOC und NO_x bereitgestellt werden. Gemessen am Einfluß auf die Ergebnisse des Integrated-Assessment-Modellings ist die Bereitstellung von Kostenfunktionen (für VOC und NO_x) zusammen mit der Beurteilung der Schadstoffwirkung von gleichrangiger Bedeutung. Es ist jedoch für die Erstellung von länderspezifischen technologiebasierten Kostenfunktionen innerhalb der organisatorischen Struktur der CLRTAP kein entsprechendes Koordinationszentrum geschaffen worden, obwohl diese Aufgabe, wie in den folgenden Kapiteln für den Schadstoff VOC gezeigt wird, keineswegs trivial ist. Die Erstellung von Kostenfunktionen erfordert die Kombination von ingenieurwissenschaftlichen und ökonomischen Kenntnissen und kann deshalb nicht von den gleichen Experten, die sich mit der Beurteilung der Wirkungen und der Modellierung des Transports und der Umwandlung von Schadstoffen oder der Zusammenfügung von Integrated-Assessment-Modellen beschäftigen, durchgeführt werden.

Deshalb erscheint es empfehlenswert, die Anstrengungen zur Verringerung von Unsicherheiten bei der Darstellung von nationalen Minderungskosten über entsprechende Kostenfunktionen durch eine sinnvolle Steuerung der für Planungsaufgaben zur Verfügung stehenden Ressourcen zu unterstützen. Dabei ist zu bedenken, daß die Ergebnisse gleichzeitig auch in anderen internationalen Gremien z. B. innerhalb der EU und zur Entwicklung alternativer Planungsansätze, wie z. B. Kosten-Nutzen-Analysen, Joint-Implemenation-Ansätzen oder für die Entwicklung von Strategien auf nationaler Ebene verwendet werden können. Durch die Zusammenarbeit mit Arbeitsgruppen, die sich mit der Bestimmung von besten verfügbaren Technologien (z B. Technologiebasis, Minderungspotentiale usw.) und der Erstellung von Emissionskatastern befassen, ergeben sich synergetische Effekte, wobei gleichzeitig die Kohärenz der gesamten Protokollvorbereitung durch Zugrundelegung gleicher Grundsätze (z. B. zur Bestimmung von Kosten, zur Kategorisierung von Quellengruppen usw.) gesteigert wird.

IV.3.2 Der Beitrag des Integrated-Assessment-Modelling zur Problemdefinition

Betrachtet man das Integrated Assessment nicht nur als Ziel an sich oder als Mittel zur Generierung endgültiger Empfehlungen an Entscheidungsträger, wird eine Beurteilung des Nutzens von Integrated-Assessment-Modellen auf eine noch breitere Basis gestellt. Der Beitrag von Integrated-Assessment-Modellen bezieht sich dabei nicht nur auf die Beantwortung spezifischer Fragestellungen (wie z. B. die Suche nach einer kosteneffizienten Allokation von Emissionsminderungsverpflichtungen), sondern betrifft auch eine Steigerung des Verständnisses der beteiligten Akteure in bezug auf die Beschaffenheit und die Struktur der Probleme im Zusammenhang mit der grenzüberschreitenden Luftverschmutzung. Wichtig für den Verlauf von Verhandlungsprozessen sind dabei auch Einblicke in die wichtigsten Einflußgrößen und über den noch bestehenden Forschungsbedarf.

Aus dieser Sicht liefert der Ansatz des Integrated Assessment nicht nur fundierte ökonomische Aussagen in Form von länderspezifischen Emissionsminderungsraten zur Lösung der Probleme, die im Zusammenhang mit dem grenzüberschreitenden Transport von Luftschadstoffen beobachtet werden, sondern fördert insbesondere deren Verständnis und erleichtert somit die Problemdefinition. Die Nützlichkeit von Integrated-Assessment-Modellen offenbart sich dabei über die problembezogene Auseinandersetzung der am Verhandlungsprozeß beteiligten Akteure mit den verschiedenen Teil- und Zwischenergebnissen des Integrated Assessment. Über die zugrundeliegenden Modelle wird dabei eine kontinuierliche Anpassung der Problemwahrnehmung angeregt, wobei die Modellierungsansätze im Zeitverlauf nicht nur komplexer, sondern vor allem inhaltsreicher und aussagekräftiger werden[31]. [130]

Aus der Perspektive der organisatorischen und prozeduralen Gestaltung der hier betrachteten Verhandlungen gewinnt der Prozeß der Problemdefinition gegenüber dem Prozeß der eigentlichen Problemlösung an Bedeutung, da innerhalb des Verhandlungsnetzwerkes eine "kollektive Auseinandersetzung" mit den Problemen des grenzüberschreitenden Transport Luftschadstoffen stattfindet. Durch diese kann die Perzeption des ursprünglichen Problems durch die beteiligten Akteure verändert werden, woraus gegebenenfalls eine Änderung der Verhaltensweise dieser Akteure während des Verhandlungsprozesses folgt.

Dies unterstreicht M. Orillard mit folgender Aussage [160]: *"A complex problem such as an environmental socioeconomic problem is not a problem to solve, but a problem to deal with: The coding process is more important than the solving process".*

Übertragt man diesen Gedanken auf den Ansatz des Integrated Assessment, so stellen die daraus abgeleiteten Modelle innerhalb des Verhandlungsnetzwerkes ein Schema (System) zur kollektiven Repräsentation der erörterten Phänomene dar. Dabei wird durch die symbolische Darstellung der einzelnen Module des Gesamtmodells, wie z. B. die Definition von kritischen Depositionen bzw. Konzentrationen, die Modellierung der Ozonbildung, oder die Integration von technischen und ökonomischen Aspekten der Emissionsminderung, eine organisationelle Plattform für die kollektive Erarbeitung von Lösungen geschaffen, die Lernprozesse, die Erzeugung von Zwischenergebnissen, die Entwicklung gemeinsamer Zielsetzungen, Projekte und Allianzen über die Gegenüberstellung von Motivationen und Wünschen innerhalb des Verhandlungsprozesses umfaßt.[32]

Das Integrated-Assessment-Modelling stellt damit ein kognitives Artefakt dar, über welches in einem interaktiven Prozeß mit Rücksicht auf Unsicherheiten technischen und naturwissenschaftlichen Ursprungs über verschiedene Zwischenschritte ein Kon-

---

[31] Dieser kontinuierliche Entwicklungs- und Weiterentwicklungsprozeß, bei dem sich für ein wahrgenommenes komplexes Problem nicht eine endgültige befriedigende Lösung sondern mehrere komplexe Lösungen anbieten, führt nach Simon [209] in der Praxis zu einer Planung ohne definitive Ziele ("planning without final goals").

[32] Zur Theorie von Systemen zur Verarbeitung von Symbolen im Kontext von organisationellen Entscheidungsprozessen sei auf die Arbeiten der GRASCE (Groupe de recherche sur l'adaptation, la systémique et la complexité économique) an der Université Aix-Marseille III verwiesen (vgl. z. B. [128, 129, 161]).

sens über verschiedene Problemlösungsalternativen erreicht werden kann. Damit kommt einer differenzierten Berücksichtigung von Unterschieden hinsichtlich der Wahrnehmung (Perzeption) der Probleme, der Interessen und der Motivationen der beteiligten Akteure eine besondere Bedeutung zu, dies verdeutlicht zugleich das innovative Potential des Integrated Assessment.

Die (organisatorischen) Anforderungen an das Integrated Assessment, die sich aus diesen Erwägungen ergeben, umfassen die Flexibilität der zugrundeliegenden Modelle in bezug auf die Erwartungen und Wahrnehmungen der beteiligten Akteure und ihre Eignung zu einer entsprechenden Anpassung im Laufe des Verhandlungsprozesses. (vgl. hierzu auch [27]). Darüber hinaus ergibt sich dabei das Problem, daß einige solcher Aspekte, wie beispielsweise die Bewertung der relativen Wichtigkeit des Schutzes von Pflanzen gegenüber der Gesundheit des Menschen, eher eine subjektive als eine technisch/naturwissenschaftliche Größe darstellen.

So wird in der vorliegenden Arbeit etwa der Einfluß von unterschiedlichen zeitlichen Pfaden, auf denen bestimmte nationale Emissionsziele erreicht werden können, durch die Berücksichtigung alternativer Möglichkeiten einer intertemporalen Allokation von Emissionsminderungsmaßnahmen untersucht. Unter der Voraussetzung, daß die einzelnen Länder eine kosteneffektive Ausgestaltung zukünftiger Protokolle im Zusammenhang mit dem Problem der grenzüberschreitenden Luftverschmutzung anstreben, ist davon auszugehen, daß die sich daraus ergebenden Optionen zur Realisierung von Kosteneinsparungen bei der Umsetzung von Emissionsminderungsverpflichtungen für die am Verhandlungsprozeß beteiligten Akteuren von hoher Relevanz ist.

Damit innerhalb des Integrated Assessment unterschiedliche Sichtweisen (wie z. B. auch in bezug auf die Behandlung unterschiedlicher Emissionsminderungspfade), die den Interessen und Motivationen der beteiligten Akteure entsprechen, auf flexible Art und Weise integriert werden können, wird als potentielle Maßnahme empfohlen, den Aufbau von zugrundeliegenden Integrated-Assessment-Modellen für die Rechneranwendung in konsistenter Modulbauweise zu gestalten. Dies bedeutet, daß über das Integrated-Assessment-Modelling für die relevanten Eingangsdatensätze in bezug auf kritische Depositionsraten bzw. Konzentrationen oder daraus abgeleitete Szenarios, die Modellierung des Schadstofftransports über Transferkoeffizienten und differenzierte nationale Kostenfunktionen, geeignete Schnittstellen definiert werden, in welchen Anforderungen an die Struktur, die Zuverlässigkeit, die Transparenz und die Kompatibilität der zu entwickelnden Datenmodule spezifiziert werden. Auf diese Weise können diese Datenmodule von Arbeitsgruppen mit einer geeigneten Zusammensetzung von Experten erstellt werden, wobei die unterschiedlichen Interessen und Motivationen der beteiligten Akteure in den Datenmodulen in gewünschter Form berücksichtigt werden können. Bei einer entsprechend breiten Distribution des über einheitliche Schnittstellen definierten Integrated-Assessment-Modells wird so den beteiligten Akteuren die Möglichkeit eröffnet, über die Koppelung verschiedener Datenmodule die komplexen Zusammenhänge der grenzüberschreitenden Luftverschmutzung und deren technische und ökonomische Implikationen besser zu verstehen. Letztlich kann so mittels des Integrated-Assessment-Modells und der entsprechenden Eingangsdatenmodule über die stattfindenden individuellen und kollektiven Lernprozesse das Zustandekommen von neuen, innovativen Abkommen zur Minderung von grenzüberschreitenden Luftschadstoffemissionen und neuer institutioneller Strukturen aktiv unterstützt werden.

Gleichzeitig ist mit der Option, über die Förderung von Lernprozessen zu innovativen Lösungsansätzen zu kommen, auf der Seite der vertraglichen Gestaltung von internationalen Abkommen zur Minderung von grenzüberschreitenden Luftschadstoffemissionen die Forderung nach einer entsprechenden normativen Flexibilität verbunden. Konkret bedeutet dies für die Gestaltung von Abkommen im Rahmen der CLRTAP, daß es aus dieser Perspektive empfehlenswert erschiene, für die Entwicklung von Protokollen die Möglichkeit ihrer kontinuierlichen und flexiblen Fortschreibung zu schaffen. Erst durch solche Möglichkeiten zur Fortschreibung kann der Erfordernis einer kontinuierlichen Anpassung der Interessen und Motivationen der beteiligten Akteure aber auch einer Verbesserung der wissenschaftlichen Grundlagen zu einer sichereren Beschreibung der Probleme im Zusammenhang mit grenzüberschreitenden Luftverschmutzung Rechnung getragen werden.

Vor dem Hintergrund dieser Beurteilung von Integrated-Assessment-Modellen in bezug auf ihren wissenschaftlichen Nutzen für Problemdefinition und -lösung innerhalb von Verhandlungsprozessen zur Minderung von grenzüberschreitenden Luftschadstoffen werden an dieser Stelle besondere Anforderungen benannt, die sich für die hier bearbeitete Problemstellung der Konzeption einer Methodik zur Erstellung von VOC-Kostenfunktionen ergeben. Da die Kostenfunktionen einen wichtigen Bestandteil von Integrated-Assessment-Modellen und diese wiederum, wie gezeigt, wichtige Instrumente zur Unterstützung von Verhandlungsprozessen unter Beteiligung der verschiedensten Akteure darstellen, sind bei der methodischen Erstellung von Kostenfunktionen zusätzliche Genauigkeits-, Konsistenz-, Flexibilitäts- und Transparenzkriterien (vgl. auch [192]) zu berücksichtigen, die über Anforderungen hinausgehen, die im Normalfall an wissenschaftliche Modelle gestellt werden (vgl. hierzu die Beschreibung der methodischen Anforderungen in Abschnitt V.4)

VI.4 Zusammenfassung

In diesem Kapitel wurden die institutionellen Rahmenbedingungen von Verhandlungsprozessen zur kosteneffizienten Minderung von grenzüberschreitenden Luftschadstoffen untersucht. Zur strukturellen Analyse von zwischenstaatlichen Netzwerken wurde zwischen den Organisationsformen bilaterale und multinationale Zusammenarbeit unterschieden, diese wurden u. a. hinsichtlich ihrer Praxisrelevanz, ihres Koordinierungsbedarfs und ihrer Eignung zur Problemlösung untersucht. Dabei wurde festgestellt, daß die multinationale Zusammenarbeit meist innerhalb von supranationalen Institutionen stattfindet. Als wichtige supranationale Institutionen in Europa wurden die UN/ECE und die EU identifiziert und beschrieben. Gesondert wurde dabei auf die derzeit existierenden administrativen Strukturen und den Ablauf von Verhandlungsprozessen in UN/ECE und EU eingegangen. Bei der darauffolgenden Darstellung ausgewählter Ergebnisse von Verhandlungsprozessen innerhalb von EU und UN/ECE wurden exemplarisch Regelwerke herausgegriffen, die bisher zur Bekämpfung von grenzüberschreitenden Luftschadstoffen erarbeitet wurden. Mittels der dargestellten Beispiele sollte gezeigt werden, daß die europäische Umweltpolitik in der Vergangenheit mehr auf regulative Ansätze (z. B. technische Normen, Emissionsgrenzwerte auf Anlagenebene oder länderspezifische Emissionsminderungsverpflichtungen) als auf ökonomische Ansätze gestützt war. Eine Entwicklung in Richtung einer Berücksichtigung ökonomischer und technischer Kriterien sowie die Integration eines Ursachen-Wirkungs-Bezugs wurde durch das zweite Schwefelprotokoll im Jahre 1994 markiert. Bei der Vorbereitung dieses Protokolls wurde auf das Konzept des Integrated-Assessment-Modelling zurückgegriffen.

Die der Umsetzung des Konzeptes des Integrated-Assessment-Modelling zugrundeliegenden Optimieransätze werden anhand der Beispiele der Wirkungskategorien Versauerung, Eutrophierung und troposphärische Ozonbildung formal dargestellt und erläutert. Wichtig für die zentrale Aufgabenstellung der vorliegenden Arbeit ist dabei die Feststellung, daß für das neue Integrated-Assessment-Modell im Zusammenhang mit der troposphärischen Ozonbildung neben kritischen Konzentrationswerten und Ansätzen zur Abbildung der atmosphärischen Ausbreitung und Umwandlung der Vorläuferkomponenten von Ozon auch Emissionsminderungs-Kostenfunktionen für die Schadstoffe VOC und NO_x als sensitive Eingangskomponenten erforderlich sind. Insbesondere für den Schadstoff VOC ist jedoch zu konstatieren, daß bislang keine geeigneten VOC-Kostenfunktionen verfügbar sind. Diese Feststellung bietet deshalb die Grundlage für die Untersuchung möglicher methodischer Schwierigkeiten und Einschränkungen im folgenden Kapitel, in dem ein Anforderungsprofil für eine geeignete Methodik zur Erstellung von VOC-Kostenfunktionen für das neue Integrated-Assessment-Modell ausgearbeitet werden soll.

Zusätzliche Anforderungen an eine Methodik zur Erstellung von VOC-Kostenfunktionen ergeben sich auch aus dem Umstand, daß Integrated-Assessment-Modelle zur wissenschaftlichen Unterstützung in Verhandlungsprozessen verwendet werden. Zum Schluß dieses Kapitels wurde daher der Beitrag von Integrated-Assessment-Modellen zur Problemlösung aber auch zur Problemdefinition (die bei anderen Modellbewertungen meist vernachlässigt wird) derartiger Modelle untersucht. Diese Untersuchung gibt den Anstoß für die Formulierung einer Reihe von weitergehenden Anregungen zur Gestaltung von Planungsaufgaben und zur Förderung von Lernprozessen innerhalb der betrachteten Verhandlungsprozesse zur Minderung der Emissionen grenzüberschreitender Luftschadstoffe.

V. Technische und ökonomische Gesichtspunkte in Verhandlungsprozessen zur Minderung grenzüberschreitender Luftschadstoffemissionen

Im Verlauf der Untersuchung unterschiedlicher ökonomischer Ansätze zur Entwicklung länderübergreifender Emissionsminderungsstrategien (z. B. für die Ermittlung kosteneffizienter Emissionsziele oder den Einsatz ökonomischer Instrumente) im Rahmen dieser Arbeit wurde wiederholt die Notwendigkeit einer simultanen Integration technischer und ökonomischer Gesichtspunkte aufgezeigt. Insbesondere bei der Betrachtung des Ansatzes der multinationalen Allokation und deren konkreter Umsetzung in Integrated-Assessment-Modellen in bezug auf die Probleme der Versauerung, der Eutrophierung und des troposphärischen Ozons wurde deutlich gemacht, daß eine solche Integration sinnvoll über sogenannte nationale Kostenfunktionen erfolgen kann.

Zu Anfang dieses Kapitels werden deshalb die Anforderungen neuer zu entwickelnder Integrated-Assessment-Modelle im Rahmen der Vorbereitung eines neuen UN/ECE-Protokolls im Zusammenhang mit dem troposphärischen Ozonproblem hinsichtlich der nationalen Kostenfunktionen aufgezeigt. Es wird dargestellt, daß im Vergleich zu Kostenfunktionen für die Schadstoffe SO_x und NO_x für die Schadstoffgruppe VOC besondere Anforderungen an die Erstellung von Kostenfunktionen, insbesondere für stationäre Quellen, zu stellen sind. Dies gilt sowohl für die Datenanforderungen als auch für methodische Aspekte. Nach einer allgemeinen Darstellung von Kostenfunktion als Verbindungsglied zwischen der mikroökonomischen Ebene wie etwa der Anlagen, auf der die Emissionen entstehen und gemindert werden und somit ökonomische Auswirkungen der Emissionsminderung spürbar werden, und der makroökonomischen Ebene, auf der innerhalb von Verhandlungsprozessen unterschiedliche länderübergreifende Handlungsalternativen erörtert werden, wird die Eignung existierender Ansätze zur Erstellung von VOC-Kostenfunktionen untersucht.

Diese vorangehenden Betrachtungen liefern die Grundlage, auf der am Ende dieses Kapitels ein Katalog von Anforderungen an ein neues zu entwickelndes Konzept zur Erstellung von VOC-Kostenfunktionen zur Unterstützung von gegenwärtig stattfindenden Verhandlungsprozessen zur Minderung der troposphärischen Ozonbelastung in Europa zusammengestellt wird.

V.1 Anwendung und Bedeutung von Kostenfunktionen bei der Entwicklung neuer UN/ECE-Protokolle

In den für die Umsetzung des Integrated-Assessment-Ansatzes im Zusammenhang mit dem troposphärischen Ozonproblem beschriebenen Optimieransatz (vgl. hierzu Problem (3)) gehen als wesentlicher Input Kostenfunktionen für die Minderung von Schadstoffemissionen ein. Diese Kostenfunktionen lassen sich z. B. nach folgenden Merkmalen unterscheiden:

- funktional,
- geographisch,
- zeitlich,
- stofflich und
- sektoral.

Über die genannten Merkmale können beispielsweise auch die Anforderungen der Schnittstelle des Integrated-Assessment-Modells an das Datenmodul VOC-Kostenfunktion detailliert spezifiziert werden. Daneben ist für eine solche Spezifikation auch auf Kriterien zur Bewertung der geforderten Datengenauigkeit zurückzugreifen (z. B. als Ergebnis einer Sensitivitätsanalyse der berechneten länderspezifischen Emissionsminderungsraten als Ergebnis von Integrated-Assessment-Modellen in bezug auf Variationen der eingehenden Kostenfunktionen). Im folgenden wird auf jedes dieser Merkmale hinsichtlich möglicher Ausprägungen und der möglichen Anforderungen aus der Erstellung eines neuen Integrated-Assessment-Modells im Zusammenhang mit dem troposphärischen Ozonproblem gesondert eingegangen.

- **Funktionaler Bezug**

Im allgemeinen dient die Emissionsminderungs-Kostenfunktion der Wiedergabe des funktionalen Zusammenhangs zwischen einer Emissionsminderung und den daraus resultierenden Kosten. Ausgehend von einem gewählten Bezugsemissionsniveau (z. B. für ein bestimmtes Referenzjahr) werden die Kosten für darüber hinaus erreichbare Emissionsminderungen bewertet. Zur Integration der Kostenfunktionen in das neue Integrated-Assessment-Modell ist eine geeignete mathematische Darstellungsweise zu wählen, wobei hier auch die Art des zugrundeliegenden Optimierproblems (z. B. lineares bzw. nichtlineares Optimierproblem) beachtet werden muß. Die Kostenfunktionen sind dann i. a. in linearer bzw. stückweise-linearer oder nicht-linearer Form in das Integrated-Assessment-Modell zu integrieren[33].

Anregungen zu einer Erweiterung des funktionalen Bezugs von VOC-Kostenfunktionen wurden beispielsweise von [216] formuliert. Mit dem Ziel, die Kosteneffektivität von Emissionsminderungsmaßnahmen zu beurteilen, wird vorgeschlagen, die Kosten nicht nur auf die Emissionsminderung, sondern auch auf die Minderung eines Ozonbildungsgewichtsäquivalents oder die Minderung von Ozonkonzentrationsspitzenwerten zu beziehen. Eine derartige Erweiterung des funktionalen Bezuges erfordert jedoch die Integration wirkungsorientierter Aspekte bei der Erstellung von Kostenfunktionen und erweitert deshalb die Anforderungen an die Qualität und Quantität der benötigten Eingangsdaten. Eine derartige Berücksichtigung der Wirkungsseite bei der Erstellung von Kostenfunktionen wird in der vorliegenden Arbeit jedoch aus Gründen der Kompatibilität mit dem in Abschnitt IV.2.2 dargestellten Optimieransatz für das Integrated Assessment bei der troposphärischen Ozonbildung nicht weiter in Betracht gezogen.

- **Geographischer Bezug**

Bei der Verwendung von Kostenfunktionen wird der geographische Bezug über die Zuordnung von Emissionen und Kosten für Emissionsminderungsmaßnahmen zu einem bestimmten Territorium hergestellt. Für eine solche Zuordnung ist eine Unterscheidung von Territorien z. B. nach Kontinenten, Ländern, Regionen oder auch Städten denkbar.

Als Input für ein neues Integrated-Assessment-Modell im Zusammenhang mit dem troposphärischen Ozonproblem sind nationale Kostenfunktionen erforderlich. Soll demnach eine Minderungsstrategie für troposphärisches Ozon, z. B. in Form von Minderungsraten für alle Länder innerhalb der UN/ECE, entwickelt werden, so wären dafür derzeit nationale Kostenfunktionen für alle 55 Mitgliedsstaaten erforderlich. In Zukunft ist eine Entwicklung von Integrated-Assessment-Modellen in Richtung stärkerer regionaler Ausdifferenzierung denkbar, die dann auch eine entsprechende regio-

[33] Für das derzeit entwickelte RAINS-Modul im Zusammenhang mit dem troposphärischen Ozonproblem wird dazu beispielsweise ein Approximationsansatz für Kostenfunktionen, die für nichtlineare Optimierprobleme genutzt werden, beschrieben. Dabei kann eine gegebene stückweise lineare Kostenfunktion (wie z. B. die Ergebnisse aus einem vereinfachten Ansatz zur Erstellung von Kostenfunktionen, vgl. Abschnitt V.3) innerhalb des IAM über eine gebrochen rationale Funktion zweiter Ordnung dargestellt werden [101].

nale Zuordnung von Kostenfunktionen notwendig macht (z. B. Unterscheidung nach Bundesländern, usw.).

- **Zeitlicher Bezug**

Bei der funktionalen Darstellung des Zusammenhangs zwischen Emissionsminderungen und zugehörigen Kosten ist auch der zeitliche Bezug, der bei der Erfassung der Kosten zugrunde gelegt wird, ausschlaggebend. Mögliche zeitliche Alternativen zur Erfassung der Kosten wären beispielsweise der Zeitraum zwischen Basis- und Zieljahr eines Protokolls oder die jahres-, monats-, wochen-, oder tagesbezogene Ermittlung der Kosten. Der zeitliche Bezug für das neue Integrated-Assessment-Modell im Zusammenhang mit dem troposphärischen Ozonproblem ist eine Periode von einem Jahr.

Dies bedeutet, daß alle Kosten erfaßt werden müssen, die innerhalb eines Jahres zur Erreichung gegebener Emissionsziele entstehen. Aus methodischer Perspektive wird damit in diesem Zusammenhang auch die Frage aufgeworfen, auf welche Weise die zeitliche Dynamik der Maßnahmenimplementierung innerhalb der zugrunde gelegten Planungsperiode abgebildet werden kann (vgl. hierzu die ausführliche Darstellung in Abschnitt V.2.2).

- **Stofflicher Bezug**

Der stoffliche Bezug beschreibt die Schadstoffkategorien, die von der Kostenfunktion erfaßt werden. Grundsätzlich können Kostenfunktionen als "single-pollutant-" oder als "multi-pollutant"-Funktionen vorliegen. Da für das neue Integrated-Assessment-Modell im Zusammenhang mit dem troposphärischen Ozonproblem als wichtigste Vorläuferkomponenten die Schadstoffe VOC und NO_x zu berücksichtigen sind, sind hierfür dementsprechend nationale Kostenfunktionen zu erstellen. Aufgrund der bereits beschriebenen Gefahr einer Doppelerfassung von Kosten bei Maßnahmen, die eine simultane Minderung von VOC- und NO_x-Emissionen bewirken, kann eine Gesamtkostenfunktion für beide Schadstoffe nicht einfach durch Addition der separat erstellten Kostenfunktionen ermittelt werden. Mögliche Ansätze zur Lösung dieses Problems werden im folgenden Abschnitt (V.1.1) aufgezeigt.

- **Sektoraler Bezug**

Neben der geographischen Zuordnung der in den Kostenfunktionen zu erfassenden Emissionen und Kosten ist auch eine sektorale Zuordnung erforderlich. Grundsätzlich wird zwischen Kostenfunktionen für stationäre und mobile Quellen unterschieden. Kostenfunktionen können auch für zusammengefaßte Quellenkategorien erstellt werden. Als Input in das neue Integrated-Assessment-Modell sind nationale VOC- und NO_x-Kostenfunktionen erforderlich, welche die VOC- und NO_x-Emissionen und Kosten für die Gesamtheit aller relevanten Quellenkategorien (Sektoren) eines bestimmten Landes berücksichtigen. Dabei wird auf die im CORINAIR-Emissionsinventar gegebene Quellengruppenklassifizierung auf 6-Digit-Ebene zurückgegriffen. Unter Beachtung möglicher Abhängigkeiten der in den einzelnen Sektoren erreichbaren Emissionsminderungen können nationale Kostenfunktionen beispielsweise auch durch die Koppelung separater sektoraler Kostenfunktionen erstellt werden (vgl. hierzu Abschnitt VI.3.2).

V.1.1 Kombinierte Kostenfunktionen für VOC und NO_x als Input für ein neues Integrated-Assessment-Modell zur kosteneffektiven Minderung von troposphärischem Ozon

Aus den besonderen Datenanforderungen hinsichtlich des stofflichen Bezugs des neuen Integrated-Assessment-Modells im Zusammenhang mit dem troposphärischen Ozonproblem ergibt sich die Notwendigkeit der Erstellung von nationalen Kostenfunktionen für die Schadstoffe VOC und NO_x. Die dabei zu erfassenden industriellen, gewerblichen und privaten Bereiche umfassen u. a. Kraftwerke, Lackierung, Lösemittelanwendung, Mineralölindustrie und Verkehr.

Die Emissionsminderungsmaßnahmen in den vier erstgenannten Bereichen können dabei hinsichtlich ihrer Anwendbarkeit auf die Schadstoffe VOC und NO_x als weitgehend unabhängig voneinander betrachtet werden.[34] Im Bereich des Verkehrs jedoch werden durch Katalysatoren in Kraftfahrzeugen gleichzeitig VOC- und NO_x-Emissionen gemindert. Damit ergibt sich bei der Erstellung von kombinierten Kostenfunktionen für mobile Quellen das Problem einer adäquaten schadstoffspezifischen Erfassung der Kosten- und Emissionsminderungsbeiträge. Wird die Erstellung einer kombinierten Kostenfunktion für VOC und NO_x über die Addition der beiden schadstoffspezifischen Kostenfunktionen, in denen die notwendigen Investitionen und Betriebs-

[34] Auf mögliche Auswirkungen von bestimmten Emissionsminderungsmaßnahmen auf die Entstehung von NO_x-Emissionen (z. B. Bildung von NO_x durch Nachverbrennung VOC-beladener Abgase) wird in späteren Abschnitten eingegangen.

kosten für den Einsatz solcher Katalysatoren jeweils voll der Emissionsminderung einer Schadstoffkomponente zugerechnet werden, angestrebt, so könnte dies zu einer Doppelerfassung von Kosten führen.

Im folgenden werden drei unterschiedliche Ansätze zur Erstellung von gemischten Kostenfunktionen für die Minderung von VOC- und NO_x-Emissionen beschrieben.

1. Erstellung gemischter Kostenkurven mit konstantem VOC/NO_x-Verhältnis

Die gemeinsame Darstellung der Kostenentwicklung in Abhängigkeit von der erreichbaren Minderung der VOC- und der NO_x-Emissionen wird durch die Erstellung gemischter Kostenfunktionen erreicht. Die hierzu zugrunde gelegte Annahme besteht darin, daß VOC und NO_x in einem konstanten Verhältnis zueinander gemindert werden. Da aber bei Betrachtung mehrerer potentieller Emissionsminderungsmaßnahmen innerhalb eines Sektors oder eines Landes davon auszugehen ist, daß je nach Maßnahme VOC- und NO_x-Emissionen in unterschiedlichem Ausmaß gemindert werden, ergibt sich die Schwierigkeit der einheitlichen Definition eines konstanten VOC/NO_x-Verhältnisses auf Sektor- bzw. Länderebene. Für den Fall, daß die Kostenfunktionen über die Grenzkosten- und Minderungspotentialinkremente nach steigenden Grenzkosten berechnet werden, müßten zur Erstellung gemischter Kostenkurven für die individuellen Maßnahmen Kostenfunktionen mit konstantem VOC/NO_x-Verhältnis gebildet werden, wobei die Minderungen der Schadstoffe VOC und NO_x über alle Kostenfunktionen aufsummiert werden (zu möglichen methodischen Einschränkungen der Darstellung von Kostenfunktionen über geordnete Grenzkosten- und Minderungspotentialinkremente vgl. Abschnitt V.3). Da die auf die hier beschriebene Weise erstellten Zwei-Schadstoff-Kostenfunktionen jedoch nur für bestimme Werte von möglichen Emissionsminderungsraten der beiden Schadstoffe definiert sind (für VOC- und NO_x-Emissionsminderungsraten entlang eines konstanten VOC/NO_x-Verhältnisses), wären ihre Integration Integrated-Assessment-Modelle nur mit erheblichen Einschränkungen möglich.

2. Erstellung gemischter Kostenkurven mit beliebigem VOC/NO_x-Verhälnis

Bei Unabhängigkeit der Emissionsminderungsmaßnahmen bzw. -maßnahmenkombinationen in den betrachteten Maßnahmenbündeln für die Schadstoffe VOC und NO_x, denen jeweils eine erreichbare spezifische Emissionsminderungsrate zugeordnet ist (d. h. die betrachteten Maßnahmen mindern entweder nur VOC- oder nur NO_x-Emissionen), kann die gemischte Kostenfunktion mit beliebigem VOC/NO_x-Verhältnis als Fläche im $\mathbb{R}^3$ als Summe der beiden unabhängigen Kostenfunktionen gebildet werden.

Die gemischte Kostenfunktion ergibt sich dabei wie folgt (Gleichung (11)):

$$c_{ges}(x_{VOC}, x_{NO_x}) = c_{VOC}(x_{VOC}) + c_{NO_x}(x_{NO_x})$$
$$\forall x_{VOC} \in [0, x_{VOC,max}], x_{NO_x} \in [0, x_{NO_x,max}]$$

mit:

c_{ges}	Gemischte Kostenfunktion für VOC- und NO_x-Emissionen mit beliebigem VOC/NO_x-Verhältnis (keine kombinierten Maßnahmen).
c_{VOC}	Unabhängige VOC-Kostenfunktion.
c_{NO_x}	Unabhängige NO_x-Kostenfunktion.
x_{VOC}	VOC-Minderungsrate.
x_{NO_x}	NO_x-Minderungsrate.
$x_{VOC,max}$	Maximale VOC-Minderung.
$x_{NO_x,max}$	Maximale NO_x-Minderung.

In Abbildung V.1 ist eine gemischte Kostenfunktion für VOC- und NO_x-Emissionen dargestellt. Diese Kostenfunktion ist dabei die Summe der unabhängigen Kostenfunktionen für VOC- und NO_x-Emissionen. Da die unabhängigen VOC- und NO_x-Kostenfunktionen konvexe Funktionen sind, stellt die gemischte Kostenfunktion eine konvexe Fläche im $\mathbb{R}^3$ dar. In Abbildung V.1 sind ebenfalls Isokostenlinien der gemischten Zwei-Schadstoff-Kostenfunktion dargestellt. Entlang der Isokostenlinien können jeweils durch Veränderung der Maßnahmenkonfiguration im betrachteten Maßnahmenbündel zu konstanten Kosten VOC-Emissionsminderungen durch entsprechende NO_x-Emissionsminderungen substituiert werden.

Ausgehend von einem Punkt auf der unabhängigen Kostenfunktion einer Schadstoffkomponente nimmt entlang der Isokostenlinie die Grenzrate der Substitution der Emissionsminderungen beider Schadstoffkomponenten bezogen auf die erste Schadstoffkomponente ab. Darüber hinaus ist festzustellen, daß ausgehend vom Nullpunkt die Abstände der Isokostenlinien auf der gemischten VOC/NO_x-Kostenfunktion geringer werden, wenn die der Isokostenlinie entsprechenden Kosten jeweils um gleiche Beträge erhöht werden. Die grau hinterlegte Kostenkurve, die sich in Abbildung V.1 zwischen den beiden unabhängigen Ein-Schadstoff-Kostenfunktionen befindet, entspricht dabei einer gemischten Kostenfunktion mit konstantem VOC/NO_x-Verhältnis (hier mit konstantem VOC/NO_x-Verhältnis von 1 zu 1; vgl. Ansatz 1).

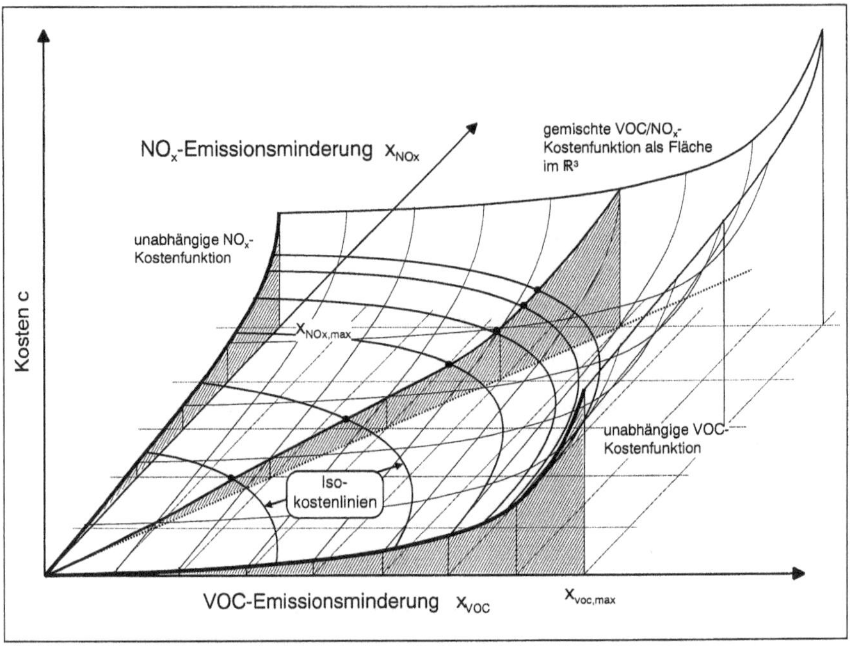

Abbildung V.1: Schematische Darstellung einer gemischten Kostenfunktion für VOC- und NO_x-Emissionen als Fläche im $\mathbb{R}^3$ (erstellt mittels Addition der unabhängigen VOC- und NO_x-Kostenfunktionen)

Bei Einbeziehung abhängiger Maßnahmenbündel (z. B. Berücksichtigung von Maßnahmen, die gleichzeitig VOC- und NO_x-Emissionen mindern) ist zu bedenken, daß die Kosten c_{VOC} und c_{NO_x} für entspechende Emissionsminderungsraten x_{VOC} und x_{NO_x} die Summe einer Vielzahl von einzelnen Maßnahmen darstellt, von denen einige kombinierte Maßnahmen sind. Dies führt im $\mathbb{R}^3$ zum Problem der Bestimmung der entsprechenden betriebswirtschaftlich sinnvollen Minderungsmaßnahmenkombinationen. Bei Vorliegen von kombinierten Maßnahmen könnten sich beispielsweise für bestimmte VOC- und NO_x-Emissionsminderungsraten effiziente Maßnahmenbündel ergeben, deren Kosten unterhalb der gemischten Kostenfunktion liegen, die sich aus Addition der unabhängigen Ein-Schadstoff-Kostenfunktionen ergibt.

Zur Lösung dieses Problems wird in der vorliegenden Arbeit die Erweiterung der ökologischen Parameter von Knoten des eigens zur Erstellung von Kostenfunktionen für die VOC-Emissionsminderung entwickelten optimierenden Stoffflußmodells vorgeschlagen (vgl. Ansatz 3).

3. Erweiterung des Definitionsbereiches der ökologischen Parameter von Knoten in einem optimierenden Stoffflußmodell

Die hier vorgeschlagene Vorgehensweise stützt sich auf die in Kapitel VI beschriebene Konzeption einer weiterentwickelten Methodik zur Erstellung von VOC-Kostenfunktionen. Dabei werden alle möglichen Minderungsmaßnahmen als Komponenten eines Stoffflußmodells beschrieben. In der graphischen Darstellung eines solchen Stoffflußmodells stellen die verschiedenen Produktionsanlagen und Abscheidetechnologien Knoten eines Netzwerkes dar. Bei der Erstellung von kombinierten Kostenfunktionen werden für Maßnahmen, die eine simultane Minderung der Schadstoffe VOC und NO_x erlauben, zusätzliche ökologische Parameter eingeführt, während die Kosten der entsprechenden Maßnahmen über einheitliche ökonomische Parameter in Abhängigkeit von schadstoffunspezifischen Aktivitäten (z. B. jährliche Fahrleistung oder jährlicher Kraftstoffverbrauch) zugeordnet werden. Konkret würde dies für die Charakterisierung eines Kfz-Katalysators bedeuten, daß dieser in Abhängigkeit vom Fahrzeugtyp nicht nur durch entsprechende VOC-, sondern auch durch NO_x-Emissionsfaktoren beschrieben wird, und die Kosten wie Investition und Betriebskosten schadstoffunabhängig über spezifische Kapazitätsgrößen verrechnet werden (vgl. hierzu die Anmerkungen zur Erweiterung der vorgeschlagenen Methodik in Abschnitt VI.3.2). Über die im Stoffflußmodell integrierte Optimierung (auf Grundlage eines linearen Problems) wird es möglich, betriebswirtschaftlich sinnvolle Minderungsmaßnahmenkombinationen unter Einbeziehung von kombinierten Maßnahmen zu bestimmen und somit für Verhandlungsprozesse zukünftig gemischte Kostenfunktionen zur Verfügung zu stellen. Diese Kostenfunktionen stützen sich auf eine weitgehendere Erfassung möglicher Minderungsmaßnahmen in den betrachteten industriellen, gewerblichen und privaten Bereichen, wobei das Problem der Doppelzählung von Kosten vermieden wird.

V.1.2 Die Erstellung von VOC-Kostenfunktionen für stationäre Quellen - grundlegende Problemstellung

Erfahrungen mit dem Einsatz von Kostenfunktionen für SO_x- und NO_x-Emissionen zur Unterstützung von Verhandlungsprozessen sind bereits in der Vergangenheit gesammelt worden [10]. Dies betrifft insbesondere die Verwendung von SO_x-Kostenfunktionen bei der Vorbereitung des zweiten Schwefelprotokolls. Hier liegt aufgrund der

Emissionsrelevanz von SO_x der Schwerpunkt des Interesses auf stationären Verbrennungsprozessen bzw. für NO_x auf stationären Verbrennungsprozessen und mobilen Quellen. Auf der Grundlage von Auswertungen des in Abschnitt II.1.2 dargestellten Emissionskatasters CORINAIR 94 für 15 Mitgliedsstaaten der EU ist festzustellen (vgl. hierzu Tabelle 2.1), daß rund 53 % der gesamten NMVOC-Emissionen aus stationären Quellen stammen. Im Vergleich zu den Schadstoffen SO_x und NO_x kommt innerhalb der stationären Quellen den VOC-Emissionen aus industriellen Sektoren in den Bereichen Produktionsprozesse, Mineralölindustrie und Lösemittelanwendung mit einem Anteil von 88 % gegenüber 5 bzw. 8 % für SO_x bzw. NO_x eine wesentlich größere Bedeutung zu.

Bei der Erstellung von SO_x- und NO_x-Kostenfunktionen spielten bisher Emissionen aus industriellen Sektoren nur eine untergeordnete Rolle, während in Zukunft bei der Erstellung von VOC-Kostenfunktionen die industriellen Sektoren besonders berücksichtigt werden müssen. Dadurch ergeben sich für die Erstellung von VOC-Kostenfunktionen vergleichsweise deutlich mehr und schwieriger zu lösende Probleme.

VOC werden von einer **großen Anzahl heterogener Quellen** emittiert, die sowohl Punktquellen als auch Linien- und Flächenquellen in einer Vielzahl von Sektoren wie Raffinerien, Verteilung von Kraftstoffen, Verkehr oder Lösemittelanwendung (Druckereien, Lackierung, chemische Reinigung, Metallentfettung usw.) umfassen. Im Gegensatz zu SO_x-Emissionen, die man überwiegend einer überschaubaren Menge von Feuerungsanlagen zuordnen kann, stammen VOC-Emissionen aus einer Vielzahl kleiner Quellen.

VOC-Emissionen können auch nicht auf einen oder wenige **Parameter zur Beschreibung der wirtschaftlichen Aktivität** zurückgeführt werden (wie z. B. die Energienachfrage in Energieversorgungsmodellen für SO_x). Zur Prognose der Energienachfrage zur Energieplanung wurden in den meisten Ländern über viele Jahre geeignete Modelle entwickelt, so daß belastbare Vergangenheits- und Zukunftsdaten für die Entwicklung der Energienachfrage zur Verfügung stehen. Aktivitätsdaten für relevante VOC-Emissionsquellen hingegen sind in der geforderten Form oft nicht direkt gegeben, und es gibt nur wenige Ansätze [106] zu ihrer Erfassung und Fortschreibung, damit ist die Bestimmung solcher **Aktivitätsdaten und ihre Fortschreibung für die Zukunft aufwendiger**. Es muß vor allem für jeden einzelnen Sektor eine geeignete Größe zur Beschreibung der wirtschaftlichen Aktivität bestimmt werden (z. B. lackierte Fläche pro Jahr, verarbeitete Menge von Rohöl pro Jahr, jährlicher Verbrauch von verdünnter bzw. unverdünnter Druckerfarbe, verarbeitete Menge von Gummiwaren pro Jahr, usw.). Über die Verknüpfung solcher

Aktivitätsdaten mit spezifischen "Emissionsfaktoren" können die sektoralen VOC-Emissionen ermittelt werden (zum Emissionsfaktoransatz vgl. Abschnitt VI.1.5).

Schwierigkeiten bei der Betrachtung von Emissionsquellen für VOC bereitet aber nicht nur die Vielzahl und Heterogenität der unterscheidbaren Sektoren, sondern auch die **Struktur der individuellen Quellen**, d. h. der Anlagen bzw. Prozesse innerhalb dieser Sektoren. Strukturelle Informationen hinsichtlich charakteristischer Größen von Anlagen, ihrer Verteilung und ihrer Gesamtanzahl sind kaum in aufbereiteter Form vorhanden. Die **Kenntnis der Anlagencharakteristika** (z. B. verwendetes Verfahren, Anlagengröße, Einsatzstoffe usw.) ist jedoch eine notwendige Voraussetzung für die Beurteilung, welche Emissionsminderungsmaßnahmen zum Einsatz kommen können. Darüber hinaus ist eine treffende Charakterisierung dieser Maßnahmen hinsichtlich ihrer Kosten und Emissionseigenschaften überhaupt nur auf Anlagen- bzw. Prozeßniveau möglich. Eine Betrachtung aller individuellen Quellen hingegen ist aufgrund ihrer großen Zahl ausgeschlossen.

Bei der Minderung von VOC-Emissionen aus industriellen Quellen spielen Maßnahmen der **Substitution von Produktionstechnologien** (strukturelle Maßnahmen) und Einsatzstoffen eine besondere Rolle. Diese haben in vielen Bereichen ein beträchtliches Emissionsminderungs- und Kosteneinsparungspotential und sind unbedingt in der Menge der zu betrachtenden VOC-Emissionsminderungsmaßnahmen zu berücksichtigen. Jedoch führt die Betrachtung der strukturellen Maßnahmen und der Substitution von Einsatzstoffen zu Schwierigkeiten bei der technischen und ökonomischen Charakterisierung. Dies betrifft die eindeutige Zuordnung der Kosten zu Produktionszwecken und Anforderungen der Emissionsminderung, sowie im Sinne einer zeitlichen Abgrenzung der zusätzlichen Kosten der Emissionsminderung auch eine sinnvolle Abbildung der Technologieerneuerungs- und Reinvestitionszyklen.

In einigen Ländern befindet sich in bestimmten industriellen Sektoren **bereits eine Vielzahl der möglichen Emissionsminderungsmaßnahmen im Einsatz**, dies ist bei der Bestimmung des verbleibenden Emissionsminderungspotentials und somit auch der zugehörigen Kosten zu berücksichtigen. In diesem Zusammenhang stellt sich für die betroffenen Länder das Problem, zu überprüfen, ob in der Vergangenheit zur Einhaltung der nationalen Umweltgesetzgebung stets die Emissionsminderungsmaßnahmen mit der rechnerisch höchsten Kosteneffizienz zum Einsatz kamen. Wäre dies der Fall, stünden zur Ausschöpfung des verbleibenden Emissionsminderungspotentials nur noch Maßnahmen mit geringerer Kosteneffizienz zur Auswahl. Diese Annahme erscheint in Anbetracht von Informationsdefiziten zur Beurteilung der Effizienz von VOC-Emissionsminderungsmaßnahmen und möglicher technischer bzw. logistischer

Hemmnisse beim Einsatz von bestimmten Technologien (z. B. Platzbedarf, spezifische chemische Zusammensetzung des Abgasstromes bei Biofiltern oder Einsatzbereich von Wasserlacken bei Holz) in vielen Anwendungsfällen wenig realistisch, so daß man von einer breiten Streuung der eingesetzten Technologien mit unterschiedlicher Kosteneffizienz in bezug auf ihre Diffusion ausgehen muß.

Darüber hinaus ist für die Umsetzung des zukünftigen VOC-Protokolls eine gewisse **Übergangszeit zwischen Basis- und Zieljahr** vorgesehen. Insofern ist es bei der Ermittlung der Minderungskosten wichtig, dynamische Effekte wie Technologielebensdauer und Reinvestitionszyklen beim strukturellen Wandel des Produktionstechnologieparks sowie zukünftige Technologien zu berücksichtigen. Der zeitliche Verlauf der Emissionsminderung in der Übergangsfrist zur Erreichung eines vorgegebenen Emissionsminderungsziels kann prinzipiell mit verschiedenen Modellen beschrieben werden. Die Grenzen, zwischen denen eine Szenarienbildung hinsichtlich des Emissionsminderungsverlaufes möglich ist, bilden die beiden folgenden Extremfälle. In einem Fall wird das Emissionsziel gleich zu Beginn der Übergangsfrist, im anderen erst am Ende der Übergangsfrist erreicht. Es stellt sich hier allerdings das Problem, daß bisher für VOC kein dynamischer Ansatz zur Erstellung von Kostenfunktionen existiert, mit dem der strukturelle Wandel beim Einsatz von beispielsweise emissionsarmen Produktionstechnologien und verschiedene zeitliche Verläufe der Emissionsminderung adäquat abgebildet werden können.

Aufgrund der oben beschriebenen Probleme, die insbesondere bei der Betrachtung industrieller Quellen auftreten, stellt sich die Ermittlung von VOC-Kostenfunktionen als grundlegende Problematik des methodischen Teils der vorliegenden Arbeit dar.

V.2 Integration der ökonomischen Auswirkungen und der technischen Rahmenbedingungen der Emissionsminderung in Verhandlungsprozesse mittels Kostenfunktionen

Über Kostenfunktionen kann eine Integration der ökonomischen Auswirkungen und der Rahmenbedingungen der Emissionsminderung in Verhandlungsprozesse vollzogen werden. Dabei können, wie in Kapitel IV gezeigt wurde, Kostenfunktionen als Datenmodule in das Integrated-Assessment-Modell einfließen. Darüber hinaus werden Kostenfunktion der Emissionsminderung auch in andersartigen ökonomischen Ansätzen, wie z. B. in Kosten-Nutzen-, bzw. Kosten-Wirksamkeits-Analysen benötigt oder zur Klärung bestimmter ökonomischer Fragestellungen herangezogen, wie z. B. die Definition kosteneffizienter Emissionssteuerniveaus (vgl. hierzu Kapitel III).

V.2.1 Übersicht und Bewertung ökonomischer Ansätze zur Erstellung von Kostenfunktionen

Ökonomische Ansätze zur Erstellung von Kostenfunktionen auf Basis einer Betrachtung der wirtschaftlichen Voraussetzungen zur Realisierung einer Emissionsminderung bei einzelnen Emittenten, Quellengruppen und Ländern können grundsätzlich in zwei große Gruppen eingeteilt werden. Dies sind zum einen Modelle zur Planung effizienter Minderungsstrategien und zum anderen umweltökonomische Gleichgewichtsmodelle. Diese werden in den beiden folgenden Abschnitten kurz dargestellt und bewertet.

V.2.1.1 Ökonomische Ansätze zur Erstellung von Kostenfunktionen

Folgende Ansätze zur Erstellung von Kostenfunktionen lassen sich grundsätzlich unterscheiden:

1. Modelle zur Planung effizienter Minderungsstrategien

Methodisch stützen sich Modelle zur Planung effizienter Minderungsstrategien auf die Annahme, daß bei Vorgabe festgelegter Emissionsgrenz- bzw. Zielwerte eine Anpassung der Emittenten durch Einsatz geeigneter Emissionsminderungsmaßnahmen stattfindet. Bei der Erstellung von Kostenfunktionen wird vorausgesetzt, daß durch die einzelnen Emittenten jeweils die kosteneffektivsten Emissionsminderungsmaßnahmen ausgewählt werden (daneben ist auch das Kriterium der technischen Realisierbarkeit zu beachten). Unter dieser Voraussetzung kann die Kostenfunktion beispielsweise von Experten ex ante ermittelt werden, indem für vorgegebene Emissionsziele, die auf Sektoren- bzw. Länderebene definiert werden, kostenminimale Maßnahmenkonfigurationen aus einer Menge zur Verfügung stehender Optionen ermittelt werden.[35]

[35] Zu diesem Zweck kann beispielsweise auf bereits definierte BVT-Kandidaten zurückgegriffen werden.

Durch Modelle dieser Art können auch mögliche Kosteneinsparpotentiale und Anregungen zur konkreten Implementierung von Maßnahmen identifiziert werden. Aufgrund ihrer Orientierung an konkreten Minderungsoptionen wird bei derartigen Planungsansätzen eine ordnungspolitische Perspektive gewählt, wobei vorgegebene Emissionsziele durch die Festlegung anlagenbezogener Grenzwerte und die Implementierung definierter BVT erreicht werden können (vgl. Abschnitt III.4.1).

2. Umweltökonomische Gleichgewichtsmodelle

Die Grundlage dieser Modellgruppe ist der Gedanke einer ökonomischen Anpassung der Emittenten. Dabei wird davon ausgegangen, daß die Implementierung von Emissionsminderungsmaßnahmen von ökonomischen Anreizmechanismen (z. B. Grenzkosten der Emissionsminderung, Emissionssteuern, Preise für emissionsintensive Inputfaktoren) ausgelöst wird. Die Emittenten werden nicht mit bestimmten Emissionsgrenz- bzw. Zielwerten konfrontiert, sondern sie stehen einem Preissystem für Inputfaktoren gegenüber und passen den Ausstoß von Luftschadstoffen über die Implementierung von geeigneten (Emissionsminderungs-)maßnahmen an die gegebene Preissitutation an (diese Sichtweise entspricht auch der Motivation beim Einsatz preispolitischer Instrumente). Für die Erstellung von Kostenfunktionen können derartige Preise jedoch nicht einfach am Markt erfragt werden, sondern sind beispielsweise von Experten ex ante zu ermitteln. Folgende Ansätze zur Ermittlung von Preisen können unterschieden werden (vgl. [203]):

- Preise werden in Form von spezifischen Kosten bzw. Grenzkosten für die Durchführung konkreter Maßnahmen oder auf Sektorebene definiert. Hierzu dient beispielsweise auch der Einsatz von Ansätzen zur Planung effizienter Minderungsstrategien (vgl. hierzu die Darstellung der Verrechnung entscheidungsrelevanter Kosten für Stoff- und Energieströme in Abschnitt V.2.2),
- Unter der Voraussetzung, daß ein nationales Emissionsminderungsziel definiert werden kann, werden anteilig Emissionsrechte am Markt ausgegeben, für die sich ein bestimmter Preis einstellt. Dieser Preis entspricht im Gleichgewicht dann genau den Kosten, die ein Emittent zur Minderung einer bestimmten Emissionsmenge zu tragen bereit wäre,
- Der Preis entspricht Subventionen, die an Emittenten gezahlt werden, die eine bestimmte Menge ihrer Schadstoffemissionen mindern.

V.2.1.2 Bewertung ökonomischer Ansätze zur Erstellung von Kostenfunktionen

Aus der Betrachtung von Modellen zur Planung effizienter Minderungsstrategien und umweltökonomischen Gleichgewichtsmodellen ist zu schließen, daß beide Ansätze zur Identifikation einer kosteneffektiven Allokation und zur Implementierung möglicher Emissionsminderungsmaßnahmen und damit zu vergleichbaren Kostenfunktionen führen können. Dabei ist von vergleichbaren Annahmen hinsichtlich der möglichen Maßnahmenmengen und der ihr zugeordneten Kosten sowie der betrachteten Sektoren auszugehen. Darüber hinaus ist gefordert, daß methodische Probleme einerseits bei der Auswahl von kosteneffizienten Maßnahmen oder andererseits bei der Ermittlung von Preisen gelöst werden. Unter diesen Voraussetzungen führt die Verwendung der alternativen Modellgruppen nicht notwendigerweise zu unterschiedlichen Ergebnissen.

Während bei Planungsmodellen die treibende Kraft zur Implementierung von Emissionsminderungsmaßnahmen von festen Auflagen für Schadstoffemissionen (z. B. in Form von Grenzwerten oder technischen Auflagen) ausgeht, kann aus der Perspektive von umweltökonomischen Gleichgewichtsmodellen eine Anpassung, d. h. die Implementierung von Emissionsminderungsmaßnahmen, über vorgegebene Preissignale gesteuert werden. Da Kostenfunktionen im Hinblick auf ihre Verwendung (z. B. in Integrated-Assessment-Modellen oder Kosten-Nutzen-Analysen) ex ante erstellt werden müssen, stellen sich die grundlegenden Probleme, die zur Erstellung von Kostenfunktionen gelöst werden müssen, je nach gewähltem Ansatz unterschiedlich dar. Bei Planungsmodellen stellt das zentrale Problem die ex ante Bestimmung kosteneffektiver Maßnahmenkonfigurationen für vorgegebene Emissionsziele dar. Demgegenüber ist das grundlegende Problem von Gleichgewichtsmodellen durch die Ermittlung von Preisen gegeben, die als geeignete ökonomische Signale zur Erreichung angestrebter Emissionsziele führen. Diese unterschiedliche Problemsicht liefert eine Grundlage für die im folgenden getroffene Methodenauswahl.

Obwohl aus der Perspektive von Gleichgewichtsmodellen den Emittenten als Entscheidungsträgern Entscheidungsfreiheit in Hinsicht auf die Implementierung von Maßnahmen eingeräumt wird, ist die Ermittlung von passenden Preisen, mit denen ein vorgegebenes Emissionsziel erreicht werden kann, aufgrund der auftretenden Unsicherheiten kritisch zu beurteilen. Es ist davon auszugehen, daß faktisch das Niveau von Emissionssteuern im Hinblick auf die ökologische Zielerreichung nur während eines fortwährenden Anpassungsprozesses zu ermitteln ist (vgl. Abschnitt II.4.3). Auch die ex ante Ermittlung der Preise von Emissionsrechten erscheint schwierig, da diese ebenfalls ein Ergebnis von marktbezogenen Preisbildungsmechanismen darstellen. Darüber hinaus ist festzustellen, daß in der Praxis auf internationaler Ebene bislang nur ansatzweise Erfahrungen mit preis- bzw. mengenpolitischen Instrumenten gesammelt wurden. Dies gilt insbesondere für die Schadstoffgruppe VOC. Auf zuverlässige Datenquellen kann in diesem Zusammenhang daher nicht zurückgegriffen werden. Zu einer adäquaten Darstellung von Preisen über Grenzkostenbetrachtungen müßte wiederum auf Planungsmodelle zurückgegriffen werden, so daß insgesamt diese Variante zur Preisermittlung keine eigenständige Lösung darstellt.

Demgegenüber basieren Modelle zur Planung effizienter Minderungstrategien auf einer techno-ökonomischen Betrachtung von unterschiedlichen Maßnahmen, die den Ausgangspunkt für die Ermittlung kosteneffizienter Maßnahmenkonfigurationen für gegebene Emissionsziele bildet. Eine solche techno-ökonomische Maßnahmenbetrachtung bildet z. B. auch die Grundlage für die Identifizierung von BVT-Kandidaten, die bereits in der Vergangenheit bei der Erstellung von UN/ECE-Protokollen und EU-Direktiven für die Schadstoffe SO_x und NO_x mit Erfolg genutzt wurde. Vorschläge für BVT für VOC-Emissionen wurden beispielsweise in der EU für 20 Quellengruppen im Bereich der Lösemittelanwendung [98] und in der UN/ECE als Entwurf für 22 Quellengruppen in den Bereichen Energieerzeugung, Mineralölindustrie, industrielle Produktion und Lösemittelanwendung erarbeitet [231], die innerhalb von Modellen zur Planung effizienter Minderungsstrategien Verwendung finden können. Darüber hinaus bieten solche Modelle auch den Vorteil, daß gegebene Emissionsziele, denen eine bestimmte Maßnahmenkonfiguration zugeordnet wird, direkt und nicht über den Umweg von nur mit Schwierigkeiten zu bewertenden ökonomischen Anreizen erreicht werden.

In der vorliegenden Arbeit werden Ansätze aus dem Bereich der umweltökonomischen Gleichgewichtsmodelle deshalb nicht weiter betrachtet (ein solcher Ansatz wird beispielsweise für ausgewählte Quellengruppen aus den Bereichen Energieerzeugung und Verkehr in [203] beschrieben).

V.2.2 Methodische Einschränkungen bei der Erstellung von Kostenfunktionen

Über die im vorigen Abschnitt vorgenommene Einschränkung gegebener Varianten zur Erstellung von Kostenfunktionen auf Modelle zur Planung effizienter Minderungsstrategien hinaus lassen sich noch weitere Aspekte anführen, die noch andersartige methodische Einschränkungen erforderlich machen könnten.

Bei der Erstellung von Kostenfunktionen stellt jeder einzelne betrachtete Sektor ein komplexes System dar, bei dessen Modellierung die wesentlichen Determinanten, die einen signifikanten Einfluß auf die Kostenfunktion zeigen, identifiziert werden müssen. Andere Größen können bei der Modellbildung vernachlässigt werden, da die zu entwickelnden Modelle, wie alle anderen Modelle auch, nur einen vereinfachten Ausschnitt der Realität abbilden. Im folgenden werden wichtige Aspekte bei der Erstellung von Kostenfunktionen hinsichtlich der Möglichkeiten und Risiken weiterer methodischer Einschränkungen untersucht.

1. Betrachtung der Wirkungsrichtung von Maßnahmen

Bei der Erstellung von Kostenfunktionen sollen Emissionsminderungsmaßnahmen lediglich hinsichtlich ihrer Wirkung auf emittierte Mengen von Schadstoffemissionen betrachtet werden. Derartige Maßnahmen sind in diesem Zusammenhang klar von Optionen zu unterscheiden, durch die der schädliche Einfluß von Emissionen am Ort ihrer Deposition (Nachsorgemaßnahmen) gemindert bzw. eliminiert wird.

In der Wohlfahrtstheorie wird zur Ermittlung optimaler Emissionsniveaus allgemein zwischen den Konzepten der Kosten der Emissionsminderung und der gesamtwirtschaftlichen Nettokosten einer zunehmenden Inanspruchnahme natürlicher Umweltressourcen (Nutzung der Atmosphäre als Aufnahmemedium von Schadstoffen) unterschieden. Eine zunehmende Vermeidung von Emissionen ist dabei in der Regel mit (überproportional) steigenden Kosten der Emissionsminderung und (unterproportional) fallenden Kosten der gesamtwirtschaftlichen Nettokosten einer Inanspruchnahme natürlicher Umweltressourcen verbunden (vgl. hierzu z. B. [237]).

Zusammenfassend repräsentieren die Kosten der Emissionsminderung die Ressourcen, die solchen Maßnahmen zuzuordnen sind, durch die Emissionen eines bestimmten Schadstoffes jeweils verhindert bzw. vermindert werden können. Diese Maßnahmen sind im betrachteten Arbeitsschritt zu identifizieren und techno-ökonomisch zu charakterisieren.

2. Wahl der Betrachtungsebene von Anpassungsmaßnahmen

In Abschnitt III.1.1 wurden verschiedene Ebenen identifiziert, denen entsprechende Anpassungsmaßnahmen zur Minderung von Emissionen zugeordnet werden können.

Dieses sind die technologisch-produktionsbezogene, die normativ-instrumentelle und die organisationell-strukturelle Ebene. Diese Betrachtungsebenen eignen sich ebenfalls als Orientierung für die Erfassung von Emissionsminderungsmaßnahmen und ihrer zugehörigen Kosten im Rahmen der Erstellung von Kostenfunktionen.

Bislang standen in der umweltökonomischen Theorie bei der Betrachtung der Kosten der Emissionsminderung Maßnahmen auf der technologisch-produktionsbezogenen Ebene im Vordergrund (vgl. hierzu etwa [83, 208, 252]). Der politisch-administrative Prozeß (z. B. die Erarbeitung von internationalen Abkommen zur Luftreinhaltung innerhalb von Verhandlungssystemen) ist auf der normativ-instrumentellen bzw. organisationell-strukturellen Ebene anzusiedeln. Das Ziel des politisch-administrativen Prozesses in diesem Zusammenhang ist u. a. die Formulierung einzuhaltender Emissionsnormen. In bisherigen Betrachtungen spielte der hierbei entstehende Ressourcenverzehr jedoch nur eine untergeordnete Rolle.

Auch das Coase'sche Theorem der Wohlfahrtstheorie sieht zunächst nur den Fall vor, in dem mögliche "Transaktionskosten" nicht berücksichtigt werden (vgl. Abschnitt III.2). Im ersten Umweltgutachten des Rates von Sachverständigen für Umweltfragen [49] wurde die Kostensystematik des US-amerikanischen "Council on Environmental Quality" [47] übernommen und der Begriff "transaction costs" als Planungs- und Überwachungskosten bzw. "Kosten für Forschung, Entwicklung, Planung, Kontrolle und Durchsetzung umweltrelevanter Ziele und Standards" übersetzt. Neben den Transaktionskosten existieren sogenannte "abatement costs" als Kosten der Vermeidung und Beseitigung von Emissionen. Diese beiden Kostenkategorien addieren sich zu den sogenannten Gesamtkosten der Luftreinhaltung.

Die Frage nach einer Berücksichtigung der Transaktionskosten in den Gesamtkosten der Luftreinhaltung wird in wissenschaftlichen Gremien innerhalb supranationaler Organisationen bisher nur ansatzweise diskutiert (vgl. [164]) und demnach derzeit (noch) nicht als vordringliches Problem bei der Entwicklung von Minderungsstrategien eingestuft.

Aus Kompatibilitätsgründen wird im Rahmen der vorliegenden Arbeit ebenfalls auf eine Betrachtung von Transaktionskosten verzichtet. Ein Ansatz zur Erfassung von Transaktionskosten des politisch-administrativen Prozesses zur umweltpolitischen Normenbildung und -überwachung findet sich beispielsweise in [237].

3. Zuordnung der Kosten und Emissionen von Minderungsmaßnahmen

Damit eine Integration von Maßnahmen in Kostenfunktionen stattfinden kann, muß jede Maßnahme zur Emissionsminderung hinsichtlich ihrer Kosten und ihrer Auswirkungen auf Emissionen charakterisiert werden. Informationen über Kosten und Emissionseigenschaften von Maßnahmen können jedoch nur auf betrieblicher bzw. auf Anlagenebene über eine differenzierte Technologiebetrachtung adäquat ermittelt werden (vgl. Abschnitt VI.1.4). Auf dieser Ebene lassen sich in Anlehnung an [217] grundsätzlich zwei verschiedene Arten der Zuordnung von Maßnahmen, Kosten und Emissionen unterscheiden:

i) Die Verrechnung sämtlicher entscheidungsrelevanter Kostenarten[36] auf die aufgrund der Implementierung von Maßnahmen veränderten (betrieblichen bzw. anlagenbezogenen) Stoff- und Energieströme (z. B. Schadstoffemissionen),

ii) Die unmittelbare Zuordnung der entscheidungsrelevanten Kostenarten und Emissionskenngrößen zu den betrachteten Maßnahmen (z. B. unterschiedliche Produktions-, Aufbereitungs- und Emissionsminderungsaggregate).

Die Verrechnung entscheidungsrelevanter Kostenarten auf die betrieblichen Stoff- und Energieströme stellt eine methodische Restriktion dar. Dabei werden die Kosten einer erreichbaren Emissionsminderung durch die Anwendung einer Emissionsminderungsmaßnahme auf die Emissionsminderung bezogen. Hier bietet sich beispielsweise eine Darstellung über die spezifischen Kosten *SC* an. Die spezifischen Kosten stellen eine funktionale Abhängigkeit der Kosten von der Menge der geminderten Emissionen dar:

$$SC = K\,(\Delta E) \qquad \text{Gleichung (12)}$$

Hierbei bedeuten:

SC Spezifische Kosten der Maßnahme (z. B. [Geldeinheit/Emissionseinheit])

K Entscheidungsrelevante Kosten der Maßnahme (z. B. [Geldeinheit/Zeiteinheit])

ΔE Minderung der Emissionen durch die Maßnahme (z. B. [Emissionseinheit/Zeiteinheit])

---

[36] Die entscheidungsrelevanten Kostenarten umfassen in Anlehnung an [175, 217] investitionsabhängige Kosten der Produktions-/Aufbereitungsaggregate, Stoffflußkosten des betrachteten Produktionssystems, Prozeßkosten der beteiligten Produktions-/Aufbereitungsaggregate und sonstige entscheidungsrelevante Gemeinkostenanteile.

Zur Beurteilung der ökonomischen Auswirkungen von Maßnahmen zur Emissionsminderung kann die funktionelle Abhängigkeit der Kosten der Emissionsminderung vom Grad bzw. der Menge der Emissionsminderung u. a. über Durchschnittskosten abgebildet werden. Die Durchschnittskosten stellen dabei die Kosten dar, die zur Minderung einer Mengeneinheit nicht emittierter Emissionen im Mittel anfallen. Durchschnittskosten werden häufig zur Beurteilung der Kosteneffizienz von Einzelmaßnahmen verwendet (z. B. auch im dargestellten vereinfachten Ansatz (Abschnitt V.3) zur Erstellung von VOC-Kostenfunktionen). Kritisch ist allerdings in diesem Zusammenhang zu bewerten, daß eine ökonomische Bewertung der Kosten der Emissionsminderung über den Verrechnungsansatz (z. B. als durchschnittliche Kosten) allein von der Menge der geminderten Emissionen abhängig gemacht wird. Dabei werden andere wichtige Einflußgrößen, wie z. B. die Veränderung der Kosten in Abhängigkeit von bereits erreichten Emissionsminderungen, nicht erfaßt (vgl. hierzu ebenfalls die Darstellung des vereinfachten Ansatzes zur Erstellung von VOC-Kostenfunktionen in Abschnitt V.3). Schwierigkeiten bereitet in diesem Zusammenhang auch die Abgrenzung der Kosten, die als entscheidungsrelevante Kosten der Emissionsminderung erfaßt werden. Die Aussagekraft der spezifischen Kosten der Emissionsminderung einer Maßnahme hängt damit nicht zuletzt davon ab, inwieweit es gelingt die emissionsminderungsinduzierten Kostenkomponenten auf transparente Weise aus den "Vollkosten" einer Maßnahme herauszurechnen. Ein entsprechender Ansatz zur Begriffsbestimmung der Kosten der Emissionsminderung und zur Behandlung von Abgrenzungsfragen emissionsminderungsinduzierter Kosten wird in Abschnitt VI.1.6 vorgestellt.

Bei der unmittelbaren Zuordnung von entscheidungsrelevanten Kosten und Emissionskenngrößen findet keine Verrechnung der Kosten auf Stoff- und Energieströme statt. Damit kommt es auch nicht zum oben beschriebenen "Informationsverlust" dadurch, daß die Kosten des Umweltschutzes einzig von der geminderten Emissionsmenge abhängig gemacht werden. Die in ii) vorgeschlagene Kostenrechnung kann darüber hinaus konsistent mit dem in Kaptitel 6 entwickelten Stoffflußmodell zur Erstellung von VOC-Kostenfunktionen verknüpft werden.

Bei den beiden vorgestellten Varianten der Kostenrechnung wird die Ebene einer betrieblichen bzw. anlagenbezogenen Erfassung und Zuordnung von Maßnahmen, Kosten und Emissionen nicht verlassen. Die Bindeglieder zwischen der (mikroökonomischen) betrieblichen bzw. anlagenbezogenen Betrachtungsebene und der makroökonomischen Betrachtungsebene internationaler Verhandlungsprozesse zur Minderung grenzüberschreitender Luftschadstoffemissionen stellen dabei die nationalen Kostenfunktionen dar, zu deren Erstellung für eine Vielzahl unterschiedlicher

Maßnahmen in den betrachteten Sektoren der betroffenen Länder Informationen über Kosten und Emissionsminderungen verdichtet werden.

4. Erfassung der zeitlichen Dynamik der Implementierung von Maßnahmen

Über den bereits in Abschnitt V.1 dargestellten zeitlichen Bezug hinaus, durch den der zugrunde gelegte Zeitraum der Kostenerfassung (z. B. die Periode von einem Jahr) kenntlich gemacht wird, stellt sich im Zusammenhang mit der methodischen Erstellung von Kostenfunktionen die Frage, in welcher Weise zeitliche Implementierungsschemata von Maßnahmen abgebildet werden können. Grundsätzlich lassen sich bei der Erstellung von Kostenfunktionen statische und dynamische Vorgehensweisen unterscheiden. Bei einer statischen Vorgehensweise wird vereinfachend die Annahme getroffen, daß alle innerhalb des betrachteten Planungszeitraums in Frage kommenden Minderungsmaßnahmen gleichzeitig implementiert werden. Bei einer dynamischen Vorgehensweise hingegen sind die einzelnen Implementierungszeitpunkte von Maßnahmen und als Folge die resultierende fortschreitende Gesamtemissionsminderung als Funktion der Zeit zu erfassen. Dabei ist zu berücksichtigen, daß mit der Entscheidung für eine dynamische Vorgehensweise in der Folge zusätzliche Schwierigkeiten wie die Abbildung von Technologielebenszyklen und Abzinsungseffekten in der Planungsperiode verbunden sind (vgl. hierzu die Entwicklung konkreter Lösungsansätze in Abschnitt VI.3.3).

Aufgrund des bedeutenden Einflusses zeitlicher Aspekte[37] erfordert die Erstellung von VOC-Kostenfunktionen eine dynamische Vorgehensweise. Diese Forderung soll in der vorgeschlagenen neuen Methodik mittels einer mehrperiodigen Betrachtungsweise berücksichtigt werden.

---

[37] Der Einfluß dynamischer Aspekte auf Kostenfunktionen für den Schadstoff VOC wird anhand eines Vergleichs der Ergebnisse des im Rahmen dieser Arbeit entwickelten dynamischen (mehrperiodigen) Stofffflußmodells mit Ergebnissen eines statischen Modells gezeigt (vgl. hierzu Abschnitt VII.3.3).

V.2.3 Strukturmerkmale von Kostenfunktionen

Neben dem funktionalen, geographischen, zeitlichen, stofflichen und sektoralen Bezug sowie den im obenstehenden Abschnitt beschriebenen methodischen Einschränkungen wird die Form und der Verlauf von Kostenfunktionen der Emissionsminderung auch von weiteren Voraussetzungen, die bei der Erstellung von Kostenfunktionen zugrunde gelegt werden, bestimmt (z. B. Länge des Planungszeitraumes, Wahl des Basis- und Zieljahrs des Planungszeitraumes).[38] Damit verschiedene Kostenfunktionen interpretiert und hinsichtlich potentieller Unterschiede verglichen werden können, werden im folgenden charakteristische Strukturmerkmale von Kostenfunktionen dargestellt.

1. Ausgangsemissionen im Basisjahr (AEB)

Den Ausgangspunkt für die Erfassung einer Emissionsminderung bilden die sogenannten Ausgangsemissionen im Basisjahr (AEB) bzw. Basisemissionen. Bei einer technologieorientierten Betrachtungsweise bildet eine detaillierte Erfassung der bereits implementierten Maßnahmen die Grundlage für die Ermittlung der AEB und des verbleibenden Emissionsminderungspotentials in den Folgejahren.

2. Maximale Emissionsminderung (MEM)

Die maximale Emissionsminderung (MEM) kennzeichnet eine vollständige Ausschöpfung des im Zieljahr der Planungsperiode möglichen Emissionsminderungspotentials. Dies wird durch restlose Implementierung aller technisch möglichen Emissionsminderungsmaßnahmen bzw. -maßnahmenkombinationen mit den höchsten Minderungseffizienzen erreicht.

3. Kosten der maximalen Emissionsminderung (KME)

Die bei einer restlosen Implementierung der betrachteten Emissionsminderungsmaßnahmen bzw. -maßnahmenkombinationen mit den höchsten Minderungseffizienzen

[38] Weitere bei der Erstellung von Kostenfunktionen zugrunde gelegte Hypothesen können zu Szenarien zusammengefaßt werden und hinsichtlich ihrer Auswirkungen auf die Kostenfunktionen im Rahmen von Sensibilitätsanalysen untersucht werden (für den Schadstoff VOC werden als relevante Einflußfaktoren beispielsweise die Übergangsfristen, Länge des Planungszeitraumes und Kalkulationszinsfüße identifiziert).

entstehenden Kosten werden als Kosten der maximalen Emissionsminderung (KME) bezeichnet.

4. Emissionsminderung, bei der die Kostennulllinie überschritten wird (EK > 0)

Ausgehend von den AEB überschreitet die Kostenfunktion ab einer bestimmten Emissionsminderung die Kostennulllinie (EK > 0). Die Distanz zwischen AEB und EK > 0 hängt dabei von der Verfügbarkeit von Emissionsminderungsmaßnahmen ab, bei denen in bezug auf ihre gesamte Lebensdauer der Kapitalwert bzw. im statischen Vergleich die zugehörigen periodenbezogenen Gesamtkosten (als Summe von Kosten und Erträgen) kleiner oder gleich Null sind.[39]

5. Emissionsminderung mit signifikanter Gradientensteigerung der Kostenfunktion (EGS)

Eine Emissionsminderung mit signifikanter Gradientensteigerung (EGS) markiert einen Punkt auf der Kostenfunktion, an dem die Minderung einer weiteren Emissionseinheit nur noch zu bedeutend höheren Kosten möglich ist. Dies bedeutet mit anderen Worten, daß zur einer weiteren Emissionsminderung nur noch Maßnahmen mit geringerer Kosteneffizienz zur Verfügung stehen.

6. Konvexität (K)

Unter der Bedingung, daß bei der Erstellung von Kostenfunktionen zur Erreichung eines bestimmten Emissionsziels jeweils die Maßnahmenkonfiguration mit der größten Kosteneffektivität ausgewählt wird, ist die resultierende Kostenfunktion in Richtung steigender Emissionsminderungen steigend und konvex. Tendenziell weicht die Kostenfunktion um so mehr von einem linearen Verlauf ab, je größer die Unterschiede zwischen den Kosten einzelner Minderungsmaßnahmen bzw. Minderungsmaßnahmenbündeln werden, jeweils effiziente Maßnahmen bzw. Maßnahmenbündel vorausgesetzt.

---

[39] Solche "wirtschaftlichen" Maßnahmen werden im Zusammenhang mit Maßnahmen zur CO_2-Minderung vor dem Hintergrund der Treibhausgasproblematik auch als "no-regret-options" bezeichnet.

In Abbildung V.2 sind einige der angesprochenen Strukturmerkmale von Kostenfunktionen schematisch dargestellt.

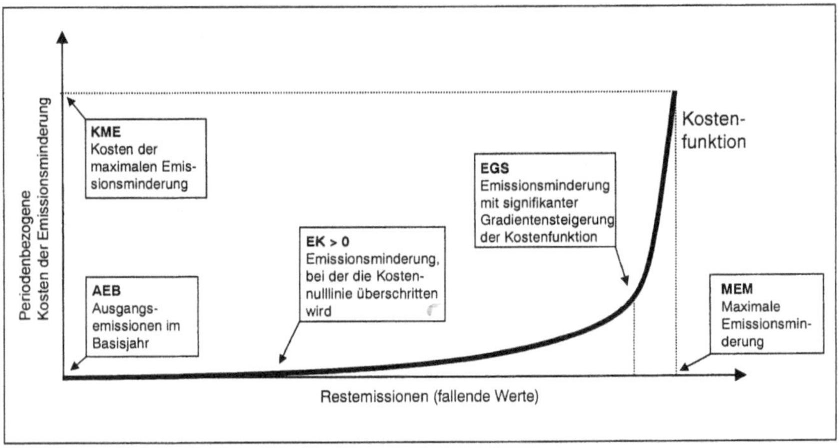

Abbildung V.2: Schematische Darstellung von Strukturmerkmalen von Kostenfunktionen

V.3 Existierende Ansätze zur Erstellung von Kostenfunktionen

Auf Grundlage der in Abschnitt V.2.1.2 vorgenommenen Bewertung möglicher ökonomischer Ansätze und vor dem Hintergrund der an Kostenfunktionen gestellten praktischen Anforderungen (insbesondere die Erstellung eines Integrated-Assessment-Modells in Zusammenhang mit der troposphärischen Ozonproblematik) wurde das Spektrum methodischer Vorgehensweisen auf die Modelle zur Planung effizienter Minderungsstrategien eingeengt. Weitere mögliche methodische Einschränkungen wurden in Abschnitt V.2.2. diskutiert. Bei den nach Berücksichtigung der beschriebenen methodischen Einschränkungen verbleibenden Menge von Lösungsansätzen zur Erstellung von Kostenfunktionen lassen sich unabhängig von den Anforderungen der tatsächlich ausgewählten Vorgehensweise im allgemeinen folgende Schritte unterteilen:

1. Erfassung aller Maßnahmen, welche die Emission von Schadstoffen beeinflussen (z. B. end-of-pipe-Maßnahmen) bei gleichzeitiger Ermittlung der zugehörigen Kosten (z. B. Investitionen und laufende Kosten) und der Emissionseigenschaften (z. B. Emissionsfaktoren),

2. Erfassung der zukünftigen Entwicklung der wirtschaftlichen Aktivität in den einzelnen Sektoren und

3. Zusammenführung der techno-ökonomischen Größen der Optionen und der Aktivitätsdaten zu Kostenfunktionen über eine geeignete Aggregierungsmethodik.

Die Schritte 1. und 2. setzen eine geeignete Datenbasis zur Erstellung von Kostenfunktionen voraus. Zur Bewältigung dieser Aufgabe werden in Kapitel VI neuartige Konzepte zur techno-ökonomischen Charakterisierung von Maßnahmen zur Vermeidung von Emissionen und zur Bestimmung länderspezifischer (Aktivitäts)-Daten speziell für die Schadstoffkategorie VOC vorgeschlagen. Bei der Erarbeitung dieser Datenbasis wird die Absicht verfolgt, eine von der gewählten Aggregierungsmethodik unabhängige Datengrundlage zu schaffen.

Ein in der Vergangenheit eher vernachlässigter Aspekt bei der Erstellung von Kostenfunktionen betrifft die Vorgehensweise bei der Datenaggregierung. Da aufgrund der insbesondere bei VOC-Emissionen auftretenden neuartigen Schwierigkeiten (z. B. große Anzahl und Heterogenität von Quellen oder Relevanz von integrierten Emissionsminderungsmaßnahmen) ein bedeutender Einfluß der gewählten Aggregierungsmethodik auf die resultierenden Kostenfunktionen anzunehmen ist, richtet sich das Interesse bei der Betrachtung existierender Ansätze in diesem Abschnitt speziell auf Aspekte der Datenaggregierung.

In dieser Hinsicht ist festzustellen, daß eine Methodik zur Erstellung solcher VOC-Kostenfunktionen gleichzeitig zwei grundlegende Funktionen zu erfüllen hat. Es geht dabei um:

1. Die Selektion von Emissionsminderungsmaßnahmen nach Kriterien der Wirtschaftlichkeit zur Erreichung eines gegebenen Emissionsminderungsziels in einer gegebenen Periode zu geringsten Kosten und
2. Die intertemporale Allokation wirtschaftlicher Minderungsmaßnahmen entlang eines gegebenen oder kostenminimalen Emissionsminderungspfades zur Erreichung des Emissionsziels in der Zielperiode z. B. des geplanten VOC-Protokolls der UN/ECE.

Dabei ist eine Reihe von Nebenbedingungen, wie die Erfüllung der Nachfrage in den Sektoren in einer gegebenen Periode, zukünftige Implementierungspotentiale von Maßnahmen und die jeweilige Lebensdauer von gegenwärtig implementierten Technologien zu berücksichtigen. Darüber hinaus sollte eine solche Methodik flexibel genug sein, um bei der Szenarienbildung verschiedene Parameter variieren und damit verschiedene Fragestellungen beantworten zu können.

Bei der Erstellung von Kostenfunktionen im Rahmen des zweiten SO_x-Protokolls der UN/ECE fanden Methodiken Anwendung, die man zwei Modellklassen zuordnen kann. Es geht hierbei um:

- Eine Auswahl der Maßnahmen gemäß eines Rankings der Optionen nach steigenden Grenzkosten in bezug auf ihr zugehöriges Minderungspotential,
- Die techno-ökonomische Optimierung mittels Energie-Emissions-Modellen.

Innerhalb dieser Modellklassen lassen sich ein- oder mehrperiodige Ansätze unterscheiden. Eine im Rahmen der vorliegenden Arbeit unternommene Erhebung existierender Ansätze zur Erstellung von VOC-Kostenfunktionen ergab, daß derzeit verfügbare Methodiken ausnahmslos der ersten Modellklasse zugeordnet werden können. Dabei fällt auf, daß diese Ansätze sämtlich auf einer statischen Betrachtungsweise der Maßnahmenimplementierung beruhen. Diese methodischen Ansätze und ihre Ergebnisse für unterschiedliche Sektoren und Länder sind soweit dokumentiert in Tabelle V.1 dargestellt.

Tabelle V.1: Existierende Ansätze zur Erstellung von VOC-Kostenfunktionen (Auswahl der Maßnahmen gemäß Ranking nach steigenden Grenzkosten (GK))

Schadstoff	Methode	Zeitliche Dynamik	Bezug			Quelle
			sektoral	geographisch	zeitlich	
NMVOC	Ranking nach GK	statisch	4 Haupt- und 12 Subsektoren (Energie, Mineralöl, Industrie, Verkehr)	Kanada insgesamt und 11 Provinzen	Kosten pro Jahr	Environment Canada [140], [206]
NMVOC	Ranking nach GK	statisch	12 Haupt- und 13 Subsektoren in der Lösemittelanwendung (Industrie)	Großbritannien	Kosten pro Jahr	ERM [71]
NMVOC	Ranking nach GK und Anwendbarkeit	statisch	ausgewählte Sektoren gemäß CORINAIR 90	32 UN/ECE Länder	Kosten pro Jahr	AEA [250], [13]
NMVOC	Ranking nach GK	statisch	30 mit CORINAIR 90 kompatible Sektoren (Energie, Mineralöl, Industrie, Verkehr, Abfallverwertung, sonst.)	36 UN/ECE Länder	Kosten pro Jahr	RAINS [118], [117], [189]

Im folgenden wird die prinzipielle Vorgehensweise bei der Erstellung nationaler VOC-Kostenfunktionen mit einer Auswahl der Maßnahmen gemäß einem Ranking der Optionen nach steigenden Grenzkosten als einperiodiger Ansatz dargestellt. Als Beispiel eines solchen "vereinfachten Ansatzes" wird dafür die aktuelle Version des vorläufigen VOC-Kostenfunktionsmoduls des rechnergestützten Integrated-Assessment-Modells RAINS (Regional Air Pollution Information and Simulation) herangezogen [117, 118].

V.3.1 Das RAINS VOC-Kostenfunktionsmodul als Beispiel für einen vereinfachten Ansatz

Als erster Schritt werden auch bei dem vereinfachten Ansatz die VOC-Emissionsquellen in Sektoren eingeteilt (vgl. [189]: gemäß der RAINS-Systematik werden insgesamt 33 Sektoren gebildet). Dabei werden einige Sektoren auf der 6-Digit-Ebene der CORINAIR-Systematik definiert und andere werden aus mehreren auf dieser Ebene definierten Quellenkategorien zusammengefaßt. Jeder Sektor wird durch folgende Parameter charakterisiert:

- Aktivität für ein definiertes Basisjahr (1990): $A_{s,1990}$
- Aktivität für ein definiertes Zieljahr (2010; Prognose): $A_{s,2010}$
- Sektoraler Emissionsfaktor: EF_s
  (ohne Minderungsmaßnahmen)

Für jeden Sektor *s* ist eine Liste von anwendbaren Minderungsoptionen *(s, k)* gegeben, die aus Einzelmaßnahmen oder Kombinationen von Maßnahmen bestehen. Jede Option *(s, k)* ist hierbei durch folgende Parameter charakterisiert:

- Spezifische Kosten: $c_{s,k}$
- Wirkungsgrad der Emissionsminderung: $\eta_{s,k}$

Durch diese Eingangsdaten für alle Maßnahmen in den betrachteten Sektoren kann die sogenannte "ungeminderte" Kostenfunktion für das Zieljahr der geplanten Protokolle (2010) eindeutig bestimmt werden.

Auf dieser Datengrundlage werden im nächsten Schritt die Emissionen für das Bezugsjahr (1990) auf der Basis des ungeminderten Falles berechnet. Der Implementationsstand von Minderungsmaßnahmen wird durch die absolute Aktivität $A^{imp}_{s,k,1900}$ im

Sektor beschrieben, die mit der entsprechenden Option ausgestattet ist. Die sektoralen Emissionen für das Basisjahr (1990) ergeben sich dann aus folgender Gleichung:

$$E_{s,1990} = A_{s,1990} \cdot EF_s \cdot \left[1 - \sum_k \left(A^{imp}_{s,k,1900} / A_{s,1990} \right) \cdot \eta_{s,k} \right] \qquad \text{Gleichung (13)}$$

In ähnlicher Weise werden die Emissionen für das Zieljahr 2010 über die folgende Gleichung berechnet:

$$E_{s,2010} = A_{s,2010} \cdot EF_s \cdot \left[1 - \sum_k \tau_{s,k,2010} \cdot \eta_{s,k} \right] \qquad \text{Gleichung (14)}$$

Wobei $\tau_{s,k}$ den Implementationsanteil einer Minderungsmaßnahme (s, k) angibt. Die voraussichtlichen prozentualen Implementationsanteile der Optionen am Ende der Planungsperiode (2010) werden bei dem vereinfachten Ansatz als Folge der Umsetzung der heutigen Gesetzgebung (Szenario „current legislation") bestimmt.

Nach der Berechnung der Emissionen für das Basis- und Zieljahr erfolgt die eigentliche Erstellung der VOC-Kostenfunktionen. Dazu werden zuerst die "ungeminderten Kostenfunktionen" auf Sektor- und danach auf Länderebene bestimmt. Dies geschieht für das sogenannte "OEP/Business as usual, Official Energy Pathway"-Szenario für das Ende der Planungsperiode (2010). Dabei ist der Ausgangspunkt der sogenannte "ungeminderte Fall" (no control case), der durch die sektorspezifischen ungeminderten Emissionsfaktoren EF_s charakterisiert ist. Die entsprechenden Emissionen für das Ende der Planungsperiode (2010) lassen sich mit der folgenden Gleichung bestimmen:

$$E^o_{s,2010} = A_{s,2010} \cdot EF_s \qquad \text{Gleichung (15)}$$

Dies bedeutet, daß bereits im Basisjahr (1990) implementierte Minderungsoptionen nicht berücksichtigt werden[40]. Die zukünftige Emissionsminderung wird über die Umsetzung der vorher definierten Emissionsminderungsoptionen modelliert. Es wird weiterhin angenommen, daß in jedem Sektor zur Erreichung einer bestimmten Minderung nur eine Option umgesetzt wird, d. h., daß die gegebenen Optionen sich gegenseitig ausschließen: Reicht eine Option nicht aus, um eine gegebene Minderungsan-

[40] Wenn die in einem gegebenen Basisjahr implementierten Maßnahmen nicht berücksichtigt werden, spricht man von einem sog. „Grüne Wiese Ansatz".

forderung zu erfüllen, dann wird sie durch eine andere Option mit höherem Potential substituiert. Eine solche Option kann jedoch aus Kombinationen von einzelnen Emissionsminderungsmaßnahmen zusammengesetzt sein.

Das Ranking der Optionen auf dem Weg zu nationalen Kostenfunktionen geschieht über die Teilschritte: Ausschließen ineffizienter Optionen, Bestimmung der sektoralen Kostenfunktion und schließlich Bestimmung der nationalen Kostenfunktion. Die Vorgehensweise zu jedem Teilschritt ist im folgenden kurz dargestellt:

1. Ausschließen der ineffizienten Optionen

Bei Betrachtung eines Sektors s seien zwei Optionen *(s, 1)* und *(s, 2)* mit $c_{s,1} < c_{s,2}$ und $\Delta E_{s,1} > \Delta E_{s,2}$ möglich, wobei $\Delta E_{s,k}$ das Emissionsminderungspotential der Option *(s, k)* beschreibt:

$$\Delta E_{s,k} = A_{s,k,2010} \cdot EF_s \cdot \eta_{s,k} \qquad \text{Gleichung (16)}$$

Indem nur eine Option zur Erreichung einer bestimmten sektoralen Emissionsminderung ausgewählt wird, ist Option 2, die im Vergleich zu Option 1 ein geringeres Minderungspotential, aber höhere spezifische Kosten aufweist, ineffizient. Sie wird daher bereits im vorhinein ausgeschlossen. Im folgenden bezeichnen *S* die Menge der Sektoren und K_s die Menge der effizienten Maßnahmen im Sektor s.

2. Bestimmung der sektoralen Kostenfunktionen: Ranking der übrigen Optionen nach steigenden Grenzkosten in bezug auf das zusätzliche Minderungspotential

Bei Betrachtung eines Sektors s entsprechen sich auf der ersten Minderungsstufe spezifische Kosten und Grenzkosten, da hier das zusätzliche Minderungspotential dem gesamten Minderungspotential der Option entspricht. Das heißt, daß die erste Maßnahme (s, k_1) diejenige mit den niedrigsten spezifischen Kosten repräsentiert.

In den weiteren Stufen kann lediglich die Differenz des Minderungspotentials zwischen der aktuellen und der vorangehenden Stufe zusätzlich gemindert werden. Zum Beispiel werden für die Bestimmung der zweiten Maßnahme die Grenzkosten $MC_{s,k'}$ aller verbleibenden Maßnahmen (s, k') bestimmt und verglichen:

$$MC_{s,k'} = \left(c_{s,k_1} \cdot \Delta E_{s,k_1} - c_{s,k'} \cdot \Delta E_{s,k'}\right) / \left(\Delta E_{s,k_1} - \Delta E_{s,k'}\right)$$
$$= \left(c_{s,k_1} \cdot \eta_{s,k_1} - c_{s,k'} \cdot \eta_{s,k'}\right) / \left(\eta_{s,k_1} - \eta_{s,k'}\right) \qquad \text{Gleichung (17)}$$
$$\text{mit} \quad k' \neq k$$

Die zweite Option (s,k_2) ist diejenige mit den niedrigeren Grenzkosten MC_{s,k_2}. Diese Vorgehensweise wird iterativ weitergeführt bis zur Ausschöpfung aller effizienten Optionen. Somit wird ein Ranking der Maßnamen nach steigenden Grenzkosten erreicht:

$$(s,k_1),(s,k_2),(s,k_3),(s,k_4),.... \text{ mit } MC_{s,k_1} < MC_{s,k_2} < MC_{s,k_3} < MC_{s,k_4} < .....$$

Das zusätzliche Emissionsminderungspotential ε_{s,k_i} der Option (s, k_i) in bezug auf die vorherige Option (s, k_{i-1}) ist durch folgende Gleichung gegeben:

$$\varepsilon_{s,k_1} = \Delta E_{s,k_1,2010}$$
$$\varepsilon_{s,k_i} = \Delta E_{s,k_i,2010} - \Delta E_{s,k_{i-1},2010} \cdots \qquad i \neq 1 \qquad \text{Gleichung (18)}$$

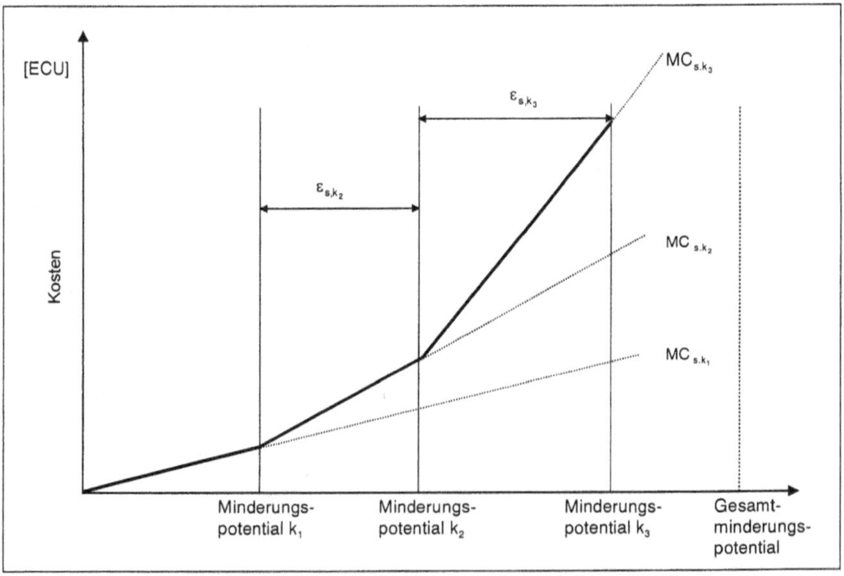

Abbildung V.3: Generelle Vorgehensweise beim Maßnahmenranking innerhalb eines Sektors in RAINS

Das sektorale Ranking der entsprechenden Maßnahmen in RAINS nach der oben beschriebenen Vorgehensweise ist in Abbildung VI.3 dargestellt.

3. Bestimmung der nationalen Kostenfunktionen

Unter der Annahme, daß die Sektoren in bezug auf die Umsetzung der Optionen unabhängig sind und daß in jedem Sektor für eine gegebene Emissionsminderung nur eine Option implementiert wird (Optionen schließen sich gegenseitig aus), wird die nationale Kostenfunktion durch das Ranking der Gesamtheit der Optionen nach den oben bestimmten Grenzkosten $MC_{s,k}$ ermittelt. Dabei wird implizit vorausgesetzt, daß die Kosten einer Maßnahme unabhängig von der bereits erreichten Emissionsminderung sind, und daß die Grenzkosten innerhalb des ihr zugeordneten Bereichs des Emissionsminderungspotentials linear verlaufen.

Wird diese Voraussetzung akzeptiert, kann, um die formale Darstellung der Gleichungen zu vereinfachen, die Reihe aller möglichen Optionen (s, k) nach steigenden Grenzkosten sortiert und von 1 bis N_s durchnumeriert werden. Jeder auf diese Weise definierte Index l kann eindeutig einer Maßnahme (s, k) zugeordnet werden. Die errechneten Grenzkosten $MC_l = MC_{s,k}$ erfüllen die Bedingung $MC_1 < MC_2 < MC_3 < .... < \mathrm{MC}_{\mathrm{N_s}}$.

Die Minderungskosten in der nationalen Kostenfunktionen ergeben sich dann:

$$K(E_{l,2010}^{Verb.}) = \sum_{m=1}^{l} MC_l \cdot \varepsilon_{1,2010}; \text{ mit } MC_1 < MC_2 < MC_3 < ... \qquad \text{Gleichung (19)}$$

mit:

$$E_{l,2010}^{Verb.} = E_{s,2010}^{o} - \sum_{m=1}^{l} \varepsilon_{m,2010} \qquad \text{Gleichung (20)}$$

$E_{l,2010}^{Verb.}$ Verbleibende Emissionen nach Umsetzung der Optionen 1 bis l.

V.3.2 Bewertung des RAINS VOC-Kostenfunktionsmoduls

Grundsätzlich ist anzumerken, daß das RAINS-Kostenfunktionsmodul hinsichtlich der eingehenden technologischen Datenbasis flexibel ist. Es können hier grundsätzlich auch die auf Grundlage der in der vorliegenden Arbeit beschriebenen Methodik erstellten Technologie- und Aktivitätsdaten integriert werden.[41] Allerdings beruht die gewählte Aggregationsmethodik zur Erstellung der sektoralen bzw. nationalen Kostenfunktionen auf einigen grundsätzlichen Annahmen bzw. methodisch bedingten Einschränkungen. Dazu zählen insbesondere:

- Die Betrachtung des ungeminderten Falles als Ausgangsbasis für die Implementierung von Minderungsmaßnahmen („Grüne Wiese Ansatz"): hiermit wird implizit angenommen, daß die bis zum Basisjahr 1990 erfolgte Emissionsminderung mittels "kostenoptimaler" Maßnahmen (im Sinne des Ranking-Verfahrens in RAINS) erreicht wurde. Der reale Implementationsstand von auch weniger kostenoptimalen Maßnahmen, der gerade in Ländern, in denen bereits ein wesentlicher Anteil des technischen Minderungspotentials realisiert wurde (BVT-basierte Gesetzgebung), einen wichtigen Einfluß auf das Restminderungspotential bzw. auf die Kosten aufweist, wird nicht berücksichtigt.
- Die unzureichende Berücksichtigung von strukturellen Maßnahmen: In RAINS wird zwar die zeitliche Änderung der sektoralen Aktivitäten berücksichtigt, jedoch nicht die Änderung des Technologiemix im Betrachtungszeitraum insbesondere innerhalb der stark aggregierten Sektoren. Zwar werden sogenannte Primärmaßnahmen im RAINS-Katalog aufgeführt, die wesentlichen strukturellen Eigenschaften dieser Maßnahmenklasse bleiben jedoch unbeachtet, u. a. aufgrund des gewählten statischen Ansatzes. Dies betrifft insbesondere das hohe Minderungspotential bei sehr niedrigen Kosten, sofern eine Maßnahmenallokation innerhalb der gegebenen Erneuerungszyklen stattfindet.
- Die Allokation der Maßnahmen und die Bestimmung der Kosten nach einem statischen Ansatz: Der zeitliche Verlauf der Implementation der Maßnahmen und der autonome Technologiewandel (z. B. Erneuerung des Anlagenparks) werden nicht berücksichtigt. Dies ist insbesondere relevant im Hinblick auf den weiten Planungshorizont (1990 - 2010). Der Ansatz ist also insofern statisch, daß die

[41] Eine derartige Kopplung des vereinfachten Ansatzes mit den hier erarbeiteten technologie- und länderspezifischen Daten wird dabei über die beiderseitige Kompatibilität zur Sektorstruktur nach CORINAIR 90 ermöglicht.

Annahme gemacht wird, alle notwendigen Maßnahmen würden am Ende der Planungsperiode umgesetzt, wobei sämtliche Kosten innerhalb des letzten Jahres der Planungsperiode anfallen .

V.4 Anforderungen an ein neues Konzept zur Erstellung von VOC-Kostenfunktionen

Aufgrund der in Abschnitt V.3.2 aufgezeigten Mängel des RAINS VOC-Kostenfunktionsmoduls, die sich im wesentlichen aufgrund der verwendeten statischen Betrachtung der Technologieimplementierung auch auf die anderen dargestellten Ansätze (vgl. Tabelle V.1) übertragen lassen, wird im Rahmen der vorliegenden Arbeit eine andere Vorgehensweise gewählt. Dabei soll zur Erstellung von nationalen VOC-Kostenfunktionen auf das Konzept eines techno-ökonomischen Optimiermodells zurückgegriffen werden.

Bei der Bestimmung von nationalen Minderungskostenkurven für NO_x- und SO_x-Emissionen wurden sogenannte Energie-Emissions-Modelle eingesetzt. Hier ist das Computermodell EFOM-ENV (Energy Flow Optimisation Model - Environment) zu nennen, das ein mehrperiodiges Energie-Emissions-Modell auf Basis der linearen Programmierung darstellt. Der Aufbau eines solchen Modells und die Vorgehensweise bei der Berechnung von SO_x- und NO_x-Kostenfunktionen sind beispielsweise in [180, 182, 253] dargestellt. Andere Modelle mit einer vergleichbaren Modellkonzeption sind beispielsweise MARKAL (Market Allocation Model) [81], MESSAGE (Model for Energy Supply Systems Alternatives and their General Environmental Impact) [144]. Hier steht die Modellierung von Sektoren einschließlich möglicher Emissionsminderungsmaßnahmen auf der Angebots- und Nachfrageseite aus dem Bereich der Energieerzeugung im Vordergrund.

Im Großteil der betrachteten Sektoren sind die VOC-Emissionen jedoch nicht auf die Energieumwandlung (wie in EFOM-ENV gegeben), sondern auf industrielle Produktions- und Transformationsprozesse zurückzuführen. Schwierigkeiten bereiteten hier u. a., wie in Abschnitt V.1.2 dargestellt, die Vielzahl und die Heterogenität der Sektoren, sowie die Vielzahl kombinierbarer Maßnahmen. Insbesondere bei Betrachtung von Primärmaßnahmen, für die in bezug auf VOC-Emissionen ein beträchtliches Minderungspotential besteht, wird deshalb ein erheblicher Einfluß einer adäquaten Abbildung der zugehörigen Technologie- und Reinvestitionszyklen auf die nationalen Minderungskosten vermutet, was für die Erstellung nationaler VOC-Kostenfunktionen die Entwicklung einer neuartigen Methodik notwendig macht.

Bei der Konzeption einer neuartigen Methodik sind die speziellen Anforderungen an VOC-Kostenfunktionen im Rahmen der Vorbereitung neuer UN/ECE-Protokolle zu integrieren und die bei der Erörterung vereinfachter statischer Ansätze aufgezeigten methodischen Mängel zu vermeiden.

Insgesamt ergeben sich für eine neuartige Konzeption zur Erstellung von VOC-Kostenfunktionen folgende Anforderungen:

- Definition eines adäquaten Aggregationsniveaus zur techno-ökonomischen Charakterisierung aller vorhandenen und möglichen zukünftigen Maßnahmen und Technologien zur Vermeidung von VOC-Emissionen auf Anlagen- bzw. Prozeßebene. Die techno-ökonomische Charakterisierung von Maßnahmen und Technologien soll für alle Quellenkategorien mit hoher Emissionsrelevanz und hohem Minderungspotential detailliert durchgeführt und als länderübergreifende Technologiedatenbank in transparenter Weise bereitgestellt werden.
- Entwicklung von Instrumenten zur Erfassung länderspezifischer Datensätze zu wirtschaftlichen Aktivitätsdaten. Dies geschieht analog zur Technologiedatenstruktur, wobei hier, einer bottom-up Methodik folgend, die Anteile schon implementierter Maßnahmen, die verschiedenen Anlagenkategorien und die wirtschaftliche Aktivität des betrachteten Sektors erfaßt werden.
- Erarbeitung einer geeigneten Methodik zur Aggregation der Technologie- und Länderdaten zu VOC-Kostenfunktionen mit dem Ziel, auch dynamische Effekte wie Technologiewandel, Reinvestitionszyklen und verschiedene Szenarien hinsichtlich des Emissionsminderungsverlaufes berücksichtigen zu können.
- Im vorgestellten Ansatz werden vorerst nur stationäre Quellen betrachtet. Dennoch sollen die hier zu entwickelnden Instrumente grundsätzlich auch für mobile Quellen anwendbar sein.

Zur Verwendung im Rahmen der Vorbereitung eines neuen UN/ECE Protokolls im Zusammenhang mit dem troposphärischen Ozonproblem und zur Unterstützung von damit verbundenen Verhandlungsprozessen auf supranationaler Ebene müssen die in der vorgestellten Arbeit zu entwickelnden Daten und Instrumente außerdem folgenden besonderen Anforderungen genügen:

- Die Genauigkeit bei der Erstellung der nationalen VOC-Kostenfunktionen muß den Anforderungen des Integrated-Assessment-Modellings entsprechen. Das gewählte

Aggregationsniveau zur techno-ökonomischen Charakterisierung von Maßnahmen soll dahingehend die Erarbeitung verläßlicher Daten sowie die Entwicklung geeigneter Instrumente erlauben. Darüber hinaus sollte es kompatibel zu etablierten Datenbanken im Bereich der Luftreinhaltung (wie z. B. die CORINAIR-Systematik) sein.

- Die Erstellung von Kostenfunktionen sollte konsistent erfolgen, indem auf eine länderübergreifend einheitliche Technikdatenbank und Methodik zurückgegriffen wird.

- Die zu entwickelnde Methodik sollte flexibel genug sein, um Unterschiede zwischen den zu betrachtenden Ländern im Hinblick auf die Struktur der Quellen, auf einsetzbare Maßnahmen und die Verfügbarkeit und Art der Aktivitätsdaten berücksichtigen zu können.

- Die Erarbeitung und Darstellung der Daten und Instrumente sollte in transparenter Weise erfolgen, so daß zum einen die Möglichkeit einer effizienten Überprüfung durch Länderexperten möglich ist und zum anderen die Ergebnisse in den verschiedenen Arbeitsgruppen unter dem Executive Body der CLRTAP (z. B. Working Group on Strategies und Working Group on Abatement Techniques) gleichermaßen genutzt und transferiert werden können.

VI. Konzeption und Entwicklung einer Methodik zur Erstellung von VOC-Kostenfunktionen

Auf der Basis der im vorangehenden Kapitel formulierten Anforderungen wird in diesem Kapitel eine Methodik zur Erstellung von VOC-Kostenfunktionen entwickelt. Die nach dieser Methodik erstellten VOC-Kostenfunktionen für verschiedene betrachtete Länder eignen sich zur Integration in das in Kapitel IV dargestellte IAM zur Unterstützung von Verhandlungsprozessen im Zusammenhang mit der troposphärischen Ozonproblematik.

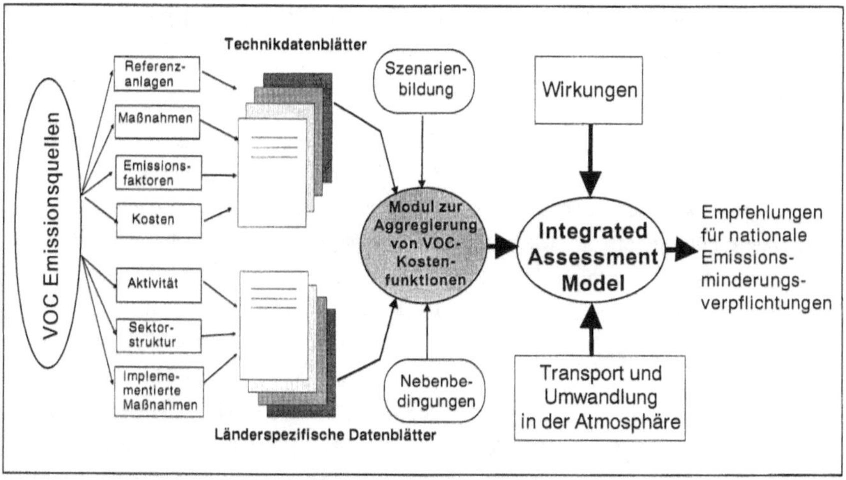

Abbildung VI.1: Datenin- und -output des Moduls zur Aggregierung von VOC-Kostenfunktionen

Die Methodik umfaßt verschiedene Komponenten. Zu diesen gehören erstens die Erarbeitung und Darstellung von sowohl technologiespezifischen als auch länderspezifischen Datensätzen und zweitens die Aggregierung dieser Datensätze zu länderspezifischen VOC-Kostenfunktionen.

Abbildung VI.1 stellt die ein- und ausgehenden Datenflüsse des zu erstellenden Moduls zur Aggregierung von VOC-Kostenfunktionen dar. Input in ein solches Modul sind die technologiespezifischen Komponenten wie Anlagen, Maßnahmen, Emissionsfaktoren, Kosten und die länderspezifischen Komponenten wie Aktivitäten, Sektorstruktur und implementierte Maßnahmen. Diese Informationen werden in sog. Datenblättern dokumentiert und stehen in der hier festgelegten Form dem Modul zur Aggregierung von VOC-Kostenfunktionen zur Verfügung.

Die erstellten Kostenfunktionen (für verschiedene Länder und unter Berücksichtigung verschiedener Szenarien) als Output des Moduls stellen somit zusammen mit Daten zu Wirkungen und zu Transport und Umwandlung der Ozonvorläuferkomponente VOC den notwendigen Input in das Integrated-Assessment-Modelling zur Berechnung von Empfehlungen für optimale nationale Emissionsminderungsraten dar.

VI.1 Die Bestimmung und Erfassung techno-ökonomischer Parameter von VOC-Emissionsminderungsmaßnahmen

Ein zentraler Bestandteil des vorgestellten Konzepts zur Erstellung von VOC-Kostenfunktionen ist die Bestimmung und Erfassung techno-ökonomischer Parameter von VOC-Emissionsminderungsmaßnahmen. Hier sind die relevanten Emissionsquellen zu identifizieren und innerhalb dieser Quellen charakteristische Anlagentypen (vgl. Referenzanlagenansatz, Abschnitt VI.1.4) zu definieren. Bei der Erfassung möglicher VOC-Emissionsminderungsmaßnahmen werden diese Anlagentypen zugrunde gelegt, sie dienen zusammen mit den aus der Anlagenbetrachtung abgeleiteten Fließschemata als Basis für die Ermittlung der relevanten techno-ökonomischen Parameter. Diese techno-ökonomischen Parameter sind wiederum der Ausgangspunkt für die Berechnung der für die VOC-Kostenfunktionen erforderlichen Einflußgrößen wie Emissionsfaktoren, Investitionen und Betriebskosten. Unter der Annahme, daß diese Einflußgrößen weitgehend länderunabhängig dargestellt werden können, wurden sie in sogenannten Technologiedatenblättern dokumentiert und in dieser Form von verschiedenen Experten auf nationaler und supranationaler Ebene verifiziert, bevor sie als techno-ökonomische Datenbasis zur Erstellung von VOC-Kostenfunktionen verwendet wurden.

VI.1.1 Darstellung der relevanten Emissionsquellen

Zur Erfassung der Kosten von VOC-Emissionsminderungstechnologien und -maßnahmen müssen in einem ersten Schritt die Emissionsquellen identifiziert, in Kategorien eingeteilt und hinsichtlich ihrer Relevanz beurteilt werden. Im Hinblick auf die geforderte Genauigkeit bei der Berechnung der Kostenfunktionen sind die Quellen mit

- signifikanten Beiträgen zur Gesamtemission (**Kriterium A**) und
- mit den höchsten Emissionsminderungspotentialen (**Kriterium B**)

u identifizieren und für diese alle geeigneten VOC-Emissionsminderungsmaßnahmen zu bestimmen. In Tabelle VI.1 wird eine Rangliste emissionsrelevanter auf Basis des CORINAIR 90 Emissionskatasters für 27 europäische Länder[42] (Stand 1995) vorgestellt. [192]

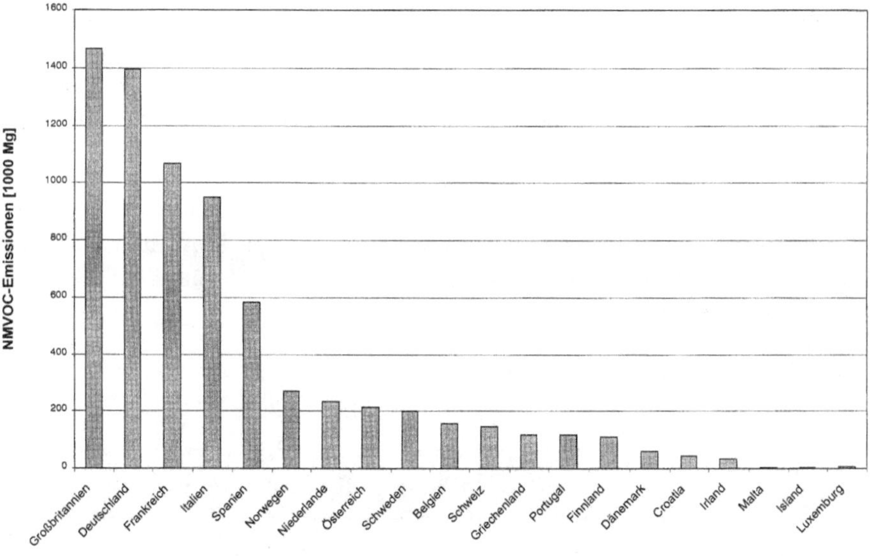

Abbildung VI.2: NMVOC-Emissionen aus stationären Quellen im Jahre 1994 [46]

CORINAIR stellt das einzige verfügbare detaillierte, länderübergreifende Emissionsinventar für die Länder der UN/ECE dar, es ist gemäß dem sogenannten SNAP-System (Selected Nomenclature for Air Pollution) strukturiert. Die Emissionsdaten werden hierin nach Ländern, Quellenkategorien (SNAP-Codes), Brennstoffen und in einigen wenigen Fällen nach eingesetzten Technologien differenziert dargestellt.

42 15 Mitgliedstaaten der Europäischen Union sowie Bulgarien, Estland, Lettland, Litauen, Norwegen, Polen, Rumänien, Schweiz, Slowakei, Slowenien, Tschechische Republik und Ungarn.

werden hierin nach Ländern, Quellenkategorien (SNAP-Codes), Brennstoffen und in einigen wenigen Fällen nach eingesetzten Technologien differenziert dargestellt.

Aufgrund der Unterschiede hinsichtlich der relevanten Emissionsquellen und dem deutlich niedrigeren Ozonbildungspotential von Methan (vgl. hierzu Abschnitt II.1.1) werden in Anlehnung an die gängige Praxis hier nur Nicht-Methan-VOC-Emissionen (NMVOC) betrachtet.

Die Gesamtemissionen für das Jahr 1994 für einundzwanzig Länder, einschließlich der 15 EU-Länder, sowie Kanada, Norwegen, Island, Kroatien, Malta und die Schweiz sind in Abbildung VI.2 wiedergegeben. Es sind ausschließlich stationäre Quellen dargestellt, Straßenverkehr und andere mobile Quellen und Geräte sind nicht erfaßt. Deutliche Unterschiede zwischen den Gesamtemissionen der einzelnen Länder sind zu erkennen. Dabei wird ein Großteil der NMVOC-Emissionen aus stationären Quellen von den bevölkerungsreichsten Ländern Großbritannien, Deutschland, Frankreich, Italien und Spanien emittiert.

In den nachfolgenden Tabellen VI.1 und VI.2 wird eine Rangliste der bedeutenden anthropogenen, stationären SNAP Quellenkategorien (2-Digit SNAP Ebene) für die Gesamtheit von 27 europäischen Ländern bzw. für ausgewählte Länder auf der Basis des CORINAIR-Emissionskatasters für 1990 gegeben.

Tabelle VI.1: Rangliste der wichtigsten stationären anthropogenen Quellenkategorien nach Gesamtemissionsrelevanz gemäß CORINAIR 90 Emissionskataster für 27 europäische Länder für das Jahr 1990 [66]

SNAP (Level 1)	Quellenkategorie	NMVOC Emissions-Beitrag [%]
06	Solvent Use	49,3
05	Extraction and Distribution of Fossil Fuels	13,8
04	Production Processes	12,3
02	Commercial, Institutional and Residential Combustion	9,9
10	Agriculture	7,6
09	Waste Treatment and Disposal	5,1
03	Industrial Combustion	1,5
01	Public Power, Cogeneration and District Heating	0,5
	Gesamt	100

Aus den Tabellen geht hervor, daß der Beitrag der Quellenkategorie Lösemittelanwendung ("solvent use") im europäischen Durchschnitt ungefähr 50 % für 1990 und in Deutschland 61 % für 1995 beträgt, gefolgt von der Quellenkategorie Gewinnung und Verteilung von fossilen Brennstoffen (durchschnittlich 14 %, Deutschland 5 %) und Produktionsprozesse (durchschnittlich 12 %, Deutschland 8 %).

Tabelle VI.2: Liste der wichtigsten stationären anthropogenen Quellenkategorien nach Emissionsrelevanz und gemäß CORINAIR 90 Emissionskataster für ausgewählte Länder für das Jahr 1990 [66]

SNAP 90	Quellenkategorie	Deutschland		Frankreich		Vereinigtes Königreich	
		[Mg/a]	[%]	[Mg/a]	[%]	[Mg/a]	[%]
01	Combustion in Energy and Transformation Industries	9.015	0,5	1.844	0,1	108.351	7,0
02	Non-Industrial Combustion Plants	59.749	3,4	218.499	14,4	39.200	2,5
03	Combustion in Manufacturing Industry	10.754	0,6	5.105	0,3	9.692	0,6
04	Production Processes	136.468	7,7	99.919	6,6	289.677	18,7
05	Extraction and Distribution of Fossil Fuels	88.330	5,0	109.572	7,2	330.893	21.,4
06	Solvent and Other Product Use	1.090.000	61,2	610.775	40,3	662.555	42,8
09	Waste Disposal and Treatment	n. a.	n. a.	20.413	1,3	26.554	1,7
10	*Agriculture and Forestry*	*386.435*	*21,7*	*396.576*	*26,2*	*40.000*	*26,0*
11	*Nature*	*n. a.*	*n. a.*	*53.234*	*3,5*	*40.000*	*2,6*
Gesamtemission [Mg/a]		1.780.751		1.545.937		1.546.922	

n. a.: not available (nicht verfügbar)

Auf dieser Basis werden für die vorgestellte Arbeit die folgenden Konsequenzen gezogen:

1. Mit Bezug auf Kriterium B ist festzustellen, daß bei den Quellenkategorien Land- und Forstwirtschaft, Natur und Abfallbehandlung und -entsorgung entweder aufgrund des Nichtvorhandenseins von geeigneten Maßnahmen kein Emissionsminderungspotential besteht oder Minderungen politisch schwierig umzusetzen sind. Daher werden diese Quellenkategorien von den weiteren Betrachtungen ausgeschlossen.

2. Die Quellenkategorien Feuerungen in Energieumwandlungsprozessen und industrielle Prozesse tragen gemäß Kriterium A nur wenig zu den gesamten VOC-Emissionen bei, darüber hinaus besteht bei Großfeuerungsanlagen gemäß Kriterium B für VOC-Emissionsminderungsmaßnahmen nur ein unwesentlicher technischer Handlungsspielraum (diese Anlagen werden vielmehr hinsichtlich SO_x- und NO_x-Emissionen optimiert). Auch diese Anlagen werden daher von der weiteren Betrachtung ausgeschlossen.
3. Die gegebene Aufteilung der Quellenkategorien (auf 2-Digit SNAP Level) erlaubt noch keine Unterscheidung von unterschiedlichen industriellen Gewerben für eine sinnvolle Erfassung und Bewertung von VOC-Emissionsminderungsmaßnahmen. Deshalb wird sie im folgenden auf ein niedrigeres Aggregationsniveau (gemäß SNAP auf 6-Digit Ebene) heruntergebrochen.

Das Resultat einer solchen weiteren Disaggregierung ist in Tabelle VI.3 dargestellt. Es sind alle Sektoren, die für die techno-ökonomische Charakterisierung von Maßnahmen in Frage kommen, fett gedruckt. Hier ist eine hohe Emissionsrelevanz (Beitrag zur Gesamtemission $\geq$ 0,6 %) und ein hohes NMVOC-Emissionsminderungspotential gegeben. Aus Gründen der Vollständigkeit im Bereich der Kraftstoffverteilung wird auch der Sektor "Refinery Dispatch Stations" berücksichtigt.

Normal gedruckte Sektoren weisen (nach Kriterium A) einen geringen Emissionsbeitrag auf; kursiv gedruckte Sektoren besitzen (nach Kriterium A) einen geringen Emissionsbeitrag und (nach Kriterium B) ein geringes Minderungspotential.

Tabelle VI.3: Rangliste der wichtigen NMVOC-Quellenkategorien auf Sektorebene (SNAP 6-Digit Ebene) nach CORINAIR 90 für 27 Länder für das Jahr 1990 [66]

Rang	Sektor (NMVOC-Emissionsquellenkategorie - SNAP 6-Digit Ebene)	CORINAIR 90 SNAP Quellen-kategorie	NMVOC Emission [Mg]	Beitrag zur Gesamt-Emission [%]
1	**Residential combustion plants (boilers) < 50 MW_{th}**	02 00 02	973	12.76
2	**Other industrial (paint) application***	06 01 02	719	9.43
3	**Domestic solvent use**	06 04 08	492	6.45
4	**Metal degreasing**	06 02 01	400	5.25
5	**Service stations**	05 05 03	396	5.19
6	**Construction and buildings**	06 01 03	365	4.79

Rang	Sektor (NMVOC-Emissionsquellenkategorie - SNAP 6-Digit Ebene)	CORINAIR 90 SNAP Quellen-kategorie	NMVOC Emission [Mg]	Beitrag zur Gesamt-Emission [%]
7	**Off-shore activities (extraction, first treatment and loading of liquid fossil fuels)**	05 02 02	346	4.54
8	**Printing industry**	06 04 03	278	3.65
9	**Domestic use of paint**	06 01 04	199	2.61
10	**Application of glues and adhesives**	06 04 05	186	2.44
11	**Bread making and other food manufacturing**	04 06 05	157	2.06
12	**Transport and depots (gasoline distribution)**	05 05 02	154	2.02
13	**Petroleum products processing**	04 01 01	150	1.97
14	**Marine terminals (liquid fuel distribution, exc. gasoline)**	05 04 01	137	1.80
15	**Preservation of wood**	06 04 06	136	1.78
16	**Manufacture of automobiles**	06 01 01	131	1.72
17	**Dry cleaning**	06 02 02	125	1.64
18	**Land-based activities (extraction, first treatment and loading of gaseous fossil fuels)**	05 03 02	119	1.56
19	**Pharmaceutical products processing**	06 03 06	116	1.52
20	**Storage and handling of products in refinery**	04 01 04	93	1.22
21	**Fat, edible and non-edible oil extraction**	06 04 04	88	1.15
22	**Glass wool enduction**	06 04 01	86	1.13
23	**Distribution networks (gas distribution networks)**	05 06 03	83	1.09
24	**Glues manufacturing**	06 03 09	80	1.05
25	**Rubber processing**	06 03 05	79	1.04
26	**Storage and handling of chemical products**	04 05 22	78	1.03
27	**Polyvinylchloride processing**	06 03 02	76	1.00
28	**Paints manufacturing**	06 03 07	75	1.00
29	**Ethylene production**	04 05 01	60	0.79
30	**Spirits production**	04 06 08	56	0.73
31	**Beer production**	04 06 07	55	0.72
32	*Landfills*	*09 04 00*	*45*	*0.59*

Rang	Sektor (NMVOC-Emissionsquellenkategorie - SNAP 6-Digit Ebene)	CORINAIR 90 SNAP Quellen-kategorie	NMVOC Emission [Mg]	Beitrag zur Gesamt-Emission [%]
33	*Vehicles dewaxing*	*06 04 09*	*43*	*0.56*
34	*Combustion plants in energy production and energy transformation (boilers) ≥300 MW_{th}*	*01 01 01*	*41*	*0.54*
35	Carbon black production	04 04 09	41	0.54
36	Propylene production	04 05 02	41	0.54
37	**Refinery dispatch station**	05 05 01	41	0.54
38	*Refinery process furnaces*	*03 02 05*	*40*	*0.52*
39	Coke oven	04 02 01	38	0.50
40	NPK fertilisers	04 04 07	38	0.50
41	Styrene butadiene production	04 05 12	36	0.47
42	Polyethylene LD	04 05 06	34	0.45
43	Paper pulp (Kraft process)	04 06 02	32	0.42
44	Other handling and storage (liquid fuel distribution, exc. Gasoline)	05 04 02	32	0.42
45	*Waste water treatment*	*09 01 00*	*32*	*0.42*
46	*Combustion in industry (boilers) < 50 MW_{th}*	*03 01 03*	*31*	*0.41*
47	Underseal treatment of vehicles	06 04 07	31	0.41
48	Asphalt blowing	06 03 10	29	0.38
49	Chipboard production	04 06 01	27	0.35
50	Polypropylene production	04 05 09	25	0.33
51	Polystyrene processing	06 03 04	24	0.31
52	Adhesive tape manufacturing	06 03 11	24	0.31
53	Road paving with asphalt	04 06 11	23	0.30
54	Polyethylene HD production	04 05 07	20	0.26
55	*Sinter plants*	*03 03 01*	*19*	*0.25*
56	Ammonia production	04 04 03	19	0.25
57	Phthalic anhydride production	04 05 19	19	0.25
58	Polyurethane procesing	06 03 03	18	0.24
59	Nitric acid production	04 04 02	17	0.22
60	Paper pulp production (acid sulphite process)	04 06 03	17	0.22
61	*Sludge spreading*	*09 03 00*	*16*	*0.21*

Rang	Sektor (NMVOC-Emissionsquellenkategorie - SNAP 6-Digit Ebene)	CORINAIR 90 SNAP Quellen-kategorie	NMVOC Emission [Mg]	Beitrag zur Gesamt-Emission [%]
62	*Residential combustion plants (boilers) ≥50 MW_{th}*	*02 00 01*	*15*	*0.20*
63	Polyvinylchloride production	04 05 08	12	0.16
64	Formaldehyde production	04 05 17	11	0.14
65	Asphalt roofing materials	04 06 10	11	0.14
66	Vinylchloride production	04 05 04	10	0.13
67	Wine production	04 06 06	10	0.13
68	Polyester processing	06 03 01	10	0.13
69	*Combustion in industry (boilers) ≥50 MW and <300 MW*	*03 01 02*	*9*	*0.12*
70	*Gray iron foundries*	*03 03 03*	*8*	*0.10*
71	Rolling mills	04 02 08	8	0.10
72	1,2 dichloroethane production	04 05 03	8	0.10
	TOTAL		**7,393**	**100**

* Diese Quellenkategorie von CORINAIR 90 SNAP umfaßt folgende Sektoren gemäß der CORINAIR 94 SNAP Codierung:

06 01 02 Car Repairing
06 01 05 Coil Coating
06 01 06 Boat Building
06 01 07 Wood Coating

Mit den beschriebenen Kriterien kann aus der Aufstellung von VOC-Quellenkategorien gemäß dem Emissionsinventar CORINAIR 90 somit eine Liste der relevanten Sektoren erstellt werden, die für eine Ermittlung der anwendbaren VOC-Emissionsminderungsmaßnahmen in Frage kommen. Mit den nach Tabelle VI.3 identifizierten (fett gedruckten) Sektoren ist es möglich, rund 86 % der gesamten politisch beeinflußbaren NMVOC-Emissionen für 27 Länder aus stationären Quellen zu erfassen.[43] Die in diesem Abschnitt identifizierten Sektoren bilden auch die Grundlage für die im Anschluß an dieses Kapitel beschriebene konkrete Umsetzung der vorgestellten Methodik für die Bundesrepublik Deutschland. Da jedoch in der Tabelle nur der län-

[43] Dabei wurden innerhalb der stationären Quellen natürliche Quellen und die Bereiche Landwirtschaft, Bergbau und Mülldeponien nicht betrachtet.

derübergreifende NMVOC-Emissionsbeitrag für insgesamt 27 europäische Länder dargestellt ist, ist bei der Erstellung von VOC-Kostenfunktionen für ein bestimmtes Land zu überprüfen, ob hiermit jeweils auch eine adäquate Erfassung der emissionsrelevanten Sektoren auf Länderebene möglich ist. Die Liste der identifizierten Sektoren ist dann gegebenenfalls zu ergänzen, oder es können Sektoren vernachlässigt werden (vgl. hierzu die Sektoren, die für die Umsetzung der vorgestellten Methodik für die Bundesrepublik Deutschland ausgewählt wurden; Abschnitt VII.1).

VI.1.2 Der Referenzanlagenansatz

Innerhalb der bei der Erstellung einer VOC-Kostenfunktion betrachteten Sektoren müssen gemäß der Zielsetzung Anwendbarkeit und Kosten alle möglichen VOC-Emissionsminderungsmaßnahmen auf Anlagen- bzw. Prozeßebene bestimmt werden. Hierbei ist festzustellen, daß eine solche Bewertung weitestgehend von spezifischen Charakteristika einzelner Anlagen abhängig ist. In den meisten betrachteten Sektoren zeigen sich erhebliche Unterschiede zwischen den installierten Anlagen hinsichtlich Größe bzw. Kapazität und zum Einsatz kommender Verfahren.

Daher ist einerseits die Kenntnis der technischen Parameter und des Produktionsprozesses auf Anlagen- bzw. Prozeßebene eine notwendige Voraussetzung für die Bestimmung der Anwendbarkeit und Kosten von Emissionsminderungsmaßnahmen, anderseits können aufgrund der Vielzahl von individuellen Quellen innerhalb eines Sektors und der Menge von einzelnen relevanten Sektoren[44] nicht alle Einzelanlagen in jedem Sektor eines Landes erfaßt und bewertet werden.

Der hier eingeschlagene Weg zur Lösung dieses Problems besteht darin, daß die Einzelanlagen definierten Anlagenkategorien zugeordnet werden. Dabei wird jede Anlagenkategorie als sogenannte "Referenzanlage" definiert. Die Definition von "Referenzanlagen" kann analog zum praktizierten Vorgehen bei der Umsetzung der EU/IVU-Richtlinie erfolgen (vgl. [147, 179]), die die Bestimmung von BAT auf Anlagenebene fordert oder zur EU-Großfeuerungsanlagenverordnung [173], in der ebenfalls Kapazitätsklassen gebildet werden. Für den Zweck der Allokation von VOC-Emissionsminderungsmaßnahmen wird die Definition der Referenzanlagen nach folgenden Kriterien durchgeführt:

---

[44] Bei der Umsetzung der vorgestellten Methodik für die Bundesrepublik Deutschland werden über 40 unterschiedliche Sektoren betrachtet.

i.) Für **alle** Anlagen, die einer Referenzanlage zugeordnet werden, können die **gleichen** VOC-Emissionsminderungsmaßnahmen implementiert werden,

ii.) Alle Anlagen, die einer Referenzanlage zugeordnet werden, weisen für eine gegebene VOC-Emissionsminderungsmaßnahme **ähnliche** Minderungseffizienzen und Kosten auf.

Somit gelten die Eigenschaften einer Referenzanlage, die zur Ableitung von Minderungseffizienzen und Kosten für eine gegebene VOC-Emissionsminderungsmaßnahme bestimmt werden müssen, als repräsentative bzw. durchschnittliche Werte für alle betroffenen Anlagen in dieser Kategorie.

Eigenschaften, die zur Referenzanlagenbildung herangezogen werden, sind unter anderem:

- Größe bzw. Kapazität der Anlage,
- Produktionsverfahren,
- Produktionszahlen.

Einen Überblick über betrachtete Anlageneigenschaften zur Referenzanlagenbildung für die in Abschnitt VI.1.1 identifizierten Sektoren gibt Tabelle VI.4 für ausgewählte Beispiele:

Tabelle VI.4: Relevante Parameter zur Referenzanlagenbildung in ausgewählten Sektoren

Sektor	Eigenschaft	Bereich
Verbrennungsprozesse für Heizwärme unter 50 MW_{th}	• Brennstoffart	Steinkohle, Braunkohle, Holz, Öl, Gas, ...
	• Thermische Leistungsklasse	35 kW_{th} und 10 MW_{th}
Raffinerieproduktion	• Erdölverarbeitungskapazität	0,3 - 20,5 · 10^6 Mg/a
	• Verfahren (Umsetzungsprozesse)	Raffinerietyp I - V (versch. thermische und katalytische Crack- bzw. Umwandlungsverfahren)
Raffinerielagertanks	• Art des Tanks	Festdachtank, Schwimmdachtank, ...
	• Dampfdruck der gelagerten Flüssigkeit	zwischen 0 und 10 kPa, über 10 kPa
	• Tankdurchmesser	zwischen 0 und 25 m, über 25 m

Sektor	Eigenschaft	Bereich
Ethylenproduktion	• Anlagenkapazität • Syntheseverfahren	100.000 - 800.000 Mg/a Steamcracking, Dehydrierungsverfahren
Automobilserien-lackierung	• Produktionskapazität • Aufbau der Lackschichten	5.000 - 100.000 Fahrzeuge/a 20 % Einschichtdecklack; 80 % Zweischichtdecklack
Chemische Reinigung	• Typ der Reinigungsmaschine • Kapazität der Reinigungsmaschine • Eingesetztes Lösemittel	Offene Anlage 8 - 90 kg Textilien PER, CFC
Rotationstiefdruck	• Jährliche Betriebsstunden • Verbrauch an Druckfarbe	2.086 – 5.840 h/a 17 - 670 Mg/a

Angesichts der breiten Streuung der Ausprägungen der Anlageneigenschaften ist eine Einteilung der Referenzanlagen jedoch immer mit einer mehr oder weniger großen Vereinfachung verbunden.[45] Einige individuelle Anlagen werden in dieser Einteilung nur im Randbereich einer Referenzanlage zu finden sein. Da die Referenzanlagen über Durchschnittswerte für ihre Kategorie definiert sind, ist sicherzustellen, daß man sich bei der Zusammenfassung der eingesetzten Minderungsmaßnahmen eines Sektors tatsächlich der Summe der Kosten annähert, die für die Gesamtheit der individuellen Anlagen für ein gegebenes Emissionsminderungsziel anfallen.

Inwieweit die Referenzanlageneinteilung der Wirklichkeit in den einzelnen Ländern entspricht, für die VOC-Kostenfunktionen erstellt werden sollen, hängt von der Qualität oder Verfügbarkeit der Informationen ab. Die hier verwendeten Eingangsdaten stammen aus der Literatur (z. B. [36, 52, 98, 234]), aus Berechnungen oder sind Ergebnisse von Erhebungen bei Betreibern von Anlagen, bei Anlagebauern, bei Industrie- und Verbandsvertretern und bei Mitgliedern der UN/ECE Task Force on the Assessment of Abatement Options/Techniques for VOC. Tabelle VI.5 zeigt als Beispiel die für den Sektor Automobilserienlackierung definierten Referenzanlagen.

---

[45] Bei der Erstellung der technologiespezifischen Datenbasis werden innerhalb der einzelnen Sektoren zwischen 1 und 15 verschiedene Referenzanlagen unterschieden.

Tabelle VI.5: Definierte Referenzanlagen im Sektor Automobilserienlackierung [98]

Reference Installation Code	Description	
01	Small Installation:	output: 5,000 cars/a 20 % one-coat topcoat (solids coat); 80 % two-coat topcoat (basecoat/clearcoat)
02	Medium Installation:	output: 20,000 cars/a 20 % one-coat topcoat (solids coat); 80 % two-coat topcoat (basecoat/clearcoat)
03	Large Installation:	output: 100,000 cars/a 20 % one-coat topcoat (solids coat); 80 % two-coat topcoat (basecoat/clearcoat)

VI.1.3 Ermittlung von Parametern emissionsrelevanter Produktions- und Transformationsprozesse auf Basis des Flow-sheeting

Die den Referenzanlagenkategorien zugrundeliegenden Produktions- und Transformationsprozesse sind in einer Weise zu erfassen, daß alle Prozeßstufen, die direkt oder indirekt zu den Emissionen beitragen und alle technisch und ökonomisch relevanten Parameter berücksichtigt werden. Zu diesem Zweck werden die Prozesse über sogenannte Fließbilder (flow-sheets) dargestellt. Fließbilder werden in der Verfahrenstechnik zur Abbildung der Prozeßführung in Anlagen oder Anlagenteilen verwendet. Aus ihnen ergibt sich die Verknüpfung verschiedener Anlagenteile bzw. Apparate zum Erreichen des angestrebten Prozeßziels. Fließbilder beschreiben den Prozeß in Form eines Graphen, bei dem die Knoten die Unitprozesse und die Pfeile die Stoff- und Energieflüsse zwischen den Unitprozessen beschreiben. Bei einem sogenannten Grundfließbild (DIN 28004 [61]) werden die Unitprozesse und Flüsse noch mit zusätzlichen Informationen versehen (z. B. Betriebsparameter der Unitprozesse, wie Druck, Temperatur, etc.; Betrag und Dimension der Eingangs- und/oder Ausgangsflüsse der Unitprozesse). Solche Grundfließbilder aus der Verfahrenstechnik sind aber für viele der VOC-relevanten Sektoren entweder nicht verfügbar oder zum Zweck der techno-ökonomischen Charakterisierung von Minderungsmaßnahmen nicht geeignet. Daher werden spezifische Fließbilder benötigt, die die hauptsächlichen emissions- und kostenrelevanten Prozeßstufen und -parameter enthalten. Daher werden für die Sektoren, bei denen ein solches Vorgehen sinnvoll ist, jeweils auf die Bedürfnisse der Maßnahmenbewertung abgestimmte Fließbilder entwickelt. Abbildung VI.3 und VI.4 zeigen beispielhaft eine entsprechende Darstellung für die Sektoren Automobilserienlackierung und Glaswolleproduktion.

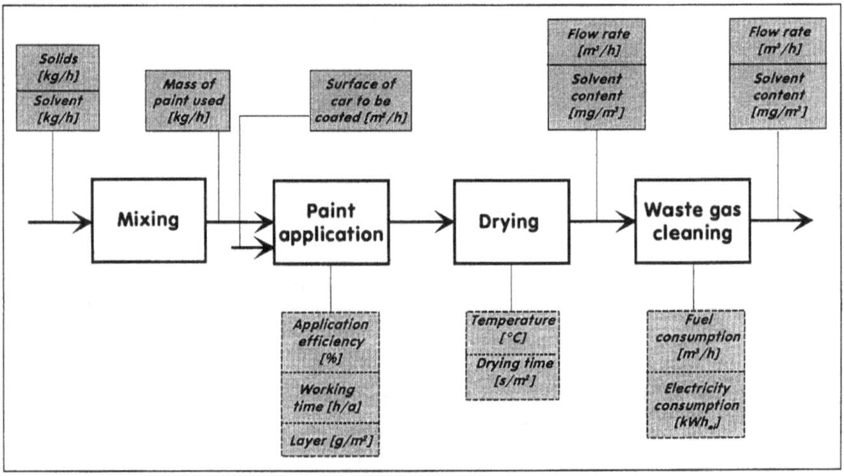

Abbildung VI.3: Spezifisches Fließbild des Sektors Automobilserienlackierung

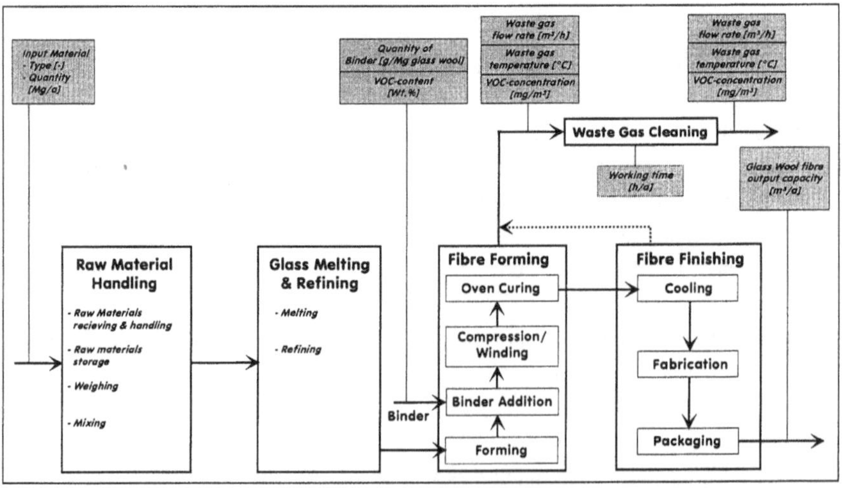

Abbildung VI.4: Spezifisches Fließbild des Sektors Glaswolleproduktion

Somit werden in einem ersten Schritt mit Hilfe der Fließbilder emissions- und kostenrelevante Parameter einer Produktionsanlage identifiziert und die Zusammenhänge zwischen diesen Größen verdeutlicht. Außerdem können über Fließbilder mögliche Ansatzpunkte für den Einsatz integrierter oder nachgeschalteter VOC-Minderungsmaßnahmen ermittelt werden. Ein solches Vorgehen wird im folgenden Abschnitt dargestellt.

In einem zweiten Schritt müssen für jede Referenzanlage reelle Werte für die identifizierten emissions- und kostenrelevanten Parameter bestimmt werden, die die Grundlage der Maßnahmencharakterisierung hinsichtlich Emissionen und Kosten bilden. Dies wird in den Abschnitten VI.1.5 und VI.1.6 ausführlich dargestellt.

VI.1.4 Erfassung von Emissionsminderungsmaßnahmen auf Referenzanlagenebene

Als Option der Emissionsminderung auf Anlagen- bzw. Prozeßebene gilt jede Maßnahme zur Verringerung oder Vermeidung von Emissionen aus dem Produktionsprozeß selbst oder aus der Anwendung von Produkten. Für die Entwicklung verläßlicher, länderübergreifender und weitreichender Emissionsminderungsstrategien muß das gesamte Spektrum von möglichen Emissionsminderungsmaßnahmen in den emissionsrelevanten Sektoren berücksichtigt werden. Hinsichtlich der NMVOC-Emissionen kann die Menge der Maßnahmen in folgende drei Grundkategorien eingeteilt werden [181]:

- Substitution von Einsatzstoffen (z. B. Ersatz von Lacken auf Basis organischer Lösemittel durch Lacke auf Wasserbasis),
- Umgestaltung des Produktionsprozesses (z. B. Erhöhung der Auftrageeffizienz von Lacken auf Oberflächen),
- Nachgeschaltete oder "end-of-pipe"-Maßnahmen (z. B. Thermische Nachverbrennung von Lösemitteln in Abgasen).

In der Praxis zeigt sich, daß diese drei Kategorien von Maßnahmen zur Minderung von VOC-Emissionen oft nicht klar trennbar sind. Eine Substitution von Einsatzstoffen, wie beim Übergang zu wasserbasierenden Systemen, ist oft nur durch eine mehr oder weniger aufwendige Umgestaltung des Produktionsprozesses oder sogar nur durch einen vollständigen Ersatz der konventionellen Produktionstechnologie erreichbar. Inwieweit dies zutrifft, ist stark sektorabhängig und von Fall zu Fall zu prüfen. Bei vielen Substitutions- oder Umgestaltungsmaßnahmen wird keine ausreichende VOC-Emissionsminderung erreicht, vielfach lassen sich solche Maßnahmen dann zur Erreichung einer weitergehenden Emissionsminderung oder strengerer Grenzwerte mit End-of-pipe-Maßnahmen kombinieren.

Im Rahmen dieser Arbeit werden Substitutions- oder Umgestaltungsmaßnahmen zu sogenannten **Primärmaßnahmen** zusammengefaßt. End-of-pipe-Maßnahmen werden auch als **Sekundärmaßnahmen** bezeichnet. Daher werden die folgenden zwei Maßnahmenkategorien unterschieden:

- Primärmaßnahmen: Alle Maßnahmen, um mögliche Emissionen schon bei ihrer Entstehung zu vermeiden oder zu vermindern.
- Sekundärmaßnahmen: Alle Maßnahmen zur Abscheidung oder Zerstörung von flüchtigen organischen Komponenten in den Abgasströmen der betrachteten Produktionsprozesse.

Die Tabellen VI.6 und VI.7 zeigen als Beispiel mögliche Primär- und Sekundärmaßnahmen im Sektor Automobilserienlackierung[46].

Tabelle VI.6: Liste der möglichen Primärmaßnahmen im Sektor Automobilserienlackierung

Primary Measure Code	Description	
00	Electrocoat:	water-based (5 wt.-% solvent content)
	Primer:	solvent-based (45 wt.-% solvent content) - electrostatic application
	Topcoat:	solids coat (45 wt.-% solvent content) - electrostatic application, and solvent-based basecoat (75 wt.-% solvent content) – pneumatic application (50 %) and electrostatic application (50 %) – and solvent-based clearcoat (45 wt.-% solvent content) - electrostatic application, solvent management plan, recovery of purge solvent

46 Die möglichen Primärmaßnahmen und Sekundärmaßnahmen aller Sektoren sind in Technologiedatenblättern dokumentiert (vgl. hierzu [186]).

Primary Measure Code	Description	
01	Electrocoat:	water-based (5 wt.-% solvent content
	Primer:	water-based (8 wt.-% solvent content) - electrostatic application
	Topcoat:	solids coat (45 wt.-% solvent content) - electrostatic application, and solvent-based basecoat (75 wt.-% solvent content) – pneumatic application (50 %) and electrostatic application (50 %) – and solvent-based clearcoat (45 wt.-% solvent content) - electrostatic application, solvent management plan, recovery of purge solvent
02	Electrocoat:	water-based (5 wt.-% solvent content)
	Primer:	solvent-based (45 wt.-% solvent content) - electrostatic application
	Topcoat:	solids coat (45 wt.-% solvent content) - electrostatic application, and water-based basecoat (13 wt.-% solvent content) – electrostatic application – and solvent-based clearcoat (45 wt.-% solvent content) - electrostatic application, solvent management plan, recovery of purge solvent
03	Electrocoat:	water-based (5 wt.-% solvent content)
	Primer:	water-based (8 wt.-% solvent content) - electrostatic application
	Topcoat:	solids coat (45 wt.-% solvent content) - electrostatic application, and water-based basecoat (13 wt.-% solvent content) – electrostatic application – and solvent-based clearcoat (45 wt.-% solvent content) - electrostatic application, solvent management plan, recovery of purge solvent

Tabelle VI.7: Liste der möglichen Sekundärmaßnahmen im Sektor Automobilserienlackierung

Secondary Measure Code	Description
00	No secondary measure
01	Incinerator on drying oven
02	Incinerator on drying oven and activated carbon adsorption on spray booth combined with thermal incineration

Tabelle VI.6 verdeutlicht, daß bei den dargestellten Primärmaßnahmen tatsächlich die Substitution von Einsatzstoffen und eine Umgestaltung des Produktionsprozesses (z. B. Verbesserung des Lösemittelmanagements oder Verbesserung der Auftrageeffizienz) gemeinsam verwirklicht werden. Eine solche Zusammenfassung von möglichen Einzelmaßnahmen zu einer einzigen Primärmaßnahme dient dazu, eine kompaktere und übersichtlichere Darstellung der Maßnahmenmenge zu erlauben, und entspricht darüber hinaus auch einer weitestgehenden Erfassung der technischen Wirklichkeit, da bestimmte Maßnahmen in der Praxis nur in Kombination miteinander eingesetzt werden. Falls Einzelmaßnahmen auch unabhängig voneinander implementiert werden, werden diese getrennt dargestellt. Die Substitution von lösemittelhaltigen Lacksystemen in einigen Lackschichten von Fahrzeugen durch wasserbasierende Systeme impliziert natürlich auch die dazu nötigen Umgestaltungsmaßnahmen bzw. den Ersatz von konventionellen Produktionstechnologien. Dies ist in Tabelle VI.6 nicht explizit dargestellt, ist aber bei der Ermittlung der Kosten unbedingt zu berücksichtigen.

Bei der Erfassung von Kombinationen von Primär- und Sekundärmaßnahmen ist zu beachten, daß kombinierte Minderungsmaßnahmen nicht unabhängig voneinander über ihre Einzelparameter beschrieben werden können. Beispielsweise hängen die Dimensionierung und damit die Kosten einer thermischen Nachverbrennung von der VOC-Konzentration in der Abluft ab, die wiederum von den Prozeßeinsatzstoffen, wie dem Lösemittelgehalt von Lacken oder dem verwendeten Produktionsverfahren, abhängig ist. Jedoch ist es nicht sinnvoll, sämtliche Kombinationen zu betrachten, die sich aus der Verknüpfung der Listen der Primär- und Sekundärmaßnahmen ergeben. Die Kriterien, die hier für eine geeignete Auswahl und zu einer Zusammenfassung von Einzelmaßnahmen angewendet wurden, sind:

i) Die Kombination der Maßnahmen ist generell technisch möglich,

ii) Die Implementierung der Maßnahmenkombination ist bei einer gegebenen Referenzanlage technisch sinnvoll,

iii) Durch die Kombination der Maßnahmen wird eine substantielle Minderung der VOC-Emissionen erreicht.

Die Anwendung von ökonomischen Kriterien an dieser Stelle ist heikel, da eine Auswahl der Optionen nach ihrer Wirtschaftlichkeit erst bei der Allokation der Maßnahmen im Zuge der Aggregierung/Erstellung der Kostenfunktion zur Anwendung kommt. Jedoch gibt es ökonomische "K.O.-Kriterien", die bereits bei der Maßnahmendefinition greifen können wie zum Beispiel, wenn eine vergleichbare Emissionsminderung durch die Anwendung einer Einzelmaßnahme zu wesentlich geringeren Kosten erreicht werden kann.

Zur eindeutigen Identifizierung wird für jede Maßnahmenkombination in Anlehnung an die SNAP-Systematik und als deren Erweiterung ein sechsstelliger Code vergeben. Dieser setzt sich jeweils aus den zweistelligen Einzelcodes der Referenzanlagen, der Primärmaßnahmen und der Sekundärmaßnahmen zusammen. So bezeichnet beispielsweise im Sektor Automobilserienlackierung der sechsstellige Code 03 02 01 die Kombination der Primärmaßnahme 02 mit der Sekundärmaßnahme 01, die in Referenzanlage 03 implementiert wird.

Beispiel:

Code des Sektors Automobilserienlackierung nach SNAP-Systematik (Coating of M1 vehicles)				Erweiterung der SNAP-Systematik zur Codierung der Maßnahmenkombinationen		
06	**01**	**01**	**01**	03	02	01
				Referenzanlage 03	Primärmaßnahme 02	Sekundärmaßnahme 01

VI.1.5 Die Kombinierbarkeit von VOC-Emissionsminderungsmaßnahmen und deren technische Charakterisierung

Die Darstellung der Emissionen der Maßnahmenkombinationen, die in den einzelnen Referenzanlagen implementiert werden können, basiert in Übereinstimmung mit den Anforderungen, die sich aus dem IAM ergeben, auf dem sogenannten Emissionsfaktoransatz. Als Emissionsfaktor wird ein auf eine bestimmte Aktivität bezogener Emissionswert bezeichnet, der jeweils für einen Schadstoff und eine Konfiguration aus Produktionstechnologie und Sekundärmaßnahmen definiert ist. Für die Bestimmung des Emissionsfaktors liegt somit ein mehrdimensionales Problem vor, das u. a. die folgenden Parameter umfaßt: Schadstoff, Sektor, Anlage/Prozeß (mit Betriebsbedingungen, Betriebszeiten, Anlagenalter, Entwicklungsstand der Technologie), Emissionsminderungsmaßnahmen. [105]

Die Emissionsfaktoren sind jedoch meist nur auf hoher Aggregationsebene verfügbar. Selten sind für die in den Referenzanlagen der Sektoren identifizierten Maßnahmenkombinationen Emissionsfaktoren dokumentiert. Solche finden sich beispielsweise für

Einzelmaßnahmen in [52, 234]. Oftmals ist bei gegebenen Emissionsfaktoren auch unklar, auf welche Anlagen bzw. Maßnahmenspezifikationen abgehoben wird oder die Bezugsgröße, d. h. die Aktivität, ist nicht eindeutig definiert.

Aufgrund der schlechten Datenverfügbarkeit und der mangelnden Transparenz und Qualität vieler verfügbarer Daten mußten für den Großteil der betrachteten Maßnahmenkombinationen in den Sektoren die entsprechenden Emissionsfaktoren ermittelt werden.

Die Herleitung der Emissionsfaktoren geschieht in zwei Schritten:

1. Es wird ein Ausgangs- oder Bezugszustand für die Emissionsfaktoren der emissionsrelevanten Unit-Operations einer Referenzanlage bestimmt. Dies ist der sogenannte ungeminderte Fall, er entspricht in der Realität einer Anlage, in der eine konventionelle Produktions- bzw. Transformationstechnologie eingesetzt wird, in der konventionelle (nicht lösemittelarme) Einsatzstoffe verwendet werden und bei der i. a. keine sekundären Minderungsmaßnahmen implementiert sind.
2. Die Emissionsfaktoren der anwendbaren Maßnahmenkombinationen werden ausgehend vom ungeminderten Fall über ihre Minderungsfaktoren und Effizienzen bestimmt.

Bei der Definition des ungeminderten Falls ergeben sich je nach Land Unterschiede hinsichtlich konventioneller Technologien oder Einsatzstoffe. Aus diesem Grunde ist eine konventionelle Technologie inklusive Einsatzstoff so zu wählen, daß im Sinne einer länderübergreifenden Datenbank für alle Länder das komplette Spektrum der einsetzbaren und schon eingesetzten Maßnahmen im Sinne eines kleinsten gemeinsamen Nenners berücksichtigt werden kann.

Die Bestimmung der Emissionsfaktoren der Maßnahmenkombinationen verläuft von Sektor zu Sektor unterschiedlich. Im Sinne einer transparenten Vorgehensweise bei der Erstellung der Datenbasis ist das detaillierte Vorgehen zur Herleitung der Emissionsfaktoren in einem speziellen Anhang für jeden Sektor zu dokumentieren (vgl. hierzu [187]).

Für eine allgemeine Darstellung der Bestimmung der Emissionsfaktoren für die betrachteten Maßnahmenkombinationen werden an dieser Stelle drei grundsätzliche Vorgehensweisen unterschieden:

1. Analyse der Einsatzstoffe und Verarbeitungsvorgänge

Der Prozeß wird hinsichtlich des Verbrauchs von Einsatzstoffen, des VOC-Anteils pro Einheit des Einsatzstoffes und der Verarbeitungseffizienz analysiert, und es wird eine Beziehung zu einer geeigneten Aktivitätseinheit hergestellt. Diese Vorgehensweise wird an einem Beispiel aus der Lackierung verdeutlicht, es sei:

S Durchschnittliche Oberfläche eines Produkts (z. B. Kfz) [m^2/Produkteinheit].

$Cons$ Durchschnittlicher Lackverbrauch pro m^2 [g Lack/m^2].

$Cont$ VOC- bzw. Lösemittelanteil des eingesetzten Lackes [g VOC/ g Lack].

T_{eff} Auftrageeffizienz der eingesetzten Lackiertechnologie [ ].

Der resultierende Emissionsfaktor EF = Emissionsfaktor pro Produkteinheit [g VOC/ Produkteinheit] kann dann wie folgt bestimmt werden:

$$EF = S \cdot Cons \cdot Cont \cdot T_{eff} \qquad \text{Gleichung (21)}$$

2. Analyse der Wirksamkeit von Kapselung und Absaugung und der Minderungseffizienzen

Der Prozeß wird bei Kenntnis des Bezugszustandes hinsichtlich der Wirksamkeit von Kapselung und Absaugung und der Minderungseffizienz der eingesetzten Maßnahmen (Primärmaßnahme, wie "leak maintenance and repair programs" und/oder Sekundärmaßnahme, wie Adsorption an Aktivkohle betreffen) analysiert. Ein Beispiel aus dem Bereich der Kunststoffverarbeitung (PVC-Verarbeitung) verdeutlicht die Vorgehensweise, es sei:

EF_{ref} Bezugsemissionsfaktor [g VOC/Mg PVC].

C_{eff} Effizienz der Kapselung und Absaugung [ ].

A_{eff} Minderungseffizienz der Sekundärmaßnahme (z. B. Adsorption) [ ].

Damit wird der resultierende Emissionsfaktor wie folgt bestimmt:

$$EF = EF_{ref} \cdot C_{eff} \cdot A_{eff} \qquad \text{Gleichung (22)}$$

3. Analyse der Emissionsanteile und der Aufteilung der Prozeßemissionen:

Ausgehend von einem bekannten Bezugsemissionsfaktor werden Emissionsanteile und die Aufteilung der Prozeßemissionen analysiert. Auf die Ergebnisse dieser Analyse können dann die Vorgehensweisen 1. und 2. angewendet werden.

Die Anteile der Emissionen aus der Ethylenherstellung sind beispielsweise [133] 20 % Prozeßemissionen, 30 % Emissionen aus Sicherheitsventilen, 48 % flüchtige Emissionen und 2 % andere Emissionen. Dies bedeutet, daß der Anteil von 48 % flüchtigen Emissionen mit geeigneten Primärmaßnahmen (z. B. leak maintenance and repair programs) mit spezifischen Minderungseffizienzen gemindert werden kann. Bei genauerer Analyse und Aufteilung der Prozeßemissionen ergibt sich, daß rund 20 % der Prozeßemissionen durch Verbrennung bei einer gegebenen Effizienz (z. B. 90 - 99,9 %) gemindert werden können.

Durch die Anwendung dieser Vorgehensweisen, einzeln oder kombiniert, kann im allgemeinen der Großteil aller erforderlichen Emissionsfaktoren bestimmt werden.

Zum Vergleich der Emissionsfaktoren der Maßnahmenkombinationen untereinander werden diesen zusätzlich zu den Emissionsfaktoren auch Minderungseffizienzen zugeordnet. Die Angabe von Minderungseffizienzen ist jedoch nur dann sinnvoll, wenn ein einheitlicher Bezugszustand (mit einer Effizienz von 0 %) dazu angegeben wird. Ein solcher Bezugszustand ist beispielsweise durch den ungeminderten Fall gegeben. Die Minderungseffizienz einer gegebenen Maßnahmenkombination wird folgendermaßen berechnet:

$$EFF_{Komb} = (1 - EF_{Komb} / EF_{NoControl}) \qquad \text{Gleichung (23)}$$

Es bedeuten dabei:

EFF_{Komb} = Minderungseffizienz der Maßnahmenkombination [ ].

EF_{Kom} = Emissionsfaktor der Maßnahmenkombination [g VOC/ Aktivitätseinheit].

$EF_{NoControl}$ = Emissionsfaktor des ungeminderten Bezugszustandes [g VOC/Aktivitätseinheit].

VI.1.6 Kombinationen von VOC-Emissionsminderungsmaßnahmen und deren ökonomische Charakterisierung

Bei der praktischen Bestimmung von Emissionsminderungskosten kommt es zu einer Reihe von Abgrenzungsproblemen, so daß zur Entwicklung einer einheitlichen Kostendatenbank zuerst zu klären ist, wie diese Probleme behandelt werden können und auf welche Kostendefinition man sich bezieht. Die Kostendefinition umfaßt sowohl eine hinreichend genaue Begriffsbestimmung (z. B. Investitionen und Betriebskosten, Kosten der Emissionsminderung) als auch eine Erfassung der möglichen Kostenkomponenten.

Ein wesentlicher Aspekt der Kostendefinition in der vorgestellten Arbeit ist die Unterscheidung von Investitionen und Betriebskosten. Diese sind hinsichtlich der Kostenkomponenten, aus denen sie zusammengesetzt sind, zu definieren.

VI.1.6.1 Die Behandlung von Abgrenzungsfragen VOC-emissionsbedingter Kosten bzw. Investitionen

Der Ausgangspunkt für die Kostendefinition ist die Bestimmung der Kosten- bzw. Investitionskomponenten einer Emissionsminderungsmaßnahme. Dazu ist es erforderlich, daß emissionsbedingte Kosten bzw. Investitionen gegenüber sonstigen Kosten abgegrenzt werden. In [175] findet sich eine umfassende Darstellung von Abgrenzungsproblemen von emissionsminderungsinduzierten Kosten bzw. Investitionen für die Implementierung betrieblicher Emissionsminderungsmaßnahmen.

Als Abgrenzungsfragen in bezug auf VOC-Emissionsminderungsmaßnahmen wurden im Rahmen der vorliegenden Arbeit folgende Fälle unterschieden:

1. Abgrenzung der Kosten der Emissionsminderung hinsichtlich ihrer Verwendung

Dieselbe Maßnahme oder Anlage leistet einen Beitrag zur Gesamtemissionsminderung und wird gleichzeitig funktional in der Produktion genutzt. Dies gilt insbesondere für produktionsintegrierte Maßnahmen. In derartigen Fällen ist eine eindeutige Zuordnung der ganzen oder eines Teils der Gesamtkosten schwierig. Probleme dieser Art ergeben sich auch im Zusammenhang mit Arbeitsschutz, Arbeitssicherheit und Maßnahmen zur Verminderung von Leckageverlusten. Beispiele hierfür sind:

- In der Automobilindustrie werden in einer Lackierstraße für eine oder mehrere Lackschichten lösemittelbasierende Systeme durch wasserbasierende Lacke ersetzt. Dazu wird eine neue Lackierstraße errichtet, die sich aber hinsichtlich ihrer Dimensionierung und Ausstattung von einer auf lösmittelbasierenden Systemen beruhenden Anlage unterscheidet. Bei der Kostenerfassung geht es hier um eine Trennung zwischen Kosten für den Produktionszweck und Kosten für die Emissionsminderung.
- Eine Lösemittelrückgewinnungsanlage wird installiert, um Arbeitsschutzauflagen zu erfüllen. Gleichzeitig werden durch die Anlage auch VOC-Emissionen wirkungsvoll gemindert. Es ergibt sich hier das Problem, welche Kostenanteile der Erfüllung von Arbeitsschutzauflagen einerseits und der Emissionsminderung andererseits zugerechnet werden können.
- Im Falle, daß Lösemittelemissionen als Kuppelprodukte des Produktionsprozesses betrachtet werden, fallen beispielsweise bei Einsatz einer Adsorptionsanlage rückgewonnene Lösemittel an, die in der Kostenrechnung zu berücksichtigen sind. Diese können als Einnahmen betrachtet werden, die sich entweder aus der Einsparung neuer Ressourcen (je nach Anwendungsfall werden rückgewonnene Lösemittel als Brennstoff verwendet oder als solche in der Produktion wiederverwendet) oder durch den Verkauf rückgewonnener Lösemittel ergeben.
- In einer großen Brauerei wird eine Kohlendioxid-Rückgewinnungsanlage installiert. Das rückgewonnene Kohlendioxid wird in der Produktion als Kohlensäure verwendet. Gleichzeitig werden VOC-Emissionen um einen gewissen Anteil gemindert (rund 35 %).

Um dieses Problem zu lösen, wird als Abgrenzungsposten zur Zuordnung der eigentlichen Kosten der Emissionsminderung der Begriff der zusätzlichen Kosten (zusätzliche Investition und zusätzliche Betriebskosten) eingeführt. Damit bei der Betrachtung eines Produktionsprozesses und dessen Gesamtkosten eine Zuordnung einzelner Kostenanteile ermöglicht wird, werden einige Regeln formuliert:

i) Im Falle von produktionsintegrierten Maßnahmen werden durch ein für die Erfassung entscheidungsrelevanter Kosten geeignetes Kostenrechnungsverfahren (z. B. Erfassung der Ist-Kosten oder Plankosten) die gesamte Investition und die gesamten Betriebskosten für eine konventionelle Produktionsanlage (z. B. im ungeminderten Fall) und für eine Produktionsanlage bestimmt, in der produktionsintegrierte Maßnahmen implementiert ist. Die Differenz der Alternative entspricht dann jeweils den zusätzlichen Investitionen und den zusätzlichen Betriebskosten.

ii) Es können in bezug auf die zusätzlichen Kosten große Unterschiede zwischen den Sektoren festgestellt werden. In einigen Sektoren und für einige Maßnahmen sind die zusätzlichen Kosten vernachlässigbar, in anderen Sektoren sind diese wegen hoher technischer Anforderungen, die erreicht werden müssen, beträchtlich. In der Automobilserienlackierung bedingt z. B. eine Umstellung auf wasserbasierende Lacke eine Vergrößerung der Spritzkabinen und eine korrosionsbeständige Ausführung der Verrohrung, dies ist mit hohen Kosten verbunden.

iii) Im Falle, daß die Feststellung des Verwendungszwecks einer Sekundärmaßnahme keine eindeutige Zuordnung der Kosten für die Emissionsminderung erlaubt, wird der Begriff Verwendungszweck durch die Intention der Verwendung erweitert. So wird bei den Sekundärmaßnahmen mit VOC-Minderungsraten von über 90 % (z. B. thermische und katalytische Nachverbrennung, Adsorption, Absorption, Kondensation, Biofilter) davon ausgegangen, daß bei einer Implementierung die Absicht der VOC-Minderung im Vordergrund steht. Für diese Technologien gehen die gesamten Investitionen und Betriebskosten in die Kostenbetrachtung ein.

iv) Bei anderen speziellen Maßnahmen, deren Minderungsraten für VOC oft deutlich unter 90 % liegen, steht als Absicht der Implementierung die Abscheidung eines anderen Schadstoffes wie z. B. von Staub in einem Naßabscheider und Zyklon in der Glaswolleindustrie (Minderungseffizienz ca. 35 % für VOC) im Vordergrund. Die Kosten solcher Maßnahmen und mögliche Erträge (z. B. Nutzung des abgeschiedenen CO_2) gehen dann nicht in die Kostenbetrachtung ein.

Eine solche Vorgehensweise eignet sich besonders für die hier betrachteten stationären Sektoren, und es werden nachvollziehbare Ergebnisse erzielt. Für Maßnahmen, die bei mobilen Quellen zum Einsatz kommen (z. B. 3-Wege-Katalysator), stellen sich noch weitere Abgrenzungsfragen in bezug auf den Verwendungszweck und die Intention der Implementierung, da hier Emissionen verschiedener Schadstoffe simultan gemindert werden (vgl. hierzu Abschnitt V.1.1). Mobile Quellen werden hier jedoch nicht betrachtet.

2. Abgrenzung der Kosten der Emissionsminderung hinsichtlich ihrer Verwendung in Abhängigkeit vom Zeitpunkt der Implementierung

Bei der Umsetzung bestimmter Primärmaßnahmen, wie beispielsweise der Einführung von wasserbasierenden Einsatzstoffen, kann ein vollständiger Austausch der Produktionstechnologie erforderlich sein. Dazu sind beträchtliche Investitionen notwendig. Das Problem, welches hier gelöst werden muß, besteht wiederum darin, die durch die Emissionsminderung bedingten Kosten von den Kosten des Produktionszwecks abzugrenzen. Im Falle solch aufwendiger Primärmaßnahmen sind die Kriterien des Verwendungszwecks bzw. der Intention der Implementierung noch durch eine zeitliche Dimension zu erweitern. In einer dynamischen Perspektive ist zu unterscheiden, ob der Austausch einer Anlage im Zuge des autonomen Erneuerungsprozesses oder frühzeitig vor Ende der technischen Lebensdauer zum Zweck der Emissionsminderung durchgeführt wird. Im letzteren Fall stellt sich darüber hinaus noch das Problem, wie der Restwert der ausgetauschten Produktionsanlage zu ermitteln ist.

Dazu wird das zitierte Beispiel aus der Automobilindustrie erweitert:

In der Automobilindustrie werden in einer Lackierstraße für eine oder mehrere Lackschichten lösemittelbasierende Systeme durch wasserbasierende Lacke ersetzt. Dazu wird eine neue Lackierstraße errichtet, die sich aber hinsichtlich ihrer Dimensionierung und Ausstattung von einer auf lösmittelbasierenden Systemen beruhenden Anlage unterscheidet. Die neue emissionsarme Anlage ersetzt eine alte Produktionstechnologie am Ende ihrer technischen Lebensdauer. Bei der Kostenerfassung geht es hier nun um eine Trennung zwischen Kosten für den Produktionszweck und Kosten für die Emissionsminderung und gleichzeitig um die Erfassung des Ersetzungszeitpunktes der Anlage.

Die gleichzeitige Abgrenzung hinsichtlich Verwendungszweck bzw. Intention und Ersetzungszeitpunkt erfordert vom methodischen Standpunkt aus eine aufwendige Lösung, wenn man die Kosten der Emissionsminderung für den Bau der Neuanlage und unter Umständen den Restwert der bestehenden Anlage jeweils abhängig vom Alter der bestehenden Anlage bewerten will.

In der Praxis erweist sich jedoch beim Ersatz von Produktionsanlagen eine weniger komplizierte Vorgehensweise als möglich. Üblicherweise werden aufwendige Ersetzungsmaßnahmen erst nach Ende der technologischen Lebensdauer einer bestehenden Anlage vollzogen, dabei werden von den Anlagenbetreibern im allgemeinen steigende Emissionsminderungsanforderungen antizipiert. Das bedeutet, daß hier Entscheidungen in Richtung einer emissionsarmen und oft teureren Produktionstechnologie getroffen werden. Hat eine Produktionsanlage jedoch noch eine gewisse Restlebensdauer, so stellt die Nachrüstung von nachgeschalteten Abscheidetechnologien die vorerst kosteneffizientere Alternative dar. Wenn diese Vorgehensweise in der Praxis bei der Kostenerfassung entsprechend nachvollzogen wird, kann demnach eine vorzeitige Ersetzung einer Produktionstechnologie vor dem Ende der technischen Lebensdauer als Sonderfall ausgeschlossen werden.

Bei Anwendung dieser Betrachtungen können die Kosten der Emissionsminderung auch bei der Ersetzung von Produktionsanlagen wieder als zusätzliche Kosten, somit als Kostendifferenz für die Alternative von zwei Anlagen, abgegrenzt und bewertet werden. Jedoch müssen bei der Erstellung der Kostenfunktion für die Zeitspanne bis zum Ende einer gegebenen Übergangsfrist die betrachteten Maßnahmen mit ihrer Lebensdauer abgebildet werden, d. h. mit entsprechenden Erneuerungs- und Reinvestitionszyklen. Diese Aufgabenstellung ist Gegenstand von Kapitel V.4.

3. Abgrenzung der Kosten der Emissionsminderung hinsichtlich der Produktionskapazität

Für den Fall, daß eine Emissionsminderungsmaßnahme zu einer Steigerung der Produktionskapazität führt, ist der in den vorangehenden Darstellungen eingeführte Begriff der zusätzlichen Investition nicht ganz eindeutig verwendbar. Falls sich im Zuge einer Emissionsminderung die Produktionskapazität c_0 um den Betrag Δc auf die Gesamtkapazität $c_0 + \Delta c$ vergrößert, nimmt die erforderliche Investition entsprechend um ΔI auf $I_0 + \Delta I$ zu. Bei einer "Differenzbetrachung" (zusätzliche emissionsminderungsinduzierte Investition) wäre somit ΔI die der Emissionsminderungsmaßnahme zuzurechnende Investition. Bei nichtlinearem Verhalten der Investition (oder anderen Kostenkomponenten) in Abhängigkeit von Variablen, wie z. B. der Kapazität, die sowohl in die Produktion als auch in Emissionsminderungsmaßnahmen eingehen, ist aber zu beachten, daß eine sog. "Durchschnittsbetrachtung" der emissionsminderungsinduzierten Investitionen gegenüber der "Differenzbetrachtung" zu abweichenden Ergebnissen führt. Bei Vorliegen von Größendegressionseffekten ist die Investition z. B. eine streng monoton wachsende, aber konkav verlaufende Funktion der Kapazität (vgl. Abbildung VI.5). Bei einer "Durchschnittskostenrechnung" wird die neue Gesamtinvestition $I_0 + \Delta I$ der neuen Gesamtkapazität $c_0 + \Delta c$ gleichmäßig zugeordnet, und die der Emissionsminderungsmaßnahme zuzuordnende Investition I_{us} bei der "Durchschnittsbetrachtung" ist höher als die zusätzliche Investition ΔI bei einer "Differenzbetrachtung" und ergibt sich zu (vgl. hierzu [175, 176]):

$$I_{us} = \frac{I_0 + \Delta I}{c_0 + \Delta c} \cdot \Delta c > \Delta I \qquad \text{Gleichung (24)}$$

In der vorgestellten Arbeit werden gemäß dem Referenzanlagenansatz Anlagenkategorien definiert, die für ein gewisses Kapazitätsintervall gültig sind. Kommt es daher bei Emissionsminderungsmaßnahmen nur zu geringen Kapazitätssteigerungen, die im definierten Intervall liegen, so werden dadurch induzierte zusätzliche Investitionen vernachlässigt.

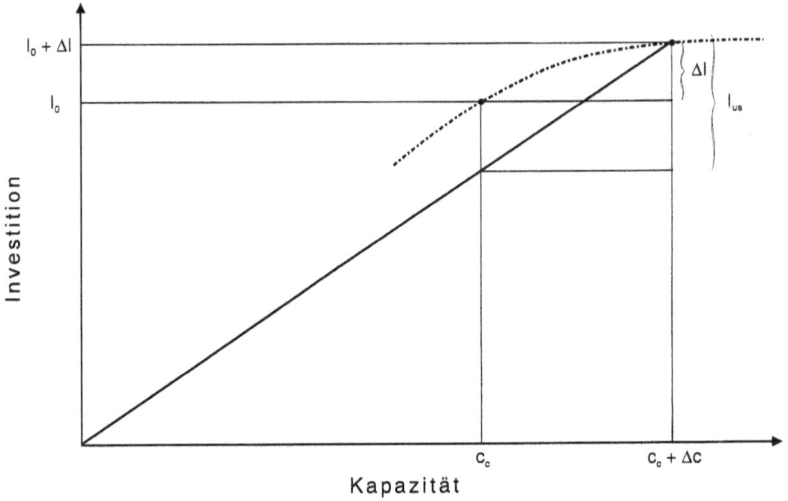

Abbildung VI.5: Schematische Darstellung von "Differenzrechnung" (ΔI) und "Durchschnittsrechnung" (I_{us}) bei der Abgrenzung der emissionsminderungsinduzierten Investitionen zu produktionsbedingten Investitionsanteilen [175]

Im Falle von höheren Kapazitätssteigerungen, die zu einer Überschreitung der Definitionsgrenzen der Referenzanlagen führen, kommt es in einer länderbezogenen Betrachtungsweise zu einer zeitlichen Änderung der Anlagenstruktur. Ansätze zur Modellierung der länderspezifischen Anlagenstruktur werden in Kapitel 4, Abschnitt 3 vorgestellt.

Die Abbildung der zeitlichen Änderung der Kapazitäten von Anlagen ist Gegenstand einer geeigneten Aggregations- bzw. Allokationsmethodik (z. B. auf Basis eines dynamischen Investitionsrechnungsverfahrens) und wird in Kapitel 5, Abschnitt 4 dargestellt.

4. Erfassung möglicher intra- bzw. intersektoraler Interdependenzen

Die Implementierung und der Betrieb von VOC-Emissionsminderungsmaßnahmen kann in manchen Fällen zur Entstehung von Kosten in anderen Teilen der Anlage, des Standorts oder sogar in einem anderen Sektor führen.

Die Elemente einer Maßnahmenkombination können daher nicht unabhängig voneinander betrachtet werden, da sich beispielsweise beim Einsatz lösemittelarmer Einsatzstoffe oder bei einer Modifikation des Produktionsprozesses auch die VOC-Konzentration in der Abluft (bei gleichbleibendem Abluftvolumenstrom) bzw. der Abluftvolumenstrom bei konstanter VOC-Konzentration verändern.

Die Änderung dieser Parameter zeigt einen direkten Einfluß auf die Dimensionierung der Minderungsmaßnahmen und damit sowohl auf die notwendigen Investitionen als auch auf die jährlichen Betriebskosten einer möglichen nachgeschalteten Sekundärmaßnahme.

Daher ist eine isolierte Betrachtung von Einzelmaßnahmen innerhalb einer Maßnahmenkombination nicht möglich. Die Zuhilfenahme der Fließbilder unterstützt dabei die adäquate Abbildung von Interdependenzen, so daß beispielsweise die Ausgangsparameter eines Produktionsprozesses als Eingangsparameter einer nachgeschalteten Abscheidetechnologie richtig erfaßt werden können.

Betrachtet man beispielsweise den Fall, daß in einem gegebenen Industriesektor lösemittelbasierende Lacke durch Wasserlacke ersetzt werden, so müssen Nachfrage- und Angebotsseite gleichermaßen erfaßt werden. Auf der Angebotsseite, wo die Lacke hergestellt werden, sind für eine Umstellung des Produktionsprozesses bzw. des Produktionsverfahrens (siehe [135]) Investitionen erforderlich und es entstehen weitere laufende Kosten. Auf der Nachfrageseite, wo die Lacke verarbeitet werden, führt die Umstellung auf wasserbasierende Systeme auch zu zusätzlichen Kosten infolge steigender Lackpreise oder Verbräuche oder höheren Aufwandes bei der Applikation. Bei der Aggregation der auf diese Weise erfaßten emissionsminderungsinduzierten Kostenkomponenten auf nationaler Ebene kann es zu Doppelzählungen von Kosten kommen, wenn die Umstellungskosten auf der Angebotsseite durch die Preiskalkulation an die Nachfrageseite (z. B. über steigende Lackpreise) weitergegeben werden. Die Auswahl der zur erfassenden emissionsminderungsinduzierten Kostenkomponenten in den einzelnen Sektoren ist somit auch abhängig vom Zweck der Erfassung. Dasselbe gilt aber auch auf betrieblicher Ebene, wenn man die emissionsminderungsinduzierten Kostenkomponenten innerhalb eines Betriebes verschiedenen Kostenstellen zuordnet. Hier ist die Gefahr von Doppelerfassungen gegeben, wenn bei der Aggregierung von Kostenstellen, die über Leistungsverflechtungen miteinander verbunden sind, emissionsminderungsinduzierte Kostenanteile über die Verrechnungspreise für innerbetriebliche Leistungen in andere Kostenstellen einfließen und dort erneut als Kosten der Emissionsminderung erscheinen (zu den Problemen der Interdependenz des Leistungsaustausches bei Kostenstellen und der Doppelerfassung von Kosten durch betriebliche Leistungsverflechtung siehe auch [175, 251]).

Damit im Rahmen der vorliegenden Arbeit das Problem der Doppelzählung von VOC-Minderungskosten bei der Erfassung der emissionsminderungsbedingten Kostenkomponenten auf sektoraler Ebene und bei der anschließenden Aggregation dieser Kostenkomponenten auf nationaler Ebene vermieden wird, werden folgende Regeln angewandt:

i) Es werden klar abgegrenzte Quellenkategorien definiert, zwischen Angebots- und Nachfrageseite wird deutlich unterschieden.

ii) Etwaige Umrüstungskosten werden nur einmal und zwar auf der Nachfrageseite, in Form von Preissteigerungen oder Preissenkungen bei den Einsatzstoffen berücksichtigt.

Nach der Diskussion möglicher Abgrenzungsprobleme von Emissionsminderungskosten und Ansätzen zu deren Lösung wird im folgenden beispielhaft erklärt, wie für eine gegebene Referenzanlage und Maßnahmenkombination Einzelkomponenten von Investitionen und Betriebskosten berechnet werden können

VI.1.6.2 Bestimmung von Investitionen für VOC-Emisssionsminderungsmaßnahmen

Die Investition wird im Sinne einer entscheidungsorientierten Erfassung emissionsinduzierter Belastungen im Rahmen dieser Arbeit in Anlehnung an [175] als die Summe aller ausgabengleichen Posten bis zu dem Zeitpunkt definiert, zu dem eine Emissionsminderungsmaßnahme in Betrieb genommen werden kann. Eine solche Definition der Investition kann sich durchaus von handels- und /oder steuerrechtlichen Wertansätzen unterscheiden, da hier auch Posten, die in der Regel sonst nicht aktiviert werden, eingerechnet werden. In [175] wird hierfür beispielsweise die eigene Planung angeführt, etwa wenn infolge der im Vergleich zur bestehenden Produktionsanlage anders gearteten Technologie der Umweltschutzanlage besondere Planungsstäbe eingerichtet werden müssen oder aber infolge der Inanspruchnahme bestehender Planungskapazitäten.

Dabei ist weiterhin zu unterscheiden, ob die Investition eine Nachrüstung (Retrofit) oder einen Anlagenneubau betrifft. Einige Primärmaßnahmen können durch eine Modifizierung der existierenden Produktionstechnologie zu geringen Kosten nachgerüstet werden. Andere Primärmaßnahmen erfordern den vollständigen Austausch der Produktionstechnologie, was entsprechend höhere Investitionen zur Folge hat. Die Erfahrung, die im Rahmen der vorliegenden Arbeit in den einzelnen Sektoren gesammelt wurde, zeigt, daß solche Maßnahmen im allgemeinen nur nach Ablauf der Lebensdauer einer existierenden Produktionstechnologie eingeführt werden. Diese Vorgehensweise in der Praxis wird für die Kostenerfassung im vorgestellten Projekt entsprechend nachvollzogen. Dadurch wird das Problem der Verrechnung des altersabhängigen Restwerts der existierenden Anlage vermieden, d. h. nur die zusätzlichen Kosten für die Emissionsminderung werden nach dem oben beschriebenen Verfahren bestimmt.

Grundsätzlich lassen sich zwei verschiedene Ansätze zur Ermittlung der VOC-emissionsminderungsbedingten Investitionen unterscheiden. Dies ist zum einen die vollständige **Erfassung von Einzelkomponenten** einer betrachteten Emissionsminderungsmaßnahme und zum anderen die **Schätzung** der Investitionen ausgehend von einer definierten Bezugsbasis. Ist zum Beispiel die Investition für "Lieferung und Montage" bekannt, so kann mittels sog. Zuschlagsmethoden über anlagen- bzw. prozeßspezifische, aus der Erfahrung abgeleitete Zuschläge für die anderen Komponenten die gesamte Investition ermittelt werden. Ist demgegenüber die Investition für die "Lieferung" für einen bestimmten anlagenspezifischen Kapazitätswert bekannt, so wird es durch die Verwendung von sog. Größendegressionsansätzen möglich, die Investition für andere Kapazitätswerte zu berechnen. Die Degressionskoeffizienten werden auch hier anlagenspezifisch aus der Erfahrung abgeleitet. Für eine detaillierte formale Darstellung dieser Ansätze vergleiche beispielsweise [241, 175].

Bei Investitionen für Sekundärmaßnahmen kann über einen solchen Größendegressionsansatz meist ein Bezug zwischen Anlagenkapazität, Lösemitteleinsatz, Abgasvolumenstrom und der nötigen Investition für die Lieferung der Abscheidevorrichtung "within battery limits" hergeleitet werden.

Neben der Lieferung sind weitere Komponenten der erforderlichen Investition:

- Montage,
- Anstrich, Isolierung,
- Ingenieurstunden, Beratungsleistungen, Zoll, Lizenzen,
- Energieversorgung und andere Ver- und Entsorgungseinrichtungen,
- Ersatzteillager,
- Meßgeräte für Emissionen und Immissionen,

- Bauzinsen, eigene Planung,
- Kosten des Genehmigungsverfahrens,
- Rohstofflager, Unvorhergesehenes.

Zur Ermittlung der notwendigen Investitionen für Primär- und Sekundärmaßnahmen wird in der vorgestellten Arbeit unterschiedlich vorgegangen.

Aufgrund der Tatsache, daß zuverlässige Zuschlagfaktoren bzw. Größendegressionskoeffizienten nicht verfügbar sind, war der Einsatz von vereinfachten Schätzmethoden zur Ermittlung der Kostenkomponenten von Primärmaßnahmen hier keine gangbare Alternative und es mußte auf eine anlagenspezifische Ermittlung der Investitionen zurückgegriffen werden. Jedoch sind i. a. auch in der Literatur keine Informationen in bezug auf emissionsminderungsinduzierte Investitionen für Primärmaßnahmen zur Minderung von VOC-Emissionen verfügbar. Deshalb wurden spezifische Kostendaten für einzelne Anlagenkomponenten bei diversen Anlagenhersteller und -betreiber erhoben. Oft sind jedoch auch bei Anlagenhersteller und -betreiber nur Informationen zum notwendigen Investitionsrahmen in aggregierter Form verfügbar, d. h. daß in einzelnen Fällen die einzelnen Kostenkomponenten nicht klar voneinander abgegrenzt werden können.

Daher mußte durch weitere Erhebungen sichergestellt werden, daß bei Übernahme solch aggregierter Informationen aus verschiedenen Quellen die Daten untereinander vergleichbar bleiben. Dies betrifft insbesondere die Abgrenzung unterscheidbarer Investitionskomponenten.

Durch den Vergleich der für eine bestimmte Primärmaßnahme notwendigen Investition mit den Investitionen für den sog. "ungeminderten Fall" ergeben sich die zusätzlichen Investitionen für die VOC-Emissionsminderung als Differenzbetrag der notwendigen Investitionen für die betrachtete Anlagenalternative. Hiermit sind je nach Maßnahmen und Sektoren erhebliche Unterschiede bei den berechneten Kostendifferenzen verbunden.

Bei Grundstücken und Gebäuden, die für die Errichtung einer Anlage benötigt werden, ist es denkbar, daß in einem Fall das Grundstück bzw. das Gebäude schon vorhanden ist und nicht in die Berechnung der Gesamtinvestitionen eingeht. In anderen Fällen müssen dann Investitionsanteile für Grundstücke und Gebäude herausgerechnet werden, um Alternativen vergleichbar zu machen. Aus diesem Grunde wurden hier bei der Investitionsermittlung generell Grundstücke und Gebäude von der Betrachtung ausgeschlossen. Damit konnte auch das Problem stark variierender Grundstückspreise von Land zu Land oder von Region zu Region ausgeschlossen werden.

Im Fall der Sekundärmaßnahmen werden die Investitionen auf Grundlage der Investition für den Lieferungsumfang der betrachteten Technologie in Abhängigkeit von anlagenspezifischen Kapazitätsgrößen bestimmt. Im allgemeinen wird bei der Schätzung der Anlageninvestition für Sekundärmaßnahmen meist der Abgasvolumenstrom als charakteristische Kapazitätsgröße verwendet. Der Abgasvolumenstrom ergibt sich dabei als Funktion der Kapazität der betrachteten Anlage, mit der die Sekundärmaßnahme gekoppelt ist, der Eingangskonzentration und der jährlichen Betriebsstundenzahl der Sekundärmaßnahme. Theoretisch ließe sich der Abgasvolumenstrom einer mit einer gegebenen Produktionsanlage gekoppelten Sekundärmaßnahme über folgende Beziehung darstellen:

$$\dot{V}_{in} = \frac{Cap \cdot EF}{W \cdot Ct_{in}} \qquad \text{Gleichung (25)}$$

Hierbei bedeuten:

$\dot{V}_{in}$	Eingehender Abgasvolumenstrom in die Sekundärmaßnahme [m^3/h].
Cap	Kapazität der betrachteten Produktionsanlage [Produktionseinheit/a].
EF	Emissionsfaktor der Produktionsanlage [g/Produktionseinheit].
W	Jährliche Betriebsstundenanzahl [h/a].
Ct_{in}	Eingangskonzentration des Abgasvolumenstromes in die Sekundärmaßnahme [g/m^3].

Unter der Annahme, daß die Kapazität des Produktionsprozesses und die jährliche Betriebsstundenzahl über die Referenzanlagendefinition exogen vorgegeben sind, könnte eine Verkleinerung des Abgasvolumenstromes einerseits über eine Verringerung des Emissionsfaktors (z. B. durch Betrachtung einer Produktionstechnologie mit geringerem VOC-Gehalt der Einsatzstoffe) oder über eine Vergrößerung der Eingangskonzentration des Abgasvolumenstromes in die Sekundärmaßnahme erreicht werden. In der Praxis wird eine solche Erhöhung der Eingangskonzentration jedoch meist auf umgekehrtem Wege über eine entsprechende Verkleinerung des Abgasvolumenstromes erreicht. Eine derartige Anpassung des Abgasvolumenstromes (mit der eine Verringerung der Anlageninvestitionen verbunden ist) ist realistisch aber nur in eingeschränktem Maße möglich, da z. B. aus Gründen der Arbeitssicherheit (z. B. dürfen in manuellen Spritzkabinen in der Lackierindustrie Lösemittelkonzentrationen von 250 mg/m^3 Luft nicht überschritten werden) oder des Explosionsschutzes (ab einem bestimmten Schwellenwert der Konzentration können explosive Gemische entstehen) der Bereich zulässiger Konzentrationen nach oben beschränkt ist. In einigen Anlagen mit sehr großen Abgasvolumenströmen (z. B. in der Automobilindustrie) werden deshalb sekundären Maßnahmen Anlagen zur Aufkonzentrierung der flüchtigen organischen Komponenten im Abgasvolumenstrom (z. B. über Rotationsadsober [186]) vorgeschaltet.

Dieser auf Basis von anlagenspezifischen Überlegungen ermittelte Abgasvolumenstrom wird als Bezugsgröße für die Schätzung der Investitionen verwendet. Der Abgasvolumenstrom ist gleichzeitig auch in der Praxis die meistverwendete Kapazitätsgröße zur ex ante Ermittlung der erforderlichen Investitionen (Lieferumfang) von sekundären VOC-Emissionsminderungstechnologien.

Die Investition entsprechend dem Lieferumfang der Abscheidevorrichtungen für VOC-Emissionen "within battery limits" (Sekundärmaßnahmen) kann mit Hilfe von Schätzfunktionen für vorgegebene Kapazitäten (z. B. Abgasvolumenstrom) in einem bestimmten Kapazitätsbereich ex ante abgeschätzt werden. Ausgewählte Schätzfunktionen für die ex ante Ermittlung von Investitionen für sekundäre VOC-Emissionsminderungstechnologien sind in Tabelle VI.8 wiedergegeben.

Tabelle VI.8: Schätzfunktionen für die ex ante Ermittlung von Investitionen (*Inv*) (Lieferumfang) für sekundäre VOC-Emissionsminderungstechnologien

Technologie	Schätzfunktion für die Investition für eine Technologie (Lieferung) als Funktion des Volumenstroms V [m^3/h]	Quelle
Thermische Nachverbrennung; Wärmerückgewinnung 70 %	$Inv = (\dot{V} \cdot 1{,}7)^{0{,}25} \cdot 21.342 \cdot 1{,}1393\ [Euro]$ $f\ddot{u}r\ \dot{V} \in [850,\ 85.000]$	[235]
Katalytische Nachverbrennung; Wärmerückgewinnung 50 %	$Inv = (\dot{V} \cdot 1{,}7)^{0{,}5575} \cdot 1.215 \cdot 1{,}1393\ [Euro]$ $f\ddot{u}r\ \dot{V} \in [3.400,\ 85.000]$	[235]
Biofilter	$Inv = 176{,}545\ [Euro] \cdot (\dot{V})^{0{,}7225}$ $f\ddot{u}r\ \dot{V} \in [10.000,\ 70.000]$	eigene Darstellung
Adsorption	$Inv = 8.194{,}52\ [Euro] \cdot (V)^{0{,}4339}$ $f\ddot{u}r\ \dot{V} \in [10.000,\ 70.000]$	eigene Darstellung

Schätzfunktionen für die thermische und die katalytische Nachverbrennung wurden beispielsweise der Literatur entnommen (z. B. [1, 30, 97, 123, 143, 243]). Über Zuschlagsfaktoren für die weiteren Investionskomponenten neben der Lieferung kann dann die gesamte Investition für die Abscheidetechnologie ermittelt werden. Die so ermittelten gesamten Investitionen können für bestimmte Abgasvolumenströme mit verfügbaren Angaben von Anlagenherstellern verglichen werden (z. B. in [65, 68, 126, 137, 205, 262]).

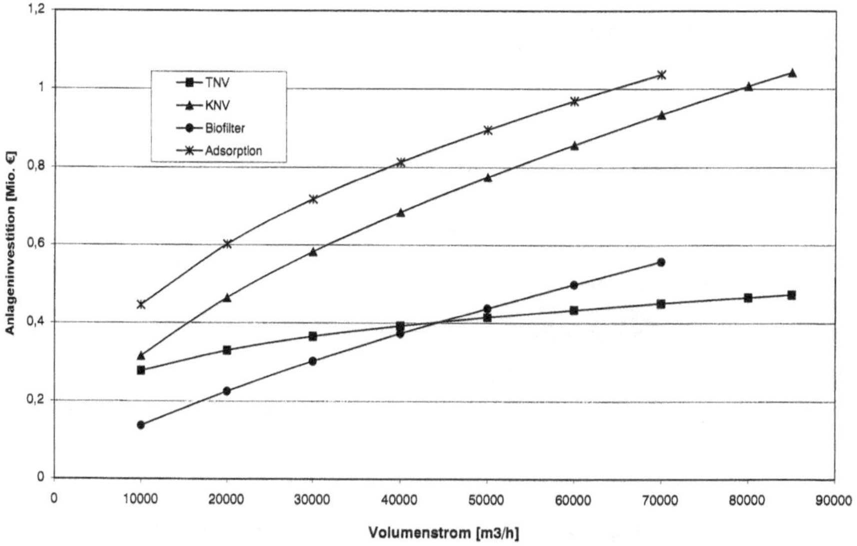

Abbildung VI.6: Schätzfunktionen für Investitionen für verschiedene sekundäre Emissionsminderungsmaßnahmen

Eine relativ gute Übereinstimmung solcher Angaben mit den über die Größendegression und Zuschlagsfaktoren abgeschätzten Investitionen ergab sich für die in [235] beschriebenen Schätzfunktionen und Zuschlagsfaktoren. Die verwendeten Schätzfunktionen für die Investitionen für Biofilter und Adsorption an Aktivkohle und für weitere weniger verbreitete Verfahren wie die Absorption und das Permeationsverfahren wurden dagegen über die Anwendung regressionsanalytischer Verfahren auf der Grundlage von Literatur- und Herstellerangaben (z. B. in [26, 31, 64, 143, 181, 235]) ermittelt.

Abbildung VI.6 zeigt die graphische Darstellung solcher Schätzfunktionen für die wichtigsten Abgasreinigungstechnologien für die Schadstoffgruppe VOC. Bei den dargestellten Technologien ist ein Größendegressionseffekt zu erkennen, d. h. daß die Investitionen für die betrachteten Technologien mit steigenden Volumenströmen degressiv anwachsen. Es ist festzustellen, daß für den Biofilter der geringste Größendegressionseffekt vorliegt.

VI.1.6.3 Bestimmung von Betriebskosten für VOC-Emissionsminderungsmaßnahmen

Die Betriebskosten werden auf jährlicher Basis berechnet, für Primär- und Sekundärmaßnahmen treten in bezug auf zu lösende Abgrenzungsfragen und Definitionen Ähnlichkeiten zu der Bestimmung der Investitionen auf.

Für die Betriebskosten von Primärmaßnahmen lassen sich keine allgemeingültigen Formeln aufstellen. Die relevanten Komponenten der Betriebskosten müssen für jeden einzelnen Sektor und für jede einzelne Anlage identifiziert und bestimmt werden.

Diese Komponenten betreffen u. a.:

- Verbrauch von Einsatzstoffen,
- Energieverbrauch (zur Trocknung, Förderung, ...),
- Kosten einer möglichen Produktionsbeeinträchtigung, z. B. Verschlechterung der Produktqualität,
- Personalkosten.

Wie bei den Investitionen können die relevanten zusätzlichen Betriebskosten durch Vergleich (Differenzbildung) einer Maßnahmenkombination mit dem "ungeminderten Fall" ermittelt werden. In der vorgestellten Arbeit wurden hierzu hier die Kostenkomponenten gewählt, die sich bei Implementierung einer Maßnahmenkombination auch tatsächlich ändern (variabel hinsichtlich der VOC-Minderung). Die Kostenkomponenten werden dann in Abhängigkeit von gemäß der Referenzanlagendefinition hergeleiteten Kapazitätsparametern bestimmt (variabel hinsichtlich der Kapazität).

Die Betriebskosten der Sekundärmaßnahmen, d. h. der verschiedenen möglichen Abscheidevorrichtungen für VOC, können ähnlich wie bei den Investitionen auf Basis funktionaler Zusammenhänge bestimmt werden. Jedoch ist hier die Menge der Einflußparameter noch deutlich umfangreicher als bei den Investitionen, sie ist daher sinnvoll einzugrenzen.

Die wichtigsten Einflußparameter für die Betriebskosten von Sekundärmaßnahmen sind:

- Volumenstrom des zu behandelnden Abgases,
- Konzentration der VOC-Komponenten im Abgasstrom,
- Jährliche Betriebsstundenzahl der Anlage.

Bei der Bestimmung der gesamten Betriebskosten aus den Kostenkomponenten lassen sich in Anlehnung an [241] zwei Kostenarten unterscheiden:

- Betriebsmittelverbrauchsabhängige Kosten und
- Investitionsabhängige Kosten.

Die betriebsmittelverbrauchsabhängigen Kosten umfassen den Verbrauch von Betriebsmitteln, den regelmäßigen Austausch von Anlagenkomponenten (z. B. Katalysatoren, Filtermaterial), Abfallbeseitigung, Abwasserreinigung und Personalkosten. Bei manchen Technologien auftretende Erträge aus der Nutzung oder dem Verkauf von Prozeßwärme oder rückgewonnenen Lösemitteln werden ebenfalls zu den verbrauchsmittelabhängigen Kosten gezählt (negative Kosten). Zu deren Berechnung werden zuerst die jahresbezogenen Verbrauchsmengen (bzw. Ertragsmengen) ermittelt. Dies geschieht auf Basis von Ansätzen, die aus den Massen- und Energiebilanzen hergeleitet werden und in welche anlagenspezifische Parameter eingehen. Dabei sind die wichtigsten Parameter der Volumenstrom, die VOC-Konzentration des Abgasstromes und die jährliche Betriebsstundenzahl. Bei der in Tabelle VI.9 vorgestellten Auswahl von Berechnungsansätzen werden die jahresbezogenen Verbrauchsmengen nur in Abhängigkeit von diesen drei variablen Parametern dargestellt, während weitere Parameter als Durchschnittswerte für den spezifischen Anlagentyp (z. B. spezifischer Druckverlust oder spezifische Wärmerückgewinnungsrate) eingesetzt werden. Zur Ermittlung der variablen Parameter kann auf die spezifischen Anlagenfließbilder zurückgegriffen werden (vgl. Abschnitt VI.1.3).

Tabelle VI.9: Ausgewählte Ansätze zur Berechnung von Verbrauchswerten

Betriebsmittel	Verbrauchsmenge (mit Ansatz zur Berechnung)	Quelle
Zusatzbrennstoff für thermische Nachverbrennung mit Erdgas	$M_{br} = \frac{q_{abgas} \cdot d_{abgas} [\bar{c}_{p_{luft}} (1{,}1 T_{verbr} - T_{aus} - 0{,}1 T_r) - h_{abgas}]}{d_{br} [h_{br} - 1{,}1 \bar{c}_{p_{luft}} (T_{verbr} - T_r)]} \cdot WT$ mit: $T_{aus} = ({}^{WR}\!/_{100}) T_{verbr} + [1 - ({}^{WR}\!/_{100})] T_{abgas}$	[235]

Betriebsmittel	Verbrauchsmenge (mit Ansatz zur Berechnung)	Quelle
Strom zum Ausgleich des Druckverlustes	$E_{gebläse} = 5 \cdot 10^{-7}(q_{abgas} + q_{br}) \cdot WT \cdot \Delta p$	[235]
Jährliche Verbrauchsmenge an Aktivkohle	$M_{kohle} = m_{kohle} / life_{kohle} \cdot (1000 g / kg)$ $m_{kohle} = \frac{L_{ein} \cdot t_{ads}(1 + B_{des} / B_{ads})}{Cap_{kohle}}$	[235]
Rückgewonnene Lösemittel	$M_{löse} = [q_{abgas} \cdot (c_{ein} - c_{aus}) \cdot WT]$	eigene Darst.

In Tabelle VI.9 verwendete Formelzeichen:

M_{br}	jährliche Menge an Zusatzbrennstoff [m^3/a]
$E_{gebläse}$	jährlicher Stromverbrauch [kWh/a]
M_{kohle}	jährlicher Aktivkohleverbrauch [m^3/a]
m_{kohle}	Volumen der Aktivkohle im Adsorber [m^3]
$M_{löse}$	zurückgewonnene Lösemittelmenge pro Jahr[g/a]
WT	Anzahl der Betriebsstunden pro Jahr [a]
q_{abgas}	Volumenstrom des Abgases [m^3/h]
q_{br}	Volumenstrom des Zusatzbrennstoffes [m^3/h]
d_{abgas}	Dichte des Abgasstromes [kg/m^3]
d_{br}	Dichte des Zusatzbrennstoffes [kg/m^3]
$c_{p, luft}$	Mittlere Wärmekapazität der Luft zwischen 20 und 1000° C [kJ/m^3]
T_{verbr}	Verbrennungstemperatur [° C]
T_{aus}	Austrittstemperatur des Abgases aus thermischer Nachverbrennung [° C]
T_r	Standardtemperatur [° C]
h_{br}	Wärmeinhalt des Zusatzbrennstoffes [kJ/m^3]
h_{abgas}	Wärmeinhalt des Abgases [kJ/m^3]
WR	Wärmerückgewinnungsrate [%]
Δp	Druckverlust [Pa]
L_{ein}	VOC-Beladung des Abgasstromes im Aktivkohlebett [g/h]
t_{ads}	Adsorptionszyklus [h]
B_{des}	Anzahl der Adsorberbetten [-]
B_{ads}	Anzahl der Desorberbetten [-]
Cap_{kohle}	Aufnahmekapazität der Aktivkohle [g VOC/g Aktivkohle]
c_{ein}	VOC-Eintrittskonzentration [g/m^3]
c_{aus}	VOC-Austrittskonzentration [g/m^3]

Die auf dieser Basis berechneten Verbrauchsmengen werden mit ihren zugehörigen Einheitspreisen multipliziert. Die Einheitspreise einiger Verbrauchsmittel zeigen im Ländervergleich nur geringfügige Unterschiede, während z. B. die Kosten pro eingesetzte Arbeitsstunde deutlich verschieden sind. Mit dem Ziel, die verbrauchsmittelabhängigen Kosten vergleichbar zu machen, wurden vereinfachend länderübergreifende Einheitspreise angenommen. (vgl. Tabelle VI.10 und [30]). Eine länderübergreifende Zusammenstellung von Einheitspreisen relevanter Verbrauchsmittel und von Personalkosten ist in Tabelle VI.10 gegeben.

Tabelle VI.10: Auswahl von länderübergreifenden Einheitspreisen relevanter Verbrauchsmittel und von Personalkosten

Verbrauchsmittel	Preis	Quelle
Erdgas (z. B. Zusatzbrennstoff)	0,149 €/m^3	[30]
Elektrischer Strom	0,06 €/kWh	[30]
Dampf	0,016 €/kg	[30]
Katalysator	75.000 €/m^3	[30]
Aktivkohle	5,0 €/kg	[30]
Biofiltermaterial	260 €/m^3	[60, 120, 134, 162]
Arbeitsstunde (operativ)	11 €/h	hergeleitet aus [76]

In Tabelle VI.9 ist jedoch nur ein Ausschnitt der für die Betriebskostenerfassung relevanten Kostenkomponenten dargestellt. Neben den betriebsmittelverbrauchsabhängigen Kostenarten, die über Massen- und Energiebilanzen ermittelt werden können, und Komponenten wie z. B. Personal und Abwasserbehandlung umfassen die Betriebskosten außerdem noch investitionsabhängige Kostenarten.

Die Bewertungsgrundlage der einzelnen betriebsmittelverbrauchsabhängigen und investitionsabhängigen Betriebskostenkomponenten und ihre Höhe ist dabei im Vergleich der verschiedenen sekundären Technologien zur Minderung von VOC unterschiedlich.

Tabelle VI.11 umfaßt die relevanten Komponenten der Betriebskosten für verschiedene sekundäre Emissionsminderungstechnologien. Hierzu gehören die technologiespezifischen betriebsmittelverbrauchsabhängigen und investitionsabhängigen Kostenarten, die bei der Ermittlung der jährlichen Betriebskosten zu berücksichtigen sind. Im Vergleich zu [241] ist festzuhalten, daß die investitionsabhängigen Kostenarten der jährlichen Betriebskosten keine Abschreibungen enthalten. Die Umlegung der Investitionen auf die einzelnen Jahre erfolgt erst in einem späteren Schritt innerhalb des hier entwickelten Aggregierungsmoduls zur Erstellung der VOC-Kostenfunktion über die Annuitätenmethode (vgl. hierzu AbschnittVI.3.2). Über die Bildung von Annuitäten werden über den Kapitalwiedergewinnungsfaktor auch entsprechende kalkulatorische Zinsen berücksichtigt.

Tabelle VI.11: Komponenten der Betriebskosten für verschiedene sekundäre Emissionsminderungstechnologien

Kostenart/ Anlagentyp	TNV	KNV	RTN	RKN	BF	ADS	ABS	KOND
Betriebsmittelverbrauchsabhängige Kostenarten								
Zusatzbrennstoff	●	●	●	●				
Elektrischer Strom	●	●	●	●	●	●	●	●
Wasser					●	●		
Dampf						●		
Katalysatoraustausch		●		●				
Adsorbensaustausch						●		
Absorbensaustausch							○	
Biofiltermaterialaustausch					●			
Kühlmittelaustausch								○
Abfallbehandlung	○	○	○	○	○	○	○	○
Abwasserbehandlung	○	○	○	○	○	○	○	○
Personal (operativ)	●	●	●	●	●	●	●	●
Personal (Überwachung)	●	●	●	●	●	●	●	●
Weitere Kosten	○	○	○	○	○	○	○	○
Folgekosten	○	○	○	○	○	○	○	○
Rückgew. Lösemittel						●	●	●
Rückgew. Wärme	●	●	●	●				
Investitionsabhängige Kostenarten								
Versicherung	●	●	●	●	●	●	●	●
Steuern	●	●	●	●	●	●	●	●
Wartung /Reparatur	●	●	●	●	●	●	●	●
Verwaltung	○	○	○	○	○	○	○	○

In Tabelle VI.11 verwendete Symbole und Abkürzungen:

●	Kostenart wird bei der Berechnung der Betriebskosten berücksichtigt	o	Kostenart kann bei der Berechnung der Betriebskosten berücksichtigt werden (wird hier als vernachlässigbar angenommen)
TNV	Thermische Nachverbrennung	KNV	Katalytische Nachverbrennung
RTN	Regenerative therm. Nachverbrennung	RKN	Regenerative kat. Nachverbrennung
BF	Biofilter	ADS	Adsorption (Aktivkohle)
ABS	Absorption	KOND	Kondensation

Die hier betrachteten investitionsabhängigen Kostenarten werden nicht aus Betriebsmittelverbräuchen, sondern auf Basis der notwendigen Investition hergeleitet. Hierzu dienen festgelegte Multiplikationsfaktoren. Zu den investitionsabhängigen Kostenarten zählen Versicherungsbeiträge, Real-Steuern, Wartung, Reparatur und Verwaltungskosten. Es wird angenommen, daß diese Kostenarten wie auch die betriebsmittelverbrauchsabhängigen Kosten in der zeitlichen Perspektive als variabel angesehen werden können. Dies bedeutet z. B., daß bei der vorzeitigen Einstellung des Betriebes einer Anlage keine Versicherungsgebühren und Vermögenssteuern mehr fällig werden.

Die Faktoren zur Berechnung der investitionsabhängigen Kostenarten können sich je nach Land oder betrachtetem Anlagentyp unterscheiden. Im Sinne einer länderübergreifenden Definition der Technologiedatenbasis wird im Rahmen dieser Arbeit jedoch der Versuch gemacht, einheitliche und länderübergreifende Faktoren abzuleiten. Die Anrechnung der Faktoren sollte sich auf eine einheitliche Definition der Investition, wie oben gegeben, stützen. Hierbei ist darauf zu achten, daß die Investition keine standortspezifischen Komponenten umfaßt, da beispielsweise Grundstücke, Gebäude oder Anlagen bei der Bemessung von Steuern oder Versicherungsgebühren unterschiedlich bewertet werden. Relevante investitionsabhängige Kostenarten, die bei sekundären Maßnahmen für VOC berücksichtigt werden können, sind:

- **Versicherungsgebühren:** Diese Kostenart umfaßt Gebühren für Versicherungen in Verbindung mit vorhersehbaren und unvorhersehbaren Risiken (z. B. Ausfallversicherungen usw.).
- **Steuern:** Die Kostenart Steuern umfaßt alle vermögensabhängigen Steuern, die im Betriebszeitraum der Anlage anfallen. Es gibt in den Ländern unterschiedliche Vorgehensweisen der Vermögensbesteuerung; i. a. können in Betracht kommen:

  - Grundsteuern,
  - Vermögenssteuern,
  - Kapitalsteuern (Nicht gemeint sind hier ertrags- oder umsatzabhängige Steuern).

- **Wartung und Reparatur:** Die erwarteten jährlichen Kosten für Wartung und Reparatur umfassen sowohl Material- als auch Personalkosten und können ebenfalls als prozentualer Anteil an der Investition ex ante geschätzt werden. Bei Vorliegen von Korrosionsproblemen oder schwierigen Betriebsbedingungen können die Unterschiede hinsichtlich der Berechnungsfaktoren beträchtlich sein. In der Literatur [166] existieren Listen mit einheitlichen Faktoren für Wartung und Betriebskosten unter normalen Betriebsbedingungen. Der Faktor für Adsorptions- und Absorptionsanlagen und thermische Nachverbrennung liegt z. B. bei 3 bis 4 % der Investitionssumme.
- **Verwaltung:** Auch für die Verwaltungskostenanteile der VOC-Emissionsminderungstechnologien können Zuschlagsfaktoren angegeben werden. Im allgemeinen steigt der Verwaltungsaufwand mit steigender Komplexität der Anlage. Für die betrachteten Sekundärmaßnahmen wurden die jährlichen Verwaltungskosten hier als vernachlässigbar angenommen.

Tabelle VI.12 zeigt die verwendeten Zuschlagsfaktoren zur Berechnung der investitionsabhängigen Kostenarten.

Tabelle VI.12: Verwendete Zuschlagsfaktoren für investitionsabhängige Kostenarten

Investitionsabhängige Kostenart	Anteil der Kostenart an der Investition [1/a]
Versicherungen	$a_1 = 0{,}01$
Vermögensabhängige Steuern	$a_2 = 0{,}01$
Wartung und Reparatur	$a_3 = 0{,}04$
Verwaltung	$a_4 = 0{,}00$

Der Gesamtanteil der investitionsabhängigen Kostenarten TOT_{Inv} kann über folgenden Ansatz bestimmt werden:

$$TOT_{Inv} = \sum_{i=1}^{4} a_i \cdot (I + \Delta I) \qquad \text{Gleichung (26)}$$

mit:

I Investition [€].

ΔI Eventuelle Hinzurechnungen oder Abzüge zur Investition (z. B. für Grundstücke, Gebäude) [€]

Damit sind neben der Bestimmung der Emissionsfaktoren alle wesentlichen Kostenkomponenten zur techno-ökonomischen Charakterisierung von relevanten VOC-Emissionsminderungsmaßnahmen erfaßt.

VI.1.7 Darstellung relevanter techno-ökonomischer Parameter mit Hilfe des Datenblattkonzepts

Die in den vorangehenden Abschnitten charakterisierten techno-ökonomischen Daten sind vor dem in Kapitel IV dargestellten umweltpolitischen Hintergrund und aufgrund der Relevanz der auf dieser Grundlage erstellten VOC-Kostenfunktionen innerhalb von neuen IAM auf möglichst konsistente und transparente Weise zu ermitteln und darzustellen. Aus diesem Grunde wird hier ein sog. Datenblattkonzept vorgestellt. Damit ist es möglich, sämtliche relevanten Daten und ihre Herleitung für jeden betrachteten Sektor und alle Referenzanlagen auf einheitliche Weise darzustellen.

Die auf dieser Basis erstellten Datenblätter für 43 emissionsrelevante Sektoren lagen im Rahmen der Aktivitäten der UN/ECE Task Force on Abatement Options/ Techniques for VOC den verschiedenen nationalen Vertretern in dieser Arbeitsgruppe und darin eingebundenen Experten aus der Industrie vor (vgl. hierzu [186]). Die Struktur der Technologiedatenblätter ist für alle Sektoren gleich. Sie umfaßt sechs Elemente:

1. Sektorbeschreibung und -abgrenzung

Das Kapitel Sektorbeschreibung und -abgrenzung gibt einen Überblick, welche Tätigkeiten bzw. Aktivitäten der gegebene Sektor umfaßt. Dieser wird gegenüber anderen Sektoren klar abgegrenzt (z. B. Aktivitäten im Sektor "Lagerhaltung in Raffinerien" müssen von denen im Sektor "Verarbeitung von Rohöl in Raffinerien" getrennt werden), so daß alle emissionsrelevanten Tätigkeiten erfaßt werden, aber keine Doppelzählungen von Emissionen auftreten können.

2. Beschreibung der Sektorstruktur

Das Kapitel zur Sektorstruktur enthält drei Tabellen. In der ersten Tabelle werden die Referenzanlagenkategorien im Sektor mittels relevanter Parameter oder Eigenschaften beschrieben (siehe Beispiel in Tabelle VI.5). Die zweite Tabelle enthält die Liste der relevanten Primärmaßnahmen mit Beschreibung (siehe Beispiel in

Tabelle VI.6). In der dritten Tabelle werden alle relevanten Sekundärmaßnahmen aufgeführt (siehe Beispiel in Tabelle VI.7).

3. Darstellung der Emissions- und Kostendaten

In diesem Abschnitt werden die Informationen aus dem vorangehenden Kapitel verknüpft. In einer Tabelle werden die möglichen Maßnahmenkombinationen für jede Referenzanlage zusammen mit ihrem zugehörigen Emissionsfaktor, ihrer Investition, ihren Betriebskosten und ihrer Minderungseffizienz (bezogen auf den ungeminderten Fall) dargestellt.

Tabelle VI.13 gibt einen Ausschnitt aus der entsprechenden Tabelle im Datenblatt des Sektors Automobilserienlackierung für die 3. Referenzanlagenkategorie wieder, d. h. große Lackierstraße mit einer Kapazität von durchschnittlich 100.000 Fahrzeugen/a [186].

Tabelle VI.13: Darstellung der Emissions- und Kostendaten im Technologiedatenblatt (Ausschnitt für den Sektor Automobilserienlackierung)

Combination Code	Emission Factor for NMVOC [g/m² car coated]	Investment (I) [€]	Operating Costs (OC) [€/a]	Abatement Efficiency [%]	Data Quality	Comments
...						
Large Reference Installation						
03 00 00	95	0	0	0	+	
03 00 01	85	600,000	157,000	11	+	
03 00 02	52	18,800,000	1,589,000	45	+	
03 01 00	85	5,500,000	384,000	11	+	
03 01 01	77	6,125,000	543,000	19	+	
03 01 02	47	22,125,000	1,798,000	51	+	
03 02 00	56	20,000,000	1,044,000	41	+	
03 02 01	49	20,715,000	1,208,000	48	+	
03 02 02	36	31,215,000	2,106,000	62	+	
03 03 00	45	27,300,000	1,428,000	53	+	
03 03 01	40	28,050,000	1,594,000	58	+	
03 03 02	30	35,350,000	2,229,000	68	+	

In der Spalte Kommentar können zusätzliche technische Angaben gemacht werden (z. B. technische Einschränkungen der Implementierung).

In der Spalte "Data Quality" wird ein Hinweis auf die Güte und Belastbarkeit der Daten gegeben. Der Wertebereich der Qualitätskennzeichnung reicht von -- (sehr mangelhaft) über o (mittel) bis ++ (sehr gut). Diese Kennzeichnung gibt darüber hinaus einen Hinweis darauf, in welchen Sektoren weiterer Forschungsbedarf zur Verbesserung der Datenbasis besteht.

4. Fließbild

In Abschnitt 4 wird für die Sektoren, wo dies sinnvoll ist (es können Parameter für die Emissionsfaktoren- und Kostenbestimmung abgeleitet werden), Fließbilder in einheitlicher Darstellung gegeben. Dabei befinden sich die den Stoff- und Energieflüssen zugeordneten Parameter in den grau hinterlegten Feldern am oberen Rand des Fließbildes. Die Parameter zu den Unit-Prozessen sind in den grau hinterlegten Feldern am unteren Rand des Fließbildes gegeben (vgl. Abbildungen VI.3 und VI.4).

5. Literaturverzeichnis

In diesem Abschnitt sind alle schriftlichen Dokumente, aber auch persönliche Mitteilungen von Branchenexperten (aus der Industrie, von Verbänden und Ländervertretern in der UN/ECE Task Force on the Assessment of Abatement Options/Techniques for VOC etc.) verzeichnet, die zur Erarbeitung der Technologiedatenblätter genutzt wurden.

6. Erläuterung

Der Abschnitt Erläuterung dient der Transparenz der in den vorangehenden Kapiteln dargestellten Werte. Die Herleitung der Daten wird im Detail dokumentiert, um die Nachvollziehbarkeit zu gewährleisten.

Für die Verifizierung und Verbesserung der Datenblätter bietet sich hier der Vorteil auch einzelne Eingangswerte und Annahmen, die in den Berechnungen verwendet werden, überprüfen und gegebenenfalls durch realitätsnähere Informationen ersetzen zu können.

Insgesamt bietet die Darstellung der Datenbasis in Form von Datenblättern den Vorteil, daß wie bei einer Loseblattsammlung die Datenblätter für jeden einzelnen Sektor kontinuierlich verbessert und aktualisiert werden können. Darüber hinaus eröffnet sich die Möglichkeit, innerhalb der UN/ECE zwischen verschiedenen Akteuren und Arbeitsgruppen techno-ökonomisches Wissen zu Emissionsminderungsmaßnahmen in den Sektoren in einer übersichtlichen und einheitlichen Form auszutauschen. Eine solchermaßen angelegte techno-ökonomische Datenbasis erleichtert darüber hinaus auch die Anbindung an andere nationale und supranationale Aktivitäten in diesem Bereich (z. B. im Rahmen der EU), die sich mit der Erarbeitung von VOC-Emissionsminderungstrategien befassen.

VI.2 Die Bestimmung länderspezifischer Daten

Neben einer konsistenten und länderübergreifenden Technikdatenbank mit einem vollständigen Satz möglicher VOC-Emissionsminderungsmaßnahmenkombinationen werden zur Erstellung von nationalen VOC-Kostenfunktionen weiterhin länderspezifische Daten benötigt.

Zu jeder für die Ermittlung der techno-ökonomischen Daten gewählten Betrachtungsebene existiert eine korrespondierende Betrachtungsebene für ein gegebenes Land. Die Informationen auf Länderebene, die zur Erstellung einer VOC-Kostenfunktion benötigt werden, beziehen sich auf die wirtschaftliche Aktivität im Sektor, dessen Struktur und den Implementierungsstand von Emissionsminderungsmaßnahmen. Dabei ist ein wichtiger Aspekt, daß die länderspezifischen und technologiespezifischen Daten aufgrund ihrer adäquaten Strukturierung auf konsistente Weise verknüpft werden können.

VI.2.1 Die Verknüpfung länderspezifischer und techno-ökonomischer Daten

Im oberen Teil von Abbildung VI.7 ist die Korrespondenz der Abbildungsebenen technologie- und länderspezifischer Daten dargestellt:

- Zu jedem Sektor s wird eine zugehörige Aktivität A_s bestimmt. Da aufgrund des Zeitintervalls (zwischen Basisjahr und Zieljahr des Protokolls) bei einer dynamischen Betrachtung mehrere Perioden zu erfassen sind, muß eine Aktivität $A_{s,t}$ als Zeitreihe mit $t = T_0, ..., T$ (T_0 = Basisjahr, T = Zieljahr) für jede Periode (oder Planungsperiode) bestimmt werden (auf eine mehrperiodige Darstellung der Datenverknüpfung wurde in Abbildung VI.7 aus Gründen der Übersichtlichkeit verzichtet).
- Zu jeder Referenzanlage r wird der Anteil an der Aktivität im gegebenen Sektor $C_{s,r}$ (bzw. die Zeitreihe $C_{s,r,t}$) bestimmt. Bei der Referenzanlagendefinition wurde darauf geachtet, jede reelle Anlage einer Referenzanlagenkategorie zuzuordnen, und es gilt:

$$\sum_r C_{s,r} = 1 \qquad \text{Gleichung (27)}$$

Mit dieser Bedingung soll sichergestellt werden, daß alle Emissionen und alle Kosten der Emissionsminderung für verschiedene Referenzanlagen erfaßt werden.

- Zu jeder Maßnahmenkombination *m* wird ihr Implementierungsstand $Imp_{s,r,m}$ (bzw. die Zeitreihe $Imp_{s,r,m,t}$) in der Referenzanlagenkategorie *r* des Sektors *s* bestimmt. Die Implementierungsstände aller möglichen Maßnahmenkombinationen einer gegebenen Referenzanlage in einem gegebenen Sektor sind auf Eins normiert, so daß gilt:

$$\sum_m Imp_{s,r,m} = 1 \qquad \text{Gleichung (28)}$$

Die Maßnahmenkombinationen sind unabhängig voneinander definiert. Dadurch wird sichergestellt, daß alle Emissionen und alle Kosten der verschiedenen implementierten Maßnahmenkombinationen für eine Referenzanlage eines Sektors erfaßt werden. Zur Darstellung des gegenwärtigen Standes der Implementierung von VOC-Emissionsminderungsmaßnahmen ist nur die Kenntnis von $Imp_{s,r,m,t}$ (für t = Basisjahr) relevant. In den Folgeperioden werden Technologieimplementierungsstände auf der Basis der Allokation nach Kriterien der Wirtschaftlichkeit und Emissionszielerreichung bei der Erstellung der VOC-Kostenfunktion bestimmt. Jedoch sollte die Möglichkeit bestehen, auch für zukünftige Perioden Implementierungsobergrenzen bzw. -untergrenzen als Restriktion anzugeben. Durch diese maximalen bzw. minimalen Grenzen der Implementierung,

$$Max(Imp_{s,r,m,t}) \in [0, 1] \quad \text{bzw.} \quad Min(Imp_{s,r,m,t}) \in [0, 1]$$

können Beschränkungen des Technologieeinsatzes aufgrund technologischer oder logistischer Hemmnisse (z. B. Benutzbarkeit von Wasserlacken bei der Holzlackierung) oder das Beharrungsvermögen von implementierten Maßnahmen in den betrachteten Perioden (z. B. verbleibende Lebensdauer bereits implementierter Technologien) adäquat modelliert werden. Diese Restriktionen stellen wichtige Informationen auf Anlagenebene dar, da in der technischen Wirklichkeit Ober- bzw. Untergrenzen bei der Implementierung von Minderungsmaßnahmen von großer Bedeutung sind. Diese Grenzen entsprechen oft nicht der Technologieaufteilung, die sich nach Kriterien der Kosteneffizienz für ein gegebenes Emissionsziel ergeben würde. So gibt es derzeit beispielsweise bei der Automobilserienlackierung eine Beschränkung des Einsatzes von Wasserlacken bei bestimmten Lackschichten, weil andernfalls nicht die von den Kunden geforderte Qualität erreicht werden kann [42].

Die Angabe solcher technisch/sozio-ökonomisch bedingter Restriktionen hat einen erheblichen Einfluß auf die Erstellung der VOC-Kostenfunktion, weil hierdurch das verfügbare Minderungspotential von Maßnahmen, d. h. der Optimierspielraum, determiniert wird.

Diese technologischen und länderspezifischen Daten liefern bei Kenntnis des Basis- und Zieljahres eine hinreichende und notwendige Basis zur Erstellung von VOC-Kostenfunktionen unabhängig von der Wahl der Allokationsmethodik. Durch den gegebenen Datensatz können sowohl die nationalen Gesamtemissionen, als auch die nationalen Gesamtkosten bestimmt werden.

Somit ergibt sich die Gesamtemission für ein gegebenes Land in einer gegebenen Periode t wie folgt:

$$E_{nat,t} = \sum_{s}\sum_{r}\sum_{m}(Cap_{s,r,m,t} \cdot EF_{s,r,m}) \qquad \text{Gleichung (29)}$$

mit:

$$Cap_{s,r,m,t} = A_{s,t} \cdot C_{s,r,t} \cdot Imp_{s,r,m,t} \qquad \text{Gleichung (30)}$$

und

$Cap_{s,r,m,t}$ Implementierte Kapazität der Maßnahmenkombination m der Referenzanlage r im Sektor s in der Periode t (die Definition der Dimension der Kapazität ist in den verschiedenen Sektoren unterschiedlich).

$EF_{s,r,m}$ Emissionsfaktor der Maßnahmenkombination m der Referenzanlage r im Sektor s (wobei die Bezugsgröße des Emissionsfaktors eines gegebenen Sektors eine der zugehörigen Kapazität entsprechende Dimension besitzt).

Die nationalen Gesamtkosten für den implementierten Maßnahmenmix in allen Sektoren und Referenzanlagen für eine Periode t errechnen sich wie folgt (Gleichung (31)):

$$TC_t = \sum_{s}\sum_{r}\sum_{m}[(\tilde{I}nv_{s,r,m,t} \cdot \Delta Cap_{s,r,m,t}) + (\tilde{O}C_{s,r,m,t} \cdot Cap_{s,r,m,t})]$$

mit:

TC_t	Nationale Gesamtkosten für den implementierten Maßnahmenmix.
$\tilde{I}nv_{s,r,m,t}$	Spezifische Investition für Maßnahmenkombination m (bezogen auf die Kapazität der Maßnahme m und deren Lebensdauer).
$\tilde{O}C_{s,r,m,t}$	Spezifische Betriebskosten von Maßnahmenkombination m (bezogen auf die Kapazität der Maßnahme m).
$\Delta Cap_{s,r,m,t}$	Kapazitätszubau der Maßnahmenkombination m von Periode t-1 bis Periode t.

Die Erfassung und Verarbeitung von länderspezifischen Daten auf den Betrachtungsebenen Sektor, Referenzanlage und Maßnahme ist Gegenstand der Abschnitte VI.2 - VI.4 dieses Kapitels.

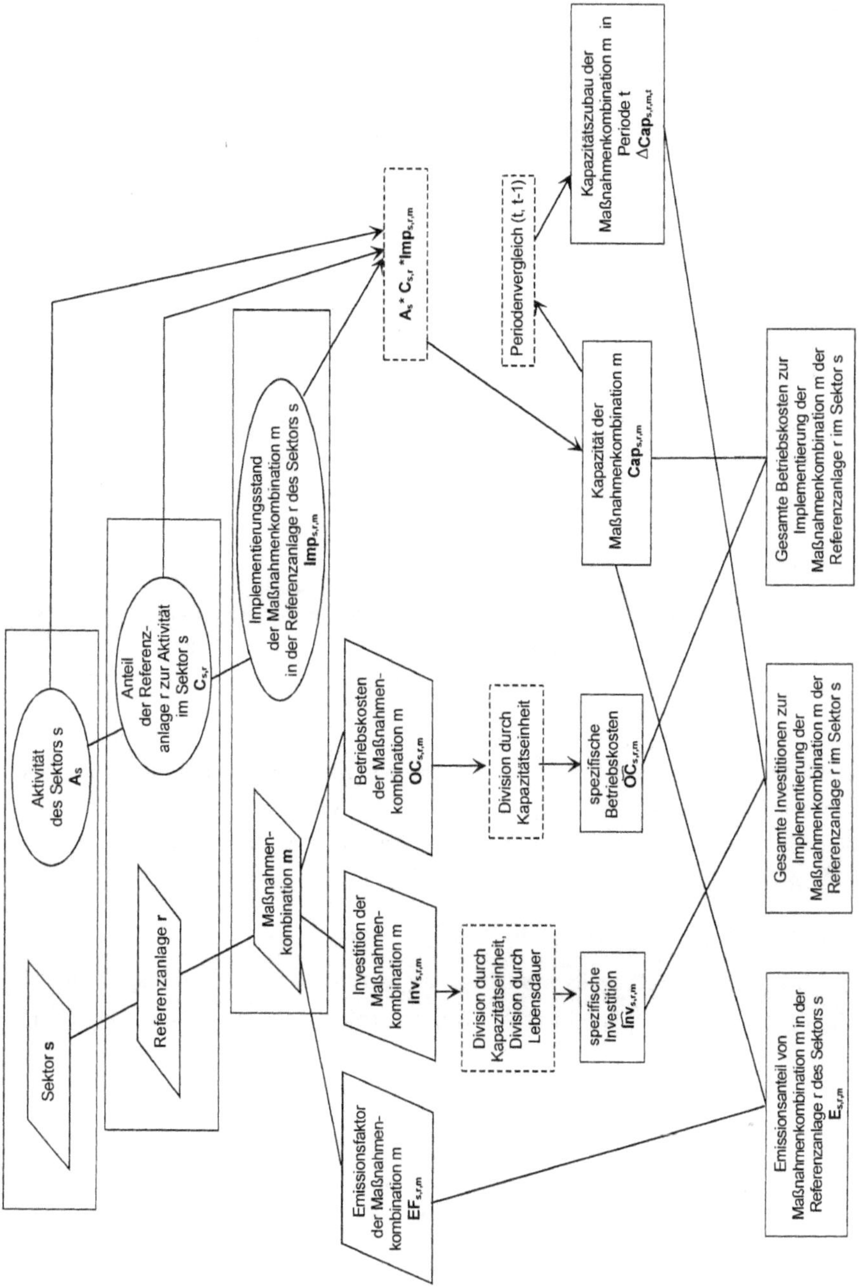

Abbildung VI.7: Verknüpfung technologieezifischer und länderspezifischer Daten

VI.2.2 Die Bestimmung der Aktivitäten auf Sektorebene

Auf der Ebene der Sektoren sind die emissionserklärenden Parameter bzw. Aktivitäten für die Perioden zwischen Basis- und Zieljahr des Betrachtungszeitraumes zu bestimmen. Darunter ist je nach Sektor zu verstehen: lackierte Fläche in der Lackierung, Rohöldurchsatz in Raffinerien, Verbrauch von Druckfarbe in Druckereien, hergestellte Mengen von Klebstoff, Farben, Glaswolle usw. Bei der Überprüfung verfügbaren Datenmaterials fanden sich jedoch für die wenigsten Sektoren verwendbare Projektionen für zukünftige Aktivitäten. Damit ergab sich die Aufgabe, Zeitreihen für die zukünftige Entwicklung der Aktivitäten in den Sektoren zu erstellen.

Aktivitätsprojektionen existieren seit langem in hinreichender Zahl i. a. für Sektoren der Energieerzeugung, weil Daten dieser Art einen notwendigen Input für Modelle der Energieplanung darstellen, so daß man auch für den Bereich der grenzüberschreitenden Luftschadstoffe (bei Energie maßgeblich SO_x und NO_x) auf international zugängliche und standardisierte Energiedatenbanken zurückgreifen kann (z. B. [72]).

Für die Industriesektoren (aber auch Produktanwendung in Haushalten etc.), die den Großteil der gesamten VOC-Emissionen ausmachen, stellt sich somit die Frage, wie Informationen über die zukünftige Entwicklung der Aktivitäten und der Emissionen zur Erstellung von Kostenfunktionen verfügbar gemacht werden können.

Vor diesem Hintergrund wird zur Aktivitätsprojektion in den betrachteten Industriesektoren auf geeignete Verfahren zurückgegriffen. Ausgangspunkt für die Anwendung solcher Verfahren sind Vergangenheitsdaten der Aktivitäten in Form von Zeitreihen oder Einzelparametern und Hypothesen über kausale Zusammenhänge zwischen Vergangenheits- und Zukunftsdaten.

Die Aktivitätsprojektion wird in drei Schritten vollzogen:

1. Bestimmung von Aktivitätszeitreihen bzw. Aktivitätsdaten der Vergangenheit,
2. Aufstellung und Überprüfung von Hypothesen über den kausalen Zusammenhang zwischen Vergangenheits- und Zukunftsdaten,
3. Auswahl und Anwendung eines geeigneten Verfahrens der Projektion.

Zu 1.:

Zur Bestimmung von Aktivitätszeitreihen bzw. Aktivitätsdaten für die Vergangenheit kann man insbesondere auf Verbrauchs- und Produktionsstatistiken zurückgreifen. Für andere Quellengruppen, wie die Lösemittelanwendung in Haushalten, bieten sich sozio-ökonomische Daten wie Bevölkerungszahlen oder Anzahl der Haushalte als Basisgrößen an [105].

Solche Statistiken sind in Veröffentlichungen verschiedener Organisationen gegeben, wie z. B. nationale statistische Ämter (Statistisches Bundesamt, INSEE (Frankreich), usw.), EUROSTAT (Statistisches Amt der Europäischen Union), Europäische Kommission, OECD, UN/ECE, Weltbank, Industrieverbände usw.

Die Daten aus solchen Statistiken können aber in den wenigsten Fällen für die Zwecke der Emissionsbilanzierung und Kostenberechnung ohne weitere Anpassung übernommen werden.

Die Systeme, auf deren Grundlage ökonomische Statistiken erstellt werden (z. B. die ISIC-, NACE-Systematik oder Gütergruppen und -klassen des GP95 (Statistisches Bundesamt 1995)), stimmen in vielen Fällen nicht mit der gewählten Emissionsquellenstruktur (nach CORINAIR) überein. Darüber hinaus kann es zu Modifizierungen der Systematik kommen, beispielsweise wurde ab 1995 die Güterklassifikation Ausgabe 1989 des Statistischen Bundesamtes durch das neue nationale systematische Güterverzeichnis für Produktionsstatistiken Ausgabe 1995 (GP95) ersetzt. [220]

In anderen Fällen weisen Produktionsstatistiken für gewisse Jahre Lücken auf oder die vorhandene Produktions- oder Verbrauchsstatistik liegt in höher aggregierter Form vor. So werden beispielsweise Zeitreihen zu Verbrauchsmengen von Druckfarben nach unterschiedlichen Drucktechnologien (Flexographie, Rotogravur usw.) benötigt, in offiziellen Statistiken ist jedoch nur eine Zeitreihe zum Gesamtverbrauch an Druckfarben gegeben.

In manchen Fällen liegen Werte nur in disaggregierter Form vor. Beispielsweise werden nach dem Güterverzeichnis Glaswolleprodukte gegliedert nach Glaswollematten, -matratzen, -röhren, -schläuchen usw. dokumentiert. Zur Emissionsbilanzierung wird jedoch die gesamte nationale Glaswolleproduktion benötigt. Dabei stellt sich die Frage, ob mit der nach dem Güterverzeichnis angegebenen Produktion für einzelne Warengruppen die Gesamtproduktion vollständig erfaßt ist und/oder daß die Produktion mit unterschiedlichen Bezugsgrößen angegeben wird (z. B. Produktion in Stückzahlen und in Gewicht). Damit ist selbst eine einfache Addition von Aktivitäten in Teilsektoren nicht immer direkt möglich.

Für Deutschland ergibt sich darüber hinaus das Problem, daß Produktions- und Verbrauchsstatistiken bis 1990/1991 oft nur getrennt für die alte Bundesrepublik Deutschland und die Deutsche Demokratische Republik und ab diesem Zeitpunkt nur für die Bundesrepublik in ihren neuen Grenzen vorliegen.

Aus diesen Gründen ist auf die verfügbaren Daten eine Reihe von Verfahren der Datenanpassung anzuwenden. Verfahren, die in die entwickelte Methodik integriert wurden, sind (eine ausführliche Beschreibung findet sich in [105]):

- Aggregierung von Aktivitätszeitreihen,
- Disaggregierung von Aktivitätszeitreihen,
- Umrechnung von Einheiten und Dimensionen,
- Bearbeitung unvollständiger Zeitreihen.

Zu 2.:

Mit dem Ziel, ein geeignetes Projektionsverfahren auszuwählen, werden die Ausgangsdaten (Zeitreihen bzw. Einzeldaten) der betrachteten Sektoren hinsichtlich des Zusammenhangs zwischen Vergangenheits- und Zukunftsdaten überprüft. Dabei ist zu untersuchen, ob Informationen zu den Ursachen oder den erklärenden Parametern der zukünftigen Entwicklung der Aktivität vorhanden sind. Für die meisten Sektoren ist ein komplexes Ursachensystem zu vermuten, aber auch bei einfachen Systemen sind die ursächlichen Parameter meist unbekannt. Daher wurden im vorgestellten Projekt zur Zeitreihenprojektion verschiedene Verfahren der Zeitreihenanalyse als Vertreter nicht-kausaler Methoden und regressionsanalytische Verfahren als Vertreter der kausalen Methoden angewendet.

Die Zeitreihenextrapolation setzt implizit voraus, daß Ursachen, die in der Vergangenheit bestimmend waren, auch die zukünftige Entwicklung determinieren. Strukturbrüche durch sprunghafte Veränderungen im Sektor sind mit der Zeitreihenanalyse nicht darstellbar. Die Zeitreihenextrapolation hat aber den Vorteil, daß sie auch bei Unkenntnis jedweder kausaler Zusammenhänge auf Basis einer Vergangenheitszeitreihe oder von Einzeldaten aus der Vergangenheit einfach und schnell durchzuführen ist.

Aktivitätszeitreihen mancher Sektoren zeigen für die Vergangenheit eine enge Korrelation zu bestimmten Basisindikatoren, wie z. B. Bevölkerungsanzahl oder Bruttosozialprodukt, für die Prognosen der nationalen statistischen Ämter vorliegen, oder zu Aktivitätszeitreihen übergeordneter oder ähnlicher Sektoren. In diesen Fällen werden Verfahren der Regressionsanalyse eingesetzt.

Es werden somit als qualitative Ansätze hauptsächlich Verfahren aus zwei Modellklassen angewendet, die Zeitreihenprojektion und die Regressionsanalyse.

Zu 3.:

Nach der vorgestellten Überprüfung der vorhandenen Datenbasis wird aus einer Menge qualitativer Verfahren ein geeigneter Ansatz ausgewählt, um die Projektion der Zeitreihe zu erstellen. Darüber hinaus können auch Expertenschätzungen integriert werden.

Tabelle VI.14 gibt einen Überblick über Verfahren, die zur Projektion der sektoralen Aktivitäten angewendet wurden.

Tabelle VI.14: Beispiele verwendeter Verfahren zur Projektion der sektoralen Aktivitäten in der Bundesrepublik Deutschland

Modellklasse	Prognoseverfahren	Beispielsektor
Zeitreihenprojektion	Extrapolation über Polynom 1. Grades	Ethylenproduktion
Zeitreihenprojektion	Extrapolation über Polynom 2. Grades	Erdölverarbeitung
Zeitreihenprojektion	Exponentielle Extrapolation	Bierproduktion
Regressionsanalyse	Ein-Kriterien-Korrelation 1. Grades (z. B. zum Bevölkerungswachstum)	Brotproduktion
Regressionsanalyse	Ein-Kriterien-Korrelation 1. Grades (z. B. zum Benzinverbrauch)	Raffinerieverladestation
Regressionsanalyse	Zwei-Kriterien-Korrelation 2. Grades (z. B. zum Bruttosozialprodukt und Industrievolumen)	Metallentfettung
Expertenschätzung	z. B. Projektion des Benzinverbrauchs des Mineralölwirschaftsverbandes [145]	Tankstellen
Expertenschätzung	z. B. Durchschnitt vorangegangener Perioden	Spirituosenproduktion

In Abbildung VI.8 werden auf einen Beispielsektor zwei verschiedene Verfahren der Zeitreihenextrapolation angewendet. Es sind hier jeweils die zwei extrapolierten Zeitreihen abgebildet, für die man mit den angewendeten Prognoseverfahren die beste Anpassung erhält (mit Bestimmung der Koeffizienten über die Kleinste-Fehlerquadrat-Methode). Bei der Berechnung der extrapolierten Zeitreihen und der Anwendung der Regressionsanalyse wurde auf die implementierte Trendlinienbestimmungsfunktion im Softwarepaket EXCEL und auf das im Emissionsprojektionsprogramm CASPER [106] integrierte Projektionsmodul zurückgegriffen.

Man erkennt je nach Verfahren (Extrapolation über Polynom 2. Grades bzw. lineare Extrapolation) deutliche Unterschiede hinsichtlich der projizierten Werte für den Verlauf der Aktivitätszeitreihe. Dies gilt insbesondere für Perioden, die weiter in der Zukunft liegen. Für die betrachteten Sektoren wurden in diesem Projekt jeweils moderate Szenarien für die Zeitreihenprojektion ausgewählt. Hierbei wurden Kriterien angewandt, wie z. B. Berücksichtigung von Experteninformationen (z. B. für bestimmte Perioden in der Zukunft) und Plausibilität (z. B. Ablehnung von Projektionen mit stark exponentiellem Wachstum).

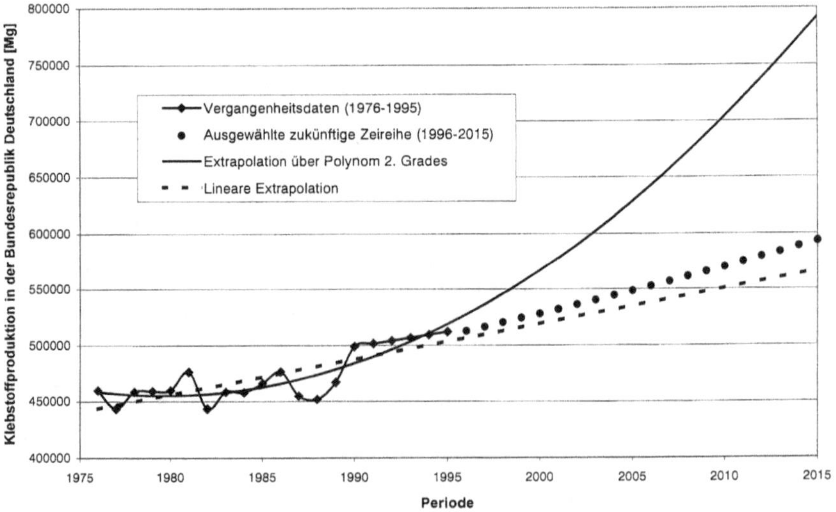

Abbildung VI.8: Anwendung von Methoden der Zeitreihenextrapolation auf einen Beispielsektor (Klebstoffproduktion in der Bundesrepublik Deutschland)

VI.2.3 Die Bestimmung der Aktivitätsanteile von Anlagenkategorien innerhalb der Sektoren

Die Bestimmung der Aktivitätsanteile der Referenzanlagenkategorien innerhalb der Sektoren gestaltet sich im Vergleich zur Bestimmung der sektoralen Aktivitäten aufgrund der mangelnden Datengrundlage noch problematischer. In offiziellen nationalen Statistiken finden sich zur Struktur der Betriebe und Anlagen nur wenige unspezifische Informationen. Ein Beispiel für eine entsprechende Publikation ist die "Struktur der Produktion im produzierenden Gewerbe" [219], diese enthält eine Statistik der Absatzproduktion und Anteile der größten Anbieter nach Güterabteilungen. Sie umfaßt für verschiedene Güter die Angabe der Anzahl der beteiligten Unternehmen und den Wert der Absatzproduktion sowie eine kumulierte Reihe, in der die Anteile der jeweils größten Unternehmen dem Wert der von ihnen erzeugten Absatzproduktion gegenübergestellt werden.

Eine Nutzung dieser Statistik ist nur dann möglich, wenn zusätzliche Informationen vorhanden sind, die eine sinnvolle Zuordnung des Wertes der Absatzproduktion und der Unternehmensgrößen zu physikalischen Einheiten der produzierten Güter erlauben.

Weitergehende Informationen hinsichtlich der Anlagenstruktur finden sich für manche Sektoren in Veröffentlichungen der Industrieverbände. Hier ergibt sich jedoch das Problem, daß die dortige Klasseneinteilung oft nicht der für die Referenzanlagen gewählten Einteilung entspricht. Deshalb müssen auch hier die vorhandenen Daten angepaßt werden.

Eine weitere Datenquelle ist die Befragung von Branchenexperten, die durch ihre Erfahrung den Sektor kennen und eine sinnvolle Schätzung der Aktivitätsanteile liefern können. Hier sind die Probleme weniger substantiell-methodischer als prozeduraler Art, wenn es darum geht, Kontakte aufzubauen sowie Ziel und Zweck einer Abschätzung der Anlagenstruktur zu erläutern.

Unter Anwendung dieser Ansätze konnten für die Bundesrepublik Deutschland für alle betrachteten Sektoren Einzeldaten bzw. in manchen Fällen auch Zeitreihen ermittelt werden.

Wie bei den Aktivitäten auf Sektorebene werden auch bei den Aktivitätsanteilen der Anlagenkategorien Daten in periodischer Auflösung benötigt (z. B. im besten Fall als zukünftige Zeitreihe der Anteile der verschiedenen Anlagenkategorien).

Eine Anwendung der im vorangehenden Abschnitt geschilderten Projektionsverfahren auf die Problemstellung der Aktivitätsanteile ist aufgrund fehlender Daten für die meisten der betrachteten Sektoren nicht möglich. Das bedeutet, daß man aus vorhandenen Zahlenreihen und Daten keine vernünftigen Aussagen zu einer möglichen zukünftigen Entwicklung ableiten kann. In solchen Fällen wurden vereinfachend die Aktivitätsanteile der Anlagenkategorien im betrachteten Übergangszeitraum des Protokolls als konstant angenommen. In Abbildung VI.9 wird gezeigt, wie bei Vorliegen einer guten Datenlage, d. h. genügend lange und konsistente Vergangenheitszeitreihen der Aktivitätsanteile der Anlagenkategorien, Verfahren der Projektion zur Bestimmung der sektoralen Aktivitätsanteile angewendet werden können.

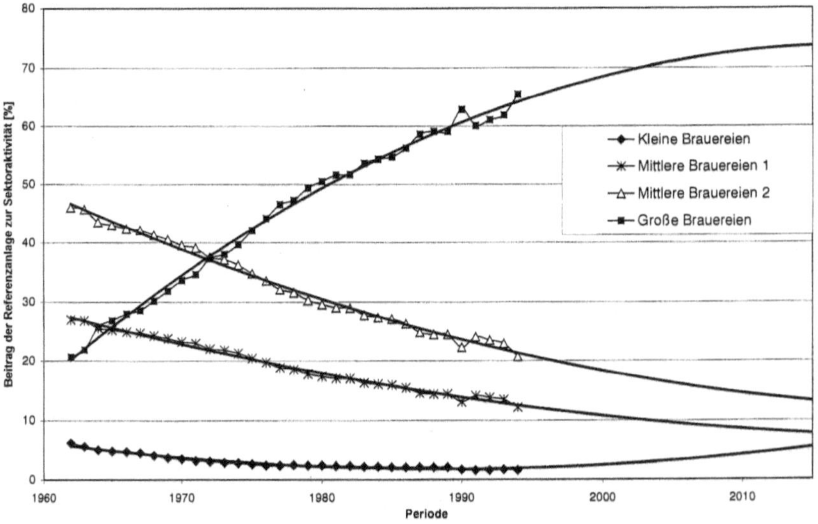

Abbildung VI.9: Anwendung eines Projektionsverfahrens (Extrapolation über ein Polynom 2. Grades) auf Vergangenheitszeitreihen der sektoralen Aktivitätsanteile (Beispiel: Brauereien in Deutschland)

VI.2.4 Die Darstellung des gegenwärtigen Implementierungsstandes von Technologien und Maßnahmen zur Vermeidung von VOC-Emissionen

Eine Darstellung des gegenwärtigen Implementierungsstandes von Technologien und Maßnahmen zur Vermeidung von VOC-Emissionen ist aufgrund des Fehlens unmittelbar zugänglicher Daten schwierig. Durch geeignete Vorgehensweisen können dennoch alle benötigten Daten hergeleitet werden, wie z. B. über:

- Herleitung der Implementierungsstände aus den Anforderungen der gegenwärtigen Umweltgesetzgebung,
- Befragen von Branchenexperten sowie Anwendern und Anbietern von Emissionsminderungstechnologien,
- Übertragung von Kenntnissen aus ähnlichen Sektoren durch Analogieschluß.

Die gegenwärtige nationale Umweltgesetzgebung in den meisten Ländern der UN/ECE stützt sich in ihrer Ausgestaltung zumeist auf die Vorgabe von Emissionsstandards. Dabei unterscheidet man allgemeine Emissionsstandards, die beispielsweise für alle stationären Quellen eines Landes nicht überschritten werden dürfen, und Grenzwerte, die sich auf eine bestimmte Quellenkategorie oder auf eine bestimmte Größenklasse von Anlagen beziehen.

Bei Betrachtung der quellengruppen- oder anlagenspezifischen Emissionsstandards wird erkennbar, daß diese zumeist in Form von Grenzwerten unter Angabe von Bezugs- und Überwachungsbedingungen vorliegen. Auch wenn man davon ausgeht, daß die Vorgaben der nationalen Umweltgesetzgebung von den Anlagenbetreibern ohne Einschränkung umgesetzt werden, bleibt es dennoch schwierig, von Grenzwerten auf Anlagenebene auf den Implementierungsstand von VOC-Emissionsminderungsmaßnahmen zu schließen. Dies liegt daran, daß in den meisten Sektoren eine Vielzahl unterschiedlicher Maßnahmen zur Verfügung steht, um einen gesetzlich vorgeschriebenen Grenzwert zu erreichen. In Sektoren mit nur einer relevanten Maßnahme bzw. Maßnahmenkombination kann dagegen direkt von Grenzwerten auf Technologieimplementierungsstände geschlossen werden.

In einigen Sektoren werden bei der Definition von Emissionsstandards Vorgaben zu einzusetzenden Technologien bzw. Maßnahmen (teilweise in Kombination mit zu erreichenden Grenzwerten) gemacht. Tabelle VI.15 zeigt eine Auswahl von Sektoren für die Bundesrepublik Deutschland, in denen Emissionsstandards hinsichtlich einzusetzender Maßnahmen definiert werden.

Mit Hilfe solcher Angaben können, wenn in der nationalen Umweltgesetzgebung genaue Angaben zu Maßnahmen und Implementierungsfristen von VOC-Emissionsminderungsmaßnahmen gegeben werden, Informationen zu den Implementierungsständen von Maßnahmen gewonnen werden.

Eigene Nachforschungen zum Stand der Umsetzung von technologiebezogenen Emissionsstandards ergaben beispielsweise im Sektor Benzinverteilung und –lagerung in Deutschland, daß die in der Umweltgesetzgebung geforderten Gaspendelungs- und Abgasreinigungssysteme dort mittlerweile zu 100 % implementiert worden sind. [239]

Tabelle VI.15: Definition von Emissionsstandards auf Technikebene in Beispielsektoren (Bundesrepublik Deutschland) [183]

Quellen-kategorie	Zusätzliche Parameter	Emissions-standard	Einheit	Datum des Inkrafttretens	Frist zur vollständigen Implementierung bei bestehenden Anlagen
Benzin-verteilung und -lage-rung	Bestehende Anlagen	150 - Gaspendelung notwendig	mg/m^3 (für genehmigungs-pflichtige Anlagen nach TA-Luft)	07.10.1992	08.10.1994
		- Abgasreinigung notwendig (η > 97 %)	für nicht genehmigungs-pflichtige Anlagen nach 20. BimSchV		08.10. 1994
	Neue Anlagen	- Gaspendelung notwendig - Abgasreinigung notwendig (η > 97 %)		07.10.1992	
Tankstellen	Bestehende Anlagen	Gaspendelung vorgeschrieben (21. BImSchV)		07.10.1992	
	Neue Anlagen	Gaspendelung vorgeschrieben (21. BImSchV)			
Automobil-reparatur-lackierung	Bestehende und neue Anlagen	Verfügbare Emissionsminderungsmaßnahmen für manuelle Spritzverfahren vorgeschrieben			

Bei vielen Sektoren kann der Implementierungsstand von Technologien jedoch nur durch Befragung von Branchenexperten und von Anwendern und Anbietern von Emissionsminderungstechnologien bzw. -maßnahmen ermittelt werden. Dazu müssen die Personen mit dem nötigen Branchenwissen identifiziert und kontaktiert werden, was sich z. T. schwierig und zeitraubend gestaltet. Ein weiteres Problem besteht dann darin, den Branchenexperten die Ziele des Projektes und die Verwendung der Daten so zu vermitteln, daß die Bereitschaft entsteht, Schätzungen zu Implementierungsständen von Technologien abzugeben (dieses Problem besteht ebenfalls bei allen anderen erfragten Daten). In diesem Zusammenhang war es nützlich, daß über die UN/ECE Task Force on the Assessment of Abatement Options/Techniques for VOC Verbindungen zu Branchenexperten aus verschiedenen Ländern aufgebaut werden konnten.

Einige der betrachteten Sektoren sind, wenn man sie hinsichtlich ihrer Struktur, angewandten Produktionsverfahren und möglichen Emissionsminderungsmaßnahmen vergleicht, relativ ähnlich. In solchen Fällen können Ergebnisse bezüglich der Implementierungsstände von Minderungsmaßnahmen in erster Näherung von bekannten Sektoren per Analogieschluß auf unbekannte Sektoren übertragen werden.

Bei einer Allokation von Maßnahmen im Zuge der Erstellung von VOC-Kostenfunktionen sind die Implementierungsstände von Minderungsmaßnahmen in späteren Perioden abhängig von Kriterien der Wirtschaftlichkeit und von ihrem Beitrag zur Erreichung des Emissionsziels. Zukünftige Implementierungsstände können aber dennoch nicht völlig unabhängig von einem gegebenen Technologiemix in der Basisperiode betrachtet werden. Dies ist aufgrund der hohen Investitionen für die Substitution von Produktionstechnologien besonders wichtig für die nähere Zukunft.

VI.3 Die Aggregierung techno-ökonomischer und länderspezifischer Daten zu VOC-Kostenfunktionen

In den folgenden Abschnitten wird auf der Grundlage der in Kapitel V formulierten methodischen Anforderungen ein Konzept für die Aggregierung techno-ökomischer und länderspezifischer Daten mit Hilfe eines optimierenden Stoffflußmodells vorgestellt. Hierfür wird ein formales Planungsmodell auf der Basis der Linearen Programmierung verwendet, in dem sämtliche VOC-emissionsrelevanten Produktionsanlagen und mögliche Abscheidetechnologien mit zugehörigen Einsatzstoff-, Produkt- und Emissionsflüssen abgebildet werden können. Die Berücksichtigung von Technologielebenszyklen wird über ein mit dem Stoffflußmodell gekoppeltes, speziell für diesen Zweck fortentwickeltes Lebensdauermodell erreicht, das auf bekannten und in der Praxis erprobten Ansätzen der Lebensdauermodellierung basiert.

VI.3.1 Ein Stoffflußmodell zur Erstellung von VOC-Kostenfunktionen auf Basis der Linearen Programmierung

Im Rahmen dieser Arbeit wurde für die Erstellung von VOC-Kostenfunktionen das Stoffflußmodell ARGUS-VOC (Allokationsmodul zur rechnergestützten Generierung wirtschaftlicher Umweltschutzstrategien für VOC-Emissionen) entwickelt. Einem bottom-up-Ansatz folgend wird dabei zuerst jeder Sektor einzeln modelliert. Das bedeutet, daß für jeden einzelnen Sektor ein eigenes Stoffflußmodell zu erstellen ist. Im Anschluß daran wird aus den einzelnen sektoralen Stoffflußmodellen unter Beachtung möglicher intersektoraler Interdependenzen das nationale Stoffflußmodell zur Erstellung von VOC-Kostenfunktionen zusammengesetzt.

VI.3.1.1 Die graphische Darstellung des Stoffflußmodells

In der graphischen Darstellung entspricht das Stoffflußmodell einem Netzwerk mit Knoten und Flüssen. Dabei werden die verschiedenen Primärmaßnahmen aus der zugrundeliegenden Datenbasis als Varianten von Produktionsanlagen mit unterschiedlichen Emissionseigenschaften charakterisiert. Die Sekundärmaßnahmen stellen verschiedene technische Alternativen von Abscheidetechnologien dar, die den jeweiligen Produktionsprozessen nachgeschaltet sind und die diesen hinsichtlich ihrer Dimensionierung angepaßt werden. Diese Produktionsanlagen und Abscheidetechnologien stellen die Knoten im Netzwerk dar. Die Kanten zwischen den Knoten repräsentieren Einsatzstoff-, Produkt- und Emissionsflüsse. Die Knoten werden charakterisiert über:

technologische Parameter: z. B. Produktionsleistung pro Ausgangsprodukteinheit, Minderungseffizienz, Verfügbarkeit etc.,

ökonomische Parameter: z. B. jährliche Betriebskosten, Investitionen,

ökologische Parameter: z. B. VOC-Emissionsfaktoren, eventuell Emissionsfaktoren für andere Schadstoffe.

In den Knoten (d. h. den Produktions- und Abscheidetechnologien) werden über diese Parameter lineare Transformationen über die Eingangsflüsse auf die Ausgangsflüsse jedes Knotens definiert. Dies bedeutet beispielsweise für die Produktionstechnologien, daß die ankommenden Einsatzstoffflüsse über die Parameter Produktionsleistung pro Ausgangsprodukteinheit und VOC-Emissionsfaktor in Produkt- und Emissionsflüsse transformiert werden.

Abbildung VI.10 zeigt einen Ausschnitt der graphischen Darstellung des Stoffflußmodells für den Sektor Glaswolleproduktion (große Referenzanlage) in stark vereinfachter Form.

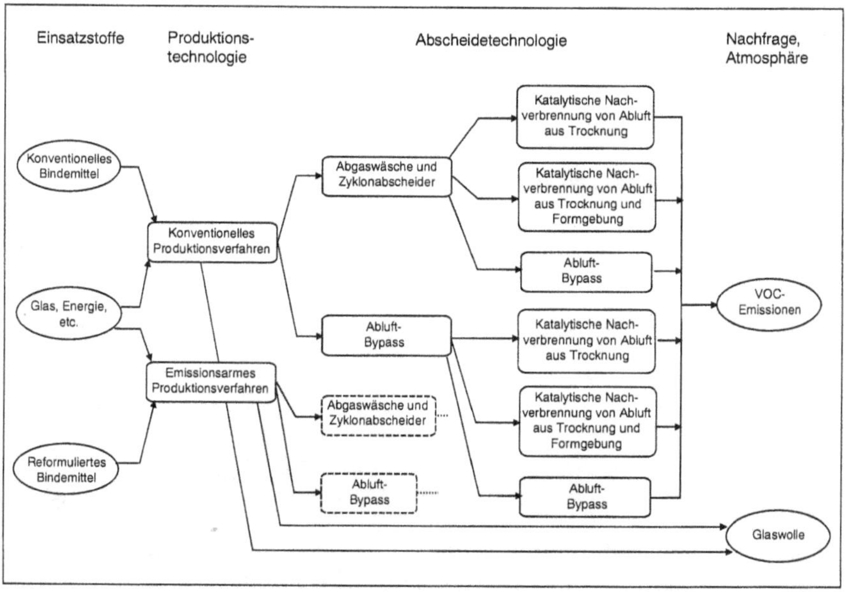

Abbildung VI.10: Ausschnitt aus der vereinfachten graphischen Darstellung des Stoffflußmodells für den Sektor Glaswolleproduktion (große Referenzanlage)

Es sind die Ebenen Einsatzstoffe, Produktionstechnologie, Abscheidetechnologie, Nachfrage bzw. Atmosphäre abgebildet. Die Struktur der sektoralen Stoffflußmodelle kann dabei analog zu der in den technischen Datenblättern beschriebenen Struktur angelegt werden. Eine gegebene VOC-Emissionsminderungsmaßnahmenkombination aus Primär- (Produktionstechnologie) und Sekundärmaßnahmen (Abscheidetechnologie) ist in der graphischen Darstellung als eine Verknüpfung der entsprechenden Knoten mit Stoff- und Emissionsflüssen abgebildet. Die sektoralen Stoffflußmodelle umfassen eine Quelle, aus der die Einsatzstoffe entnommen werden und eine Senke für Produkte und Emissionen. Somit werden ausgehend von den spezifischen Fließbildern über die technologischen Datenblätter alle emissionsrelevanten Produktionsschritte sowie Stoff- und Energieflüsse mit ihren charakteristischen technologischen, ökonomischen und ökologischen Eigenschaften erfaßt.

Über die technologische, ökonomische und ökologische Charakterisierung der Knoten des sektoralen Stoffflußmodells hinaus können jedem Knoten für jede betrachtete

Periode eine Kapazität und jedem Fluß für jede Periode ein bestimmtes Niveau zugeordnet werden.

Die Kapazitäten der Knoten und das Niveau der Flüsse sind die positiven Variablen des Stoffflußmodells. Während der Optimierung werden diese so allokiert, daß bei Vorgabe einer zu erreichenden Nachfrage für jede Referenzanlage ein gegebenes Emissionsniveau auf Sektor- oder Anlagenebene zu minimalen Gesamtkosten erreicht wird. Dabei kann eine Reihe weiterer Nebenbedingungen berücksichtigt werden.

Wie in Abbildung VI.10 illustriert kann die Nachfrage nach Glaswolle durch den Einsatz unterschiedlicher Produktionsverfahren befriedigt werden. Hierbei können Bindemittel auf Basis von Formalinphenolharzen mit unterschiedlichem freiem VOC-Gehalt eingesetzt werden.

Darüber hinaus können in Kombination mit den Produktionsverfahren verschiedene Abscheidetechnologien eingesetzt werden, die die Abluft aus den zwei emissionsrelevanten Produktionsstufen Formgebung und Trocknung einzeln oder gemeinsam behandeln.

VI.3.1.2 Übertragung der techno-ökonomischen und länderspezifischen Daten in das Stoffflußmodell

Der mögliche Wertebereich der Kapazitäten und Flüsse wird durch verschiedene Nebenbedingungen eingeengt. Im Modell definiert man dazu, ob für einen Knoten bzw. Fluß ein bestimmter Kapazitätswert bzw. ein bestimmtes Niveau nicht überschritten, nicht unterschritten oder genau erreicht werden darf. Auf diese Weise gelingt es, im Modell vorgegebene periodenbezogene Nachfrageniveaus oder Emissionsziele oder den länderspezifischen Implementierungsstand von VOC-Emissionsminderungsmaßnahmen abzubilden. Dabei werden die in den länderspezifischen Datenblättern enthaltenen Daten für jeden Sektor in Form entsprechender Nebenbedingungen in das Stoffflußmodell übertragen.

Das Stoffflußmodell ermöglicht es, auf nachvollziehbare Weise über die sektorale Aktivität, die Sektorstruktur und den Implementierungsstand von Maßnahmen für eine gegebene Periode (z. B. das Basisjahr des geplanten VOC-Protokolls) die landesspezifische Situation abzubilden. Die dazu nötige Modellformulierung stellt somit zugleich eine zulässige Basislösung dar, für die die zugehörigen Basisemissionen und Gesamtkosten berechnet werden können.

Weiterhin sollen auch dynamische Effekte wie die Variation der Nachfrage oder der Strukturwandel in einem Sektor abgebildet werden. Da in den sektoralen Stofffluß-modellen mehrere Perioden betrachtet werden, wird eine intertemporale Allokation der positiven Variablen (Kapazitäten und Flüsse) ermöglicht. Somit kann eine quasi-dynamische Optimierung realisiert werden.

Für die Einbeziehung des Strukturwandels werden die bestehenden Anlagen mit ihrer technischen Lebensdauer abgebildet. Dazu wird mit einem an das Stoffflußmodell gekoppelten Lebensdauermodell der verbleibende Anteil einer gegebenen Ausgangspopulation von Anlagen für zukünftige Perioden berechnet und über die Formulierung von entsprechenden minimalen Kapazitäten in zukünftigen Perioden als Nebenbedingung in das Stoffflußmodell integriert.

Die Kostenfunktionen für die Verwendung in Integrated-Assessment-Modellen werden auf nationaler Ebene benötigt. Dazu müssen die sektoralen Stoffflußmodelle auf eine geeignete Weise gekoppelt und in ein nationales Optimiermodell integriert werden. Werden bei der Bewertung der Emissionen und der Kosten in den Sektoren die Effekte möglicher intersektoraler Interdependenzen (Vermeidung der Doppelzählung von Emissionen und Kosten) in geeigneter Weise erfaßt, kann für das nationale Optimiermodell eine globale, d. h. sektorübergreifende Restriktion zur Minderung der VOC-Emissionen eingeführt werden. Über diese sektorübergreifende Restriktion kann ein Emissionsziel für die Gesamtheit aller Sektoren in einem Land vorgegeben werden. Die Optimierung umfaßt damit die Allokation des gesamten Produktionstechnologieparks und der Gesamtmenge der daran zu koppelnden Abscheidetechnologien eines Landes, um das jeweilige nationale Emissionsziel zu erreichen. Gleichzeitig werden die gesamten hiermit verbundenen Minderungskosten ermittelt.

Die graphische Darstellung des nationalen Stoffflußmodells bzw. der sektoralen Stoffflußmodelle ist auf dem Weg der Implementierung der Methodik auf einem Rechner nur ein Zwischenschritt. Dieser dient der Konzeption und der Visualisierung. Die Übertragung eines Stoffflußnetzwerkes auf den Rechner wird über die Aufstellung eines linearen Gleichungssystems als mathematische Beschreibung des Optimierproblems vollzogen. Auf dem Rechner wird dieses lineare Gleichungssystem in der Programmiersprache GAMS (General Algebraic Modelling System) umgesetzt, die von der Weltbank zur Lösung großer mathematischer Optimiermodelle entwickelt wurde [33]. Damit liegt auf Ebene der Sektoren ein Konzept zum umweltverträglichen Stoffstrommanagement für VOC-Emissionen vor (siehe hierzu auch [69]).

VI.3.2 Mathematische Beschreibung des Stoffflußmodells zur Erstellung von VOC-Kostenfunktionen

Bei der Betrachtung existierender Ansätze zur Erstellung von Kostenfunktionen und deren Bewertung in Abschnitt V.3 und V.4 wurde auf verschiedene Energie-Emissions-Modelle, wie EFOM-ENV, MARKAL oder MESSAGE eingegangen, die bereits bei der Bewertung von Maßnahmen bzw. der Erstellung von Kostenfunktionen für die Schadstoffe SO_2 und NO_x eingesetzt wurden. In bezug auf das Modell EFOM-ENV wurde festgestellt, daß es aufgrund seiner Strukturierung (Unterschiede z. B. zwischen Sektoren, Anlagen und Technologien) und des Aufbaus des zugrundeliegenden linearen Gleichungssystems eine geeignete Basis für die Entwicklung des nationalen Stoffflußmodells ARGUS-VOC darstellt. Dabei konnte im wesentlichen auf die in EFOM-ENV vorhandene Architektur der Programm- und Eingabefiles zurückgegriffen werden. Eine mathematische Beschreibung der Gleichungen des ursprünglichen EFOM-Modells ist in [236] und die Erweiterung um das Umweltmodul in [149] beschrieben. Eine darauf aufbauende Beschreibung der PC-Version ist u. a. in [121, 238] gegeben. Andere Erweiterungen des EFOM-ENV Modells wurden z. B. von [253, 139] dargestellt.

Im Rahmen dieser Arbeit ist EFOM-ENV in grundsätzlichen Punkten angepaßt und zu einem Stoffflußmodell zur Abbildung VOC-emissionsrelevanter Sektoren weiterentwickelt worden. Konzeptuell ist es mit dem Stoffflußmodell ARGUS-VOC nunmehr möglich, die unterschiedlichsten Flüsse (z. B. Energie, Stoffe, Produkte, Emissionen) mit verschiedensten Dimensionen (z. B. Massenstrom VOC-Emissionen, Rohöldurchsatz, Energieflüsse, Menge produzierter Fahrzeuge usw.) gemeinsam zu betrachten.

Die Strukturierung der sektoralen Stoffflußmodelle wurde so gestaltet, daß die Informationen aus den in Abschnitt VI.1.7 beschriebenen technologie- und landesspezifischen Datenblättern, aber auch die Kennzeichnung der Maßnahmen (Erweiterung des SNAP-Codes für die Codierung der Maßnahmen) in konsistenter Weise übernommen werden können. So können zukünftige Modifizierungen und Ergänzungen der Technologie- und Länderdatenblätter, z. B. aufgrund von Empfehlungen von Task Forces der UN/ECE oder einer Verbesserung des Erkenntnisstandes, direkt in das Optimiermodell integriert werden.

Da bei VOC-Emissionen das Minderungspotential von Primärmaßnahmen sehr groß ist, müssen die entsprechenden Produktionsanlagen, wie bereits ausgeführt, dynamisch mit ihren Ersetzungs- und Reinvestitionszyklen abgebildet werden. Deshalb wurde ein mit dem Stofffllußmodell über Restriktionen gekoppeltes Lebensdauermodell entwickelt.

Das Modell wird im folgenden mathematisch durch ein lineares Gleichungssystem beschrieben, das die Zielfunktion und die wichtigsten Nebenbedingungen umfaßt. Bei der Beschreibung der Zielfunktion und des Restriktionensystems von ARGUS-VOC werden die Gleichungen zu folgenden Gruppen zusammengefaßt:

- Zielfunktion,
- Nachfragerestriktionen,
- Emissionsrestriktionen,
- Kapazitätsrelationen,
- Bilanzierungsgleichungen,
- Gleichungen für Marktzuteilungen.

Diese Elemente werden im folgenden einzeln dargestellt.

VI.3.2.1 Zielfunktion

In der Zielfunktion werden die Ausgaben in den betrachteten Teilperioden auf der Basis der Kapitalwertmethode über die gesamte Dauer des Planungszeitraumes minimiert. Dies geschieht unter Beachtung vorgegebener Emissionsziele und Nachfrageszenarios. In der Zielfunktion werden Betriebsausgaben und Investitionen für Produktionsprozesse/Abscheidetechniken als Ausgabenkategorien berücksichtigt. Die Betriebsausgaben in der Zielfunktion sind dabei so definiert, daß sie hinsichtlich des zweck- und periodenbezogenen Werteverzehrs den in Abschnitt VI.1.6.3 definierten Betriebskosten entsprechen. Dabei werden sämtliche jahresbezogenen Ausgaben für Einsatzstoffe, Energie, Mehrverbräuche und Distribution, die aus dem Betrieb der betrachteten Technologien resultieren, zusammengefaßt. Die relevanten Maßnahmenkombinationen, wie in den technologischen Datenblättern definiert, werden im Modell durch Kopplung mehrerer Knoten (Prozesse) über Flüsse abgebildet.

Die Zielfunktion lautet somit wie folgt:

$$Min.\ \ G = \sum_{t=T_0}^{T} \alpha_t \left(Betriebsausgaben_t + Investitionen_t \right) \qquad \text{Gleichung (32)}$$

Die Betriebsausgaben und Investitionen für eine gegebene Periode t sind durch folgende Komponenten bestimmt:

$$Betriebsausgaben_t = \sum_{p \in P} (PA_{p,t} \cdot \tilde{O}C_p) \qquad \forall t, T_0 \leq t \leq T \qquad \text{Gleichung (33)}$$

$$Investitionen_t = \sum_{p \in P} (\Delta Cap_{p,t} \cdot \tilde{I}nv_p) \qquad \forall t, T_0 \leq t \leq T \qquad \text{Gleichung (34)}$$

mit:

G	Kapitalwert der gesamten Betriebsausgaben und Investitionen in den Teilperioden der Planungsperiode von T_0 bis T.
α_t	Abzinsungsfaktor ($\alpha_t = (1+i)^{-t}$).
i	Zinssatz, mit dem alle Ausgaben auf das Basisjahr abdiskontiert werden.
$PA_{p,t}$	Aktivität des Prozesses p in der Periode t.
$\tilde{O}C_p$	Spezifische Ausgaben für den Betrieb des Prozesses p. Die jährlichen spezifischen Betriebsausgaben werden unter Annahme eines äquivalenten perioden- und zweckbezogenen Werteverzehrs mit den jährlichen spezifischen Betriebskosten gleichgesetzt.
$\tilde{I}nv_p$	Spezifische Investitionen für den Zubau einer Kapazitätseinheit des Prozesses p in der Teilperiode t. Die Investitionen werden dabei über die Annuitätenmethode auf die einzelnen Jahre innerhalb der Planungsperiode umgelegt. Auf diese Weise fließen über die Planungsperiode hinaus anfallende Annuitäten nicht in die Zielfunktion ein (vgl. [238]).
$\Delta Cap_{p,t}$	Zugebaute Kapazität des Prozesses p innerhalb der Teilperiode t. Eine Maßnahmenkombination m_{komb} kann dabei aus mehreren hintereinandergeschalteten Prozessen zusammengesetzt sein. (z. B. eine Konfiguration aus Produktionsprozeß und einer oder mehrerer Abscheidetechnologien): $m_{komb} = p + p' + p'' + ... + p^n$ mit $p, p', p'', ..., p^N \in P_{komb}$
p^n	Dem Prozeß $p^{(n-1)}$ nachgelagerter Prozeß; $p^n \in P_{komb}$
T_0	Basisjahr
T	Zieljahr

Zur Formulierung des Gleichungssystems werden in der Zielfunktion und in den Nebenbedingungen folgende Indizes und Indexmengen verwendet:

Indices:

t	Zeitindex der Teilperioden
f	Index für Flüsse im Netzwerk
s	Sektorindex
r	Referenzanlagenindex
p	Prozeß/Technologieindex
p'	Index des nachgelagerten Prozesses/Technologie
komb	Index der Maßnahmenkombination (hintereinander geschaltet)
abat	Index der möglichen Abscheidetechnologien (parallel geschaltet)
prod	Index der Produktionsprozesse
in	Eingang in einen Prozeß
out	Ausgang aus einem Prozeß
n	Index der Prozesse in Maßnahmenkombination m
k	Schadstoffindex (in der vorliegenden Modellversion nur VOC)

Indexmengen:

S	Sektoren
P	Prozesse/Technologien
F	Stoff-, Energie-, Produkt- und Emissionsflüsse
R	Referenzanlagen
N	Prozesse in Maßnahmenkombinationen

Die Methodik erlaubt alternativ auch eine individuelle Aufspaltung der laufenden Ausgabenarten in Ausgaben für Einsatzstoffe, für die Verteilung und den Transport der Stoff- und Energieflüsse oder für die Emissionsminderungsmaßnahmen. Diese wurden in der vorliegenden Version des Stoffflußmodells nicht einzeln berücksichtigt, alle entscheidungsrelevanten laufenden Ausgaben sind übersichtlich im Term spezifische Betriebskosten pro Kapazitätseinheit zusammengefaßt.

Bei der Berechnung der spezifischen Investitionen wird die gesamte Investition mittels der Annuitätenmethode auf die einzelnen Jahre der Periode t umgelegt. Dadurch werden in der Zielfunktion nur die innerhalb und nicht die über den Planungshorizont hinaus anfallenden Investitionen berücksichtigt. Der Zielfunktionswert, der die Gesamtausgaben des betrachteten Systems repräsentiert, wird unter Einhaltung der im folgenden beschriebenen Nebenbedingungen bestimmt.

VI.3.2.2 Nachfragerestriktionen

Die Summe der Produktflüsse einer Referenzanlage r im Sektor s ergibt sich durch Multiplikation der Prozeßaktivität aller möglichen Produktionsprozesse der Referenzanlage des Sektors mit einer spezifischen Produktumsetzungszahl $\phi_{out,p,f}$. Die Summe der Produktflüsse befriedigt eine vorgegebene Nachfrage nach den Produkten $D_{s,r,f,t}$ in einer gegebenen Periode t.

Die Nachfragerestriktionen können daher wie folgt formuliert werden (Gleichung (35)):

$$\sum_{p \in P_{prod,s,r}} PA_{p,t} \cdot \phi_{out,p,f} \geq D_{s,r,f,t} \qquad \forall t, T_0 \leq t \leq T; \forall r \in R_s; \forall s \in S; f \in F$$

mit:

$\phi_{out,p,f}$ Produktumsetzungszahl; sie definiert die Höhe der aus einem Produktionsprozeß abfließenden Produktflüsse.

$D_{s,r,f,t}$ Exogen definierte Nachfrage nach Produkten bzw. Gütern der Referenzanlage r im Sektor s in der Periode t.

$PA_{p,t}$ Aktivität des Prozesses p in der Periode t.

$P_{prod,s,r}$ Menge der Produktionsprozesse der Referenzanlage r im Sektor s.

R_s Menge der Referenzanlagen in Sektor s.

S Menge der Sektoren.

F Menge der Flüsse.

Die physikalische Dimension der Nachfrage kann dabei von Sektor zu Sektor unterschiedlich sein, wie z. B. die jährlich zu produzierende Menge an PVC oder die zu lackierende Oberfläche von Fahrzeugen. Die Nachfrage wird exogen vorgegeben, dabei ist eine Unterteilung der Nachfragerestriktion auf die als Referenzanlagen definierten Anlagenkategorien erforderlich, so daß keine Verschiebung der nachgefragten Mengen von Klein- auf Großbetriebe innerhalb einer einzelnen betrachteten Periode erfolgen kann. Eine Verschiebung der nachgefragten Mengen zwischen den Referenzanlagen in mehrperiodiger Perspektive ist allerdings möglich und bei der Modellierung auch sinnvoll.

Hiermit kann eine Veränderung der gesamten Aktivität eines Sektors als Gesamtsumme der individuellen Nachfragen der Referenzanlagen eines Sektors und eine zeitliche Veränderung der Anteile der Referenzanlagen an der Gesamtaktivität simultan erfaßt werden (wie beispielsweise im Sektor Bierproduktion in Deutschland, indem eine leichte Zunahme der Gesamtnachfrage bei gleichzeitiger Verschiebung der Produktion von mittleren Brauereien hin zu großen zu konstatieren ist).

VI.3.2.3 Emissionsrestriktionen

Es existieren im Modell verschiedene Ebenen, auf denen Emissionsrestriktionen gesetzt werden können. So können beispielsweise die sektoralen oder nationalen VOC-Emissionen beschränkt werden, um so sektorale bzw. nationale Minderungskostenfunktionen zu erstellen. Emissionsrestriktionen können auch auf Anlagenebene vorgeben werden, um beispielsweise die ökonomischen Auswirkungen von gesetzlichen Grenzwerten zu erfassen.

Die Emissionsflüsse, die auf verschiedenen Betrachtungsebenen durch die Restriktionen nach oben hin begrenzt werden, ergeben sich dabei als Produkt der Prozeßaktivitäten aller auf einer Ebene zu betrachtenden Produktionsprozesse, ihrer zugehörigen Emissionsfaktoren und der Minderungsraten aller mit den jeweiligen Produktionsprozessen gekoppelten nachgeschalteten Abscheidetechnologien. Zu der Menge der nachgeschalteten Abscheidetechnologien zählen auch die sogenannten Abluft-Bypass-Optionen, bei denen sich die ausgehenden und eingehenden Emissionsflüsse in ihrer Höhe entsprechen (d. h. Minderungseffizienz von 0). Dadurch kann abgebildet werden, daß eine bestimmte Kapazität von Produktionstechnologien zur Erreichung eines bestimmten Emissionsziels nicht oder nur teilweise mit zusätzlichen sekundären Maßnahmen verknüpft werden muß.

Im Stoffflußmodell sind den Produktionsprozessen ausschließlich Emissionsfaktoren für den Schadstoff VOC zugeordnet worden. Prinzipiell erlaubt es die Methodik jedoch, jeden Prozeß mit mehreren Emissionsfaktoren für verschiedene Schadstoffe zu verknüpfen (z. B., wenn in einem Produktionsprozeß gleichzeitig NO_x- und VOC-Emissionen entstehen). Somit eröffnet sich die Möglichkeit, zukünftig auch kombinierte Minderungskostenfunktionen für mehrere Schadstoffe zu erstellen, wie es beispielsweise im Rahmen der Erarbeitung eines "Multi-pollutant"-Protokolls erforderlich ist. Mittels einer derartigen Vorgehensweise kann das Problem der Doppelzählung von Minderungskosten für Maßnahmen, die mehrere Schadstoffe gleichzeitig mindern, wie es bei einer einfachen Addition von zwei separat erstellten Kostenfunktionen auftritt, vermieden werden. Gleichzeitig ergibt sich so die Möglichkeit einer integrierten

Betrachtung von Prozessen, bei denen die Differenzen der Niveaus der Eingangs- und Ausgangsflüsse für verschiedene Schadstoffe unterschiedliche Vorzeichen haben (z. B. wird bei der thermischen Nachverbrennung im Vergleich zur Eingangszusammensetzung die NO_x-Konzentration im Abgasstrom erhöht und die VOC-Konzentration reduziert). Allerdings erfordert eine derartige Erweiterung der Methodik für mehrere Schadstoffe eine weitergehende Erforschung der Emissionseigenschaften und Kosten aller relevanten Emissionsquellen. Auf den verschiedenen Betrachtungsebenen ergeben sich die Emissionsrestriktionen wie im folgenden dargestellt.

Emissionsrestriktion auf Referenzanlagenebene (Gleichung (36)):

$$\sum_{p \in P_{prod,s,r}} (PA_{p,t} \cdot EF_{p,k} \cdot \prod_{p' \in P_{komb,s,r}} (1-\eta_{p'})) \leq E_{max,s,r,t,k} \qquad \forall t, T_0 \leq t \leq T, \forall s \in S, \forall r \in R_s$$

Emissionsrestriktion auf Sektorebene (Gleichung (37)):

$$\sum_{p \in P_{prod,s}} (PA_{p,t} \cdot EF_{p,k} \cdot \prod_{p' \in P_{komb,s}} (1-\eta_{p'})) \leq E_{max,s,t,k} \qquad \forall t, T_0 \leq t \leq T, \forall s \in S$$

Emissionsrestriktion auf Länderebene (Gleichung (38)):

$$\sum_{p \in P_{prod}} (PA_{p,t} \cdot EF_{p,k} \cdot \prod_{p' \in P_{komb}} (1-\eta_{p'})) \leq E_{max,t,k} \qquad \forall t, T_0 \leq t \leq T$$

mit:

$EF_{p,k}$ Emissionsfaktor für die an die Prozeßaktivität gekoppelte Emission des Produktionsprozesses p für den Schadstoff k.

$E_{max,t}$ Nationales Emissionsziel in der Periode t; die Restriktion kann ebenfalls auf Sektorebene ($E_{max,s,t}$) bzw. auf Referenzanlagenebene ($E_{max,s,r,t}$) gesetzt werden.

$\eta_{p'}$ Minderungseffizienz der nachgelagerten Abscheidetechnologie p'.

P_{prod} Menge der Produktionsprozesse p eines Landes bzw. eines Sektors ($P_{prod,s}$) oder einer Referenzanlage ($P_{prod,s,r}$).

P_{komb} Menge der einer Produktionstechnologie p nachgelagerten Abscheidetechnologien p' eines Landes bzw. eines Sektors ($P_{abat,s}$) oder einer Referenzanlage ($P_{abat,s,r}$) innerhalb der Maßnahmenkombination m_{komb}.

p' Index eines einem Produktionsprozeß p nachgelagerten Prozesses (Emissionsminderungstechnologie).

VI.3.2.4 Kapazitätsrelationen

Die Kapazitäten, die im Modell zur Befriedigung der Nachfrage bei einem gegebenen Emissionsziel erforderlich sind, werden auf Anlagenebene bestimmt. Die Kapazität einer Anlage bzw. eines Prozesses in einer bestimmten Planungsperiode setzt sich aus Restkapazitäten und in der Planungsperiode neu hinzugebauten Kapazitäten zusammen. Die Restkapazitäten werden im Modell als exogene Größe vorgegeben. Bei neu hinzugebauten Kapazitätseinheiten fällt die Investition zu Beginn der Teilperioden an. Die Kapazitätsrelationen beschreiben, wie installierte Kapazitäten von einer Teilperiode auf die nächste Teilperiode übertragen werden oder wie die Kapazitäten auf Anlagenebene errechnet werden.

Für die jahresbezogene Darstellung der Teilperioden *t* gilt für die in Teilperiode *t* erforderliche Kapazität zur Befriedigung einer bestimmten Nachfrage (Gleichung (39)):

$$(RCap_{p,t} + \Delta Cap_{p,t}) \cdot v_p \cdot h_{year} \geq PA_{p,t} \qquad \forall t, T_0 \leq t \leq T, p \in P$$

mit:

$RCap_{p,t}$	Exogen definierte Restkapazitäten des Prozesses p, die bei Beginn der Teilperiode bereits existierten.
$\Delta Cap_{p,t}$	Zugebaute Kapazität des Prozesses *p* innerhalb der Teilperiode *t*.
$PA_{p,t}$	Aktivität des Prozesses *p* in der Periode *t*.
v_p	Verfügbarkeit des Prozesses *p*.
h_{year}	Jahresstundenanzahl.

Über die in Gleichung (39) exogen vorgegebenen Restkapazitäten wird die Koppelung mit dem in Abschnitt VI.3.3.1 dargestellten Lebensdauermodell hergestellt. Damit wird innerhalb des Stoffflußmodells über die Definition von Restkapazitäten für alle betrachteten Teilperioden auf Grundlage der Lebensdauermodellierung der verbleibende Kapazitätsanteil einer existierenden Produktionstechnologie ausgehend von einer gegebenen Kapazität im Basisjahr (Implementierungsstand im Basisjahr) abgebildet. Implizit wird über die exogen vorgegebenen Restkapazitäten gleichzeitig auch der Spielraum für den möglichen Zubau neuer Kapazitäten eines Prozesses in einer bestimmten Teilperiode determiniert, wobei die für die Befriedigung der Nachfrage erforderlichen Kapazitäten zur Verfügung gestellt werden müssen.

VI.3.2.5 Bilanzierungsgleichungen für Input- und Outputflüsse von Prozessen

Weiterhin sind im Stoffflußmodell Bilanzierungsgleichungen integriert, durch die der Bezug zwischen Input- und Outputflüssen von Prozessen hergestellt wird. Jeder Input- und Outputfluß eines Prozesses ist durch eine oder mehrere Umsetzungszahlen mit seiner Aktivität gekoppelt. So ergeben sich die Emissionsflüsse aus der Aktivität der Produktionsprozesse und dem zugehörigen Emissionsfaktor und die Produktflüsse wiederum aus der Aktivität der Produktionsprozesse und der mit ihnen verknüpften Produktumsetzungszahlen.

Für jeden Fluß f gilt dabei (Gleichung (40)):

$$fl_{in,p,f,t} / \phi_{in,p,f} = PA_{p,t} \qquad \forall t, T_0 \leq t \leq T; \forall p \in P; \forall f \in F$$

mit:

$PA_{p,t}$	Aktivität des Prozesses p in Periode t.
$fl_{in,p,f,t}$	Niveau des Inputfluß f in Prozeß p in Periode t.
$\phi_{in,p,f}$	Input-Umsetzungszahl von Prozeß p bezogen auf Fluß f.

Bei den Produktionsprozessen nachgelagerten Knoten, die die Abscheidetechnologien im Modell repräsentieren, sind die Umsetzungszahlen zu 1 gesetzt. Es werden ihnen jedoch Minderungsraten zugeordnet, mit denen das Niveau der einfließenden Emissionsflüsse multipliziert wird, so daß sich eine Verringerung des Niveaus der ausfließenden Emissionsflüsse ergibt.

VI.3.2.6 Gleichungen für Marktzuteilungen

Durch die Einführung von Marktzuteilungen über Outputbeschränkungen oder -zuteilungen von Prozessen läßt sich der Implementierungsstand von Maßnahmen abbilden, der sich bei Vorgabe eines Emissionsziels ansonsten nicht selbständig einstellen würde. Konkret können hier für die einzelnen Perioden im Falle von mehreren parallel zueinander implementierbaren Abscheidetechnologien Marktanteile nach oben und/oder unten begrenzt werden. Dies ist beispielsweise erforderlich, wenn Informationen über mögliche Beschränkungen des Technologieeinsatzes berücksichtigt werden sollen (vgl. hierzu Abschnitt VI.2.1).

Dazu wird der Stofffluß eines Prozesses im Verhältnis zum Gesamtfluß der parallel geschalteten Prozesse vorgegeben (Gleichungen (41) - (43)):

$$\phi_{out,p,f} \cdot PA_{p,t} = fixm_{f,p,t} \cdot \sum_{p' \in P_{abat,s,r}} (\phi_{in,p',f} \cdot PA_{p',t}) \qquad \forall t, T_0 \leq t \leq T; f \in F; p \in P$$

$$\phi_{out,p,f} \cdot PA_{p,t} \leq max\,m_{f,p,t} \cdot \sum_{p' \in P_{abat,s,r}} (\phi_{in,p',f} \cdot PA_{p',t}) \qquad \forall t, T_0 \leq t \leq T; f \in F; p \in P$$

$$\phi_{out,p,f} \cdot PA_{p,t} \geq min\,m_{f,p,t} \cdot \sum_{p' \in P_{abat,s,r}} (\phi_{in,p',f} \cdot PA_{p',t}) \qquad \forall t, T_0 \leq t \leq T; f \in F; p \in P$$

mit:

$PA_{p,t}$	Aktivität des Prozesses p in der Periode t..
$\phi_{out.p,f}$	Output-Umsetzungszahl von Prozeß p.
$\phi_{in.p',f}$	Input-Umsetzungszahl des nachgelagerten Prozesses p'
$fixm_{f,p_{m,u},t}$	Fixierter Marktanteil von Prozeß p.
$max\,m_{f,p_{m,u},t}$	Maximaler Marktanteil von Prozeß p.
$min\,m_{f,p_{m,u},t}$	Minimaler Marktanteil von Prozeß p.
$P_{abat,s,r}$	Menge der einer Produktionstechnologie p nachgelagerten und parallel geschalteten Prozesse p' in einer Referenzanlage r eines Sektors s (es wurden nur Abgasreinigungstechnologien betrachtet).

VI.3.3 Lösungsmethoden

Bei dem in den vorangehenden Abschnitten vorgestellten zum Stoffflußmodell ARGUS-VOC gehörigen linearen Gleichungssystem handelt es sich um ein mehrperiodiges lineares Problem (LP), dessen Zielfunktionswert die Summe sämtlicher abgezinster Investitionen und Betriebsausgaben innerhalb der Planungsperiode darstellt. Aufgrund der Vielzahl unterschiedlicher Prozesse (Produktions- und Abscheidetechnologien) und der verschiedenen ein- und ausfließenden Flüsse jedes Prozesses, die bei der Betrachtung der 40 emissionsrelevanten Sektoren in Betracht gezogen werden müssen, umfaßt die für die Lösung des linearen Problems aufgestellte Matrix für die Berechnung des Basisemissionsverlaufes rund 24.000 Zeilen und 28.000 Spalten mit 82.000 Nicht-Null-Elementen. Damit handelt es sich bei dem betrachteten linearen Problem um ein in bezug auf die Größe der Koeffizientenmatrix (zur Codierung der Problemausprägung auf einem PC werden rund 800 MB Speicherplatz belegt) vergleichsweise großes Problem (vgl. hierzu Abschnitt VII.2).

Um den Rechenaufwand für die Lösung dieses Problems in einem vertretbaren Rahmen zu halten, wurde bei der Formulierung des Optimierproblems auf die Einführung von Ganzzahligkeitsbedingungen für Anlagenkapazitäten bewußt verzichtet. Die Bedeutung solcher Ganzzahligkeitsbedingungen für die Einzelbetrachtung von Anlagen und die Betrachtung von Unstetigkeitsstellen bei der Abbildung der Optimiervariable "Anlagenkapazität" und ihre Auswirkungen auf die zu tätigenden Investitionen zur Emissionsminderung (SO_2 und NO_x) in Energiesystemen wurden z. B. in [139] dargestellt. Der Einfluß von Einzelanlagen wird besonders deutlich, wenn einzelne Anlagen einen großen Einfluß auf das Gesamtsystem haben. Dies trifft i. a. vor allem auf kleine Länder zu.

Bei der Untersuchung der spezifischen Probleme der VOC-Emissionsminderung wurde bereits deutlich, daß in den unterschiedlichen Sektoren zumeist eine große Anzahl verschiedener Anlagen betrachtet wird, die einzeln nur einen vernachlässigbaren Einfluß auf das Gesamtsystem haben. Dies trifft insbesondere für ein vergleichsweise großes Industrieland wie die Bundesrepublik Deutschland zu, weshalb hier die Erfordernis der Einführung von Ganzzahligkeitsbedingungen nicht gegeben ist.

Zur Lösung eines linearen Problems ohne Ganzzahligkeitsbedingungen bietet sich allgemein das Simplexverfahren an (eine Darstellung des Simplexverfahrens und seiner Sonderformen sowie alternativer Verfahren (z. B. die Ellipsoid-Methode oder die Projektionsmethode von Karmarkar) für die lineare Optimierung findet sich beispielsweise in [152]).

Aufgrund der Möglichkeiten, bei der Berechnung der Lösung in jedem einzelnen Austauschschritt Spaltenvektoren zu entfernen und somit eine kompaktere Speicherung der Koeffizientenmatrix zuzulassen, eignet sich das sogenannte revidierte Simplexverfahren besonders zur Lösung großer linearer Optimierungsprobleme, bei denen die Koeffizientenmatrix "dünn besetzt" ist. Dies ist bei dem vorliegenden Problem der Fall. Die dem revidierten Simplexverfahren zugrunde liegende Vorgehensweise ist beispielsweise in [152, 41, 151] dargestellt.

Für die verschiedenen bei der Erstellung von VOC-Kostenfunktionen erforderlichen Optimierläufe wurden die zugrundeliegenden linearen Probleme jeweils mit dem kommerziellen Solver GAMS/OSL gelöst. Zur Lösung von linearen Problemen wird innerhalb von GAMS/OSL optional auf primale bzw. duale Simplexverfahren zurückgegriffen. Im Hinblick auf eine Verkleinerung der Koeffizientenmatrix bei großen "dünn besetzten" Optimierproblemen ist in GAMS/OSL in Anlehnung an das revidierte Simplexverfahren ein sogenannter "presolver" integriert, mit dessen Hilfe redundante Zeilen, d. h. Zeilen, in denen alle Koeffizienten gleich Null sind, entfernt werden (vgl. hierzu [84]).

VI.3.4 Berücksichtigung dynamischer Aspekte bei der Erstellung von VOC-Kostenfunktionen

VI.3.4.1 Lebensdauermodellierung

Soll die Implementierung der verschiedenen identifizierten VOC-Emissionsminderungsmaßnahmen zur Erreichung eines gegebenen Emissionsziels im Zieljahr des geplanten Protokolls in ihrer zeitlichen Dynamik betrachtet und dabei von einem gegebenen Implementierungsstand von Maßnahmen im Basisjahr ausgegangen werden, so müssen die bereits implementierten und zukünftig zu implementierenden Maßnahmen mit ihren zugehörigen Lebenszyklen erfaßt werden. Mit der Kenntnis der Lebenszyklen der Maßnahmen innerhalb des betrachteten Planungszeitraumes, z. B. zwischen Basis- und Zieljahr des geplanten VOC-Protokolls, gewinnt man zugleich Aufschluß darüber, welches Potential für Emissionsminderungen besteht, das sich beispielsweise aus der Ersetzung von konventionellen Produktionstechnologien durch Produktionstechnologien mit Einsatzstoffen geringeren VOC-Gehaltes ergibt. Dazu sind für die in den einzelnen Sektoren ausgewählten Minderungsmaßnahmen die relevanten Parameter zur Beschreibung der Lebenszyklen zu ermitteln und geeignete Ansätze zur Lebensdauermodellbildung auszuwählen.

Durch die Ermittlung der relevanten Lebensdauerparameter der betrachteten Minderungsmaßnahmen und der anschließenden Lebensdauermodellierung werden die Grenzen bestimmt, innerhalb deren ein zukünftiger Technologiewandel möglich ist, wobei von einer landesspezifischen Technologiekonfiguration für ein gegebenes Basisjahr ausgegangen wird. Diese Grenzen des zukünftigen Technologiewandels werden, wie im vorherigen Abschnitt beschrieben, in Form von Restriktionen über Ober- und Untergrenzen von implementierten Kapazitäten von Maßnahmen in den einzelnen Perioden des Planungszeitraums in das Gleichungssystem des optimierenden Stoffflußmodells integriert. Formal bedeutet diese Übertragung der Technologielebenszyklen mittels Restriktionen, daß der Lösungsraum, innerhalb dessen die unabhängigen bzw. positiven Variablen (d. h. die Kapazitäten bzw. Niveaus der Prozesse bzw. Eingangs- und Ausgangsflüsse der zukünftig zu implementierenden Technologien und Maßnahmen) bei der Optimierung bestimmt werden können, entsprechend den Lebenszyklen der bereits zu Anfang der Planungsperiode implementierten Technologien eingeengt wird. Damit wird mit Hilfe des Modells innerhalb des definierten Lösungsraumes die zur Erreichung eines bestimmten Emissionsziels optimale bzw. kostenminimale Technologiekonfiguration und der notwendige Technologiewandel auf dem Weg zu dieser Konfiguration bestimmt.

Im allgemeinen ist davon auszugehen, daß eine frühzeitige Ersetzung einer Produktionstechnologie (also vor dem Ende ihrer Lebensdauer) durch eine lösemittelärmere Variante keine kosteneffektive Vorgehensweise zur Emissionsminderung darstellt. Aufgrund dieser Annahme werden in der techno-ökonomischen Datenbasis für derartige Maßnahmen auch lediglich die zusätzlichen Kosten (Investitionen und Betriebskosten) als Differenzbetrag zwischen der konventionellen und einer fortgeschrittenen Technologie bei Ersetzung der konventionellen Technologie am Ende ihrer Lebensdauer erfaßt.

Analog zur dieser in der Praxis beobachteten Ersetzungsstrategie von Produktionsanlagen werden im Stoffflußmodell die aus der Lebensdauermodellierung abgeleiteten Restriktionen als minimale periodenbezogene Restkapazitäten integriert. Somit kann im Modell verhindert werden, daß bei der Optimierung zur Erreichung eines gegebenen Emissionsziels Kapazitäten konventioneller Technologien auf Kapazitäten lösemittelarmer Technologien vorzeitig übertragen werden. Dies würde aufgrund der Definition der zusätzlichen Investitionen und der zusätzlichen Betriebskosten zu einer fehlerhaften Berechnung der resultierenden gesamten Minderungskosten führen. Darüber hinaus entspräche ein solches Vorgehen bei der Allokation auch nicht dem in der Praxis beobachteten Ersatz von Produktionsanlagen.

Soll hingegen bei einer Anlage eine bestimmte Emissionsminderung vor dem Ende ihrer Lebensdauer realisiert werden, so stellt die Nachrüstung mit sekundären Abscheidetechnologien im Vergleich zur kompletten Anlagenersetzung in den meisten Fällen die kostengünstigere Alternative dar. Eine solche Nachrüstung von mit Produktionstechnologien verknüpften Sekundärmaßnahmen ist im Modell über den Betrag der noch freien nachrüstbaren Kapazitäten jederzeit möglich.

Ausgehend von den vorangehenden Darstellungen ist für die Erstellung der VOC-Kostenfunktionen zu konstatieren, daß der Emissionsminderungspfad, auf dem das Emissionsminderungsziel in der Zielperiode erreicht wird (z. B. die Extremfälle: Erreichen des Emissionsziels gleich zu Anfang oder erst am Ende der Planungsperiode) und die daraus folgende Modifikation der Übergangsfristen die Form und den Verlauf der resultierenden VOC-Kostenfunktionen beeinflussen. Dies ist damit zu erklären, daß beispielsweise bei Verkürzung der Übergangsfristen der Lösungsraum zur Umsetzung von möglicherweise kosteneffizienten Substitutionsmaßnahmen (d. h. mit Ersetzung der Produktionstechnologie) eingeschränkt wird und daher verstärkt auf Sekundärmaßnahmen zurückgegriffen werden muß. Daß sich der beschriebene Effekt bei der Erstellung der Kostenfunktionen tatsächlich einstellt, wird im Anschluß an dieses Kapitel durch Parametervariation gezeigt, d. h. Bildung von entsprechenden Szenarien des zeitlichen Verlaufes der Emissionsminderung. Abbildung VI.11 verdeutlicht den Zusammenhang zwischen dem Verlauf der Lebensdauer einer gegebenen Produktionstechnologiepopulation und den freiwerdenden Kapazitäten in einem gegebenen Planungszeitraum.

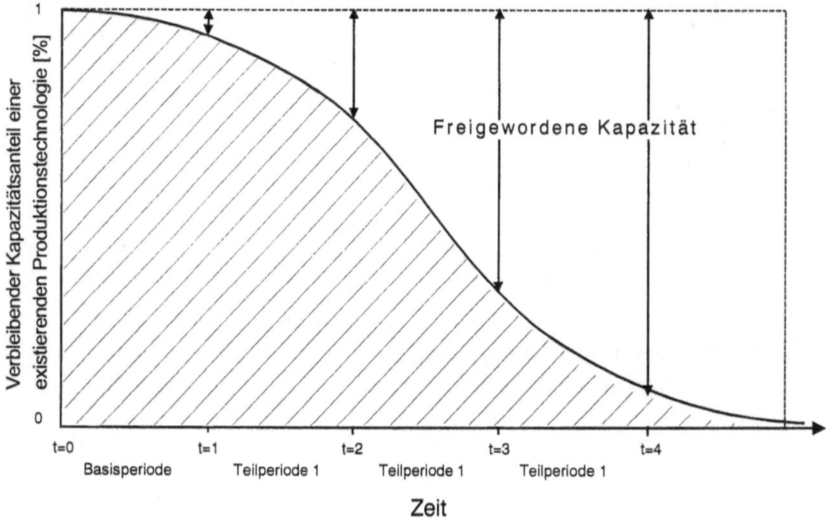

Abbildung VI.11: Darstellung des zeitlichen Verlaufs des verbleibenden Kapazitätsanteils einer existierenden Produktionstechnologie ausgehend von der Basisperiode

Dabei kann bei der Allokation in Abhängigkeit von der zu erreichenden Minderungsvorgabe die freigewordene Kapazität entweder mit der bestehenden oder mit einer alternativen Technologie ausgefüllt werden, entsprechend den Anforderungen der exogen definierten Nachfragerestriktion.

Zur Darstellung der sich aufgrund von Technologielebenszyklen ergebenden Potentiale des Technologiewandels im Modell wurde ein Konzept zur Lebensdauermodellierung erstellt, mit dessen Hilfe bei Kenntnis einiger relevanter technischer und ökonomischer Parameter der zeitliche Verlauf der verbleibenden Kapazitäten der betrachteten Technologien funktional dargestellt werden kann.

Bei den existierenden Ansätzen zur Beschreibung der Lebensdauer technischer Anlagen unterscheidet man diskrete und kontinuierliche Modelle. Es wird in den betrachteten Sektoren davon ausgegangen, daß die Lebensdauer der Technologien kontinuierlich verteilt ist, d. h. daß ein hinreichend großes Kollektiv (Gesamtkapazität aller betrachteten Anlagen) vorhanden ist, so daß eine Lebensdauerverteilung in einem bestimmten Intervall jeden Wert annehmen kann.

Zur Beschreibung der Lebensdauerverteilung stehen verschiedene Ansätze zur Verfügung, Beispiele hierfür sind [17, 105, 127, 260]:

- Wahrscheinlichkeitsdichtefunktion,
- Lebensdauerverteilung oder Ausfallfunktion,
- Überlebenswahrscheinlichkeit oder Überlebensfunktion,
- Ausfallrate oder Sterblichkeitsrate.

Für den Fall, daß das momentane Alter keinen Einfluß auf die Ausfallwahrscheinlichkeit hat, ergibt sich eine konstante Ausfallrate, die mit der Exponential-Verteilung beschrieben werden kann. Bei den in der vorgestellten Arbeit untersuchten Technologien ist jedoch davon auszugehen, daß ein Alterungseffekt vorliegt, so daß mit der Zeit steigende Ausfallraten vorliegen.

Bekannte Wahrscheinlichkeitsdichtefunktionen, die zur Lebensdauermodellbildung genutzt werden können, sind u. a. [127]:

- Exponential-Verteilung,
- Weibull-Verteilung,
- Gamma-Verteilung,
- Log-Normal-Verteilung,
- Verallgemeinerte Gamma-Verteilung.

Bei der Entwicklung des hier vorgestellten Lebensdauermodells wird auf die Weibull-Verteilung zurückgegriffen. Es ist das heute für technische Bauteile gebräuchlichste Modell, dessen Wahrscheinlichkeitsdichtefunktion $f(t)$, Ausfallrate $h(t)$ und Überlebensfunktion $\varphi(t)$ eine geschlossene mathematische Form aufweisen und für das geeignete statistische Methoden verfügbar sind. Mit dem entwickelten Modell wird angestrebt, die Lebensdauer einer Vielzahl von heterogenen Anlagentypen und unterschiedlichen Abscheidetechnologien über einen einheitlichen Ansatz abzubilden. Dabei soll aus Gründen der Einfachheit nur die Lebensdauer der Gesamtanlage unabhängig von der Ausfallwahrscheinlichkeit einzelner Komponenten betrachtet werden. Weiterhin wird davon ausgegangen, daß auch bei unterschiedlichen Lebensdauerverteilungen einzelner Komponenten die Gesamtausfallrate einer Anlage mit der Zeit ansteigt.

Die Überlebensfunktion $\varphi(t)$ beschreibt die Wahrscheinlichkeit, daß Anlagen/Prozesse einer bestimmten Technologie, die in einer bestimmten Periode in Betrieb genommen wurden, noch in Betrieb sind. Die Überlebensfunktion der Weibull-Verteilung (in Drei-Parameter-Darstellung) hat die folgende Form:

$$\varphi(t) = exp\left[-\left(\frac{t-t_0}{T^*}\right)^{\beta}\right]; \qquad \varphi(0) \equiv 1 \qquad \text{Gleichung (44)}$$

mit:

- t Alter der Anlagen/Prozesse einer Technologie seit dem Zeitpunkt der Inbetriebnahme [a].
- t_0 Frist bis zur ersten Stillegung von neu installierten Anlagen/Prozessen einer Technologie [a].
- T^* Charakteristische Lebensdauer der Anlagen/Prozesse einer Technologie [a].
- β Steigung der Ausfallkurve einer Technologie [ ].

Unterschiede zwischen verschiedenen Technologien drücken sich über unterschiedliche Werte für t_0, T^* und β aus.

Sofern für die in der vorgestellten Arbeit betrachteten Technologien keine spezifischen Daten zur Bestimmung der Parameter der Weibull-Verteilung verfügbar waren, wurde die Anpassung der Weibull-Verteilung an die reale Überlebensfunktion der Technologien für $t_0 = 5$ a, $T^* = 20$ a und $\beta = 2$ durchgeführt. Diese Werte für t_0, T^* und β stellen Durchschnittswerte von Parametern dar, für die bei vergleichbaren Technologien eine hohe Korrelation mit ihrer wirklichen Überlebenswahrscheinlichkeit beobachtet werden kann. Eine Darstellung verschiedener Methoden zur Bestimmung dieser Parameter findet sich beispielsweise in [105, 260].

Die verbleibende Kapazität von Anlagen/Prozessen einer bestimmten Technologie, die bei $t = 0$ in Betrieb genommen wurde, in einer Periode t ergibt sich durch Multiplikation der anfangs installierten Kapazität mit der spezifischen Überlebensfunktion der Technologie.

$$Cap_p(t) = Cap_p(0) \cdot \varphi_p(t) \qquad \text{Gleichung (45)}$$

mit:

$Cap_p(t)$ Verbleibende Kapazität in der Periode t von Anlagen/Prozessen p, die in der Periode $t = 0$ in Betrieb genommen wurden.

Bei den installierten Kapazitäten von Produktions- bzw. Abscheidetechnologien, wie sie im vorgestellten Projekt für ein gegebenes Land für ein Basisjahr als Ausgangstechnologiekonfiguration ermittelt wurden, kann man jedoch nicht davon ausgehen, daß diese kollektiv in einem bestimmten Jahr in Betrieb genommen wurden. Es ist vielmehr festzustellen, daß die Kapazitäten der betrachteten Technologien sich aus Kapazitäten von Anlagen/Prozessen zusammensetzen, die in der Vergangenheit in verschiedenen Perioden in Betrieb genommen wurden.

Aus diesem Grunde werden die Anlagen/Prozesse Altersklassen zugeordnet, die alle Anlagen/Prozesse umfassen, deren Alter im gleichen definierten Zeitintervall liegt. Möchte man nun die verbleibende Kapazität einer Anlagen- bzw. Prozeßpopulation ermitteln, deren Einzelanlagen bzw. -prozesse zu verschiedenen Altersklassen gehören, so wird für jede Altersklasse nach Gleichung (45) eine separate Überlebensfunktion berechnet. Praktisch bedeutet dies, daß für eine betrachtete Altersklasse r für eine gegebene Periode t die Ordinate der Überlebensfunktion $\varphi(t)$ jeweils um eine spezifische Distanz q_r (d. h. hier: die Zeitspanne zwischen den Medianen der Altersklasse r und der nächstälteren Altersklassen $r + 1, r + 2, ..., r + 6$) verschoben wird. Im Modell werden sechs Altersklassen von Anlagen/Prozessen mit $r = 1, ..., 6$ zwischen 1955 und 1995 berücksichtigt.

Werden die einzelnen Überlebensfunktionen der Altersklassen zusammengefaßt und dabei für eine Basisperiode mit $t = 0$ auf 1 normiert, so erhält man eine gemeinsame Überlebensfunktion der gesamten Kapazität aller Einzelanlagen bzw. -prozesse. Dabei wird für jede Altersklasse r einer Anlage bzw. eines Prozesses p ein Konjunkturfaktor $kfac_{p,r}$ eingeführt, mit dem die Zukaufraten (Anteil der zusätzlich implementierten

Kapazitäten) der betrachteten Technologien in den einer Altersklasse zugeordneten Jahren abgebildet werden. Durch solche Konjunkturfaktoren eröffnet sich die Möglichkeit, die gegenwärtige Altersstruktur aufgrund von relativ einfachen Informationen hinsichtlich der Technologiediffusion realitätsnah abzuschätzen. Dabei wird der Konjunkturfaktor für die jüngste Altersklasse zu eins gesetzt ($kfac_{p,1} = 1$). Waren die Zukaufraten während früherer Altersklassen kleiner bzw. größer als für die jüngste Altersklasse, so nimmt der Konjunkturfaktor entsprechende Werte kleiner bzw. größer 1 an. So ist eine gegebene Population von Anlagen einer Technologie, die beispielsweise erst nach Inkrafttreten der TA-Luft im Jahre 1986 in Deutschland eingeführt wurde, durchschnittlich jünger, als dies bei einer Technologie der Fall ist, die in einer bestimmten Bauweise schon länger auf dem Markt angeboten wird.

Damit bestimmt die Altersstruktur über die den Altersklassen zugeordneten Konjunkturfaktoren zusammen mit den anderen relevanten Parametern der Überlebensfunktion die Lebensdauer einer betrachteten Anlagen- bzw. Prozeßpopulation und damit wiederum den bei der Allokation für den Technologiewandel zur Verfügung stehenden Spielraum.

Die Bestimmung der in Periode t verbleibenden Kapazitäten von Anlage/Prozeß p läßt sich in allgemeiner Form wie folgt darstellen:

$$\overline{C}ap_p(t) = \overline{C}ap_p(0) \cdot \left(\frac{\sum_r kfac_{p,r} \cdot \varphi_p(t + q_r)}{\sum_r kfac_{p,r} \cdot \varphi_p(q_r)} \right) \qquad \text{Gleichung (46)}$$

mit:

$\overline{C}ap_p(t)$ Verbleibende Kapazität einer Anlagen- bzw. Prozeßpopulation von Technologie p in der Periode t.

$kfac_{p,r}$ Konjunkturfaktor einer Technologie p, der einer Altersklasse r zugeordnet wird.

q_r Spezifische Zeitspanne zwischen $t=0$ und dem Median der Altersklasse r.

Für die hier bearbeitete Problemstellung ist mit Gleichung (46) somit ein handhabbares Lebensdauermodell entwickelt und mit Kapazitätsdaten, wie sie in den Länderdatenblättern vorliegen, gekoppelt worden. Die über das Lebensdauermodell ermittelten verbleibenden Kapazitäten werden, wie in Abschnitt VI.3.2 beschrieben, über Restriktionen in die Gleichungssysteme des Stoffflußmodells übertragen.

VI.3.4.2 Berücksichtigung von Abzinsungseffekten

Ein weiterer dynamischer Aspekt der vorgestellten Methodik ist die in der Zielfunktion vorgesehene Abzinsung aller Ausgaben auf das Basisjahr. Dabei kommt die Kapitalwertmethode als dynamisches Investitionsrechnungsverfahren zum Einsatz. Der Kapitalwertmethode liegt u. a. die Annahme zugrunde, daß zu einem einheitlichen Kalkulationszinsfuß auf dem Kapitalmarkt Kapital beschafft und angelegt werden kann.

Überträgt man das Konzept der Kapitalwertmethode auf das Problem der Emissionsminderung, so ist festzustellen, daß der Kapitaleinsatz zur Realisierung von Emissionsminderungsmaßnahmen zur Erreichung eines bestimmtes Emissionsziels einerseits von den Anlagenbetreibern auf dem Kapitalmarkt beschafft werden müßte oder andererseits im Falle, daß die Emissionsminderungsmaßnahmen nicht realisiert werden, auf dem Kapitalmarkt rentabel angelegt werden könnte. Durch den von einem bestimmten Kalkulationszinsfuß abgeleiteten Abzinsungsfaktor werden alle während der Planungsperiode getätigten Ausgaben und möglichen Einnahmen auf das Basisjahr bezogen. Damit wird das Zeitmoment in der Rechnung berücksichtigt und die Einzelbeträge von Investitionen und Ausgaben, die in der betrachteten Zeitspanne anfallen, werden vergleichbar gemacht. Dabei sind Ausgaben und Einnahmen für den Betreiber der Anlage um so weniger wert, je weiter sie in der Zukunft liegen. Dieser Effekt verstärkt sich bei steigenden Kalkulationszinsfüßen.

Damit ist für die Problemstellung der Emissionsminderung festzustellen, daß für Abzinsungsfaktoren > 0 eine für die Emissionsminderung getätigte Ausgabe, die ferner in der Zukunft liegt, einen geringeren Barwert besitzt als eine zu einem früheren Zeitpunkt getätigte gleich hohe Ausgabe.

Im Rahmen der Parametervariation wurden VOC-Kostenfunktionen für verschiedene Zinssätze erstellt (für die Abschätzung von Kalkulationszinsfüßen wurden von den Arbeitsgruppen der UN/ECE bisher keine einheitlichen Richtlinien erarbeitet). Diese wurden mit den Ergebnissen von Kostenfunktionsberechnungen verglichen, bei denen keine Abzinsungseffekte berücksichtigt werden (d. h. Kalkulationszinsfuß = 0 und folglich Abzinsungsfaktor = 1). Durch ein solches Vorgehen können für umweltpolitische Entscheidungsprozesse Erkenntnisse zur Sensibilität der Emissionsminderungskostenfunktionen in bezug auf Abzinsungseffekte abgeleitet werden. Die Ergebnisse eines derartigen Vergleichs werden in Kapitel VII im Zuge der Ergebnisdiskussion dargestellt.

Damit sind alle relevanten Komponenten der im Rahmen der vorgestellten Arbeit entwickelten Methodik zur Erstellung von VOC-Kostenfunktionen beschrieben worden. Darüber hinaus wurde gezeigt, daß die hier dargestellte Methodik sich ohne Umwege sowohl auf andere Schadstoffe bzw. "multi-pollutant"-Betrachtungen als auch auf eine erweiterte Sektorenbetrachtung (z. B. stationäre und mobile Quellen) übertragen läßt. Im folgenden Kapitel wird die Methodik zur Erstellung einer VOC-Kostenfunktion für die stationären VOC-Emissionsquellen in der Bundesrepublik Deutschland angewendet.

VII. Anwendung der Methodik auf stationäre VOC-Emissionsquellen in der Bundesrepublik Deutschland

In diesem Kapitel wird die Anwendung der in Kapitel VI dargestellten neuen Methodik zur Erstellung von VOC-Kostenfunktionen auf die relevanten stationären VOC-Emissionsquellen in der Bundesrepublik Deutschland beschrieben. Dafür ist zunächst eine Selektion der zu betrachteten Emissionsquellen erforderlich. Weiterhin werden Aspekte der praktischen Umsetzung der vorgestellten Methodik erläutert. Dies betrifft die Implementierung der vorgestellten Methodik als Computerprogramm, die Darstellung von Kostenfunktionen als Ergebnis der Optimierungsläufe des nationalen Stoffflußmodells ARGUS-VOC. Zur Herstellung der Vergleichbarkeit der erzielten Ergebnisse mit den Resultaten derzeit alternativ verwendeter vereinfachter Ansätze werden die Kapitalwerte, die sich als Ergebnisse der Optimierläufe ergeben, in Annuitäten umgerechnet.

Zur Erstellung und Interpretation von VOC-Kostenfunktionen auf Sektor- und Länderebene wurde eine Reihe von Szenarien definiert, in denen die sensitiven Einflußgrößen jeweils zu Gruppen zusammengefaßt wurden. Die Ergebnisse dieser Sensitivitätsanalysen werden getrennt auf Sektor- und Länderebene vorgestellt. Die Methodik und die erzielten Ergebnisse werden anschließend kritisch beurteilt, und es werden Rückschlüsse auf weitere mögliche Entwicklungen zur Erstellung von Kostenfunktionen und zukünftige Gestaltungsmöglichkeiten bei der Umsetzung des Integrated-Assessment-Ansatzes zur Unterstützung von Verhandlungsprozessen zur Minderung grenzüberschreitender Luftschadstoffe gezogen.

VII.1 Struktur der Emissionsquellen und Minderungsmaßnahmen in der Bundesrepublik Deutschland

In den beiden folgenden Abschnitten wird die konkrete Vorgehensweise zur Ermittlung der relevanten Emissionsquellen in der Bundesrepublik Deutschland erläutert, und es wird der Implementierungsstand von Minderungsmaßnahmen in den einzelnen Referenzanlagen in den betrachteten Sektoren dargestellt.

VII.1.1 Wichtige Emissionsquellen in der Bundesrepublik Deutschland

Die Identifizierung der wichtigen NMVOC-Emissionsquellen in der Bundesrepublik Deutschland ist ein maßgeblicher erster Schritt bei der Erstellung von nationalen VOC-Kostenfunktionen. Hierzu wird auf die in Abschnitt VI.1.1 dargestellten Kriterien zur Bewertung der Relevanz zurückgegriffen. Ausgangspunkt ist dabei die in Tabelle VI.3 dargestellte Rangliste der wichtigen NMVOC-Quellenkategorien auf Sektorebene nach CORINAIR-Gesamtemissionen für 27 europäische Länder. Die identifizierten stationären Quellengruppen werden als Grundlage für die Kategorisierung der NMVOC-emissionsrelevanten Sektoren in der Bundesrepublik Deutschland herangezogen. In Tabelle VII.1 sind diese Sektoren dargestellt. Dabei werden die für die gesamte Bundesrepublik Deutschland nach CORINAIR 90 gemeldeten NMVOC-Emissionen[47] (für das Bezugsjahr 1990) den mit dem Stofffflußmodell ARGUS-VOC berechneten NMVOC-Emissionen (für das Basisjahr 1995) gegenübergestellt.

Tabelle VII.1: Übersicht der betrachteten NMVOC-emissionsrelevanten Sektoren in Deutschland und Gegenüberstellung der nach CORINAIR 90 gemeldeten und der mit ARGUS-VOC berechneten NMVOC-Emissionen

Sektorbezeichnung	SNAP Code	Gemeldete MNVOC-Emissionen nach CORINAIR 90 [Mg]	Berechnete NMVOC-Emissionen nach ARGUS-VOC [Mg]
Residential combustion plants	02 02 02	113.142	111.011
Petroleum products processing	04 01 01	7.741	7.332
Storage and handling of products in refinery	04 01 04	23.222	18.589
Ethylene production	04 05 01	16.834	13.315
Storage and handling of chemical products	04 05 22	k. A.	2.875

[47] Der Darstellung der NMVOC-Emissionen gemäß der CORINAIR-Systematik für das Jahr 1990 liegt eine Aufteilung der Gesamtemissionen auf die alten und neuen Bundesländer zugrunde. Kritisch ist im Hinblick auf die zentrale Bedeutung von Emissionskatastern bei der Erarbeitung von Minderungsstrategien auf internationaler Ebene die Tatsache zu beurteilen, daß bis dato seit der Veröffentlichung des CORINAIR-Emissionsinventars für das Jahr 1990 keine neueren offiziellen Emissionsdaten auf 6-Digit SNAP zur Verfügung stehen.

Sektorbezeichnung	SNAP Code	Gemeldete MNVOC-Emissionen nach CORINAIR 90 [Mg]	Berechnete NMVOC-Emissionen nach ARGUS-VOC [Mg]
Bread making and other food manufacturing	04 06 05	12.270	28.183
Beer production	04 06 07	2.028	601
Spirits production	04 06 08	k. A.	497
Marine terminals (liquid fuel distribution, exc. Gasoline)	05 04 01	54	2.077
Refinery dispatch station	05 05 01	33.137	6.454
Transport and depots (gasoline distribu-tion)	05 05 02	56.060	37.721
Service stations	05 05 03	115.651	83.645
Distribution networks (gas distribution networks)	05 06 03	k. A.	69
Manufacture of automobiles	06 01 01	40.032	25.906
Other industrial (paint) application	06 01 02	239.811	49.295
Construction and buildings	06 01 03	100.965	45.319
Domestic use of paint	06 01 04	k. A.	25.728
Metal degreasing	06 02 01	84.992	10.934
Dry cleaning	06 02 02	26.599	4.757
Polyvinylchloride processing	06 03 02	500	6.645
Rubber processing	06 03 05	11.500	7.143
Pharmaceutical products processing	06 03 06	35.000	29.381
Paints manufacturing	06 03 07	k. A.	11.180
Glues manufacturing	06 03 09	62.200	17.136
Glass wool enduction	06 04 01	84.110	642
Printing industry	06 04 03	85.004	47.501
Fat, edible and non-edible oil extraction	06 04 04	14.000	12.382
Application of glues and adhesives	06 04 05	56.500	9.938
Preservation of wood	06 04 06	36.600	910
Domestic solvent use	06 04 08	87.978	181.105
Summe der Emissionen		**1.345.930**	**798.274**
Gesamte Emissionen aus stationären Quellen nach CORINAIR 90 [66]		**1.625.877**	/

Tabelle VII.1 zeigt, daß mit den in Abschnitt VI.1.1 definierten Auswahlkriterien bei einem Anteil von rund 83 % eine relativ vollständige Erfassung der gesamten NMVOC-Emissionen aus stationären Quellen in der Bundesrepublik Deutschland erreicht werden kann (ausgenommen sind hier natürliche Quellen). Im Vergleich zur in Tabelle VI.3 dargestellten länderübergreifenden Sektorenübersicht sind in Tabelle VII.1 die Sektoren "Off-shore activities - extraction, first treatment and loading of liquid fossil fuel" (SNAP 05 02 02) und "Land-based activites - extraction, first treatment and loading of gaseous fossil fuels" (SNAP 05 03 01) für die Bundesrepublik Deutschland nicht aufgeführt, da diese aufgrund der geringen wirtschaftlichen Bedeutung nicht wesentlich zu den NMVOC-Emissionen beitragen.

Die Differenz der Emissionen der hier identifizierten Sektoren und der gesamten Emissionen aus stationären Quellen nach CORINAIR 90 (hier werden noch rund 40 weitere stationäre Sektoren betrachtet) umfassen i. a. Emisssionsquellen mit geringeren Beiträgen zur Gesamtemission oder geringen Emissionsminderungspotentialen (z. B. aufgrund des Nichtvorhandenseins adäquater Emissionsminderungsmaßnahmen).

Die Gegenüberstellung der mit dem Stoffflußmodell ARGUS-VOC berechneten Ergebnisse auf Sektorebene[48] für das Basisjahr 1995 mit den Emissionsdaten des Emissionsinventars CORINAIR 90 zeigt allerdings deutliche Abweichungen für einige Sektoren, die nur teilweise auf die innerhalb des Zeitraums von 5 Jahren mögliche Erschließung verbleibender technischer Emissionsminderungspotentiale zurückzuführen sind. Die berechneten Emissionen für 1995 betragen rund 60 % der für 1990 gemeldeten Emissionen.

Bei der Untersuchung der Datengrundlage des Emissionsinventars CORINAIR 90, das sich methodisch auf sektorübergreifend definierte Emissionsfaktoren stützt, ergeben sich neben den offensichtlichen Datenlücken noch weitere erhebliche Unsicherheiten. Demgegenüber stellt die im Stoffflußmodell ARGUS-VOC integrierte Datenbasis aufgrund der hier verfolgten detaillierten Anlagenbetrachtung eine differenziertere und bessere Grundlage für die Erstellung von VOC-Kostenfunktionen dar.

Mögliche Ursachen dieser Unsicherheiten werden im folgenden anhand von ausgesuchten Beispielen dargestellt:

---

[48] Eine detaillierte Darstellung der Ergebnisse auf Sektorebene findet sich im Anschluß in Abschnitt VII.3.2.

- Im Sektor "Glaswool enduction" werden bei einer jährlichen Produktion in der Bundesrepublik von rund 270 Gg/a Glaswolle [218, 219] insgesamt 84 Gg/a VOC-Emissionen gemeldet. Dies entspräche einem unrealistisch hohen Emissionsfaktor von 310 g VOC/kg Glaswolle. Die Annahme eines derart hohen Emissionsfaktors ist wohl darauf zurückzuführen, daß die Aktivität in CORINAIR auf den Lösemitteleinsatz pro Gewichtseinheit produzierter Glaswolle bezogen wird, der aber statistisch nicht dokumentiert ist, und zudem bei der Bestimmung des Emissionsfaktors die Tatsache übersehen wurde, daß das bei der Glaswolleproduktion verwendetete organische Bindemittel (Phenol- und Formaldehydeharze) mit dem Faktor 10 mit Wasser verdünnt wird und darüber hinaus zu rund 95 % chemisch gebunden (polymerisiert) vorliegt und deshalb kaum flüchtig ist.
- Im Sektor "Refinery dispatch station" wird mit 31.257 Gg umgeschlagener Ottokraftstoff in CORINAIR zwar auf statistisch begründete Aktivitätsdaten zurückgegriffen [145, 115]. Jedoch werden in CORINAIR 90 sektorale Emissionsfaktoren von 1.000 g/Mg umgeschlagener Ottokraftstoff für die alten Bundesländer und 1.470 g/Mg umgeschlagener Ottokraftstoff für die neuen Bundesländer angesetzt. Damit wird zum einen der Emissionsfaktor, der bei konventionellen Verladetechniken anzusetzen wäre, um mehr als das Doppelte überschritten [186] und zum anderen vermutlich die Tatsache ignoriert, daß in Deutschland im Jahre 1990 bereits ein nicht zu vernachlässigender Anteil von fortschrittlichen Verlade- und/oder Abgasreinigungs- bzw. Rückgewinnungstechnologien implementiert war. Zu einem großen Teil können auftretende Unsicherheiten in den Sektoren "Manufacture of automobiles" und "Printing industries" und "Dry cleaning" ebenfalls auf die unzureichende Berücksichtigung bereits implementierter Emissionsminderungsmaßnahmen im Jahre 1990 zurückgeführt werden.
- Nach dem CORINAIR 90-Standard wird als Bezugsaktivität im Sektor "Other industrial paint application" die eingesetzte Lösemittelmenge in [Gg] verwendet. Da der betreffende Sektor jedoch so unterschiedliche Tätigkeiten wie die Autoreparaturlackierung ("car repairing"), die Bandblechlackierung ("coil coating") und die Holzlackierung ("wood coating") umfaßt, ist jedoch die Möglichkeit einer zuverlässigen Ermittlung der eingesetzten Lösemittelmenge aufgrund der Vielzahl verwendeter Einsatzstoffe kritisch zu beurteilen. Derartige Zahlen sind in einschlägigen Veröffentlichungen (z. B. des Statistischen Bundesamtes oder von Industrieverbänden, die im Rahmen dieser Arbeit kontaktiert wurden) nicht dokumentiert. Die Datenbasis im Stoffflußmodell ARGUS-VOC bezieht sich auf statistisch dokumentierte Angaben hinsichtlich der Anzahl instandgesetzter Fahrzeuge bzw. der lackierten Holzoberfläche oder Bandblechoberfläche pro Jahr. Angaben in

dieser Form erleichtern zudem die Aufteilung auf verschiedene Applikationstechnologien mit unterschiedlichen Lösemitteleinsätzen. Dies trifft auch auf die Sektoren "construction and buildings" "metal degreasing" und "rubber processing".

- In den Sektoren "glues manufacturing" und "preservation of wood" liegen die Emissionsfaktoren bezogen auf statistisch dokumentierte Aktivitätsdaten [218, 221] auffallend hoch. Mit Bezug auf die jährliche Produktion entstünden demnach pro Kilogramm hergestellter Klebstoffe VOC-Emissionen in Höhe von 124 g VOC/a bzw. pro m^3 imprägnierten Holzes 260 kg VOC/a. Auf welche Ursachen diese Unsicherheiten zurückzuführen sind, kann jedoch aufgrund mangelnder Kommentierung der Daten nicht nachvollzogen werden.
- Im Sektor "domestic solvent use" wird als Bezugsaktivität die Bevölkerungszahl verwendet. Demnach werden von jedem Einwohner Deutschlands rund 1,44 kg VOC über Konsumprodukte im Haushalt verbraucht und emittiert. Eine im Rahmen dieser Arbeit durchgeführte Untersuchung der VOC-Emissionen auf Basis unterschiedlicher Kategorien von Produkten (z. B. Klebstoffe, Autopflegemittel, Reinigungsprodukte, Leder- und Möbelpflege, Holzschutzmittel, Insektenvernichtungsmittel und kosmetische Produkte) ergab, daß in Deutschland die jährlichen Emissionen in Abhängigkeit vom betrachteten Produktmix und der zugehörigen Lösemittelanteile pro Kopf zwischen 1,24 und 2,27 kg liegen. Unter Berücksichtigung von Annahmen über den im Jahre 1995 verfügbaren Produktmix ergab sich ein jährlicher pro Kopf VOC-Ausstoß von rund 2,2 kg. Daher ist zu vermuten, daß die deutlich niedrigere pro-Kopf-Emission in CORINAIR 90 auf eine unvollständige Berücksichtigung verschiedener Produktkategorien innerhalb der Gruppe der Konsumprodukte und/oder auf eine deutliche Überschätzung der Möglichkeiten und ihrer Umsetzung zur Substitution von konventionellen Lösemitteln in Konsumprodukten im Jahre 1990 zurückgeht.

Zusammenfassend ist festzustellen, daß trotz der Vorteile einer Kopplung von Aktivitäten zur Minderung grenzüberschreitender Luftschadstoffe an die CORINAIR-Systematik aufgrund der skizzierten Unsicherheiten bei der Verwendung der länderspezifischen Emissionsdaten für einzelne Sektoren Vorsicht angebracht ist. Dies gilt insbesondere, wenn diese Emissionsdaten als Referenzdaten zur Ermittlung von länderspezifischen Emissionsminderungsverpflichtungen, wie dies bei IAM der Fall ist, verwendet werden.

Aufgrund der bereits erwähnten deutlichen Unterschiede einzelner Aktivitäten (z. B. in bezug auf verwendete Produktionsverfahren und hierbei zugrundeliegende Emissionsfaktoren), die innerhalb der im CORINAIR 90 Emissionsinventar realisierten Quellenstruktur zu Sektoren auf 6-Digit SNAP 90 Ebene zusammengefaßt werden, kann es erforderlich sein, manche Sektoren noch weiter zu unterteilen. Eine solche Unterteilung, wie sie auch bei der Umsetzung der vorgestellten Methodik für die Bundesrepublik Deutschland verwendet wurde, ist in folgender Tabelle dargestellt. Dabei wurde die Codierung der Sektoren auf eine 8-Digit Ebene erweitert bzw. die Modifikationen der Sektorstruktur des CORINAIR Emissionsinventars aus dem Jahre 1994 (SNAP 94) übernommen.

Tabelle VII.2: Möglichkeiten zur weiteren Unterteilung ausgewählter Sektoren nach CORINAIR 90

Sektor gemäß CORINAIR 90		**Zu unterscheidende Aktivitäten**	
06 01 01	Manufacture of Automobiles	06 01 01 01	Manufacture of M1 Vehicles
		06 01 01 02	Coating of Truck Cabins
		06 01 01 03	Coating of Trucks
		06 01 01 04	Coating of Buses
06 01 02	Other Industrial Paint Application (SNAP 90)	06 01 02	Car Repairing (SNAP 94)
		06 01 05	Coil Coating (SNAP 94)
		06 01 07	Wood Coating (SNAP 94)
06 03 05	Rubber Processing	06 03 05 01	Synthetic Rubber Processing
		06 03 05 02	Tyre Processing
06 01 04	Printing Industry	06 01 04 01	Flexography and Rotogravure in the Packaging Sector
		06 01 04 02	Heat Set Offset
		06 01 04 03	Rotogravure in the Publication Sector
		06 01 04 04	Screen Printing

VII.1.2 Betrachtete Minderungsmaßnahmen in der Bundesrepublik Deutschland

Analog zu der in Abschnitt VI.1.7 beschriebenen Dokumentierung der länderübergreifend erarbeiteten techno-ökonomischen Daten in den Technologiedatenblättern sind auch die länderspezifischen Daten transparent darzustellen und in dieser Form für eine Verifizierung durch nationale Experten bereitzustellen. Daher wurden die auf der

Grundlage der in Abschnitt VI.2 dargestellten Vorgehensweise erstellten länderspezifischen Daten in sogenannten Länderdatenblättern für Deutschland dokumentiert. Darin enthalten sind alle relevanten Informationen in bezug auf die Entwicklung der sektoralen wirtschaftlichen Aktivität und die Entwicklung der Anteile der Referenzanlagen an der sektoralen Aktivität sowie den Implementierungsstand von Maßnahmen im Basisjahr der Planungsperiode. Darüber hinaus werden für verschiedene Jahre auch mögliche maximale und/oder minimale Grenzen der Implementierung z. B. aufgrund technischer Hemmnisse dargestellt.

Eine detaillierte Darstellung der gesamten länderspezifischen Informationen für die betrachteten Sektoren in der Bundesrepublik Deutschland würde den Rahmen dieser Arbeit sprengen. Es sei daher auf [188] verwiesen. Insgesamt werden für die Bundesrepublik Deutschland rund 1100 verschiedenen Maßnahmenkombinationen betrachtet. Davon werden derzeit rund 450 in der Praxis eingesetzt. Dies entspricht einem Anteil von rund 41 %. Dieser Implementierungsanteil gibt bereits einen Hinweis darauf, daß sich in Deutschland bereits eine Vielzahl fortschrittlicher VOC-Emissionsminderungstechnologien im Einsatz befindet.

In den folgenden Tabellen VII.3 und VII.4 wird am Beispiel der Automobilserienlackierung die Abbildung der Sektoraktivität, der Sektorstruktur und des Implementierungsstandes der betrachteten Minderungsmaßnahmen dargestellt.

Tabelle VII.3: Aktivitätsdaten der Vergangenheit und der Zukunft und Anteile der Referenzanlagen an der Sektoraktivität im Sektor Automobilserienlackierung

Jahr	**Vergangenheitsaktivitätsdaten [m^2 lackierte Fahrzeugoberfläche]**	**Anteil der Referenzanlage an der Sektoraktivität [%]**		
		01	**02**	**03**
1970	306,024,000			
1975	254,938,000			
1980	306,188,000			
1985	358,750,000			
1990	391,878,000			
1995	357,520,000	0,0	2,0	98,0
	Zukunftsaktivitätsdaten [m^2 lackierte Fahrzeugoberfläche]			
2000	389,910,000	0,0	2,0	98,0
2005	398,274,000	0,0	2,0	98,0
2010	403,932,000	0,0	2,0	98,0
2015	406,802,000	0,0	2,0	98,0

Tabelle VII.4: Implementierungsanteile der relevanten Maßnahmenkombinationen im Sektor Automobilserienlackierung (Ausschnitt für die Referenzanlagenkategorie 3; große Anlage mit einem jährlichen Ausstoß von 100.000 Fahrzeugen)

<table>
<tr><th rowspan="2">RIC</th><th rowspan="2">PMC</th><th rowspan="2">SMC</th><th colspan="7">Implementierungsanteile von Maßnahmenkombinationen in [%]</th></tr>
<tr><th>1990</th><th>1995</th><th>2000</th><th>2005</th><th>2010</th><th>2015</th><th>2020</th></tr>
<tr><td>03</td><td>00</td><td>00</td><td></td><td></td><td></td><td></td><td></td><td></td><td></td></tr>
<tr><td>"</td><td>"</td><td>01</td><td></td><td>5</td><td></td><td></td><td></td><td></td><td></td></tr>
<tr><td>"</td><td>"</td><td>02</td><td></td><td>25</td><td></td><td></td><td></td><td></td><td></td></tr>
<tr><td>"</td><td>01</td><td>00</td><td></td><td></td><td></td><td></td><td></td><td></td><td></td></tr>
<tr><td>"</td><td>"</td><td>01</td><td></td><td>20</td><td></td><td></td><td></td><td></td><td></td></tr>
<tr><td>"</td><td>"</td><td>02</td><td></td><td></td><td></td><td></td><td></td><td></td><td></td></tr>
<tr><td>"</td><td>02</td><td>00</td><td></td><td></td><td rowspan="3">Max. 70</td><td rowspan="3">Max. 70</td><td rowspan="3">Max. 70</td><td rowspan="3">Max. 70</td><td></td></tr>
<tr><td>"</td><td>"</td><td>01</td><td></td><td>40</td><td></td></tr>
<tr><td>"</td><td>"</td><td>02</td><td></td><td></td><td></td></tr>
<tr><td>"</td><td>03</td><td>00</td><td></td><td>10</td><td rowspan="3">Max. 70</td><td rowspan="3">Max. 70</td><td rowspan="3">Max. 70</td><td rowspan="3">Max. 70</td><td></td></tr>
<tr><td>"</td><td>"</td><td>"</td><td></td><td></td><td></td></tr>
<tr><td>"</td><td>"</td><td>"</td><td></td><td></td><td></td></tr>
</table>

RIC Referenzanlagen-Code in der Maßnahmenkombination
PMC Primärmaßnahmen-Code in der Maßnahmenkombination
SMC Sekundärmaßnahmen-Code in der Maßnahmenkombination

In Tabelle VII.4 ist der Implementierungsstand der Maßnahmenkombinationen im Sektor Automobilserienlackierung für eine große Referenzanlage dargestellt (die Definition der jeweiligen Referenzanlagen und der zugehörigen Primär- und Sekundärmaßnahmen des ausgesuchten Beispiels ist in Kapitel VI in den Tabellen VI.5 -VI.7 gegeben). Ausgehend davon, daß mit Maßnahmenkombination 03 00 00 eine konventionelle Lackiertechnologie bezeichnet wird und daß durch die Implementierung weiterer Primär- und Sekundärmaßnahmen eine fortschreitende Verringerung des zugehörigen Emissionsfaktors erreicht werden kann, ist angesichts Tabelle VII.4 festzustellen, daß im Sektor Automobilserienlackierung im Jahre 1995 schon eine Vielzahl fortschrittlicher Lackiertechnologien unter Verwendung der entsprechenden lösemittelarmen Einsatzstoffe in Verbindung mit darauf abgestimmten Abscheidetechnologien eingesetzt wurde (vgl. hierzu Tabelle VI.13).

Beispiel:

Anhand des gegebenen Beispiels berechnet sich der gesamte Anteil der Kapazität [m^2 lackierte Fahrzeugoberfläche] von Maßnahmenkombination (03 02 01) des Sektors Automobilserienlackierung (06 01 01 01) in Anlehnung an Gleichung (30) wie folgt:

$$Cap_{1995}(060101-030201) = A_{1995}(06010101) \cdot C_{1995}(03) \cdot Imp_{1995}(030201)$$

$$\Rightarrow Cap_{1995}(060101-030201) = 357.520.000\ [m^2 \text{ lackierte Fahrzg.oberfläche}] \cdot 0{,}98 \cdot 0{,}4 = 140.147.840\ [m^2 \text{ lackierte Fahrzg.oberfläche}]$$

Die Kapazität der Maßnahmenkombination 03 02 01 in Sektor 06 01 01 01 mit der Einheit [m^2 lackierte Fahrzeugoberfläche] ergibt sich dabei als Produkt der Aktivität A_{1995} des Sektors, des Beitrages der Referenzanlage 03 zur Aktivität im Sektor C_{1995} und des Implementierungsstandes bzw. -anteils der Maßnahmenkombination 03 02 01 in der Referenzanlage 03 des betrachteten Sektors Imp_{1995}. Die auf diese Weise berechneten Kapazitäten im Basisjahr können beispielsweise über die in Abschnitt VI.3.2.4 dargestellten Kapazitätsrelationen in das Stoffflußmodell integriert werden. Daneben werden in Tabelle VII.4 noch Implementierungsobergrenzen ("Max. 70 %") für die Sekundärmaßnahmen 02 und 03 in den Jahren 2000 bis 2015 vorgegeben. Diese sind auf bislang noch ungelöste Schwierigkeiten bei der Erreichung der gewünschten Lackqualität unter Verwendung der nach der Maßnahmendefinition 02 und 03 vorgeschriebenen Einsatzstoffe und Verfahren für alle Anwendungsfälle zurückzuführen [42].

VII.2 Zur praktischen Umsetzung der vorgestellten Methodik

Die in diesem Kapitel dargestellten Aspekte der praktischen Umsetzung umfassen die Implementierung des Stoffflußmodells als Computerprogramm, die Darstellung der Ergebnisse und die Annualisierung der Modellergebnisse.

VII.2.1 Implementierung

Bei der Entwicklung des Stoffflußmodells ARGUS-VOC auf Grundlage des bekannten Energieflußmodells EFOM-ENV wurden alle realisierbaren Produktionsprozesse und Abscheidetechnologien mit ihren Eingangs- und Ausgangsflüssen in einer disaggregierten Betrachtungsweise für VOC-emissionsrelevante Quellenkategorien (Sektoren) abgebildet. Bei der Erstellung von nationalen Kostenfunktionen werden diese Sektoren dann wie beschrieben über eine sektorübergreifende Emissionsrestriktion gekoppelt.

Das Stoffflußmodell ARGUS-VOC ist als Gleichungssystem bei Betrachtung mehrerer Perioden formuliert, welches mit Verfahren der linearen Programmierung gelöst wird (vgl. Abschnitt VI.3.2.7). Die Entwicklung des Modells wurde für den PC konzipiert, so daß hiermit ein flexibles Instrument zur Erstellung von VOC-Kostenfunktionen für verschiedene Länder zur Verfügung steht (bei entsprechender Erweiterung zukünftig auch für weitere Schadstoffe). Darüber hinaus ist die Möglichkeit der Nutzung eines PC bei der Handhabung des Modells eine wesentliche Voraussetzung zur Evaluierung von Länderkostenfunktionen für Integrated-Assessment-Ansätze durch nationale Experten.

In seiner derzeitigen Version für die Bundesrepublik Deutschland umfaßt das Modell rund 40 emissionsrelevante Sektoren. Dabei können bei einer Umsetzung des Modells für andere Länder gemäß der landesspezifischen Industriestruktur Sektoren fortgelassen oder ergänzt werden.

Das Modell ist in der Programmiersprache GAMS programmiert worden, die speziell für die Abbildung von großen und komplexen Modellen im Auftrag der Weltbank entwickelt wurde [33]. Die Verwaltung der Daten in GAMS stützt sich auf das Konzept der relationalen Datenbanken, wobei das Stoffflußmodell mit spezifischen Eingabefiles für die techno-ökonomischen oder länderspezifischen Daten eine anpassungsfähige Benutzeroberfläche zur Eingabe und Modifikation von Daten bereitstellt. Das Stoffflußmodell ist in modularer Weise implementiert und umfaßt insgesamt 7 Dateien.

Der Programmcode (*argus.gms*) enthält die Definitionen der verwendeten Parameter, Mengen, Indices, mit deren Hilfe das in Abschnitt VI.3.2 beschriebene Gleichungssystem formuliert wird. Im Programmcode sind auch Routinen zur Überprüfung der Datenkonsistenz, zum Aufruf des Solvers und zur Aufbereitung und Ausgabe der Ergebnisse enthalten. Diese werden in der Ergebnisdatei *result.lst* abgelegt.

In den Technologiedateien (*structure.inc* und *inout.inc*) werden sämtliche techno-ökonomischen Daten abgelegt. In der Datei *structure.inc* werden die abgebildeten Sektoren, Referenzanlagen und Maßnahmenkombinationen, die aus einzelnen Prozessen zusammengesetzt sind, definiert. In *inout.inc* werden die prozeßspezifischen Parameter wie Investitionen, Betriebsausgaben, Emissionsfaktoren, Input- und Output-Umsetzungszahlen, Minderungseffizienzen und Verfügbarkeiten erfaßt.

Die länderspezifischen Dateien sind in den Dateien *en_flow.inc und scenario.inc* enthalten. In der Datei *en_flow.inc* werden die landesspezifischen Restriktionen für die abgebildeten Stoff-, Energie-, Produkt- und Emissionsflüsse gesetzt. Hier können auch die szenarioabhängigen Änderungen der Nachfragen und der Emissionsziele modelliert werden. In *scenario.inc* sind die in der Basisperiode implementierten Kapazitäten, sowie die Restkapazitäten in den einzelnen Teilperioden des Stoffflußmodells aus dem in Abschnitt VI.3.3.1 beschriebenen Lebensdauermodell gespeichert. Eine Reihe allgemeiner, weder technologie- noch länderspezifischer Definitionen sind in der Datei *category.inc* enthalten, wie z. B. die Länge der Teilperioden und die Bezeichnungen der Quellen und Senken des Stoffflußmodells.

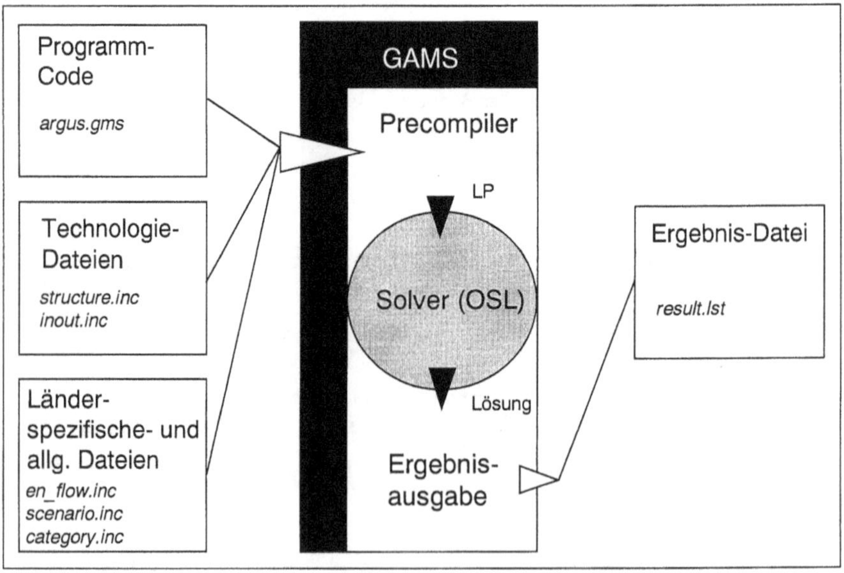

Abbildung VII.1: Ablaufschema und Dateien des Stoffflußmodells ARGUS-VOC

In Abbildung VII.1 ist schematisiert das Ablaufschema des Stoffflußmodells ARGUS-VOC dargestellt. Während des Optimierlaufes wandelt ein Matrixgenerator in GAMS

(Precompiler) die Eingabe- und Programmdateien in ein lineares Optimierungsproblem um, welches in dieser Form durch einen auf der Simplex-Methode beruhenden Optimierungsansatz gelöst wird. Zur Lösung des Optimierungsproblems wird der Standardsolver OSL verwendet (andere Solver wie CONOPT, CPLEX, DICOPT, LAMPS, MILES, MINOS, MPSWRITE, PATH oder XA können ebenfalls unter GAMS verwendet werden [84]). Durch die anschließende Aufarbeitung des Optimierungsergebnisses wird dem Benutzer die Lösung in aggregierter und transparenter Weise als Report zur Verfügung gestellt.

Bei der derzeitigen Version von ARGUS-VOC werden insgesamt rund 2.000 verschiedene Prozesse in 1.100 unterschiedlichen Kombinationen (Maßnahmenkombinationen) und 1.500 verschiedene Flüsse betrachtet. Die Planungsperiode bei der Optimierung mit den Zieljahren 2010 bzw. 2015 wird dabei in 4 bzw. 5 Teilperioden von 5 Jahren zerlegt. Die aus dem derart spezifizierten Stoffflußmodell generierte Matrix umfaßt rund 24.000 Zeilen und 28.000 Spalten mit ungefähr 82.000 Nicht-Null-Elementen. Zum Aufbau einer solchen Matrix werden auf dem PC rund 800 Megabytes verfügbarer realer bzw. virtueller Speicher benötigt. Zur Reduzierung der Rechenzeiten bei der Lösung des Optimierproblems ist die Verwendung eines schnellen Prozessors empfehlenswert (die Rechnerlaufzeit zur Berechnung eines Punktes einer Kostenfunktionen inklusive Matrixgenerierung, Optimierung und Reportgenerierung beträgt mit einem modernen Pentium II Prozessor, der mit 333 MHz getaktet ist, rund 3 h und 20 min).

VII.2.2 Ergebnisdarstellung

Die jeweiligen sektoralen bzw. nationalen VOC-Kostenfunktion werden erstellt, indem der Zielfunktionswert bei Erreichung von über den Basisemissionsverlauf hinausgehenden Emissionszielen berechnet wird. Dabei werden durch die einzelnen Optimierläufe unterschiedliche Punkte auf der Kostenfunktion berechnet. Der Basisemissionsverlauf entspricht der Entwicklung der jeweiligen Gesamtemissionen, wenn in den einzelnen Teilperioden keine Emissionsziele vorgegeben werden. Abbildung VII.2 zeigt den mit dem Stoffflußmodell ARGUS-VOC berechneten Basisemissionsverlauf innerhalb des Zeitraums von 1995 bis 2010 für die Bundesrepublik Deutschland.

Es ergibt sich, daß die Emissionen, ausgehend von VOC-Gesamtemissionen von 798,25 Gg/a im Jahre 1995 gemäß dem Basisemissionsverlauf des Stoffflußmodells um ca. 7 % auf 743,25 Gg/a im Jahre 2010 sinken. Trägt man die Differenz zwischen den Basisgesamtkosten[49] und den Gesamtkosten, die bei Vorgabe eines darüber hinausgehenden Emissionsziels mit dem Stoffflußmodell errechnet werden, über den verbleibenden Emissionsmengen im Zieljahr auf, so erhält man eine graphische Darstellung der Emissionsminderungskostenfunktion. Dabei entspricht die Emissionsmenge im Ursprung der Kostenfunktion den Emissionen im Basisjahr der Planungsperiode.

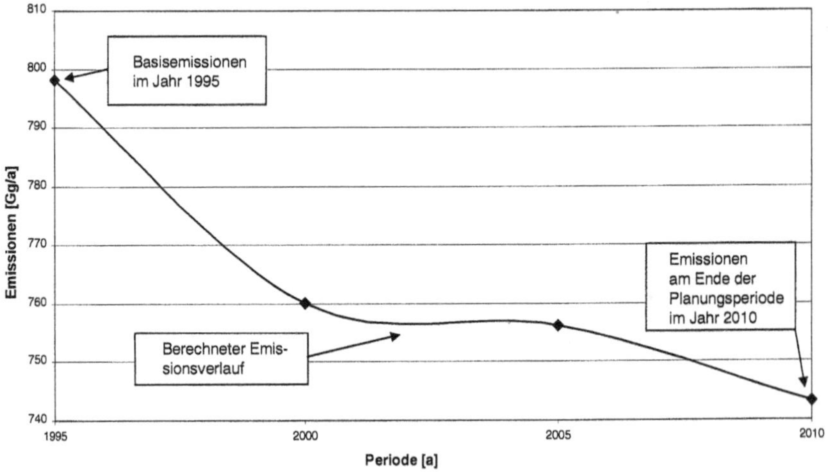

Abbildung VII.2: Berechneter Basisemissionsverlauf für die Bundesrepublik Deutschland 1995 - 2010

Es zeigte sich hierbei, daß in manchen Sektoren bei Betrachtung des Basisemissionsverlaufes die Emissionen mit der Zeit zunehmen, während sie in anderen Sektoren sinken oder auf gleichem Niveau bleiben. Diese Veränderungen der Basisemissionen in den betrachteten Sektoren sind insgesamt auf Veränderungen der wirtschaftlichen Aktivität und/oder auf wachsende freiwerdende Kapazitäten zurückzuführen, die zur Implementierung von wirtschaftlichen Maßnahmen in späteren Perioden zur Verfügung stehen.

[49] Die Basisgesamtkosten entsprechen dem Zielfunktionswert des Stoffflußmodells für den Fall, daß keine Emissionsrestriktionen vorgegeben werden (Basisemissionsverlauf).

Dabei sind die Emissionen der betrachteten Produktionsprozesse zum einen über ihre zur Nachfrageerfüllung installierten Kapazitäten an die Sektoraktivität gekoppelt. Für Sektoren, in denen sich über die Projektion der Sektoraktivität beispielsweise eine Aktivitätssteigerung für zukünftige Perioden ergibt, kann sich demzufolge bei gleichbleibender anteilmäßiger Implementierung von Emissionsminderungsmaßnahmen auch eine Tendenz zu steigenden Emissionen ergeben.

Zum anderen sind die zukünftigen Technologiekonfigurationen ausgehend von einer sektoralen Technologiekonfiguration im Basisjahr auch das Ergebnis der Allokation nach Gesichtspunkten der Wirtschaftlichkeit. Dabei können während der Planungsperiode aufgrund von freiwerdenden Kapazitäten, die sich aus der Lebensdauermodellierung der Technologien ergeben, Potentiale zum Technologiewandel ausgeschöpft werden. Im Falle, daß Kapazitäten von konventionellen Technologien durch Technologien mit vergleichsweise niedrigen Emissionsfaktoren ersetzt werden, die zugleich eine höhere oder gleiche Kosteneffektivität aufweisen, können sich auch bei Nichtvorhandensein einer sektoralen bzw. nationalen Emissionsrestriktion im Zeitverlauf sinkende Emissionen ergeben.

Umgekehrt wurde in jedem Sektor über geeignete Emissionsrestriktionen auf Anlagenebene sichergestellt, daß die Emissionen über den Zeitverlauf aufgrund des Technologiewandels nicht ansteigen. Dies bedeutet mit anderen Worten, daß die Annahme gemacht wird, daß der Emissionsfaktor auf Referenzanlagenebene auch bei Veränderung der Technologiekonfiguration mindestens konstant bleibt und keinesfalls ansteigt.

VII.2.3 Annualisierung der Modellergebnisse

Damit die im Rahmen dieser Arbeit erstellten VOC-Kostenfunktionen auf Länderebene (hier für die Bundesrepublik Deutschland) mit den Ergebnissen anderer Ansätze[50] verglichen werden können, ist es erforderlich, die Kosten nicht als Kapitalwert aller während der Planungsperiode gemachten Einzahlungen und Auszahlungen (wie für die sektoralen Kostenfunktionen), sondern als jahresbezogene Kosten in €/a darzustellen. Diese werden in einer graphischen Darstellung auf der Abszisse über den

50 Wie in Abschnitt V.3 gezeigt wurde, greifen alle existierenden Ansätze zur Erstellung von VOC-Kostenfunktionen auf eine statische Betrachtung der Maßnahmenimplementierung zurück. Hierbei wird in den in Tabelle V.1 dargestellten Ansätzen als zeitlicher Bezug jeweils die Periode von einem Jahr gewählt.

Restemissionen aufgetragen, die dem erreichten Emissionsniveau im Zieljahr entsprechen. Eine solche jahresbezogene Darstellung der Kostenfunktionen ist auch für die Integration in derzeitige IAM erforderlich.

Hierbei wird für beide Ansätze als Ergebnis die Höhe der durchschnittlichen jährlichen Auszahlungen bzw. Einzahlungen innerhalb der betrachteten Zeitperiode benötigt. Das bedeutet für das Ergebnis des Stoffflußmodells, daß jeder durch einen separaten Optimierlauf erzeugte Punkt der Kostenfunktion, der nach der Definition der Zielfunktion einem Kapitalwert entspricht, zunächst entsprechend der Dauer der betrachteten Periode in uniforme Jahreswerte zu transformieren ist. Dazu wird die Annuitätenmethode genutzt.

Man erhält die Annuität A, indem man den Kapitalwert G aus Gleichung (32) mit dem sogenannten Kapitalwiedergewinnungsfaktor w multipliziert:

$$A = G \cdot w \qquad \text{Gleichung (47)}$$

mit:

G Kapitalwert der gesamten Betriebsausgaben und Investitionen in den Teilperioden der betrachteten Planungsperiode.

w Kapitalwiedergewinnungsfaktor; mit:

$$w = \frac{i}{1-(1+i)^{-T}} \qquad \text{Gleichung (48)}$$

i Kalkulationszinsfuß.

T Anzahl der Jahre in der betrachteten Planungsperiode.

In den in Abschnitt VII.3.2 dargestellten länderspezifischen Kostenfunktionen werden mit Hilfe der Annuitätenmethode die Kosten, die einer bestimmten Emissionsminderung zugeordnet sind, als jahresbezogene Kosten (Annuitäten) ausgedrückt. Für gegen Null gehende Kalkulationszinsfüße i nähert sich der Kapitalwiedergewinnungsfaktor dem Wert $1/T$ an. Das bedeutet, daß über den Kapitalwiedergewinnungsfaktor keine Abzinsung auf den Gegenwartswert stattfindet und der Kapitalwert vereinfacht über uniforme Jahreswerte auf jedes in der gegebenen Planungsperiode betrachtete Jahr aufgeteilt wird.

VII.3 Ergebnisse der Modellrechnungen

VII.3.1 Sektorspezifische Ergebnisse

Zum Aufbau eines nationalen Stoffflußmodells für die Bundesrepublik Deutschland und zur Überprüfung der Eingangsdaten und der angewandten Methodik wurden Kostenfunktionen für jeden einzelnen Sektor erstellt. Dabei wurden jeweils ein Basisemissionsverlauf über die Teilperioden und die Basisgesamtkosten ermittelt, die sich bei gegebener Technologiekonfiguration in jedem Sektor für den Fall ergeben, daß keine Emissionsbeschränkung vorgegeben wird.

Im folgenden werden die sektoralen Kostenfunktionen für die Bundesrepublik Deutschland in zwei Abschnitten präsentiert. Abschnitt VII.3.1.1 umfaßt die Kostenfunktionen von Sektoren, in denen der Basisemissionsverlauf eine steigende oder gleichbleibende Tendenz hat. Abschnitt VII.3.1.2 enthält die Sektoren, bei denen sich im Zeitverlauf fallende Emissionen ergeben. Dabei wurden für jeden Sektor Kostenfunktionen nach drei verschiedenen Szenarien berechnet. Diese Szenarien sind:

- Das Emissionsziel wird ausgehend vom Basisjahr (1995) bereits im Jahre 2000 erreicht und bis zum Ende der Planungsperiode (2015) beibehalten ("**Kurze Übergangsfristen**"),
- Das Emissionsziel wird über eine stufenweise Emissionsminderung in den Teilperioden entlang eines linearen Emissionsminderungspfades am Ende der Planungsperiode im Jahr 2015 erreicht ("**Linearer Emissionsminderungsverlauf**"),
- Das Emissionsziel wird ausgehend vom Basisjahr (1995) erst am Ende der Planungsperiode im Jahr 2015 erreicht ("**Lange Übergangsfristen**").

Bei der Darstellung der VOC-Kostenfunktionen wird als Ausgangspunkt für die Emissionen jeweils der höchste Emissionswert, der im Basisemissionsverlauf angenommen wird, im Ursprung aufgetragen, d. h. der Wert von 2015 für Sektoren mit im Zeitverlauf steigenden bzw. gleichbleibenden Emissionen und der Wert von 1995 für Sektoren mit sinkenden Emissionen. Für den Sektor „Use of Solvents“ ist eine graphische Darstellung der Ergebnisse der einzelnen Optimierläufe nicht sinnvoll, da hier die Annahme gemacht wurde, daß die identifizierten Maßnahmen keine zusätzlichen Kosten verursachen und das mögliche Emissionsminderungspotential, das zu einer Emissionszielerreichung ausgeschöpft werden kann, in den einzelnen betrachteten Teilperioden vom Grad der Marktdiffusion von lösemittelarmen Produktalternativen abhängt. Dabei wird der Anteil der Produkte, die im Zeitverlauf durch lösemittelärmere Produktalternativen ersetzt werden können, analog zu den Produktionstechnologien mit dem in Gleichung (46) beschriebenen Lebensdauermodell abgebildet.

Der Sektor Propylen-Produktion wurde bei der Modellbildung nicht weiter berücksichtigt, da hier davon ausgegangen wird, daß Propylen zusammen mit Ethylen und weiteren Komponenten Kuppelprodukte des Naphthalin-steam-cracking Verfahrens sind. In der hier vorgestellten Arbeit wurden deshalb in einer prozeßorientierten Vorgehensweise die Emissionen des gesamten Produktionsprozesses über einen gemeinsamen Emissionsfaktor erfaßt, der sich auf die Leitkomponente Ethylen (als häufigste Komponente des Kuppelproduktionsprozesses) bezieht. So wird eine Doppelzählung von Emissionen vermieden, so wie sie bei der eher produktorientierten Vorgehensweise in CORINAIR auftreten kann, wo ein separater Emissionsfaktor für verschiedene Kuppelprodukte desselben Produktionsprozesses angegeben wird.

Bei der Analyse der nach den oben erläuterten Szenarien erstellten VOC-Kostenfunktionen lassen sich folgende allgemeine Feststellungen treffen (die Kostenfunktionen von 37 Sektoren sind in Abbildung VII.4 und VII.5 dargestellt, wobei für die Sektoren jeweils der Kapitalwert, also die abgezinsten Gesamtausgaben und -einnahmen (≡Gesamtkosten), über den sektoralen VOC-Emissionen aufgetragen wurden):

- Eine Verkürzung der Übergangsfristen führt zu einer Erhöhung der Gesamtkosten. In diesem Sinne läßt sich eine Steigerung der Kostendifferenz zwischen den Szenarien mit den Bezeichnungen "Kurze Übergangsfristen" und "Lange Übergangsfristen" bei steigenden Emissionsminderungsanforderungen beobachten. Je nach Sektor liegen die Gesamtkosten für die nach beiden Szenarios maximal erreichbare Emissionsminderung für das Szenario "Kurze Übergangsfristen" zwei- bis fünfmal höher. Diese Unterschiede hinsichtlich des Grades der Kostensteigerung sind auf Unterschiede bei der errechneten Technologiekonfiguration zurückzuführen. In Sektoren, in denen Primärmaßnahmen wie die Substitution von VOC-haltigen Einsatzstoffen zu der Menge der möglichen Minderungsmaßnahmen zählen, wird durch eine Verlängerung der Übergangsfristen über die Lebenszyklen der zugrundeliegenden Technologien ein Potential zum strukturellen Wandel der Technologiekonfiguration und somit zur Emissionsminderung geschaffen.
- Bei Verkürzung der Übergangsfristen kommt es je nach Sektor zu einer Abnahme der maximal möglichen Emissionsminderung. Dies bedeutet, daß auch das verfügbare Emissionsminderungspotential vom zeitlichen Verlauf der Emissionsminderung abhängig ist. Dieser Effekt ist wiederum durch die Verkleinerung der Möglichkeiten zum strukturellen Wandel der Technologien begründet, die sich bei einer Verkürzung der Frist ergibt, bis zu der ein bestimmtes Emissionsziel erreicht

werden muß. Steht für die Erreichung einer bestimmten Emissionsminderung ein längerer Zeitraum zu Verfügung, so vergrößert sich über die mit dem Lebensdauermodell errechneten freiwerdenden Kapazitäten auch die Menge der einsetzbaren Kombinationen aus Primär- und Sekundärmaßnahmen, die in der Technologiedatenbank vorgesehen sind. Da in der Technologiedatenbank für viele Maßnahmen der Substitution von Einsatzstoffen die zusätzliche Möglichkeit der Kombination mit nachgeschalteten Abscheidetechnologien besteht, weil beispielsweise in vielen Fällen auch in alternativen Einsatzstoffen noch ein gewisser Anteil an VOC enthalten ist, ergibt sich über die Ersetzung von Produktionstechnologien in Kombination mit sekundären Maßnahmen in längerer zeitlicher Perspektive auch ein steigendes Potential für eine weitreichende Emissionsminderung. Solche Kombinationen von Primär- und Sekundärmaßnahmen haben jedoch relativ hohe Minderungskosten zur Folge.

- Alle sektoralen Kostenfunktionen weisen definitionsgemäß eine konvexe Form mit steigenden Grenzkosten in bezug auf die erreichbare Emissionsminderung auf. Bei einigen sektoralen Kostenfunktionen (z. B. "Petroleum products processing", "PVC processing", "Rotogravure in the publication sector", "Storage and handling of petroleum products in refinery", "Glass wool enduction") ist bei Annäherung an die maximal mögliche Emissionsminderung eine besonders hohe Steigerung der Grenzkosten zu beobachten. In diesem Bereich ist es je nach Sektor erforderlich, besonders aufwendige technische Maßnahmen oder Maßnahmenkombinationen zu implementieren, um noch eine weitergehende Emissionsminderung zu erreichen. Dabei gibt es Maßnahmen bzw. Maßnahmenkombinationen, die für alle Referenzanlagen eines Sektors eine weitergehende Emissionsminderung bei hohen Kosten erlauben. Betrachtet man jedoch die Kosteneffizienz solcher Maßnahmen innerhalb eines Sektors in bezug auf die Anlagengröße bzw. Kapazität, so sind in vielen Fällen deutliche Unterschiede zwischen den Referenzanlagen festzustellen. So stellt beispielsweise eine Maßnahme (z. B. Verbrennung oder Biofiltration von bei der Teigzubereitung entstehendem Ethanol in Bäckereien) für große Anlagen eine im Vergleich mit anderen Sektoren kosteneffektive Maßnahme dar, während sie für kleine oder nicht-industrielle Anlagen vergleichsweise ineffizient ist.

VII.3.1.1 Sektoren mit im Zeitverlauf steigenden bzw. gleichbleibenden VOC-Emissionen

Bei der Analyse der Kostenfunktionen für Sektoren mit im Zeitverlauf steigenden bzw. gleichbleibenden VOC-Emissionen kann neben den allgemeinen für alle Sektoren gemachten Beobachtungen folgendes festgestellt werden (in den Grafiken sind dabei im Ursprung die Emissionen von 2015, die sich nach dem Basisemissionsverlauf ergeben, als Basisemission aufgetragen):

Bei vier der hier vorgestellten Sektoren liegt das Niveau der Kostenfunktion nach den Szenarios "Linearer Emissionsminderungsverlauf" höher als für die Szenarios "Kurze Übergangsfristen" (dies sind die Sektoren "Marine terminals", "Paints manufacturing", "Construction and building" und "Domestic use of paints"). Dies liegt daran, daß in diesen Sektoren die Emissionen relativ stark ansteigen und sich deshalb für eine vergleichbare Emissionsminderung ausgehend von den Basisemissionen im Zieljahr insgesamt höhere Minderungsanforderungen und damit höhere Minderungskosten ergeben, wenn man sich über die einzelnen betrachteten Teilperioden stufenweise-linear statt kurzfristig an das Emissionsziel annähert.

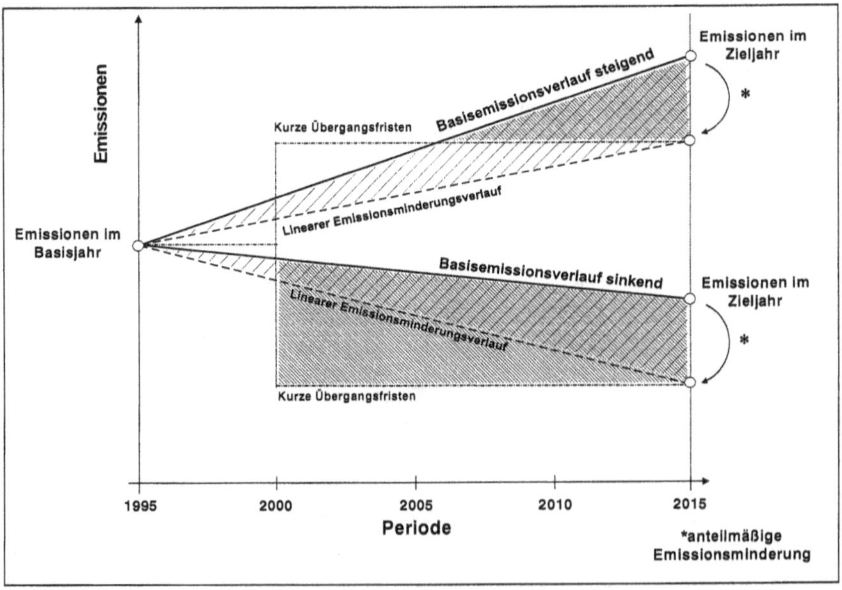

Abbildung VII.3: Einfluß des gewählten Emissionsminderungspfades auf die innerhalb der betrachteten Planungsperiode geminderten Emissionen

Abbildung VII.3 verdeutlicht diese Feststellung. Man erkennt, daß bei einem Basisemissionsverlauf mit steigenden Emissionen für eine gegebene Emissionsminderungsrate die Minderungsanforderungen, die sich für den Emissionsminderungspfad "Linearer Emissionsminderungsverlauf" ergeben (grau hinterlegte Fläche in Abbildung VII.3), insgesamt höher sind als die des Emissionsminderungspfades "Kurze Übergangsfristen" (schraffierte Fläche in Abbildung VII.3), während bei einem Basisemissionsverlauf mit sinkenden Emissionen die gesamten Minderungsanforderungen des Emissionsminderungspfades "Linearer Emissionsminderungsverlauf" niedriger sind als die des Emissionsminderungspfades "Kurze Übergangsfristen".

Sektorale Kostenfunktionen mit im Zeitverlauf steigenden bzw. gleichbleibenden VOC-Emissionen sind für die einzelnen Sektoren in Abbildung VII.4 dargestellt.

VII.3.1.2 Sektoren mit im Zeitverlauf sinkenden VOC-Emissionen

Bei der Analyse der Kostenfunktionen für Sektoren mit im Zeitverlauf sinkenden VOC-Emissionen kann neben den allgemeinen für alle Sektoren gemachten Beobachtungen folgendes festgestellt werden (in den Grafiken sind dabei im Ursprung die Emissionen von 1995, die sich nach dem Basisemissionsverlauf ergeben, als Basisemission aufgetragen):

Bei Verlängerung der Übergangsfristen kommt es je nach betrachtetem Sektor zu einer Verlängerung des Teilbereichs der Emissionsminderungskostenfunktion, in der eine zusätzliche Minderung der Emissionen mit keinen oder vernachlässigbaren zusätzlichen Kosten verbunden ist. Für die Kostenfunktionen der Sektoren "Refinery dispatch station", "Transport and depots", "Service stations", "Residential plants", "Car repairing", "Dry cleaning" und "Screen printing" in der Bundesrepublik Deutschland erhält man von Sektor zu Sektor für die Szenarien "Kurze Übergangsfristen" und "Lange Übergangsfristen" unterschiedliche Distanzen der Emissionswerte auf der Abszisse, von denen an die Kosten für eine weitere Emissionsminderung erstmals Werte annehmen, die sichtbar über Null liegen. Dieser Effekt liegt ähnlich wie bei der Veränderung des maximalen Minderungspotentials bei der Variation der Übergangsfristen darin begründet, daß sich bei einer Verlängerung der Übergangsfristen das Potential für kosteneffiziente Maßnahmen vergrößert, das sich aus dem strukturellen Wandel der möglichen Technologiekonfiguration ergibt. In Abbildung VII.5 sind entsprechende sektorale Kostenfunktionen dargestellt. Die in Abbildung VII.4 und VII.5 bei der Darstellung der einzelnen VOC-Kostenfunktionen zugrunde gelegten Szenarien wurden wie folgt gekennzeichnet:

—■—	Kurze Übergangsfristen
—△—	Linearer Emissionsminderungsverlauf
—○—	Lange Übergangsfristen

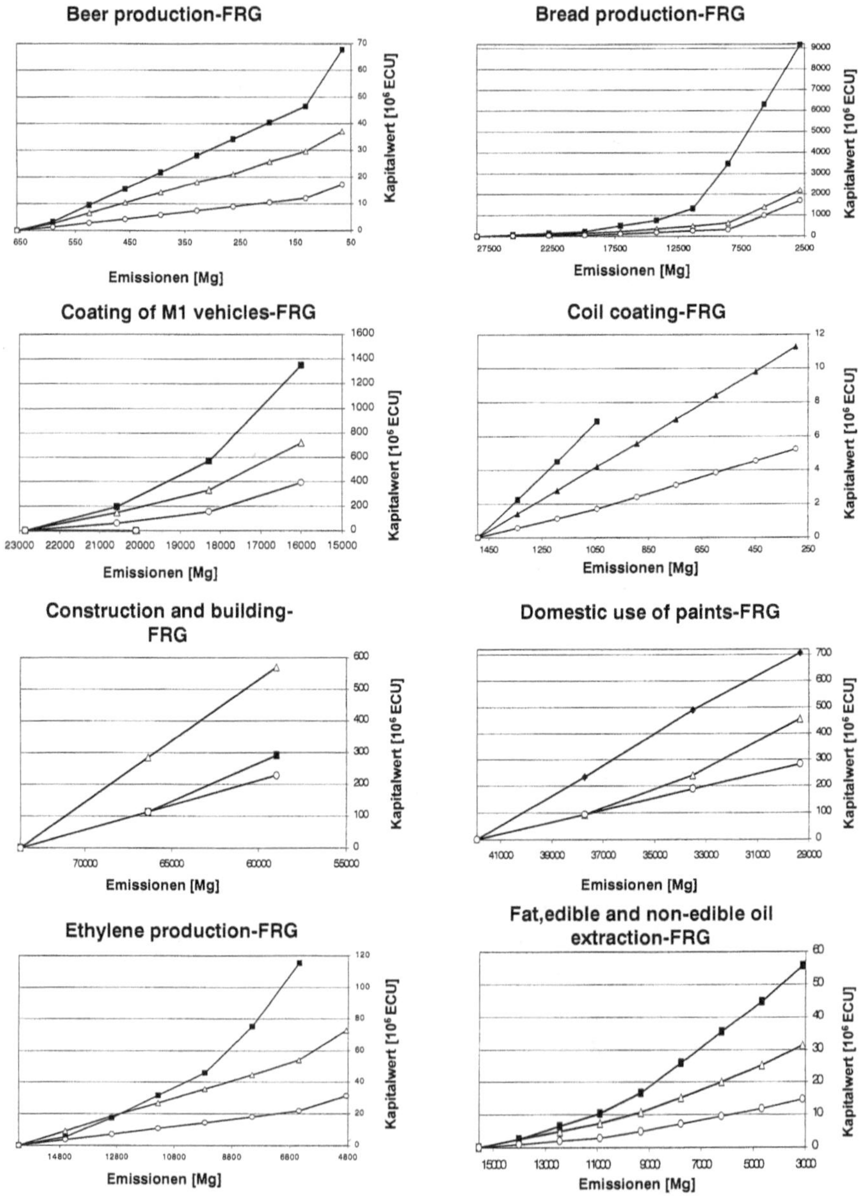

Abbildung VII.4: Sektorale VOC-Kostenfunktionen für Deutschland - Sektoren mit steigenden oder gleichbleibenden Emissionen (Basisemissionswert 1995)

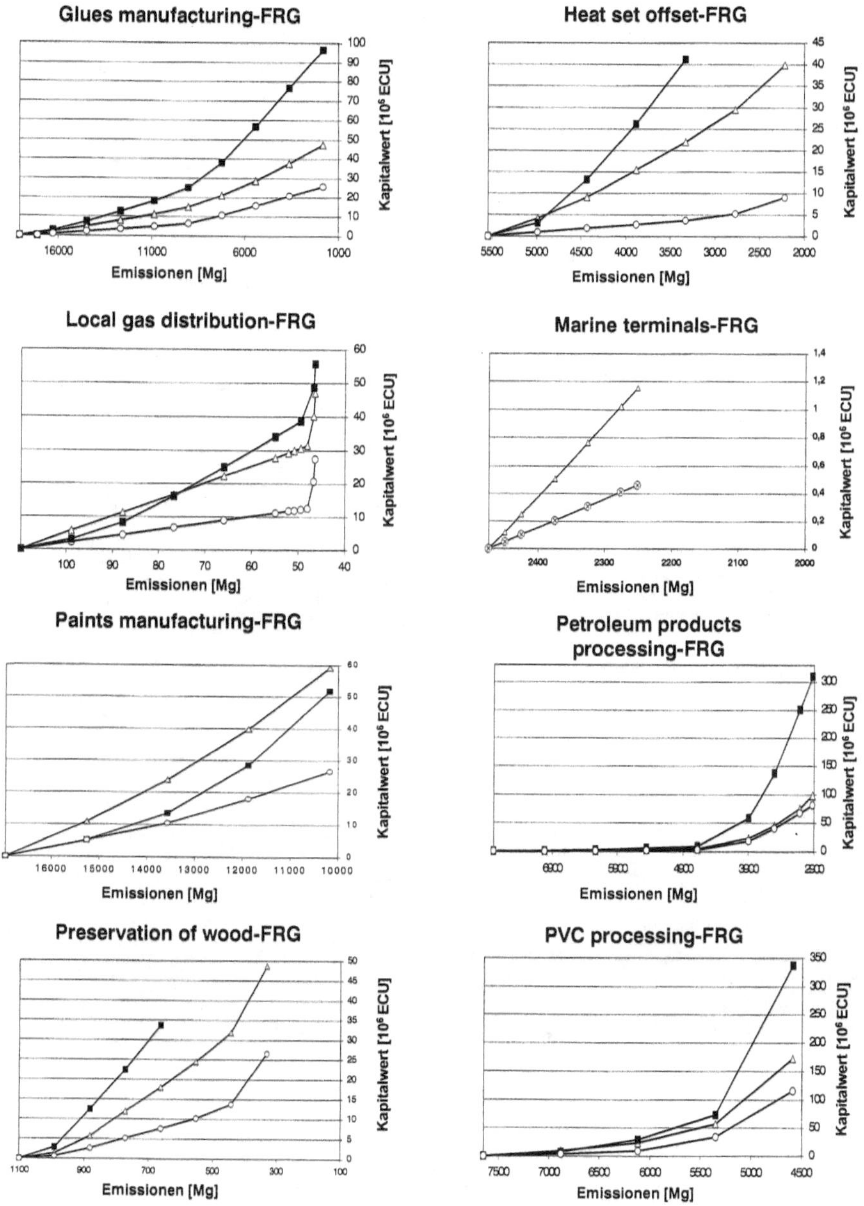

Abbildung VII.4: Fortsetzung

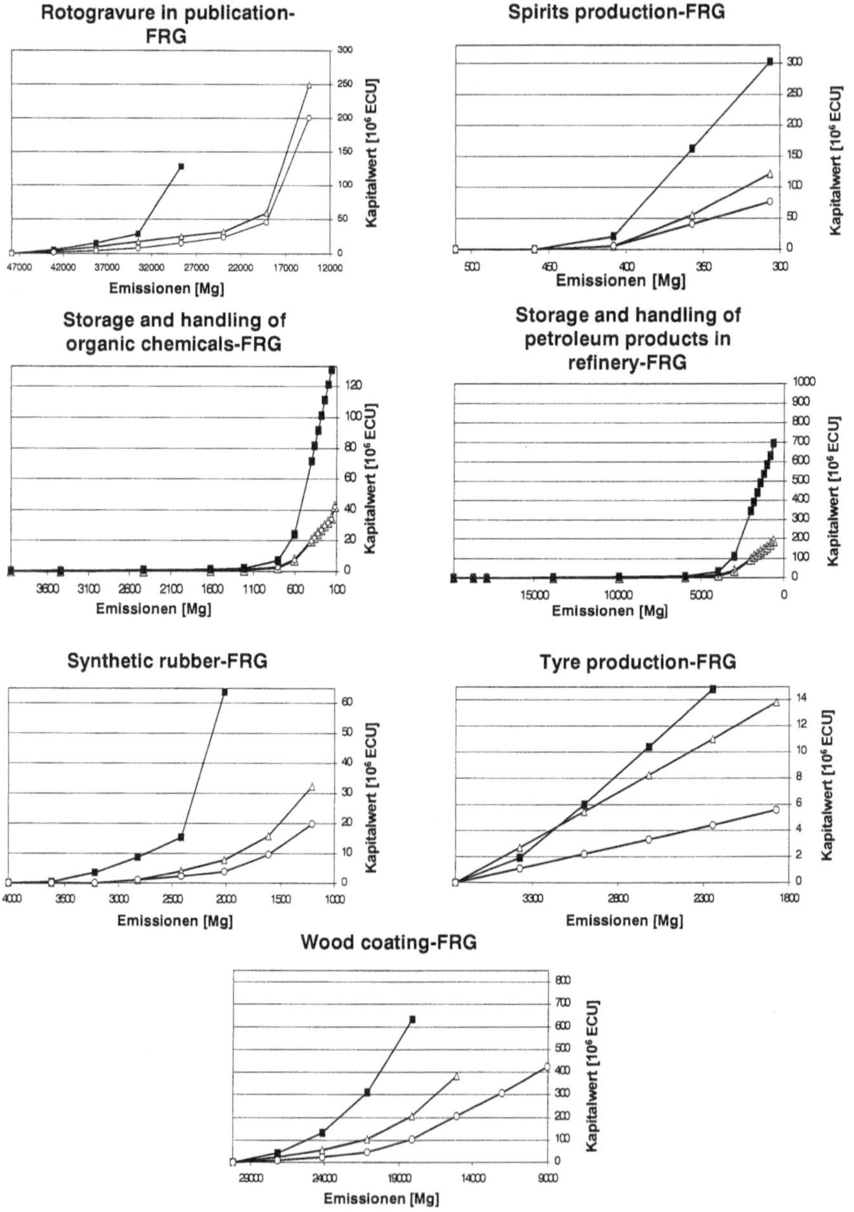

Abbildung VII.4: Fortsetzung

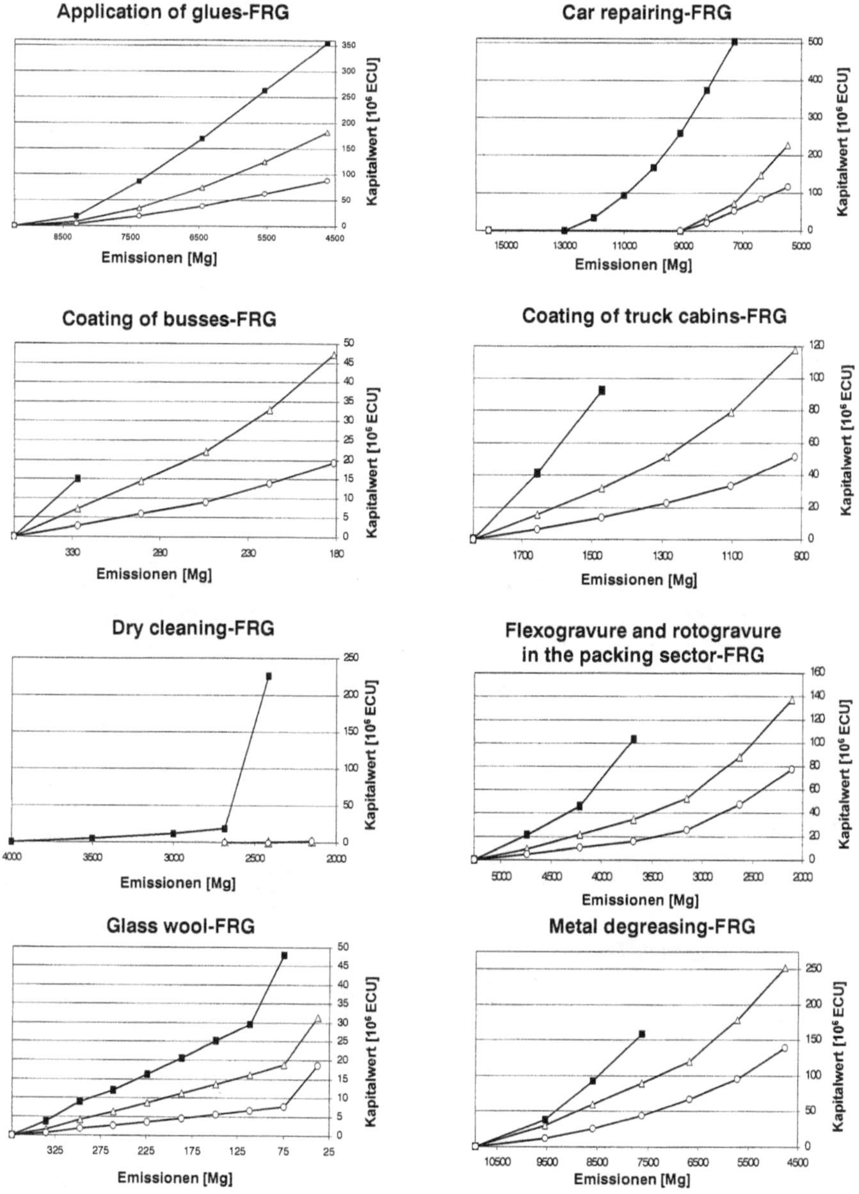

Abbildung VII.5: Sektorale VOC-Kostenfunktionen für Deutschland - Sektoren mit sinkenden Emissionen (Basisemissionswert 1995)

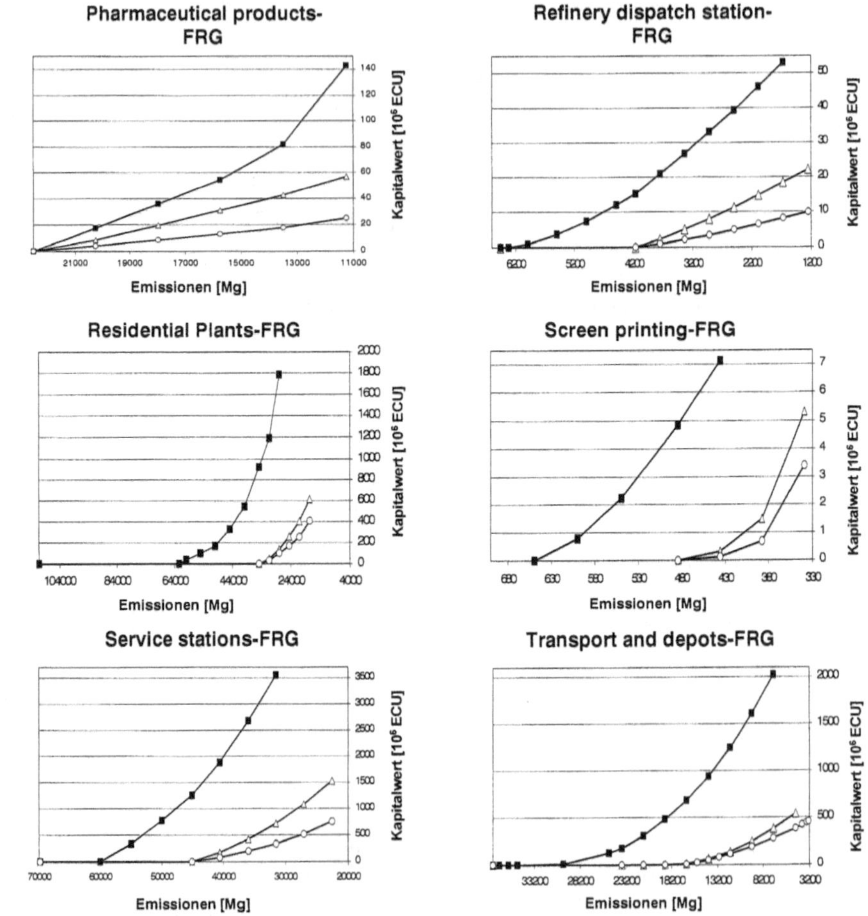

Abbildung VII.5: Fortsetzung

VII.3.2 Landesspezifische Ergebnisse

Die Sektormodelle, deren Kostenfunktionen im vorangehenden Abschnitt diskutiert wurden, werden im Stoffflußmodell ARGUS-VOC zu einem länderspezifischen Modell für die Bundesrepublik Deutschland zusammengefaßt. Mit diesem Modell wurde eine Serie von Sensibilitätsanalysen durchgeführt, die im folgenden diskutiert werden. Dabei wird insbesondere die Abhängigkeit des Verlaufes (d. h. Basisemissionen, maximal erreichbare Emissionsminderung, Emissionsminderungspotential, Entwicklung der Steigung der Grenzkosten usw.) und des Niveaus der resultierenden Kostenfunktionen von den im Modell enthaltenen Parametern analysiert. Insbesondere aufgrund des beträchtlichen Zeitbedarfs für die Erstellung einer individuellen Kostenfunktion (es werden zur Darstellung einer Kostenfunktion 12 - 15 Punkte benötigt, wobei man zur Berechnung eines Punktes, der einem Optimierlauf entspricht, von einer Rechenzeit von rund 3 h 20 min ausgehen muß), muß die Sensibilitätsanalyse entsprechend geplant werden. Die Parameter, die zu diesem Zwecke variiert wurden, werden zu den nachstehenden Gruppen zusammengefaßt:

1. Variation der Übergangsfristen zur Erreichung des Emissionsminderungsziels,
2. Verlängerung bzw. Verkürzung des Planungszeitraums,
3. Variation der Kalkulationszinsfüße.

In den folgenden Abschnitten erfolgt eine Darstellung der Sensibilitätsanalysen, die in bezug auf oben genannten Parameter durchgeführt wurden.

1. Variation der Übergangsfristen zur Erreichung des Emissionsminderungsziels

Für die Variation der Übergangsfristen wurden ausgehend vom Technologieimplementierungsstand des Jahres 1995 für die Bundesrepublik Deutschland Kostenfunktionen für drei Szenarien berechnet. Der Betrachtungszeitraum umfaßt die Teilperioden 1995 bis 2010. Dem Kalkulationszinsfuß bei der Abzinsung in der Zielfunktion und zur anschließenden Annuitätenbildung wird zunächst der Wert Null zugeordnet. Zur Unterscheidung möglichst unterschiedlicher Übergangsfristen bei der Berechnung der Kostenfunktionen werden folgende Szenarien betrachtet:

1. Das Emissionsziel wird ausgehend vom Basisjahr (1995) bereits im Jahre 2000 erreicht und bis zum Ende der Planungsperiode (2010) beibehalten ("**Kurze Übergangsfristen**"),
2. Das Emissionsziel wird ausgehend vom Basisjahr (1995) erst am Ende der Planungsperiode im Jahr 2010 erreicht ("**Lange Übergangsfristen**"),

3. Das Emissionsziel wird über eine stufenweise Emissionsminderung in den Teilperioden entlang eines linearen Emissionsminderungspfades am Ende der Planungsperiode im Jahr 2010 erreicht ("**Linearer Emissionsminderungsverlauf**").

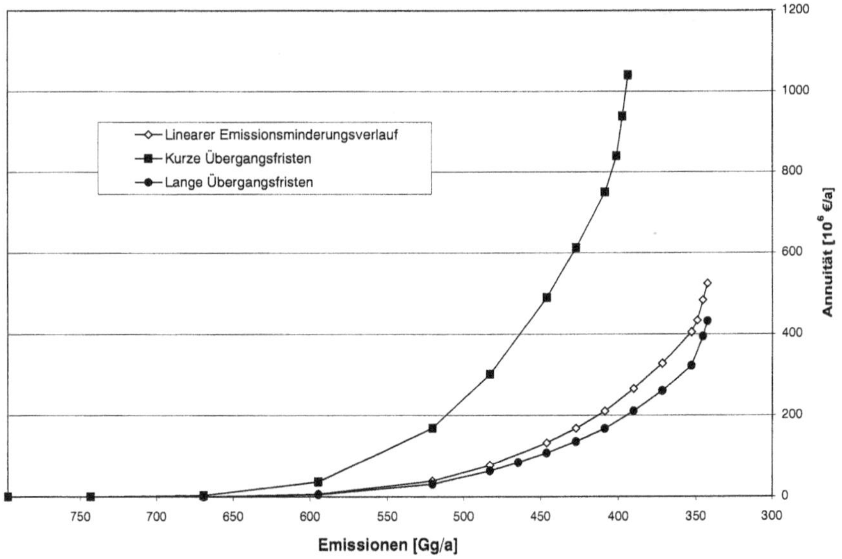

Abbildung VII.6: Nationale Emissionsminderungskostenkurven (Annuität) bei Variation der Übergangsfristen (betrachteter Planungszeitraum 1995 - 2010, Kalkulationszinsfuß i = 0 %) für die Bundesrepublik Deutschland

In Abbildung VII.6 sind die Kostenfunktionen für die 3 Szenarien dargestellt. Analog zu den bei den sektoralen Kostenfunktionen gemachten Beobachtungen ist auch bei den nationalen Kostenfunktionen festzustellen, daß bei einer Verkürzung der Übergangsfristen insgesamt die jährlichen Kosten, die einem bestimmten Emissionsniveau zugeordnet sind, steigen. Der Grund hierfür liegt darin, daß bei einer Verkürzung der Übergangsfristen der zeitliche Spielraum für den strukturellen Wandel der Technologiekonfiguration der Produktionsanlagen vermindert wird. Deshalb müssen in den verbleibenden Sektoren, in denen noch das entsprechende Potential vorhanden ist, vermehrt Sekundärmaßnahmen implementiert werden. Damit kommt es gleichzeitig zu einer Zunahme der Steigung der Grenzkosten und zu einer Verringerung der maximal möglichen Emissionsminderung.

Auf Basis der mit dem Stoffflußmodell berechneten Basisemissionen für 1995, die in Abbildung VII.6 im Ursprung der Grafik aufgetragen werden, kann gemäß Szenario

"Kurze Übergangsfristen" eine maximal erreichbare Emissionsminderung von rund 51 % und gemäß Szenario "Lange Übergangsfristen" eine maximale Emissionsminderung von rund 57 % realisiert werden. Zur Erreichung dieser maximalen Emissionsminderungsrate entstehen bei erstgenanntem Szenario mit 1.040,5 Mio. €/a um den Faktor 2,4 höhere jährliche Kosten als bei letztgenanntem Szenario (432,38 Mio. €/a).

Bei einer Minderung der Emissionen von rund 46 % von 798,25 auf rund 430 Gg/a Restemissionen entstehen je nach Szenario jährliche Kosten in Höhe von 135 bis 612 Mio. €/a. Das bedeutet eine Steigerung der jährlichen Kosten um den Faktor 4,5, wenn das Emissionsziel bereits im Jahre 2000 anstatt erst im Jahre 2010 erreicht wird.

Insgesamt zeigt sich, daß die Länge der Übergangsfristen für die geforderte Implementierung von Emissionsminderungsmaßnahmen einen großen Einfluß sowohl auf das realisierbare Minderungspotential wie auch auf die Höhe der hiermit verbundenen Kosten aufweist. Es ist jedoch festzuhalten, daß bei längeren Übergangsfristen die entsprechende Emissionsminderung zeitlich verzögert eintreten kann.

2. Verlängerung bzw. Verkürzung des Planungszeitraums

Bei der hier vorgenommenen Parametervariation wird der Einfluß einer Verlängerung bzw. Verkürzung des betrachteten Planungszeitraumes auf die resultierenden Kostenfunktionen analysiert. Dazu wird dem in den vorangehenden Darstellungen definierten Szenario 3 ein neues Szenario gegenübergestellt. Auch hier wird vom Technologieimplementierungsstand von 1995 in der Bundesrepublik Deutschland ausgegangen, der Kalkulationszinsfuß hat zunächst den Wert Null. Im Einzelnen werden folgende Szenarien betrachtet:

1. Das Emissionsziel wird über stufenweise Emissionsminderung in den Teilperioden entlang eines linearen Emissionsminderungspfades am Ende der Planungsperiode im Jahr 2010 erreicht ("**Linearer Emissionsminderungsverlauf 1995 - 2010**").
2. Das Emissionsziel wird über stufenweise Emissionsminderung in den Teilperioden entlang eines linearen Emissionsminderungspfades am Ende einer verlängerten Planungsperiode im Jahr 2015 erreicht ("**Linearer Emissionsminderungsverlauf 1995 - 2015**").

In Abbildung VII.7 sind die Kostenfunktionen für diese beiden Szenarien dargestellt.

Es wird deutlich, daß bei einer Verlängerung der betrachteten Planungsperiode von 2010 auf 2015 sich das Potential der Emissionsminderung erhöht. Dabei ist gleichzeitig festzustellen, daß die einem bestimmten Emissionsniveau zugeordneten jährlichen Kosten geringer werden. Der Grund hierfür ist darin gegeben, daß bei einer Verlängerung der betrachteten Planungsperiode der zeitliche Spielraum für den strukturellen Wandel vergrößert wird. Dabei können zusätzliche, am Ende der verlängerten Planungsperiode freigewordene Kapazitäten von existierenden Produktionsanlagen im Rahmen des autonomen Technologiewandels durch Kapazitäten von Produktionsanlagen mit geringeren VOC-Emissionen ersetzt werden.

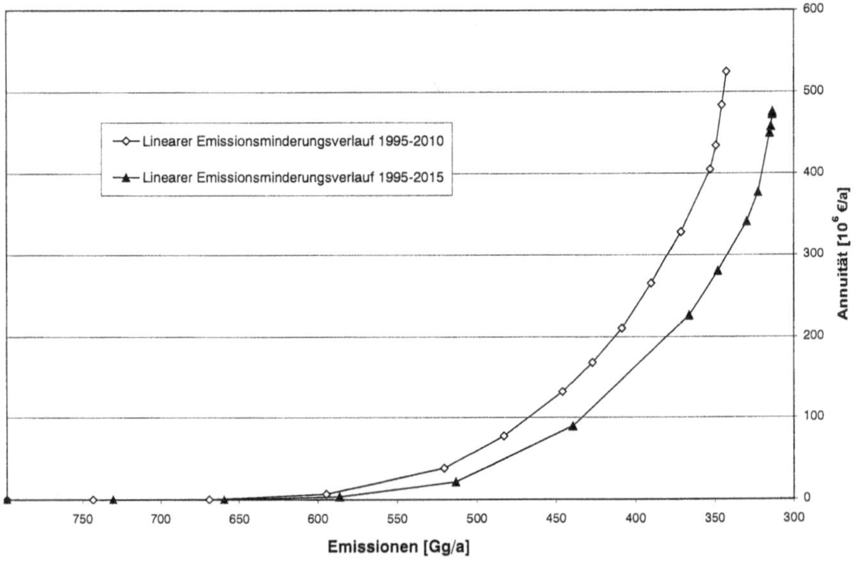

Abbildung VII.7: Nationale Emissionsminderungskostenkurven (Annuität) bei Variation der Dauer der betrachteten Planungsperiode (linearer Emissionsminderungsverlauf; Kalkulationszinsfuß i = 0 %) für die Bundesrepublik Deutschland

Bei einer Verlängerung der Planungsperiode steigen zwar die resultierenden Gesamtkosten (Kapitalwert) an, diese werden jedoch mittels der Annuitätenmethode in durchschnittliche Jahreswerte überführt, so daß hieraus eine jahresbezogene Kostensenkung über eine Verlängerung der Planungsperiode resultiert.

Dabei wird auch hier von den berechneten Basisemissionen für das Jahr 1995 und dem berechneten Basisemissionsverlauf ausgegangen.

Auf der Basis der ursprünglichen VOC-Gesamtemissionen im Jahre 1995, die in Abbildung VII.7 im Ursprung der Grafik aufgetragen sind, kann gemäß Szenario "Linearer Emissionsminderungsverlauf 1995 - 2010" eine maximal erreichbare Emissionsminderung von rund 57 % und gemäß Szenario "Linearer Emissionsminderungsverlauf 1995 - 2015" von rund 61 % realisiert werden. Zur Erreichung dieser maximalen Emissionsminderungsrate entstehen bei erstgenanntem Szenario mit 524,63 Mio. €/a um 10 % höhere jährliche Kosten als bei letztgenanntem Szenario (476,10 Mio. €/a). Bei einer Emissionsminderung von rund 53 % liegen die jährlichen Kosten des erstgenannten Szenarios mit 320 Mio. €/a um rund 60 % über letztgenanntem Szenario mit jährlichen Kosten von 200 Mio. €/a.

Es erweist sich somit, daß durch eine Ausdehnung des Planungszeitraumes insgesamt eine höhere Emissionsminderung zu geringeren Kosten erreichbar wird. Die entsprechende Emissionsminderung tritt dabei jedoch zeitlich verzögert ein.

3. Variation der Kalkulationszinsfüße

Bei der hier vorgenommenen Analyse soll der Einfluß verschiedener Kalkulationszinsfüße auf die resultierenden Kostenfunktionen untersucht werden, hierfür werden ausgehend vom Technologieimplementierungsstand des Jahres 1995 in der Bundesrepublik Deutschland Kostenfunktionen berechnet. Dabei wurde für alle Szenarien festgelegt, daß das Emissionsziel über eine stufenweise Emissionsminderung in den Teilperioden entlang eines linearen Emissionsminderungspfades am Ende der Planungsperiode im Jahr 2010 erreicht wird. Folgende Szenarien wurden betrachtet (das erste Szenario entspricht dabei dem ersten Szenario der Analyse im vorangehenden Abschnitt):

Der Kalkulationszinsfuß zur Abzinsung der Auszahlungen bzw. Einzahlungen in der Zielfunktionen und zur Bildung der Annuitäten beträgt

- 0 % (Bezeichnung "**i = 0 %**"),
- 5 % (Bezeichnung "**i = 5 %**"),
- 10 % (Bezeichnung "**i = 10 %**").

In Abbildung VII.8 sind die Ergebnisse hierzu dargestellt.

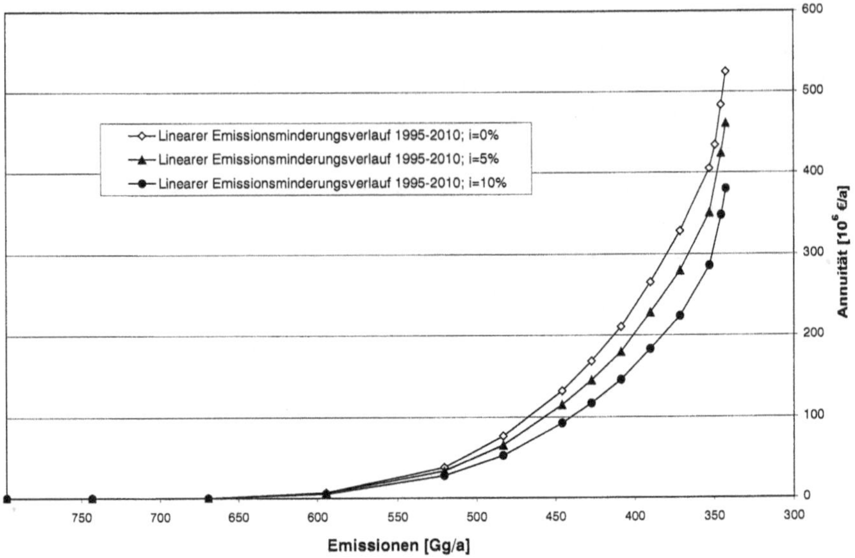

Abbildung VII.8: Nationale Gesamtkostenkurven bei Variation der zugrunde gelegten Kalkulationszinsfüße (betrachteter Planungszeitraum 1995 - 2010; linearer Emissionsminderungsverlauf)

Analog zu den Szenarien, die hinsichtlich der Variation der Übergangsfristen und der Dauer der Planungsperiode definiert wurden, wird auch hier von den berechneten Basisemissionen für das Jahr 1995 und dem berechneten Basisemissionsverlauf ausgegangen.

Es ist festzustellen, daß eine Steigerung des Kalkulationszinsfußes, der bei der Kapitalwertbildung und der Berechnung der Annuität zur Anwendung kommt, eine Senkung der jährlichen Kosten zur Folge hat, die einem bestimmten Emissionsniveau zugeordnet sind. Ausschlaggebend dafür ist die Tatsache, daß der größere Teil der Auszahlungen für die Emissionsminderung gegen Ende der Planungsperiode erfolgt, da die Emissionsminderungsanforderungen im Zeitverlauf zunehmen.

Da bei einem gegebenen Kalkulationszinsfuß diese Auszahlungen um so mehr abgezinst werden, je weiter sie in der Zukunft liegen, nehmen die durchschnittlichen Jahreswerte, die über die Annuitätenmethode bei gleichem Kalkulationszinsfuß berechnet werden, um so kleinere Werte an, je größere Werte für den zugrunde gelegten Kalkulationszinsfuß in den unterschiedlichen Szenarien gewählt werden.

Der Kalkulationszinsfuß übt bei Werten zwischen 0 und 10 % bei gleichem Emissionsminderungsverlauf jedoch keinen Einfluß auf die durch die Optimierung bestimmte Technologiekonfiguration aus. Damit ergeben sich für die in den vorangehenden Darstellungen definierten Szenarien gleiche maximal erreichbare Emissionsminderungsraten.

Auf Basis der ursprünglichen VOC-Gesamtemissionen des Jahres 1995, die in Abbildung VII.8 im Ursprung der Grafik aufgetragen werden, kann für die Szenarien "i = 0 %", "i = 5 %" und "i = 10 %" eine maximal erreichbare Emissionsminderung von rund 57 % auf VOC-Restemissionen von 342,6 Gg/a erreicht werden. Diese maximale Emissionsminderungsrate verursacht bei erstgenanntem Szenario jährliche Kosten in Höhe von 524,63 Mio. €/a, bei zweitgenanntem Szenario 461,22 Mio. €/a und bei drittgenanntem Szenario 379,63 Mio. €/a.

Bei einer Emissionsminderung von rund 55 % liegen die jährlichen Kosten bei Zugrundelegung eines Kalkulationszinsfuß von 0 % mit 327 Mio. €/a um rund ein Fünftel höher als beim einem Kalkulationszinsfuß von 5 % mit 280 Mio. €/a und um rund ein Drittel höher bei einem Kalkulationszinsfuß von 10 % mit 225 Mio. €/a.

Die Variation des Kalkulationszinsfußes zeigt somit einen moderaten Einfluß, der jedoch vor dem Hintergrund der Sensitivität des Integrated-Assessment-Modelling für die resultierenden Emissionsminderungspflichten der Länder für multinationale Verhandlungen über Minderungen von VOC-Emissionen bedeutend werden kann.

VII.3.3 Vergleich der erzielten Ergebnisse mit Ergebnissen vorhandener Ansätze

Über die Realisierung verschiedener Sensitivitätsanalysen hinaus wird hier ein Vergleich der mit dem Stoffflußmodell ARGUS-VOC erzeugten Ergebnisse mit Kostenfunktionen vorgestellt, die nach dem vereinfachten Ansatz erstellt wurden (RAINS-Methodik).

Im Rahmen einer Evaluierung der in RAINS für die VOC-Emissionsminderung in der Bundesrepublik Deutschland eingesetzten Kostenfunktion [189] wurde ein Vergleich mit den aus dem Stoffflußmodell ARGUS-VOC resultierenden Kostenfunktionen für Deutschland (alte und neue Bundesländer) durchgeführt. Dabei wurde der mit dem Modell ARGUS-VOC für das Jahr 1995 (mit landesspezifischem Implementierungsstand von Maßnahmen) berechnete Emissionsstand als Nullpunkt für die Kostenfunktionen gewählt. Für den Vergleich wurden die RAINS-Kostenfunktion (Bezeichnung: RAINS) und zwei der bereits diskutierten Kostenfunktionen des Stoffflußmodells ARGUS-VOC herangezogen. Die Kostenfunktionen beziehen sich auf folgende bekannte Szenarien:

- Das Emissionsziel wird über stufenweise Emissionsminderung in den Teilperioden entlang eines linearen Emissionsminderungspfades am Ende der Planungsperiode im Jahr 2010 erreicht ("**ARGUS-VOC Linearer Emissionsminderungsverlauf 1995 - 2010**"),
- Das Emissionsziel wird ausgehend vom Basisjahr (1995) bereits im Jahre 2000 erreicht und bis zum Ende der Planungsperiode (2010) beibehalten ("**ARGUS-VOC Kurze Übergangsfristen**").

In Abbildung VII.9 sind die Ergebnisse dieses Vergleichs grafisch dargestellt.

Es ist festzustellen, daß die beiden mit dem Stoffflußmodell ARGUS-VOC erzeugten Kostenfunktionen im Vergleich zur RAINS-Kostenfunktion ein erheblich höheres Emissionsminderungspotential bei insgesamt niedrigeren Kosten aufweisen.

Ausgehend von den mit dem Stoffflußmodell ARGUS-VOC berechneten Restemissionen von 798,25 Gg/a im Jahre 1995, die in Abbildung VII.9 im Ursprung der Grafik aufgetragen sind, wird nach RAINS eine maximale Emissionsminderung von rund 21 % und nach ARGUS-VOC (beide Szenarios) im Bereich zwischen 51 und 57 % erreicht. Die Erreichung dieser maximalen Emissionsminderungsraten verursacht gemäß der RAINS-Kostenfunktion jährliche Kosten in Höhe von rund 1.400 Mio. €/a und gemäß ARGUS-VOC zwischen 520 und 1.000 Mio. €/a.

Bei jährlichen Kosten bzw. Annuitäten von ca. 200 Mio. €/a liegen die Restemissionen nach RAINS bei 750 Gg/a, nach ARGUS-VOC im Bereich 420 - 520 Gg/a. Damit wäre zu gleichen jährlichen Kosten nach RAINS eine Emissionsminderung um rund 5 % und nach ARGUS-VOC eine Emissionsminderung zwischen 35 und 48 % erreichbar.

Abgesehen von grundsätzlichen Unterschieden des Aggregationsniveaus bei der Erfassung der jeweils verwendeten Eingangsdaten sind die auftretenden Diskrepanzen bei den Kostenfunktionen wohl zu einem großen Teil auf methodische Schwächen des RAINS-Ansatzes zurückzuführen. Dies betrifft insbesondere die adäquate Abbildung des Einflusses des strukturellen Wandels der Technologiebasis im betrachteten Planungszeitraum auf das Emissionsminderungspotential bzw. auf die Emissionsminderungskosten.

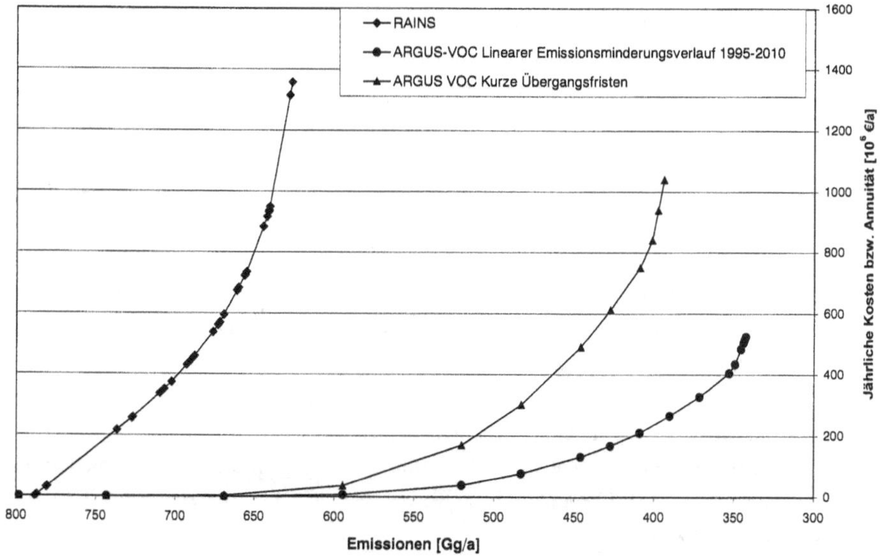

Abbildung VII.9: Vergleich der mit RAINS und mit dem Stoffflußmodell ARGUS-VOC berechneten VOC-Kostenfunktionen für die Bundesrepublik Deutschland (Nullpunkt: Emissionsstand 1995; Berechnungen gemäß abgebildetem Implementierungsstand für 1995)

Die Emissionsminderung erfolgt im RAINS-Ansatz im wesentlichen durch technische Maßnahmen (Primär- und Sekundärmaßnahmen). Die zeitliche Änderung der Technologiekonfiguration über Technologielebensdauer- und Reinvestitionszyklen und ihr Beitrag zur einer kosteneffizienten Emissionsminderung wird im Gegensatz zum Stoffflußmodell ARGUS-VOC mit integriertem Lebensdauermodell beim RAINS-Ansatz nicht erfaßt. Diese Beobachtung wird durch die in Abbildung VII.9 dargestellten Kostenfunktionen bekräftigt. Bei der Kostenfunktion, die nach dem Szenario "ARGUS-VOC Kurze Übergangsfristen" erstellt wurde, wird innerhalb der betrachteten Planungsperiode durch Verkürzung der Frist, bis zu der das Emissionsminderungsziel erreicht wird, der zeitliche Spielraum für den strukturellen Wandel der Technologiekonfiguration erheblich verkleinert. Deshalb stehen bei diesem Szenario über eine Optimierung im wesentlichen technische Maßnahmen zur kurzfristigen Emissionszielerreichung zur Verfügung, und die Kostenfunktion nähert sich im Vergleich zur Kostenfunktion nach dem Szenario "ARGUS-VOC Linearer Emissionsminderungsverlauf" in bezug auf eine Verkleinerung des Emissionsminderungspotentials und eine Erhöhung der resultierenden Emissionsminderungskosten an die Kostenfunktion nach dem RAINS-Ansatz an.

Darüber hinaus erfolgt das beschriebene Maßnahmenranking nach RAINS auf der Grundlage eines hypothetischen "ungeminderten Falls", für den keine Emissionsminderungsmaßnahme vorausgesetzt wird und der durch einen sektorspezifischen "ungeminderten Emissionsfaktor" gekennzeichnet ist. Dadurch wird implizit angenommen, daß die bis zu einem betrachteten Basisjahr erfolgte Emissionsminderung mittels kostenoptimaler Maßnahmen (im Sinne des Ranking-Verfahrens) erreicht wurde. Betrachtet man die Kostenfunktionen, die mit Hilfe des Stoffflußmodells ARGUS-VOC erzeugt wurden, erkennt man, daß hier im Unterschied zur RAINS-Kostenfunktion bei 600 - 800 Gg/a VOC-Restemissionen ein Bereich mit niedrigem Kostenniveau und geringem Anstieg der Kosten existiert. Dies deutet darauf hin, daß der "reale Implementierungsstand", so wie er im Stoffflußmodell ARGUS-VOC abgebildet wurde, auch durch den Einsatz von weniger kosteneffektiven Maßnahmen erreicht wird, wobei in vielen Bereichen kosteneffektive Maßnahmen immer noch umsetzbar bleiben. Die realistische Abbildung des gegenwärtigen Implementierungsstandes hat aber in Ländern, wie z. B. der Bundesrepublik Deutschland, in denen bereits ein wesentlicher Anteil des technischen Minderungspotentials realisiert wurde (BAT-basierte Gesetzgebung), einen erheblichen Einfluß auf das Restminderungspotential und damit auf die resultierenden Kosten.

Die aufgezeigten deutlichen Abweichungen der mit bisher verwendeten Ansätzen erstellten Kostenfunktionen von den Ergebnissen des hier entwickelten Stoffflußmodells ARGUS-VOC sollten auch hinsichtlich ihrer Bedeutung für die multinationalen Verhandlungsprozesse im Rahmen der Vorbereitung der neuen VOC- und NO_x-Protokolle der UN/ECE betrachtet werden. Wie in Abschnitt III.3.3 bei der allgemeinen Untersuchung der Sensitivität des multinationalen Allokationsansatzes zur Ermittlung von länderspezifischen Emissionszielen in bezug auf geringfügige Variationen verwendeter Kostenfunktionen zu erkennen war, können sich bei der Lösung des zugrundeliegenden Optimierproblems deutliche Unterschiede der erreichbaren Depositionen für die betrachteten Rezeptoren bzw. Flächenelemente ergeben, die auf eine Veränderung der resultierenden Allokation der einzuhaltenden Emissionsminderungsraten für die einzelnen Länder zurückgehen. Bei Übertragung dieser Überlegungen auf die derzeit stattfindende Vorbereitung der neuen VOC- und NO_x-Protokolle der UN/ECE, die durch den Einsatz von Integrated-Assessment-Modellen unterstützt wird, ist zu erwarten, daß sich über das hier zugrundeliegende Optimierproblem (vgl. Abschnitt IV.2.2) in Abhängigkeit von den eingehenden Kostenfunktionen ebenfalls deutlich unterschiedliche länderspezifische Minderungsraten als Empfehlungen für einzuhaltende Emissionsminderungsverpflichtungen einzelner Länder für Verhandlungen ergeben. Angesichts des Vertrauens, das bisher in Verhandlungsprozessen zur Erarbeitung von Protokollen im Rahmen der UN/ECE Convention on Long-range Transboundary Air Pollution den Ergebnissen von Integrated-Assessment-Modellen bei der Festlegung von länderspezifischen Emissionsminderungsverpflichtungen entgegengebracht wurde (vgl. hierzu die Erfahrungen bei der Vorbereitung des zweiten UN/ECE-Schwefelprotokolls; Abschnitt IV.3.1), ist bei der Integration von VOC-Kostenfunktionen in neue Integrated-Assessment-Modelle Vorsicht geboten. Bei der Verwendung von VOC-Kostenfunktionen, die mit existierenden Ansätzen erstellt werden, wäre zu befürchten, daß die sich hieraus ergebende Unsicherheiten bzw. Ungenauigkeiten der Modellergebnisse (vgl. hierzu Abschnitt V.3.2) über den Verhandlungsprozeß auch im Verhandlungsergebnis, d. h. in der vertraglich vorgeschriebenen Festlegung von Emissionsminderungsraten für die einzelnen Länder, niederschlagen. Vor diesem Hintergrund erscheint es daher sinnvoll, im Zusammenhang mit der troposphärischen Ozonproblematik zukünftig verbesserte, mit dem Stoffflußmodell ARGUS-VOC erstellte Kostenfunktionen zu verwenden.

VII.4 Kritische Würdigung der vorgestellten Methodik und ihrer praktischen Umsetzung und Erkenntnisse für die Verwendung der Modellergebnisse

In dieser Arbeit wird für die Erstellung von VOC-Kostenfunktionen ein mehrperiodiges Stoffflußmodell auf Basis der linearen Optimierung entwickelt und auf die stationären VOC-Emissionsquellen in der Bundesrepublik Deutschland angewendet. Hierdurch wird einerseits methodisch eine Lücke insofern geschlossen, als nunmehr eine detaillierte technologiebasierte Abbildung aller relevanten Emissionsminderungsmaßnahmen in den betrachteten Sektoren in Anlehnung an internationale Aktivitäten zur Ermittlung von BVT-Kandidaten und eine Darstellung der abgebildeten Maßnahmen mit ihren zugehörigen Technologielebensdauer- und Reinvestitionszyklen möglich ist. Dies war bislang, wie in Kapitel V gezeigt wurde, mit anderen existierenden Ansätzen aufgrund ihrer aggregierten und statischen Maßnahmenbetrachtung nicht möglich. Damit angesichts der Vielzahl der existierenden Anlagen eine solche technologiebasierte Abbildung realisiert werden konnte, wurde der Referenzanlagenansatz entwickelt und für die Bildung von Anlagenkategorien verwendet.

Anderseits stellt das 40 VOC-emissionsrelevante Sektoren umfassende Stoffflußmodell ARGUS-VOC eine Weiterentwicklung gegenüber bekannten Energieflußmodellen wie z. B. EFOM-ENV dar, da hier problemspezifische Erweiterungen der Betrachtungsmöglichkeiten in bezug auf eine Vielzahl heterogener industrieller Produktions- und Transformationsprozesse geschaffen wurden. Dies geschieht in erster Linie durch eine Erweiterung der parametrischen Darstellung der dem betrachteten Netzwerk zugrundeliegenden Produktions- und Transformationsprozesse, so daß eine Abbildung der unterschiedlichsten Stoff-, Energie-, Emissions- und Produktflüsse möglich wird. Daneben kommt im Vergleich zu reinen Energiesystemen der Abbildung struktureller Maßnahmen aufgrund eines Wandels der Maßnahmen- und Technologiekonfiguration in den betrachteten VOC-emissionsrelevanten Sektoren eine besondere Bedeutung zu. Dem wurde durch die Entwicklung eines über Restriktionen mit dem Optimiermodell gekoppelten Lebensdauermodells Rechnung getragen.

Wie durch Anwendung auf 40 VOC-emissionsrelevante stationäre Sektoren in der Bundesrepublik Deutschland gezeigt wird, erweist sich die entwickelte Methodik als leistungsfähiges Instrument zur Erstellung von sektoralen und nationalen VOC-Kostenfunktionen. Über die entsprechende Schnittstelle können die auf Basis der vorgestellten Methodik erstellten VOC-Kostenfunktionen in ein neues IAM im Zusammenhang mit der troposphärischen Ozonproblematik integriert werden und somit zur Unterstützung bei der strategischen Ausgestaltung von Verhandlungsprozessen zur Minderung der grenzüberschreitenden Luftverschmutzung verwendet werden.

Für die zukünftige kosteneffektive Gestaltung von länderübergreifenden Abkommen über die Minderung von Ozonvorläuferkomponenten, insbesondere VOC, kann mit dem entwickelten Stofflußmodell erstmals der Einfluß von unterschiedlichen Emissionsminderungspfaden auf die nationalen Kosten gezeigt werden. Dabei ist festzuhalten, daß für eine Variation der Übergangsfristen zur Erreichung des Emissionsminderungsziel für die Bundesrepublik Deutschland beträchtliche Kostenunterschiede zu beobachten sind. Vor dem Hintergrund der neuen Möglichkeiten zur Unterstützung umweltpolitischer Entscheidungsprozesse durch die vorgestellte Methodik wird deshalb angeregt, im Hinblick auf die Gestaltung zukünftiger Verhandlungsprozesse zur Minderung grenzüberschreitender Luftschadstoffe nicht nur die absolute Erreichung von länderspezifischen Emissionszielen für ein bestimmtes Zieljahr zu avisieren, sondern hier auch die ökonomischen Auswirkungen unterschiedlicher zeitlicher Pfade zur Erreichung der Emissionsziele zu untersuchen (z. B. durch Einführung von Zwischenzielen oder Definition von Übergangsfristen). Das gleiche gilt auch für die Aspekte der Verlängerung bzw. Verkürzung des Planungshorizontes oder der Berücksichtigung von unterschiedlichen Kalkulationszinsfüßen bei der Ermittlung der Kosten der Emissionsminderung, die in bisherigen supranationalen Verhandlungsprozessen zur Minderung der grenzüberschreitenden Luftverschmutzung z. B. in der UN/ECE bislang noch nicht berücksichtigt wurden bzw. werden konnten.

Ungeachtet der Tatsache, daß mittels der Mehrperiodenbetrachtung des Stoffflußmodells ARGUS-VOC die ökonomischen Auswirkungen von unterschiedlichen Emissionsminderungspfaden aufgezeigt werden können, sind einer Bewertung ihrer ökologischen Auswirkungen aufgrund der statischen Betrachtungsweise in den derzeit verfügbaren Integrated-Assessment-Modellen Grenzen gesetzt. Dabei wird in den Integrated-Assessment-Modellen im Zusammenhang mit den Problemen der Versauerung und des troposphärischen Ozons für die Abbildung der nationalen Minderungskosten, des Schadstofftransports und der Schadstoffeinträge jeweils eine Periode von einem Jahr zugrunde gelegt. Im Sinne einer integrierten simultanen Betrachtung der ökonomischen und ökologischen Auswirkungen von zeitlich differenzierten Schadstoffminderungsstrategien wären die derzeitigen Integrated-Assessment-Modelle entsprechend anzupassen, damit nicht nur die Entwicklung der Kosten der Emissionsminderung, sondern auch die Emissionsverläufe, der Transport und die Wirkung von Luftschadstoffen auf dynamische Weise abgebildet werden können. Bislang ist für die angestrebte Integration der mit der vorgestellten dynamischen Methodik erstellten VOC-Kostenfunktionen in das neue Integrated-Assessment-Modell jedoch eine Annualisierung der Ergebnisse erforderlich, was bedeutet, daß die hier erarbeiteten Ergebnisse "rückwirkend" in eine statische Form gebracht werden müssen (z. B. durch eine Aufteilung der Gesamtkosten für die gesamte Planungsperiode auf einzelne Jahre über die Annuitätenmethode).

Das Stoffflußmodell ARGUS-VOC stellt bei einer szenarioabhängigen Anzahl von etwa 2000 bis 2400 Prozessen ein relativ großes Modell dar, wobei für die Darstellung der Koeffizientenmatrix (vor entsprechender Vereinfachung) des Optimierproblems 800 MB bzw. 1,3 GB Speicherplatz[51] zur Verfügung stehen müssen. Aufgrund der exponentiellen Zunahme des Speicherplatzbedarfes sowie der Rechenzeiten zur Lösung des Problems kann bei der Betrachtung von VOC-Emissionsquellen die zugrunde gelegte Sektorauswahl nicht beliebig erweitert werden, wenn zur Lösung des Problems weiterhin handelsübliche PC (z. B. Pentium 300 MHz, 520 MB Hauptspeicher, 2 GB)

[51] z. B. physischer (Arbeitsspeicher) und virtueller (z. B. als Auslagerungsdatei auf einer Festplatte).

genutzt werden sollen.[52] Die Verwendung von PC wäre jedoch im Sinne einer möglichst einfachen Verifizierung und Nutzung des Modells durch nationale Experten in verschiedenen UN/ECE-Ländern anzustreben. Soll für eine zukünftige Anwendung des Modells die gegenwärtige Auswahl der Sektoren ausgeweitet werden oder sollen in Zukunft auch mobile Quellen in das Stoffflußmodell integriert werden, erscheint die Entwicklung von geeigneten Methoden zur Realisierung einer verschärften Vorauswahl der potentiellen Emissionsminderungsmaßnahmen empfehlenswert. Jedoch ist hierbei zu beachten, daß dies möglicherweise nur durch eine Vergrößerung der technologischen Abbildungsschärfe zu erreichen ist.

Die Zuordnung von existierenden Anlagen zu Referenzanlagenkategorien und die darauf aufbauende approximierende Abbildung der Produktions- und Transformationsprozesse im Stoffflußmodell über lineare Größen wie technologische, ökonomische und ökologische Parameter der Knoten (Prozesse) im betrachteten Netzwerk stellen Vereinfachungen der Realität dar. Durch die Berücksichtigung von über 210 Referenzanlagen und über 2000 Prozessen verfügt das Modell jedoch über eine große Anzahl von Varianten zur Modellierung unterschiedlicher Betriebszustände in den betrachteten Sektoren. Somit wird in bezug auf die verfolgte Zielsetzung der Unterstützung von Verhandlungsprozessen eine im Vergleich mit derzeit existierenden Ansätzen wesentlich detailliertere Abbildung der technischen Wirklichkeit erreicht.

Für eine Integration in neue IAM ist es zur Vermeidung von Inkonsistenzen erforderlich, daß sämtliche nationalen Kostenfunktionen mittels einer einheitlichen Methodik erstellt werden. Aufgrund der beträchtlichen Datenmengen, die für eine länderspezifische Adaptation benötigt werden, sind mit der vorgestellten Methodik bis dato nur Kostenfunktionen für die Bundesrepublik Deutschland erstellt worden (eine Adaptation des Stoffflußmodells für die Länder Frankreich und Tschechische Republik ist in Vorbereitung). Bei Adaptationen des Stoffflußmodells für andere Länder ist es in bezug auf den Arbeitsaufwand von Vorteil, daß die länderübergreifenden techno-ökonomischen Dateien im Stoffflußmodell ARGUS-VOC (*structure.inc, inout.inc*) bereits vorhanden sind. Auf dieser Grundlage sind dann für die Integration der jeweiligen länderspezifischen Daten nur die entsprechenden Eingabefiles (*en_flow.inc, structure.inc*) zu überarbeiten.

[52] Nach näherungsweisen Berechnungen wird davon ausgegangen, daß eine Verdoppelung der Prozesse (also 2400 auf 4800 Prozesse) mit einer Verfünffachung des Speicherplatzbedarfs verbunden wäre (1,3 GB auf 6,5 GB).

VIII. Zusammenfassung und Ausblick

Die Forderung nach einer stärkeren Berücksichtigung der ökonomischen Effizienz bei der Erarbeitung und Verwirklichung umweltpolitischer Zielsetzungen stellt die wirtschaftswissenschaftliche Forschung vor die Herausforderung, geeignete Planungsansätze bereitzustellen. Bei der Entwicklung derartiger Ansätze für Probleme des grenzüberschreitenden Transports von Luftschadstoffen ist zu beachten, daß aufgrund der Souveränität der einzelnen Länder länderübergreifende Zielsetzungen über multinationale Verhandlungsprozesse in vertragliche Verpflichtungen überführt werden müssen. Darüber hinaus sind in ökonomischen Planungsansätzen eine Reihe strenggenommen "nicht-ökonomischer" Größen zu integrieren. Dies betrifft z. B. die Modellierung des Luftschadstofftransports oder die technischen Eigenschaften von Emissionsminderungsmaßnahmen. Ein wichtiges Element bei der Vorbereitung von UN/ECE-Protokollen zur Minderung der Emissionen grenzüberschreitender Luftschadstoffe sind Integrated-Assessment-Modelle, in denen ein Ursache-Wirkungs-Bezug realisiert wird. Damit bei der Erarbeitung von länderübergreifenden Minderungsstrategien kosteneffiziente Ergebnisse erzielt werden können, werden in Integrated-Assessment-Ansätzen Kostenfunktionen der Emissionsminderung integriert, mit denen ein Zusammenhang zwischen den nationalen Minderungskosten und den erreichbaren Minderungsraten für die jeweiligen Länder hergestellt wird. Da für die Erarbeitung eines neuen Integrated-Assessment-Modells im Zusammenhang mit der troposphärischen Ozonproblematik bisher nur kaum zufriedenstellende Ansätze für die Erstellung von VOC-Kostenfunktionen existieren, wird in dieser Arbeit ein Konzept für eine weiterentwickelte Methodik zur Erstellung von VOC-Kostenfunktionen vorgelegt. Ziel dieser Arbeit ist es nach Untersuchung der relevanten naturwissenschaftlichen, technischen, ökonomischen und politischen Aspekte im Zusammenhang mit dem grenzüberschreitenden Transport von Luftschadstoffen, die aufgezeigte methodische Lücke zu schließen und die entwickelte neue Methodik auf relevante stationäre VOC-Emissionsquellen in der Bundesrepublik Deutschland anzuwenden.

Zur Erreichung dieser Zielsetzung wurden in einem ersten Schritt für die wichtigsten Luftschadstoffe die Zusammenhänge zwischen Quellenkategorien als Entstehungsort von Emissionen, dem Transport und der Umwandlung dieser Luftschadstoffe und ihrer anschließenden Deposition und der damit verbundenen Wirkungskategorien bei unterschiedlichen Rezeptoren untersucht. Eine wichtige Erkenntnis ist hierbei, daß die Erarbeitung von effizienten Minderungsstrategien nur auf Grundlage einer Charakterisierung der Emissionen in bezug auf ihre quellengruppen-, schadstoff- und wirkungsspezifischen Eigenschaften möglich ist. Anschließend wurden verschiedene Ansatzpunkte zur Minderung von Luftschadstoffemissionen auf der technologisch-produktionsbezogenen, der normativ-instrumentellen und der organisationell-strukturellen Ebene diskutiert. Für verschiedene Formen der Belastung durch Luftschadstoffe wurden mögliche Potentiale und Schwierigkeiten bei einer länderübergreifenden Zusammenarbeit zur Emissionsminderung aus spieltheoretischer Sicht und aus der erweiterten Perspektive von Verhandlungsprozessen als zwischenstaatlichem Netzwerk mit unterschiedlichen Akteuren aufgezeigt. Des weiteren wurden ökonomische Ansätze untersucht, die eine länderübergreifende Festlegung von Emissionszielen erlauben, und ausgewählte Instrumente vorgestellt, durch die eine Umsetzung von Emissionszielen erreicht werden kann. Wichtig für die Zielsetzung dieser Arbeit war hier, daß gezeigt werden konnte, daß Kostenfunktionen ein zentrales Element vieler umweltökonomischer Ansätze darstellen und daß die Empfehlungen aus derartigen Ansätzen im internationalen Kontext jedoch nur über Verhandlungsprozesse in verbindliche Abkommen zur Luftreinhaltung überführt werden können.

Daran anschließend wurden die institutionellen Rahmenbedingungen von Verhandlungsprozessen untersucht. Dabei wurde insbesondere auf die Strukturen und den Ablauf von Verhandlungsprozessen in der UN/ECE und der EU als relevante supranationale Institutionen eingegangen. Es wurde gezeigt, daß die Regelwerke, die innerhalb dieser Institutionen zur Minderung der grenzüberschreitenden Luftschadstoffe erarbeitet wurden, in der Mehrheit auf regulative Ansätze gestützt waren. Eine Fortentwicklung in Richtung einer Berücksichtigung ökonomischer Kriterien ist seit dem zweiten Schwefelprotokoll der UN/ECE im Jahre 1994 zu verzeichnen. Dabei wurden Integrated-Assessment-Ansätze zur Allokation kosteneffektiver länderübergreifender Emissionsziele verwendet, mit denen ein Ursache-Wirkungs-Bezug unter Berücksichtigung ökonomischer Zielkriterien zu Unterstützung umweltpolitischer Entscheidungen hergestellt werden sollte. Ausgewählte Integrated-Assessment-Ansätze im Zusammenhang mit der Versauerung, der Eutrophierung und der troposphärischen Ozonbildung wurden hier mit ihren zentralen Komponenten vorgestellt. Dabei wurde festgestellt, daß bislang keine geeigneten Kostenfunktionen für VOC-Emissionen verfügbar sind und daher eine geeignete Methodik zur Erstellung von VOC-Kostenfunktionen entwickelt werden muß. Durch die Betrachtung von Integrated-Assessment-Modellen und ihrer Komponenten als Instrument zur wissenschaftlichen Unterstützung von politischen Verhandlungsprozessen konnten weitere Anforderungen an die zu entwickelnde Methodik aufgezeigt werden.

Auf Basis dieser Erkenntnisse wurde unter Einbeziehung einer Analyse der spezifischen Datenanforderungen des neuen Integrated-Assessment-Modells, der spezifischen Problemstruktur bei der Bewertung von VOC-Emissionsminderungsmaßnahmen für stationäre Quellen (besonders wichtig waren hier die Heterogenität und Vielzahl der zu betrachtenden Quellen und die Relevanz von strukturellen Maßnahmen) und der methodischen Einschränkungen existierender Ansätze ein Anforderungskatalog an eine weiterentwickelte Methodik zur Erstellung von VOC-Kostenfunktionen entwickelt.

Anschließend wurden die relevanten Elemente dieser weiterentwickelten Methodik dargestellt. Dabei wurden für die Erstellung einer länderübergreifenden technologischen Datenbasis zunächst die relevanten Quellenkategorien mit den höchsten Emissionsbeiträgen in 27 europäischen Ländern, die zugleich ein hohes Emissionsminderungspotential aufwiesen, identifiziert. Eine treffende technische und ökonomische Charakterisierung von Maßnahmen zur Emissionsminderung, die in den einzelnen Sektoren zur Anwendung kommen können, ist im allgemeinen aber nur auf der Ebene von Anlagen möglich, da nur auf dieser Betrachtungsebene die relevanten Parameter der zugrundeliegenden Prozesse z. B. mittels prozeßspezifischer Fließbilder in geeigneter Weise erfaßt werden können. Aufgrund der Heterogenität und der Vielzahl von individuellen VOC-Emissionsquellen können Anlagen jedoch nicht einzeln erfaßt werden (Punktquellenansatz), sondern es wurden in der vorliegenden Arbeit Kategorien von Anlagen sogenannten Referenzanlagen zugeordnet. Die Referenzanlagen umfassen alle realen Anlagen, die sich in der Anwendbarkeit von VOC-Emissionsminderungsmaßnahmen bzw. zugehörigen Minderungseffizienzen und Kosten ähnlich sind. Allen relevanten Maßnahmen und Technologien der somit definierten Referenzanlagen wurden spezifische Emissionsfaktoren und Kostendaten in Form von notwendigen Investitionen und jährlichen Betriebskosten zugeordnet. Dazu wurde eine Reihe von Ansätzen angewendet bzw. entwickelt, um die hier gegebenen Probleme zu lösen. Spezifische Emissionsfaktoren für verschiedene Prozeßalternativen waren oftmals nicht verfügbar, sie wurden durch Analyse der jeweiligen Einsatzstoffe, Verarbeitungsvorgänge und Minderungseffizienzen der einzelnen betrachteten Prozeßschritte ermittelt. Bei der Erfassung der Minderungskosten mußten die Kosten der Emissionsminderung zuerst hinsichtlich ihrer zweck- und periodengebundenen Verwendung und in bezug auf mögliche intra- und intersektorale Interdependenzen und Effekte der Kapazitätsausweitung von anderen Kosten des Produktionsprozesses abgegrenzt werden, bevor geeignete Verfahren der Kostenermittlung angewendet werden konnten. Hierzu wurden für die betrachteten VOC-relevanten Sektoren adäquate Regeln zur Kostenabgrenzung entwickelt und die emissionsminderungsinduzierten Investitionen und Betriebskosten über eine konsistente Einzelanalyse und Erfassung der Kostenkomponenten ermittelt.

In einem weiteren Schritt wurden für die gewählten Betrachtungsebenen für die Bundesrepublik Deutschland Daten zur Aktivität im jeweiligen Sektor, zu dessen Struktur und zum Implementierungsstand von Emissionsminderungsmaßnahmen ermittelt. Für den Großteil der VOC emittierenden Sektoren existieren im Gegensatz zu den Energiesektoren keine offiziellen Aktivitätsprojektionen (z. B. official energy pathway). Deshalb wurden hier geeignete Ansätze entwickelt, um die benötigten länderspezifischen Daten für die betrachteten Sektoren verfügbar zu machen. Auf diese Weise konnten Aktivitätsprojektionen für alle Sektoren in Deutschland mittels Aktivitätszeitreihen der Vergangenheit über die Anwendung eines geeigneten Projektionsverfahrens hergeleitet werden. Darüber hinaus konnten auch alle zur Berechnung von VOC-Kostenfunktionen benötigten Daten hinsichtlich der Aktivitätsanteile der Anlagenkategorien innerhalb der Sektoren und des gegenwärtigen Implementierungsstandes von Technologien und Maßnahmen zur Minderung und Vermeidung von VOC-Emissionen über Literaturangaben, durch Befragung von Branchenexperten und durch Übertragung von Kenntnissen aus ähnlichen Sektoren hergeleitet werden. Die erarbeiteten technologie- und länderspezifischen Datenblätter stellten die Datenbasis für die Berechnung von VOC-Kostenfunktionen dar.

Zur Aggregierung von VOC-Kostenfunktionen aus den beschriebenen Eingangsdaten wurde das Stoffflußmodell ARGUS-VOC (Allokationsmodul zur rechnergestützten Generierung wirtschaftlicher Umweltschutzstrategien für **VOC**-Emissionen) im Rahmen dieser Arbeit entwickelt. Darin wurden die zu betrachtenden Produktionsprozesse und die mit ihnen verbundenen Abscheidetechnologien für VOC-Emissionen mit ihren Eingangs- und Ausgangsflüssen in einer disaggregierten Betrachtungsweise für rund 40 VOC-emissionsrelevante Quellenkategorien einzeln abgebildet. Die abgebildeten Sektoren ließen sich durch Einführung einer sektorübergreifenden Emissionsrestriktion länderspezifisch zu einem nationalen Gesamtmodell koppeln. Durch die im Modell integrierten Instrumente war es möglich, die abgebildeten Produktionsprozesse und Abscheidetechnologien hinsichtlich ihrer technologischen, ökonomischen und ökologischen Parameter zu charakterisieren. Durch Übertragung des Flußkonzeptes auf die Vielzahl der in den unterschiedlichen Sektoren möglichen Produkt-, Stoff- und Emissionsflüsse mit verschiedenen Dimensionen (z. B. Massenstrom VOC-Emissionen, Rohöldurchsatz, Energieflüsse, jährliche Menge produzierter Fahrzeuge usw.) ergaben sich auch Ansatzpunkte zum umweltverträglichen Stoffstrommanagement in bezug auf VOC-Emissionen unter expliziter Berücksichtigung von Aspekten der Wirtschaftlichkeit. Bei der Optimierung wurden im Stoffflußmodell die Kapazitäten der Produktionsprozesse, die Abscheidetechnologien und das Niveau ihrer zugehörigen Eingangs- und Ausgangsflüsse so allokiert, daß bei Vorgabe einer zu erreichenden

Nachfrage ein gegebenes Emissionsniveau zu minimalen Gesamtkosten erreicht wurde. Bei der Optimierung wurde die länderspezifische Technologiekonfiguration für das Basisjahr in das Stoffflußmodell übertragen. Ein an das Stoffflußmodell gekoppeltes Lebensdauermodell sorgt dafür, daß in den zukünftigen Perioden Spielräume für den strukturellen Wandel von Technologien, die sich aus den Technologielebensdauer- und Reinvestitionszyklen der abgebildeten Anlagen ergeben, adäquat dargestellt werden. Durch den sektorweisen Aufbau des nationalen Optimiermodells eröffnete sich die Möglichkeit der Überprüfung der Eingangsdaten eines jeden Sektors.

Bei der anschließenden Umsetzung der vorgestellten Methodik für relevante stationäre Emissionsquellen in der Bundesrepublik Deutschland wurden zunächst für jeden Sektor separate Kostenfunktionen für verschiedene Szenarien berechnet und graphisch dargestellt. In einer detaillierten Analyse des nationalen Gesamtmodells für Deutschland wurde über eine Szenarienbildung der Einfluß einer Variation der Übergangsfristen zur Erreichung des Emissionsziels, einer Verlängerung bzw. Verkürzung des Planungszeitraums und variierender Kalkulationszinsfüße auf die Kostenfunktionen untersucht.

Bei der Erstellung der nationalen Kostenfunktionen wurde von den Emissionen eines Basisjahres ausgegangen. Durch Berechnung des Basisemissionsverlaufes in den Jahren 1995 - 2010 wurde gezeigt, daß die im CORINAIR 90 Emissionskataster für Deutschland (alte und neue Bundesländer) ausgewiesenen Emissionen 60 % höher liegen als die Basisemissionen des Stoffflußmodells ARGUS-VOC für das Jahr 1995. Da dieser beträchtliche Unterschied nicht allein durch die erfolgte Emissionsminderung im Zeitraum 1990 bis 1995 erklärt werden kann, wurde gezeigt, daß die Ursache hierfür u. a. in Unsicherheiten hinsichtlich der verwendeten Ausgangsdatenbasis bei der Erstellung des CORINAIR 90-Emissionskatasters zu suchen ist.

Diese Analysen ergaben weiterhin, daß bei einer Verkürzung der Übergangsfristen die jährlichen Kosten zur Erreichung eines bestimmten Emissionsminderungszieles steigen. Gleichzeitig kommt es zu einer Verringerung der maximal erreichbaren Emissionsminderung, die je nach zugrunde gelegtem Szenario im Bereich zwischen 51 und 57 % liegt. Dabei wird von VOC-Emissionen von rund 800 Gg/a im Basisjahr 1995 ausgegangen. Bei einer Emissionsminderung um 46 % auf rund 430 Gg/a liegen die Kosten in einem Bereich von 135 - 612 Mio. €/a, dies bedeutet eine Kostendifferenz von rund 350 %.

Eine Verlängerung der Planungsperiode (ausgehend vom Jahr 1995 als Basisperiode) von 2010 auf 2015 hat insgesamt fallende jährliche Kosten zur Folge. Dabei steigt die maximal erreichbare Emissionsminderungsrate von 57 % auf 61 %, dies entspricht Restemissionen von 342 bzw. 313 Gg/a VOC. Bei einer Emissionsminderung von rund 53 % liegen die jährlichen Kosten je nach Länge der Planungsperiode zwischen 200 und 320 Mio. €.

Der Grund für diese Effekte ist, daß sowohl bei einer Verlängerung der Übergangsfristen als auch bei einer Verlängerung der Planungsperiode der zeitliche Spielraum für den strukturellen Wandel der Technologiekonfiguration vergrößert wird. Dabei können im Modell zusätzliche in der Planungsperiode freiwerdende Kapazitäten von Produktionsanlagen im Rahmen des autonomen Technologiewandels durch Kapazitäten von Produktionsanlagen mit geringeren VOC-Emissionen ersetzt werden.

Darüber hinaus konnte gezeigt werden, daß die Berücksichtigung von Abzinsungseffekten durch Einführung eines Kalkulationszinsfußes im Bereich zwischen 0 und 10 % eine Absenkung des Niveaus der Kostenfunktionen, jedoch keine deutliche Modifikation der zu wählenden Technologiekonfiguration zur Folge hat. Bei einer VOC-Emissionsminderung von 55 % liegen die jährlichen Kosten bei Berücksichtigung eines Kalkulationszinsfußes von 0 % bei 327 Mio. €/a. Sie liegen damit um rund ein Fünftel höher als bei einem Kalkulationszinsfuß von 5 % mit 280 Mio. €/a und um rund ein Drittel höher bei einem Kalkulationszinsfuß von 10 % mit 225 Mio. €/a.

Stellt man den Kostenfunktionen für Deutschland, die mit dem mehrperiodigen Stoffflußmodell ARGUS-VOC erstellt wurden, die Ergebnisse des statischen RAINS-Ansatzes gegenüber, so ist festzustellen, daß diese im Vergleich mit den RAINS-Kostenfunktionen ein erheblich höheres Emissionsminderungspotential bei insgesamt niedrigeren jährlichen Kosten aufweisen. Dabei wurde für beide Ansätze von VOC-Basisemissionen im Jahr 1995 von rund 800 Gg/a ausgegangen. Diese Basisemissionen wurden mittels des Stoffflußmodells ARGUS-VOC für den Implementierungsstand von im Jahre 1995 bereits existierenden Emissionsminderungsmaßnahmen berechnet. Ausgehend davon wird nach RAINS eine maximale zusätzliche Emissionsminderung von rund 21 % und nach ARGUS-VOC je nach Szenario zwischen 51 und 57 % erreicht. Zur Erreichung dieser Emissionsniveaus entstehen nach RAINS jährliche Kosten in Höhe von rund 1.400 Mio. €/a und gemäß ARGUS-VOC jährliche Kosten zwischen 520 und 1.000 €/a.

Bei einem durchschnittlichen jährlichen Kostenniveau von 200 Mio. €/a liegen die Restemissionen nach RAINS bei 750 Gg/a und nach ARGUS-VOC im Bereich von 420 - 520 Gg/a. Damit wäre zu gleichen jährlichen Kosten nach RAINS eine Emissionsminderung von rund 5 % und nach ARGUS-VOC eine Emissionsminderung zwischen 35 und 48 % erreichbar.

Der Fortschritt, der durch die Entwicklung des Stofffflußmodells ARGUS-VOC erreicht wurde, bestand somit in der Eröffnung der Möglichkeit einer detaillierten technologiebasierten Abbildung aller relevanten Emissionsminderungsmaßnahmen in den betrachteten Sektoren in Anlehnung an internationale Aktivitäten zur Ermittlung von BVT-Kandidaten und einer Darstellung der abgebildeten Maßnahmen mit ihren zugehörigen Technologielebensdauer- und Reinvestitionszyklen. Dies war bislang mit anderen existierenden Ansätzen aufgrund ihrer aggregierten und statischen Maßnahmenbetrachtung nicht möglich. Damit angesichts der Vielzahl der existierenden Anlagen eine solche technologiebasierte Abbildung realisiert werden konnte, wurde der Referenzanlagenansatz entwickelt und für die Bildung von Anlagenkategorien verwendet.

Das Stofffflußmodell ARGUS-VOC stellt eine Weiterentwicklung gegenüber bekannten Energieflußmodellen wie z. B. EFOM-ENV dar, da hier problemspezifische Erweiterungen der Betrachtungsmöglichkeiten in bezug auf eine Vielzahl heterogener industrieller Produktions- und Transformationsprozesse geschaffen werden. Dies geschieht in erster Linie durch eine Erweiterung der parametrischen Darstellung der dem betrachteten Netzwerk zugrundeliegenden Produktions- und Transformationsprozesse, so daß eine Abbildung der unterschiedlichsten Stoff-, Energie-, Emissions- und Produktflüsse möglich wird. Daneben konnte das im Vergleich zu reinen Energiesystemen hier bedeutendere Problem der Abbildung struktureller Maßnahmen aufgrund eines Wandels der Maßnahmen- und Technologiekonfiguration durch die Entwicklung eines über Restriktionen mit dem Optimiermodell gekoppelten Lebensdauermodells gelöst werden.

Wie durch Anwendung auf 40 VOC-emissionsrelevante stationäre Sektoren in der Bundesrepublik Deutschland gezeigt wurden, erwies sich die entwickelte Methodik als leistungsfähiges Instrument zur Erstellung von sektoralen und nationalen VOC-Kostenfunktionen. Über eine entsprechende Schnittstelle ist es möglich, die auf Basis der vorgestellten Methodik erstellten VOC-Kostenfunktionen in ein neues IAM im Zusammenhang mit der troposphärischen Ozonproblematik zu integrieren und somit zur Unterstützung bei der strategischen Ausgestaltung von Verhandlungsprozessen zur Minderung der grenzüberschreitenden Luftverschmutzung zur Verfügung zu stellen.

Für die zukünftige kosteneffektive Gestaltung von länderübergreifenden Abkommen über die Emissionsminderung von Ozonvorläuferkomponenten, insbesondere VOC, kann mit dem entwickelten Stoffflußmodell erstmals der Einfluß von unterschiedlichen Emissionsminderungspfaden auf die nationalen Kosten gezeigt werden. Vor dem Hintergrund der neuen Möglichkeiten zur Unterstützung umweltpolitischer Entscheidungsprozesse, die durch die vorgestellte Methodik eröffnet werden, könnte deshalb in zukünftigen Verhandlungsprozessen nicht nur eine absolute Erreichung von länderspezifischen Emissionszielen für ein bestimmtes Zieljahr avisiert werden, sondern es könnten zukünftig auch die weitreichenden ökonomischen Auswirkungen unterschiedlicher zeitlicher Pfade zur Erreichung der Emissionsziele und ihre Berücksichtigung zum Verhandlungsgegenstand gemacht werden (z. B. über die Definition von Zwischenzielen oder Übergangsfristen).

Mit Blick auf die zukünftige Entwicklung von länderübergreifenden Emissionskatastern könnte die in der vorgestellten Arbeit erarbeitete Technologiedatenbasis auch zu einer Verbesserung der Darstellung der techno-ökonomischen Charakteristika von Emissionsminderungsmaßnahmen verwendet werden. Dabei stehen mit den VOC-Technologiedatenblättern diese Charakteristika nicht nur allein auf Sektorebene zur Verfügung, sondern auch auf Prozeßebene, womit ein wesentlich detaillierteres Verständnis der Entstehung der Emissionen eines Sektors auch bei mehreren unterschiedlichen Technologien ermöglicht wird. Eine Nutzung der hier entwickelten Technologiedatenbasis zur Verbesserung und Fortschreibung des CORINAIR-Emissionskatasters für Deutschland und für andere Länder hätte außerdem einen positiven Einfluß auf die Ergebnisse von Integrated-Assessment-Ansätzen, da hier eine abweichende Einschätzung des Emissionsstandes von Ländern für ein gegebenes Basisjahr möglicherweise zu Fehlschlüssen führen könnte.

IX. Literaturverzeichnis

[1] **ADEME; Ministère de l'environnement:** La Réduction des Emissions de Composés Organiques Volatils dans l'industrie, Paris, 1997

[2] **Ågren, C.:** For a multi-pollutant protocol; in: Acid News, Heft 3(1998), Oktober, S. 4-6, 1998

[3] **Alcamo, J.; Kreileman, E.; Leemans, R.:** Global Models Meet Global Policy - How can global and regional modellers connect with environmental policy makers? What has hindered them? What has helped?; in: Global Environmental Change, Band 6, Heft 4(1996), S. 225-259, 1996

[4] **Alcamo, J.; Shaw, R.; Hordijk, L. (Hrsg.):** The RAINS Model of Acidification. Science and Strategies in Europe. Dordrecht, Netherlands: Kluwer Academic Publishers, 1990

[5] **Alscher, R. G.; Wellburn, A. R.:** Plant Responses to the Gaseous Environment - Molcular, Metabolic and Physiological Aspects, London, 1994

[6] **Amann, M.:** Zur effizienten multinationalen Allokation von Emissionsminderungsmaßnahmen zur Verringerung der sauren Deposition - Anwendungsbeispiel Österreich, Universität Karlsruhe, Dissertation, 1991

[7] **Amann, M.:** Vortrag mit dem Titel: "Target Setting Redifined" im Rahmen der 20. Sitzung der UN/ECE Task-Force on Integrated Assessment Modelling, 1. - 3. Dezember 1997, Madrid, 1997

[8] **Amann, M.; Bertok, I.; Cofala, J.; Frantisek, G.; Heyes, C.; Klimont, Z.; Makowski, M.; Schöpp, W.; Syri, S.:** Cost-effective Control of Acidification and Ground-Level-Ozone; Part A: Methodology and Databases, Fifth Interim Report to the European Commission, DG-XI, Laxenburg, 1998

[9] **Amann, M.; Bertok, I.; Cofala, J.; Gyarfas, F.; Heyes, C.; Klimont, Z.; Makowski, M.; Schöpp W.; Syri, S.:** Cost-effective Control of Acidification and Ground-Level Ozone - Part B: Ozone Scenarios, Fith Interim Report to the European Comission, DG-XI, International Institute for Applied System Analysis, Laxenburg, 1998

[10] **Amann, M.; Haasis, H-D.; Plinke, E.; Rentz, O.; Wietschel, M.:** Estimating Emission Control Costs: A Comparison of the Approaches Implemented in the EC-EFOM-ENV and the IIASA-RAINS Model; IIASA Arbeitspapier SR-92-01 und Report für die 'Air Pollution Group' des 'Nordic Council of Ministers', Karlsruhe/Laxenburg, 1992

[11] **Amann, M.; Klaasen, G.; Schöpp, W.:** Closing the Gap between the 1990 Deposition and the Critical Sulfur Depositon Values, International Institute for Applied System Analysis (IIASA), Laxenburg, 1993

[12] **Anderson, J. M.:** Die Eutrophierung von Seen; in: MEADOWS, D. L. und D. H. (Hrsg.): Das globale Gleichgewicht, Deutsche Verlags-Anstalt, Stuttgart, 1973

[13] **ApSimon, H. M.:** VOC Cost Curves for Integrated Assessment Modelling: Requirements and Methodology; in: Proceedings of the UN/ECE Workshop "VOC Abatement Options and their Costs for Use in Integrated Assessment Modelling", Karlsruhe, 1996

[14] **ApSimon, H. M.; Warren, R. F.:** Handling Uncertainty in Developing Abatement Strategies to Combat Transboundary Air Pollution, Report prepared for the UN/ECE Task Force on Integrated Assessement Modelling, Imperial College, London, 1996

[15] **ApSimon, H. M.; Warren, R. F.; Wilson, J. J. N.:** The Abatement Strategies Assessment Model - ASAM: Applications to Reductions of Suphur Dioxide Emissions Across Europe; in: Atmospheric Environment, Band 28, Heft 4(1994), S. 649-693, 1994

[16] **Axelrod, R.:** Die Evolution der Kooperation, Oldenbourg Verlag, München, 1988

[17] **Balow, R. E.; Proschan, F.:** Statistische Theorie der Zuverlässigkeit, Frankfurt, 1978

[18] **Barret, K.; Berge, E. (Hrsg.):** Transboundary Air Pollution in Europe, MSC-W Status Report 1996: Part One, Norwegian Metereological Institute, Oslo, 1996

[19] **Barret, S.:** International Environmental Agreements as Games; in: Pethig R. (Hrsg.): Conflicts and Cooperation in Managing Environamental Resources, Springer Verlag, Berlin, 1992

[20] **Barrett, S.:** Self-Enforcing International Environmental Agreements; in: Oxford Economic Papers, Band 46, Heft 6, S. 878, 1994

[21] **Bartel, R.:** Hauptinstrumente der Umweltpolitik und ihre Wirkungen; in: Bartel, R.; Hackl, F. (Hrsg.): Einführung in die Umweltpolitik, Verlag Vahlen, 1994

[22] **Baumbach, G.:** Luftreinhaltung - Entstehung, Ausbreitung und Wirkung von Luftverunreinigungen - Meßtechnik, Emissionsminderung und Vorschriften, Berlin Heidelberg, 1990

[23] **Baumol, W. J.; Oates, W.:** The Use of Standards ans Prices for Protection of the Environment; in: Swedish Journal of Economics, Band 73, Heft 1(1971), S. 42-54, 1971

[24] **Berner, P.; Obermeier, A.; Friedrcih, R.; Ondratschek, D.; Schaber, K.:** Strategien zur Minderung der VOC-Emissionen ausgewählter Emittentengruppen in Baden Württemberg, Forschungsbericht im Rahmen des Projekts "Europäisches Forschungszentrum für Maßnahmen zur Luftreinhaltung" FZKA-PEF 147, Karlsruhe, 1996

[25] **Bicchieri C.:** Rationality and Coordination, Cambridge Univ. Press, Cambridge, 1993

[26] **Bioclean GmbH:** Persönliche Herstellerinformationen, 1997

[27] **Boehmer-Christiansen, S.:** Reflections on scientific advice and EC transboundary pollution policy; in: Science and Public Policy, Band 22, Heft 3(1995), S. 195-203, 1995

[28] **Böhringer, C.:** Volkswirtschaftliche Effekte einer Umstrukturierung des deutschen Steuersystems unter besonderer Berücksichtigung von Umweltsteuern, Institut für Energiewirtschaft und Rationelle Energieverwendung (IER), Stuttgart, 1997

[29] **Borell, P.; Builtjes, P.; Grennfelt, P.; Øystein, H. (Hrsg.):** Photo-oxidants, Acidification and Tools: Policy Applications of EUROTRAC Results, The Report of the EUROTRAC Application Project, Berlin, 1997

[30] **Bouscaren, R.:** Applicability, Efficiency and Cost of Solvent Vapour Treatment Processes 1996; in: Proceedings of the UN/ECE Workshop "VOC Abatement Options and their Costs for Use in Integrated Assessment Modelling", Karlsruhe, 1996

[31] **Breihofer, D.; Mielenz, A.; Rentz, O.:** Maßnahmen zur Minderung der Emissionen von SO_2, NO_x und VOC bei stationären Quellen in der Bundesrepublik Deutschland, Institut für Industiebetriebslehre und industrielle Produktion (IIP), Universität Karlsruhe, Karlsruhe, 1991

[32] **Breitmeier, H.:** Wie entstehen globale Umweltregime - Der Konfliktaustrag zum Schutz der Ozonschicht und des globalen Klimas, Leske + Budrich, Opladen, 1996

[33] **Brooke, A.; Kendrick, D.; Meeraus, A.:** GAMS - A User's Guide, The International Bank for Reconstruction and Development / The World Bank, Seaport Court, 1988

[34] **Bruckmann, P.:** Umweltschutz ist europäische Innenpolitk; in: Gefahrstoffe - Reinhaltung der Luft, Band 57, Heft 12, S. 485-487, 1997

[35] **Bundesministerium der Finanzen; Wissenschaftlicher Beirat (Hrsg.):** Umweltsteuern aus finanzwissenschaftlicher Sicht: Gutachten des Wissenschaftlichen Beirats beim Bundesministerium der Finanzen, Stollfuß, Bonn, 1997

[36] **Buonicore, A. J.; Davis, W. T. (Hrsg.):** Air Pollution Engineering Manual, Air & Waste Management Association, New York, 1992

[37] **Burger, C.:** Spieltheoretische Analyse umweltrelevanten Verhaltens; in: Bartel, R.; Hackl, F. (Hrsg.): Einführung in die Umweltpolitik, Verlag Franz Vahlen, München, 1994

[38] **Cansier, D.:** Ökonomie der Luftreinhaltung; in: Junkernheinrich, M.; Klemmer, P.; Wagner, G. R. (Hrsg.): Handbuch zur Umweltökonomie, S. 69-75, Berlin, 1995

[39] **Cansier, D.:** Umweltökonomie, 2. Auflage, Lucius & Lucius, Stuttgart, 1996

[40] **Chairman of the Executive Body of the CLRTAP:** Ministral Conference "Environment for Europe" Luzern, Schweiz, 28. - 30. April 1993, UN/ECE Publication (GE.93-31134), Genf, 1993

[41] **Chvatal, V.:** Linear Programming, W. H. Freeman and Comp., New York, 1983

[42] **Clysters, H. (ACEA):** Personal Communication, October 1997

[43] **Coase, R.:** The Problem of Social Cost; in: Journal of Law and Economics, Band 3, S. 1-40, 1960

[44] **Cohen, M. D.; March, J. G.; Olsen, J. P.:** A Garbage Can Model of Organizational Choice; in: Administrative Science Quarterly, Band 17, S. 1-25, 1972

[45] **Colls, J.:** Air Pollution - An Introduction, London, 1997

[46] **CORINAIR 94:** Summary Report to the European Environment Agency from the European Topic Centre on air Emissions, Final version, 1997

[47] **Council on Environmental Quality:** Fourth Annual Report, Washington D. C., 1973

[48] **Crutzen, P. J. (Hrsg.):** Atmosphäre, Klima, Umwelt, 2. Aufl., Spektrum der Wissenschaft: Verständliche Forschung, Heidelberg, 1996

[49] **Der Rat von Sachverständigen für Umweltfragen:** Umweltgutachten 1974, Metzler-Poeschel, Stuttgart, 1974

[50] **Derwent, R. G.; Davies, T. J.:** Modelling the Impact of NO_x or Hydrocarbon Control on Photochemical Ozone in Europe; in: Atmopheric Environment, Band 28, Heft 12, 1994

[51] **Derwent, R. G.; Jenkin, M. E.:** Hydrocarbon Involvement in Photochemical Ozone Formation in Europe, Harwell Laboratory, AERE-R13736, 1990

[52] **Deslauriers, M.:** SNAP 04 01 01 04 - 04 01 02, March 1995, UN/ECE/EMEP/ CORINAIR Atmospheric Emission Inventory Guidebook, Second Draft, May 1995

[53] **Deutsches Institut für Wirtschaftsforschung (DIW)**: Ökosteuer - Sackgasse oder Königsweg? - Wirtschaftliche Auswirkungen einer ökologischen Steuerreform: Gutachten im Auftrag von Greenpeace, Berlin, 1994

[54] **Die Europäische Wirtschaftskommission der Vereinten Nationen (UN/ECE):** Convention on Long-range Transboundary Air Pollution, erstellt am 13. November 1979 in Genf, 1979

[55] **Die Europäische Wirtschaftskommission der Vereinten Nationen (UN/ECE):** Protocol on Long-term Financing of the Cooperative Programme for Monitoring and Evaluation of the Long-range Transmission of Air Pollutants in Europe (EMEP) erstellt am 28. September 1984 in Genf, 1984

[56] **Die Europäische Wirtschaftskommission der Vereinten Nationen (UN/ECE):** Protocol on the Reduction of Sulphur Emissions or their Transboundary Fluxes by at least 30 per cent, erstellt am 8. Juli 1985 Helsinki, 1985

[57] **Die Europäische Wirtschaftskommission der Vereinten Nationen (UN/ECE):** Protocol concerning the Control of Nitrogen Oxides or their Transboundary Fluxes, erstellt am 31. Oktober 1988 in Sofia, 1988

[58] **Die Europäische Wirtschaftskommission der Vereinten Nationen (UN/ECE):** Protocol concerning the Control of Emissions of Volatile Organic Compounds or their Transboundary Fluxes, erstellt am 18. November 1991 in Genf, 1991

[59] **Die Europäische Wirtschaftskommission der Vereinten Nationen (UN/ECE):** Protocol on Further Reduction of Sulphur Emissions, erstellt am 14. Juni 1994 in Oslo, 1994

[60] **Diekmann, R.:** Kompost als Filtermaterial in der biologischen Abluftreinigung, in: Entsorgungspraxis 1996, Heft 4, 1996

[61] **DIN-Norm:** 28004 Fließbilder verfahrenstechnischer Anlagen, Berlin, Köln: Beuth-Verlag GmbH

[62] **Dorn, R.:** Effizienz umweltpolitischer Instrumente zur Emissionsminderung - Technische und ökonomische Kriterien, Erich Schmidt Verlag, 1996; zugl.: Universität Karlsruhe, Dissertation, 1996

[63] **Dowlatabadi, H.:** Integrated Assessment Models of Climate Change - An Incomplete Overview; in: Energy Policy, Band 45, Heft 4/5(1995), S. 289-296, 1995

[64] **Dürr Systems GmbH:** Persönliche Herstellerinformationen, 1997

[65] **Eisenmann Umwelttechnik:** Persönliche Herstellerinformationen, 1997

[66] **EMEP/CORINAIR:** CORINAIR 90 Summary of Results by Activity for Europe; in: Atmospheric Emission Inventory Guidebook, September 1995

[67] **Endres, A.; Staiger, B.:** Nutzen-Kosten-Analyse der Umweltpolitik; in: Junkernheinrich, M.; Klemmer, P.; Wagner, G. R. (Hrsg.): Handbuch zur Umweltökonomie, S. 69-75, Berlin, 1995

[68] **Enentex GmbH:** Persönliche Herstellerinformationen, 1997

[69] **Enquête-Kommission "Schutz des Menschen und der Umwelt" des Deutschen Bundestages (Hrsg.):** Band 1 Konzepte, Bonn, 1995

[70] **Enquête-Kommission "Schutz des Menschen und der Umwelt" des Deutschen Bundestages (Hrsg.):** Konzept Nachhaltigkeit - Vom Leitbild zur Umsetzung, Bonn, 1998

[71] **ERM Economics; Chem Systems Ltd.:** Costs and Benefits of the Reduction of VOC Emissions from Industry, Bericht für das UK Department of Trade an Industry, Referenz 3160, London, 1996

[72] **Europäische Kommission - DG XVII:** Energy in Europe: European Energy to 2020 - A Scenario Approach, Directorate General for Energy (DG-XVII), Brüssel, 1996

[73] **European Environment Agency; European Topic Centre of Air Emissions (Hrsg.):** Recommendations for Revised Data System for Air Emission Inventories, Topic Report 1995/2, Kopenhagen, 1995

[74] **European Topic Centre on Air Emissions (Hrsg.):** CORINAIR 90 - Comprehensive Summary Report, Report to the European Environment Agency, Kopenhagen, 1995

[75] **European Topic Centre on Air Emissions (Hrsg.):** CORINAIR 94 - Summary Report, Report to the European Environment Agency, Kopenhagen, 1997

[76] **EUROSTAT:** Jahrbuch '95 - Europa im Blick der Statistik 1983 - 1993, Luxemburg, 1995

[77] **Ewrigmann, D.:** Umweltabgaben; in: Junkernheinrich, M.; Klemmer, P.; Wagner, G. R. (Hrsg.): Handbuch zur Umweltökonomie, S. 69-75, Berlin, 1995

[78] **Fabian, P.:** Atmosphäre und Umwelt, Vierte, erweiterte und aktualisierte Auflage, Springer Verlag, , Berlin, 1992

[79] **Faure, G.-O.; Rubin, J. Z.:** Organizing Concepts and Questions; in: Sjösted, G. (Hrsg.): International Environmental Negotiation, International Institute for Applied System Analysis, Sage Publications, 1993

[80] **Feess, E.:** Umweltökonomie und Umweltpolitik, Verlag Franz Vahlen, München, 1995

[81] **Fishbone, L.; Abilock, H.:** MARKAL - A Linear Programming Model for Energy Systems Analysis, Technical Description of the BNL Version; in: International Journal of Energy Research, Band 5, S. 353-375, 1981

[82] **Førsund, F.; Nævdahl, E.:** Trading sulfur Emissions in Europe; in: Klaassen, G.; Førsund, F. (Hrsg.): Economic Instruments for Air Pollution Control, International Institute for Applied System Analysis, Kluwer Academic Publishers, Dordrecht, 1994

[83] **Friedrich, R.:** Umweltpolitische Maßnahmen zur Luftreinhaltung - Kosten-Nutzen-Analyse, Springer-Verlag, Berlin, 1993

[84] **GAMS Development Corporation:** GAMS - The Solver Manuals, Washington DC

[85] **Gehring, T.; Oberthür, S. (Hrsg.):** Internationale Umweltregime - Umweltschutz durch Verhandlungen und Verträge, Leske + Budrich, Oplanden, 1997

[86] **Giddens, A.:** Die Konstitution der Gesellschaft. Grundzüge einer Theorie der Strukturierung, Frankfurt, 1988

[87] **Görlitz, A. (Hrsg.):** Umweltpolitische Steuerung, Nomos Verlagsgesellschaft, Baden-Baden, 1994

[88] **Graedel, T. E.; Crutzen, P. J.:** Veränderungen der Atmosphäre; in: Atmosphäre, Klima, Umwelt, Spektrum der Wissenschaft - Sonderheft, Heidelberg, 1991

[89] **Grenfelt, P.:** Possibilities and constrainsts for the formulation of the second NO_x-protocol; in: Proceedings of EMEP Workshop on the Control of Photochemical Oxidants over Europe, Environmental Documentation No. 47 - Air, Federal Office of Environment, Forests and Landscape (FOEFL), 1995

[90] **Grenfelt, P.; Hov, Ø.; Derwent, R.G.:** Second generation abatement strategies for NO_x, NH_3, SO_2 and VOC; in: Ambio 23(1994), S. 425-433, 1994

[91] **Guderian, R.; Tingey, D. T.:** Notwendigkeit und Ableitung von Grenzwerten für Stickstoffoxide, Umweltbundesamt - Berichte 1/87, Berlin, 1987

[92] **Gustafson, S. A.; Kortanek, K. O.:** Mathematical models for air pollution control: determination of optimum abatement policies; in: Deininger, R. A. (Hrsg.): Models for environmental pollution control, Ann Arbor Science Publishers, Michigan, 1973

[93] **Hagenah, E.:** Prozeduraler Umweltschutz - Zur Leistungsfähigkeit eines rechtlichen Regelungsinstruments, Nomos Verlagsgesellschaft, Baden-Baden, 1996

[94] **Hanley, N.; Spash, C. L.:** Cost-Benefit Analysis and the Environment, Edward Elgar Publishing Company, Brookfield, 1995

[95] **Harrison, R. M; De Mora, S. J.:** Introductory chemistry for the environmental sciences, Cambridge environmental chemistry series / 7, 2. Auflage, Cambridge, 1996

[96] **Hasselmann, K.; Hasselmann, S.; Giering, R.; Ocana, V.; von Storch, H.:** Sensitivity Study of Optimal CO_2 Emission Paths Using a Simplified Structural Integrated Assessment Model - SIAM; in: Climatic Change, Band 37, S. 345-386, 1997

[97] **Hauptverband der deutschen Holz und Kunststoffe Verarbeitenden Industrie und verwandeter Industriezeige (HDH):** Merkblatt des Arbeitskreises Umwelt und Energie im HDH - Technischer Ausschuß, "Lösemittel-Abluftreinigungsanlagen für Lackieranlagen der Möbelindustrie", Wiesbaden, 1991

[98] **Hein, J.; Kippelen, C.; Schultmann, F.; Rentz, O.:** Assessment of the cost involved with the commission's draft proposal for a directive on the limitation of the organic solvent emissions from the industrial sectors, Final report, Contract Nr. B4-3040/93/001152/LP/A3, Karlsruhe, 1994

[99] **Héritier, A.:** Die Koordination von Interessenvielfalt im europäischen Entscheidungsprozeß und deren Ergebnis: Regulative Politik als "Patchwork", Max-Planck Institut für Gesellschaftsforschung, MPIFG Discussion Paper 95/4, Köln, 1995

[100] **Héritier, A.; Knill, C.; Mingers, S. in Zusammenarbeit mit Barrett, R.:** Ringing the Changes in Europe - Regulatory Competion and the Transformation of the State - Britain, France, Germany, Walter de Gruyter, Berlin, 1996

[101] **Heyes, C.; Schöpp, W.; Amann, M.; Bertok, I.; Cofala, J.; Gyarfas, F.; Klimont, Z.; Makowski, M.; Shibayev, S.:** Simultaneous Optimization of Abatement Strategies for Ground-Level-Ozone and Acidification; Report prepared for the 20th Meeting of the UN/ECE Task Force on Integrated Assessment Modelling, International Institute for Applied System Analysis, Laxenburg, 1997

[102] **Hjalte, K.; Lindgren, K.; Ståhl, I.:** Environmental Policy and Welfare Economics, Cambridge University Press, Cambridge, 1977

[103] **Hoel, M.:** Cost-effective and Efficient International Environmental Agreements, University of Oslo, Department of Economics, Reprint Series No 441, 1993

[104] **Holler, M.:** Ökonomische Theorie der Verhandlungen, 3. Aufl.; Oldenbourg Verlag, München, 1992

[105] **Holtmann, T.:** Entwicklung eines Instrumentariums zur Emissionsprojektion auf der Basis des Emissionsfaktoransatzes, Peter Lang Verlag, Frankfurt am Main, 1997, zugl.: Universität Karlsruhe, Dissertation, 1996

[106] **Holtmann, T.; Rentz, O.; Samaras, Z.; Tymbandis, Y.; Zachariadias, T.; Aslanoglou, M.; Kulicke, K.; Zierock, K.-H.:** Development of a Methodology and a Computer Model for Forecasting Atmospheric Emissions from Relevant Mobile and Stationary Sources; Volume III: Description of Methodologies to Calculate Emissions from Individual Sub-Sectors; Final Report, November 1995

[107] **Holzinger, K.:** Politik des kleinsten gemeinsamen Nenners? - Umweltpolitische Entscheidungsprozesse in der EG am Beispiel der Einführung des Katalysatorautos, Edition Sigma, Berlin, 1994; zugl.: Universität Augsburg, Dissertation, 1993

[108] **Sprenger, R.-U. (Ifo-Institut):** Das deutsche Steuer- und Abgabensystem aus umweltpolitischer Sicht: eine Analyse seiner ökologischen Wirkungen sowie der Möglichkeiten und Grenzen seiner stärkeren ökologischen Ausrichtung ; Studie im Auftrag des Bayerischen Staatsministeriums für Landesentwicklung und Umweltfragen, des Bayerischen Staatsministeriums, Ifo-Institut für Wirtschaftsforschung, München, 1994

[109] **Jansen, D.; Schubert, K.:** Netzwerkanalyse, Netzwerkforschung und Politikproduktion: Ansätze zur 'cross-fertilization'; in: Jansen D.; Schubert, K. (Hrsg.): Netzwerke und Politikproduktion - Konzepte, Methoden, Perspektiven, Schüren Presseverlag, Marburg, 1994

[110] **Jones, P. D.; Wigley, M .L.; Wright, P. B.:** Global Temperature Variations Between 1861 and 1986; in: Nature, Band 322, S. 251-263, 1996

[111] **Kilian, M.:** Umweltschutz durch internationale Organisationen - Die Antwort des Völkerrechts auf die Krise der Umwelt?, Duncker & Humblot, Berlin, 1987, zugl: Universität Tübingen, Dissertation, 1986

[112] **Kirchgässner, G.:** Umweltpolitk in neuem Rahmen; in: Ökologisches Wirtschaften, Heft 2(1998), 1998

[113] **Kiss, A.; Shelton, D.:** Traité de droit européen de l'environnement, Éditons Frison-Roche, Paris, 1995

[114] **Klaassen, G. A. J.; Førsund, F. R.; Amann, M.:** Emissions Trading in Europe with an Exchange Rate; in: Environmental and Resource Economics, Heft 4(1994), S. 305-330, 1994

[115] **Klatt, H. J., Middelschulte, A., Reintges, H., Riemer, H. W., Sondermann, H. (Hrsg.):** Jahrbuch - Bergbau, Erdöl und Erdgas, Petrochemie, Elektrizität, Umweltschutz, Essen, Ausgabe 1997

[116] **Klemmer, P.; Werbeck, N.; Wink.:** Institutionenökonomische Aspekte globaler Umweltveränderungen, Sonderheft 4/93, Zeitschrift für angewandte Umweltforschung, Analytica Verlag, Berlin, 1993

[117] **Klimont, Z.:** Additional comments to the RAINS-VOC data review files, IIASA, 23.03.1998, http://www.iiasa.ac.at/~klimont/voc_review/single.html

[118] **Klimont, Z.; Amann, M.; Cofala, J.:** Estimating Costs for Controlling Emissions of Volatile Organic Compounds (VOC) from Stationary Sources in Europe, IIASA, Laxenburg, 1997

[119] **Knoepfel, P.:** New Institutional Arangements for the Next Generation of Environmental Policy Instruments: Intra- and Interpolicy-Cooperation; in: Dente, B. (Hrsg.): Environmetal policy in Search of New Instruments, Kluwer Academic Publishers, Dordrecht, 1995

[120] **Kobelt, G.:** Die Entwicklung der biologischen Abluftreinigung; in: Entsorgungspraxis, Heft 11(1996), 1996

[121] **de Kruijk, H.:** The EU Energy and Environmental Model EFOM-ENV specified in GAMS - Model description and user's guide, EURIO-Projekt, 1994

[122] **Krill, C.:** Liberalisierung und Umweltschutz; in: Ökologisches Wirtschaften, Heft 2(1998), 1998

[123] **Krill, H.:** VOC Control technology - An Overview; in: Sixth Seminar on Control Technology for Emissions from Stationary Sources, Budapest, Hungary, 14. - 17. Oktober 1996

[124] **Krumm, R.:** Internationale Umweltpolitik - Eine Analyse aus umweltökonomischer Sicht, Springer Verlag, Heidelberg, 1996

[125] **Krupnik, A. J.; Oates, W. E.; van de Verg, E.:** On Marketable Air Pollution Permits: The Case for a System of Pollution Offsets; in: Journal of Environmental Economics and Management, Heft10(1983), S. 233-247, 1983

[126] **Langbein Engelbracht GmbH:** Persönliche Herstellerinformationen, 1997

[127] **Lawless, H.:** Statistical Models and Methods for Lifetime Data, New York, 1982

[128] **Le Moigne, J.-L.:** La théorie du Système Général - Théorie de la modélisation, PUF édition, 4. Auflage, Paris, 1994

[129] **Le Moigne, J.-L.:** Sur l'ingenérie de la connaissance organisationelle, Note de Recherche GRASCE n° 93-12, Aix-en-Provence, 1993

[130] **Le Moigne, J.-L.; Orillard, M.:** Nearly Uncontrollable Pollution of an Agrarian System: A socioeconomic Case Study; in: Bürgenmeier, B. (Hrsg.): Economy, Enviromment and Technology - A Socio-Economic Approach, M. E. Sharpe, New York, 1994

[131] **Lenz, H. P. et al.:** Emissionen Imissionen und Wirkung von Abgaskomponenten, Fortschrittsberichte, VDI Reihe 12 Nr.: 183, Düsseldorf, VDI-Verlag, 1993

[132] **Leroy, O.:** L'Union Européenne face à la pollution atmospherique, Impact Europe, Kraainem (Belgien), 1994

[133] **Levelton, B. H. & Associates Ltd.:** Emissions of Volatile Organic Compounds from Selected Organic Chemical Plants, 1990

[134] **Liebe, H. G.; Werner, W.; Striefeler, B.:** Fortschritte bei der Emissionsminderung mit Biofiltern; in: Staub - Reinhaltung der Luft 1989, Heft 49, 1989

[135] **Liebscher H.:** Development Costs of Low VOC Vehicle Refinishing Paints 1996; in: Proceedings of the UN/ECE Workshop "VOC Abatement Options and their Costs for Use in Integrated Assessment Modelling", Karlsruhe, 1996

[136] **Liefferink, J. D.; Lowe, P. D.; Mol, A. P. J. (Hrsg.):** European Integration and Environmental Policy, Belhaven Press, London, 1993

[137] **LTG Lufttechnische GmbH:** Persönliche Herstellerinformationen, 1997

[138] **Luhmann, N.:** Soziale Systeme. Grundriß einer allgemeinen Theorie, 2. Aufl. Frankfurt, 1985

[139] **Lüth, O. A.:** Strategien zur Energieversorgung unter Berücksichtigung von Emissionsrestriktionen : Entwicklung eines Energie-Emissions-Modells für kleine Länder bzw. Regionen, VDI-Verlag, Düsseldorf, 1997; zugl.: Universität Karlsruhe, Dissertation, 1997

[140] **Mariam, Y.; Barré, M.:** VOC's Cost Functions in the Design of Emission Abatement Strategies; in: Proceedings of the UN/ECE Workshop "VOC Abatement Options and their Costs for Use in Integrated Assessment Modelling", Karlsruhe, 1996

[141] **Maturana, H. R.; Varela, F. J.:** Autopoietische Systeme: Eine Bestimmung der lebendigen Organisation; in: Maturana H. R.: Erkennen: Die Organisation und Verkörperung von Wirklichkeit. Ausgewählte Arbeiten zur biologischen Epistomologie, Braunschweig, 1982

[142] **Mégie, G.:** L'ozone troposphérique: pollution locale et environnement global; in: La Vie des Sciences, Band 12, Heft 1, S. 47-69, 1995

[143] **Menig, H.; Krill, H.; Jäschke, T.:** Kosten und Effizienz biologischer Verfahren im Vergleich zu anderen Abluftreinigungsverfahren; in: Biological Waste Gas Cleaning, Proceedings of an International Symposium, Maastricht, April 1997

[144] **Messner, S.:** User's Guide for the Matrix Generator of Message II: Model Description and Implementation Guide, IIASA WP 84-71a, Laxenburg, 1984

[145] **Mineralölwirtschaftsverband:** Ölmarkt der Zukunft - höhere Effizienz senkt den Verbrauch; MWV-Ölprognose 2010 für die Bundesrepublik Deutschland

[146] **Mineralölwirtschaftsverband:** Positionspapier: Ökologische Steuerreform, Hamburg, 1996

[147] **Montgomery, W. D.:** Markets in Licenses and Efficient Pollution Control Programs; in: Journal of Economic Theory, Heft 5(1972), S. 395-418, 1972

[148] **Morgan, M. G.; Dowlatabadi, H.:** Learning from Integrated Assessement of Climate Change; in: Climatic Change, Band 34, S. 337-368, 1996

[149] **Morgenstern, T.:** Dekomposition eines linearen Energieflußmodells : Konzept einer flexiblen und dezentralisierten Modellstruktur zur Anwendung bei energie- und umweltpolitischen Fragestellungen, Schulz-Kirchner, Idstein, 1991

[150] **Müller-Brandeck-Bocquet, G.:** Die institutionelle Dimension der Umweltpolitk - Eine vergleichende Untersuchung zu Frankreich, Deutschland und der Europäischen Union, Nomos Verlagsgesellschaft, Baden-Baden, 1996

[151] **Murty, K. G.:** Linear Programming, John Wiley & Sons, New York, 1983

[152] **Neumann, K.; Morlock, M.:** Operations Research, Hanser, Wien, 1993

[153] **Nisbet, E. G.:** Globale Umweltveränderungen - Ursachen, Folgen, Handlungsmöglichkeiten, Klima, Energie, Politik, Spektrum der Wissenschaft: Verständliche Forschung, Heidelberg, 1994

[154] **Obermeier, A.:** Ermittlung und Analyse von Emissionen flüchtiger organischer Verbindungen in Baden-Württemberg, Dissertation, Forschungbericht des Instituts für Energiewirtschaft und Rationelle Energieanwendung (IER), Universität Stuttgart, Band 19, 1995

[155] **Oberthür, S.:** Umweltschutz durch internationale Regime - Interessen, Verhandlungsprozesse, Wirkungen, Leske + Budrich, Oplanden, 1997

[156] **Oertel, D.:** Emissionskataster als Beitrag zum Umweltsberichtswesen - Am Beispiel des Sektors Energieerzeugung, Frankfurt, 1997; zugl.: Universität Karlsruhe, Dissertation, 1996

[157] **Olson, M.:** Die Logik des kollektiven Handelns : Kollektivgüter und die Theorie der Gruppen, Mohr, Tübingen, 1968

[158] **Olsson, M.; Piekenbrock, D.:** Gabler-Kompakt-Lexikon Umwelt- und Wirtschaftspolitik: 2800 Begriffe nachschlagen - verstehen - anwenden, Gabler, Wiesbaden, 1993

[159] **Organisation für Wirtschaftliche Zusammenarbeit und Entwicklung (Hrsg.):** Umweltpolitik auf dem Prüfstand : Bericht der OECD zur Umweltsituation und Umweltpolitik in Deutschland, Economica-Verlag, Bonn, 1993

[160] **Orillard, M.:** Representation of decision-making processes in a complex environment; in: Revue Analyse de Système, Band 17, S. 5-11, 1991

[161] **Orillard, M.:** Stratégies de groupes et coordination des activités économiques; in: Revue d'économie politique, Band 105, Heft 1(1995), S. 180-196, 1995

[162] **Paduch, M.:** Marktübersicht Biologische Abgasreinigung; in: Staub - Reinhaltung der Luft 1993, Heft 53, 1993

[163] **Parson E. A.:** Integrated Assessment and Environmental Policy Making - In Pursuit of Usefulness; in: Energy Policy, Band 23, Heft 4/5(1995), 1995

[164] **Pearce, D. W.** (Chairman of the UN/ECE-Task Force on Economic Aspects): Persönliche Mitteilung, University College, London, September, 1998

[165] **Pech, S.:** Umweltpolitk in der Europäischen Union; in: Bartel, R.; Hackl, F. (Hrsg.): Einführung in die Umweltpolitik, Verlag Franz Vahlen, München, 1994

[166] **Peters, M.; Timmerhaus, K.-D.:** Plant Design and Economics for Chemical Engineers, New York, 1980

[167] **Pflock & Meckeler GmbH:** Persönliche Herstellerinformationen, 1997

[168] **Pigou, A. C.:** The economics of Welfare, London, 1920

[169] **Posch, M.:** Defining an Exceedance Function, Beitrag zur 20sten Sitzung der Task Force on Integrated Assessment Modelling, 1. - 3. Dezember 1997, Madrid, 1997

[170] **Posch, M.; De Smet, P. A. M.; Hettelingh, J.-P.; Downing, R. J. (Hrsg.):** Calculation and mapping of critical thresholds in Europe, Status Report 1997, Coordination Center for Effects, RIVM, Bilthoven, 1997

[171] **Püchert, H.:** Ein Ansatz zur strategischen Planung von Kreislaufwirtschaftssystemen: dargestellt für das Autorecycling und die Eisen- und Stahlindustrie, Deutscher Universitäts Verlag, Wiesbaden, 1995; zugl: Universität Karlsruhe, Dissertation, 1995

[172] **Rat der Europäischen Gemeinschaften:** Richtlinie 84/360/EWG des Rates vom 28. Juni 1984 zur Bekämpfung der Luftverunreinigung durch Industrieanlagen; in: Amtsblatt Nr. L 188 vom 16/07/1984

[173] **Rat der Europäischen Gemeinschaften:** Richtlinie 88/609/EWG des Rates vom 24. November 1988 zur Begrenzung von Schadstoffemissionen von Großfeuerungsanlagen; in: Amtsblatt Nr. L 366 vom 17/12/1988

[174] **Rat der Europäischen Gemeinschaften:** Richtlinie 96/61/EG des Rates vom 24. September 1996 über die integrierte Vermeidung und Verminderung der Umweltverschmutzung; in: Amtsblatt der Europäischen Gemeinschaften, Nr. L 257/26, vom 10.10.96

[175] **Rentz, O.:** Techno-Ökonomie betrieblicher Emissionsminderungsmaßnahmen, Erich Schmidt Verlag, Berlin, Technological economics, Band 4, 1979, zugl.: Universität Karlsruhe, Habil.-Schr., 1979

[176] **Rentz, O.:** Principle and Methodology of Cost Calculation; in: Rentz, O.; Remmers, J.; Plinke, E.: Proceeding UN/ECE-Workshop on Emission Control Costs - Methodology and Example Cases, 1987

[177] **Rentz, O. et al. :** Entwicklung eines Optimiermodells zur Ermittlung von Emissionsminderungsstrategien für Ozonvorläuferstrategien, unveröffentlichter Bericht des Instituts für Industriebetriebslehre und industrielle Produktion (IIP), Universität Karlsruhe, 1995

[178] **Rentz, O.; Ballreich, K.-L.; Haasis, H.-D.; Heer, W.:** Erfassung der betrieblichen Auswirkungen von Luftreinhaltmaßnahmen bei Anwendung des Bubble-Konzepts, Karlsruhe, 1985

[179] **Rentz, O.; Geldermann, J.; Jahn, C. Spengler, T.:** Vorschlag für eine medienübergreifende Bewertungsmethode zur Identifikation der "Besten Verfügbaren Techniken" BVT im Rahmen der Arbeiten der Europäischen Kommission (Entwurf), erstellt im Auftrag des Umweltbundesamtes (Berlin), Forschungsprojekt 109 05 006, Karlsruhe, 1998

[180] **Rentz, O.; Haasis, H.-D.; Jattke, A.; Russ, P.; Wietschel, M.; Amann, M.:** Impacts of Energy Supply Structure on National Emission Reduction Potentials and Emission Reduction Cost, Endbericht eines Forschungsvorhabens für das Umweltbundesamt, Karlsruhe, 1992

[181] **Rentz, O.; Holtmann, T.; Oertel, D.; Röll, C.:** Konzeption zur Minderung der VOC-Emissionen in Baden-Württenberg, Bericht der VOC-Landeskomission, im Auftrag des Umweltministeriums Baden-Württemberg, Luft - Boden - Abfall, Heft 21, Karlsruhe, 1993

[182] **Rentz, O.; Jattke, A.; Lüth, O.; Schöttle, H.; Wietschel, M. in cooperation with Van Hermelen, T.; De Kruijk, H. Van Oostvoorn, F.; Stoffer, B. and Amann, M.:** Strategies for Reducing Emissions and Depositions in Central and Eastern European Countries - An Integrated Analysis for International Strategies, Karlsruhe, 1995

[183] **Rentz, O.; Laforsch, M.; Holtmann, T.; Nunge, S.; Avci, N:** Draft Background Document on Emission Limits - Task Force on the Assessment of Abatement Options/Techniques for Volatile Organic Compounds, Karlsruhe, 1998

[184] **Rentz, O.; Laforsch, M.; Holtmann, T.; Nunge, S.; Avci, N:** Draft Background Document on Emission Limits - Task Force on the Assessment of Abatement Options/Techniques for Nitrogen Oxides, Karlsruhe, 1998

[185] **Rentz, O.; Laforsch, M.; Holtmann, T.; Nunge, S.; Avci, N:** Draft BAT Document - Task Force on the Assessment of Abatement Options/Techniques for Nitrogen Oxides, Karlsruhe, Entwurf vom 2. April 1998

[186] **Rentz, O.; Laforsch, M.; Holtmann, T.; Nunge, S.; Avci, N:** Draft BAT Document - Task Force on the Assessment of Abatement Options/Techniques for Volatile Organic Compounds, Karlsruhe, Entwurf vom 2. April 1998

[187] **Rentz, O.; Laforsch, M.; Holtmann, T.; Nunge, S.; Zundel, T.; Avci, N.:** Technologien, Maßnahmen und Kosten der Vermeidung von VOC-Emisssionen als Basis für Integrated Assessment Modelle im Rahmen der UN/ECE, Projektendbericht - Anhang 1: Technologiedatenblätter, Forschungsvorhaben 104 04 353 des Umweltbundesamtes, Karlsruhe, 1998

[188] **Rentz, O.; Laforsch, M.; Holtmann, T.; Nunge, S.; Zundel, T.; Avci, N.:** Technologien, Maßnahmen und Kosten der Vermeidung von VOC-Emisssionen als Basis für Integrated Assessment Modelle im Rahmen der UN/ECE, Projektendbericht - Anhang 1: Länderdatenblätter für die Bundesrepublik Deutschland, Forschungsvorhaben 104 04 353 des Umweltbundesamtes, Karlsruhe, 1998

[189] **Rentz, O.; Laforsch, M.; Holtmann, T.; Nunge, S.; Zundel, T.; Avci, N.:** Technologien, Maßnahmen und Kosten der Vermeidung von VOC-Emisssionen als Basis für Integrated Assessment Modelle im Rahmen der UN/ECE, Projektendbericht - Anhang 3: Evaluierung der RAINS-Kostenfuntionen, Forschungsvorhaben 104 04 353 des Umweltbundesamtes, Karlsruhe, 1998

[190] **Rentz, O.; Remmers, J.; Plinke, E. (Hrsg.)**: Proceedings zum Deutsch-Französischen Umweltsymposium: Kooperation bei Umweltforschung und Umweltschutz, 7. - 8. 10. 1987, Karlsruhe, 1987

[191] **Rentz, O.; Wietschel, M.; Ardone, A.; Fichtner, W.; Göbelt, M.**: Zur Effizienz einer länderübergreifenden Zusammenarbeit bei der Klimavorsorge - Analyse von Joint Implementation unter Einbezug eines Emissionsrechtehandels für die Bundesrepublik Deutschland, die Russische Föderation und Indonesien, Forschungsvorhaben gefördert durch die Volkswagenstiftung (Az. II/70 056), Karlsruhe, 1998

[192] **Rentz, O.; Zundel, T.; Holtmann, T.; Laforsch, M.**: Methodological aspects, sources, data sets, options and costs: from the micro to the macro economic level, 1996; in: Proceedings of the UN/ECE Workshop "VOC Abatement Options and their Costs for Use in Integrated Assessment Modelling", Karlsruhe, 1996

[193] **Röll, C.**: Zur Klassifizierung flüchtiger organischer Verbindungen (VOC) im Hinblick auf Emissionsminderungsstrategien, Peter Lang Verlag, Frankfurt, 1994; zugl.: Universität Karlsruhe, Dissertation, 1993

[194] **Romi, R.**: L'Europe et la protection juridique de l'environnement, Litec - Collection Environnement, Paris, 1993

[195] **Rotmans, J.**: Integrated Assessment: A growing child on ist way to maturity - An editorial essay; in: Climatic Change, Band 34, S. 327-336, 1996

[196] **Salles, J.-M.; Hourcade, J.-C.**: Environnement: Les difficultés d'un accord international; in: Problèmes économiques, Band 328, Heft 2(1993), 1993

[197] **Sand, P. H.**: Lessons Learned in Global Environmental Governance, World Ressources Institute (WRI), Washington DC, 1990

[198] **Saretzki, T.**: Wie unterscheiden sich Argumentieren und Verhandeln? - Definitionsprobleme, funktionale Bezüge und strukturelle Differenzen von zwei verschiedenen Kommunikationsmodi; in: von Prittwitz, V. (Hrsg.): Verhandeln und Argumentieren - Dialog, Interessen und Macht in der Umweltpolitik, Leske + Budrich, Opladen, 1996

[199] **Sauernheimer, K.; Ködding, G.**: Internationale Aspekte der Umweltökonomie; in: Junkernheinrich, M.; Klemmer, P.; Wagner, G. R. (Hrsg.): Handbuch zur Umweltökonomie, S. 69-75, Berlin, 1995

[200] **Scharpf, F. W.**: Zur Theorie von Verhandlungssystemen; in: Benz, A.; Scharpf, F. W.; Zintl, R. (Hrsg.): Horizontale Politikverflechtung - Zur Theorie von Verhandlungssystemen, Campus Verlag, Frankfurt, 1992

[201] **Scherer, R.; Blatter, J.**: Preconditions for sucessful cross-border cooperation on environmental issues - Research results and recommendations for a better practise, EURES Discussion paper dp-46, Freiburg, 1995

[202] **Schmidt, R.; Sandner, W.:** Einführung in das Umweltrecht, Rechtsquellen, Prinzipien, Instruments des Umweltrechts; in: Stengel, M.; Wüstner, K.: Umweltökonomie, Verlag Vahlen, München, 1997

[203] **Schröder, M.:** Die volkswirtschaftlichen Kosten von Umweltpolitik; Kosten-Wirksamkeitsanalyse mit einem angewandten Gleichgewichtsmodell, Physica-Verlag, Heidelberg, 1990; zugl.: Universität Mannheim, Dissertation, 1990

[204] **Sebenius, J. K.:** Challenging Conventional Explanations of International Cooperation - Negociation Analysis and the Case of Epistic Communities; in: International Organisation, Band 46, Heft 1(1992), 1992

[205] **Selas-Kirchner GmbH:** Persönliche Herstellerinformationen, 1997

[206] **SENES:** Canadian Control Technology Costing Study for NO_x, VOC's, and SO_2, 1995

[207] **Shaw, R. W.:** Acid-Rain Negotiations in North America and Europe: A Study in Contrast; in: Sjösted, G. (Hrsg.): International Environmental Negotiation, International Institute for Applied System Analysis, Sage Publications, 1993

[208] **Siebert, H.:** Economics of the Environment - Theory an policy, 4. überarbeitete und verbesserte Auflage, Springer-Verlag, Berlin, 1993

[209] **Simon, H. A.:** Entscheidungsverhalten in Organisationen - Eine Untersuchung von Entscheidungsprozessen in Management und Verwaltung, 3. Aufl. Landsberg a. Lech, 1981

[210] **Simon, H. A.:** From substantive to procedural rationality; in: Latsis S. J. (Hrsg.): Method and Aprailsal in Economics, Cambridge Univ. Press, Cambridge, 1976

[211] **Simon, H. A.:** The sciences of the artificial, 2. erweiterte Auflage, MIT Press, Cambridge, Massachusetts, 1981

[212] **Simonis, U. E.:** Der beste Weg einer globalen Umweltpolitik - Steuern, "gemeinsame Umsetzung" oder Zertifikate; in: Universitas - Stuttgart - German Edition, Band 51, Heft 598, S. 304-317, 1996

[213] **Simpson, D.:** Long period modelling of photochemical oxidants in Europe: A) hydrocarbon reactivity and ozone formation in Europe; B) On the linearity of country-to-contry ozone calculations in Europe, EMEP MSC-W Note 1/92, Norwegian Meterological Institute, Oslo, Norway, 1992

[214] **Simpson, D.:** Photochemical model calculations over Europe for two extended summer periods: 1985 and 1989 - Model calculations and comparison with observations; in: Athmospheric Environment, Band 27A; Heft 6(1993), S. 921-943, 1993

[215] **Sjösted, G. (Hrsg.):** International Environmental Negotiation, International Institute for Applied System Analysis, Sage Publications, 1993

[216] **Smith, S. T.; Cottingham, C. B. A.; Derwent, R. G.:** Three Different Approaches to the Calculation of Cost Functions; in: Proceedings of the UN/ECE Workshop "VOC Abatement Options and their Costs for Use in Integrated Assessment Modelling", Karlsruhe, 1996

[217] **Spengler, T.:** Industrielles Stoffstrommanagement: betriebswirtschaftliche Planung und Steuerung von Stoff- und Energieströmen in Produktionsunternehmen, Erich Schmidt, Berlin, 1998; zugl: Universität Karlsruhe, Habil.-Schr., Diss., 1998

[218] **Statistisches Bundesamt:** Fachserie 4, Produzierendes Gewerbe. Reihe 3. 1, Produktion im produzierenden Gewerbe, Wiesbaden, 1996

[219] **Statistisches Bundesamt:** Produzierendes Gewerbe, Fachserie 4, Reihe 3.2, Struktur der Produktion im produzierenden Gewerbe - 1995, Wiesbaden, 1997

[220] **Statistisches Bundesamt:** Statistisches Jahrbuch für die Bundesrepublik Deutschland, Ausgabe 1996, Wiesbaden, 1996

[221] **Statistisches Bundesamt:** Zeitreihenservice des Statistischen Bundesamtes, Produktionserhebung in produzierenden Gewerbe, Segment 4162 http://www.statistik-bund.de/zeitreih/dok/sgz4162.htm

[222] **Stern, A. C. et al.:** Fundamentals of air pollution, Academic Press, New York, 1984

[223] **Stockholm Environment Institute:** An Outline of the Stockholm Environment Institute's Coordinated Abatement Strategies Model, CASM SEI report, Stockholm Environment Institute at York, York, 1991

[224] **Swiss Federal Office of Environment (Hrsg.):** EMEP Workshop on the Control of Photochemical Oxidants over Europe, Conference Proceedings, 24. - 27. Oktober 1995, St. Gallen, 1995

[225] **Tarrasón, l.; Semb, A.; Hjellbrekke, A.-G.; Tsyro, S.; Schaug, J.; Bartnicki, J.; Solberg, S.:** Geographical Distribution of Sulphur and Nitrogen Compounds in Europe derived both from modelled and observed concentrations, EMEP Research Report no. 71, Norwegian Meteorological Institute, Oslo, 1998

[226] **Terstappen, R.:** Probleme der Schadstoffausbreitung in die Atmosphäre, Fortschrittsberichte VDI, Reihe 15 Umwelttechnik, Nr. 185, Düsseldorf 1997

[227] **Tietenberg, T. H.:** Emissions Trading: An Exercise in Reforming Pollution Policy, Ressources for the Future, Washington DC, 1985

[228] **Tischler, K.:** Umweltökonomie, München, 1994

[229] **Umweltministerium Baden-Württemberg; Ministère de l'Environnement, Paris; Stadt Kehl; Stadt Offenburg; Ortenaukreis; Communauté Urbaine de Strasbourg (Hrsg.):** Luftreinhalteplan Straßburg/Ortenau, 1995

[230] **UN/ECE (The Convention on Long-range Transboundary Air Pollution):** International Cooperation in Action in the United Nations Economic Comission for Europe Region, Informationsbroschüre über die Leistungen der CLRTAP, 1998

[231] **UN/ECE Task Force on the Assessment of Abatement Options/Techniques for VOC emissions:** Technical Annexes - VOC, Entwurf vom April 1998, Karlsruhe, 1998

[232] **UN/ECE:** Intergovernmental, expert bodies and scientific centres, http://www.unece.org/env/env_eb.htm

[233] **Unger, S.:** Parallelisation and Optimisation of EMEP's Transboundary Air Pollution Model; in: Ruidervaart, J. C.; Dekker, L.; Smit, W. (Hrsg.): Proceedings of the EUROSIM International Conference on HPCN Challenges in Telecomp and Telecom: Parallel Simulation of Complex Systems and Large-Scale Applications, 1996

[234] **US-EPA (Hrsg.):** AP 42 CD-Rom, 1994

[235] **US-EPA (Hrsg.):** Control Technologies for Hazardous Air Pollutants – Handbook, EPA/625/6-91/014, Cincinnati, June 1991

[236] **van der Voort, E.; Donni, E.; Thonet, C.; Bois D'Enghien, E.; Dechamps, C.; Guilmot, J. F.:** Energy Supply Modelling Package EFOM-12C Mark I, User's Guide, EUR 8896 EN/II, Luxemburg, 1985

[237] **van Mark, M.:** Vollzugskosten der Umweltpolitik; Hobein, Bergisch Gladbach, 1994; zugl.: Universität Köln, Dissertation, 1994

[238] **van Oostvoorn, F.; van den Broek, M.; van Harmelen, T.; van Arkel, W.:** The EC Energy and Environmental Model EFOM-ENV/GAMS, Netherland Energy Research Foundation ECN, Petten (Niederlande), 1991

[239] **Verband gewerblicher Tanklagerbetriebe:** Persönliche Mitteilung, Hamburg, März 1998

[240] **Verein deutscher Ingenieure (Hrsg.):** VDI-Richtlinie 2104: Begriffsbestimmungen Reinhaltung der Luft, September 1966, VDI 1991

[241] **Verein deutscher Ingenieure:** VDI 3800 - Kostenermittlung für Anlagen und Maßnahmen zur Emissionsminderung; in: VDI-Handbuch Reinhaltung der Luft, Band 6, Düsseldorf, 1979

[242] **Vertrag von Maastricht:** Vertrag über die Europäische Union vom 7. Februar 1992, Bundesgesetzblatt II, S. 1253, 1992

[243] **von der Vaart, D. R.; Vatavuk, W. M.; Wehe, A. H.:** The Cost Estimation of Thermal and Catalytic Incinerators for the Control of VOC's; in: Air and Waste Management Association, Band 41, Heft 4(1991), S. 497-501, 1991

[244] **von Prittwitz, V. (Hrsg.):** Verhandeln und Argumentieren - Dialog, Interessen und Macht in der Umweltpolitik, Einleitung des Herausgebers, S. 7-15, Leske + Budrich, Opladen, 1996

[245] **von Prittwitz, V.:** Das Katastrophenparadox - Elemente einer Theorie der Umweltpolitik, Leske + Budrich, Opladen, 1990

[246] **von Prittwitz, V.:** Umweltaußenpolitik - Grenzüberschreitende Luftverschmutzung in Europa, Campus Verlag, Frankfurt, 1984

[247] **von Prittwitz, V.:** Verhandeln im Beziehungsspektrum eindimensionaler und mehrdimensionaler Kommunikation; in: von Prittwitz, V. (Hrsg.): Verhandeln und Argumentieren - Dialog, Interessen und Macht in der Umweltpolitik, Leske + Budrich, Opladen, 1996

[248] **Weinmann, J.:** Umweltökonomik - Eine theorieorientierte Einführung, 2. Auflage, Springer-Verlag, Berlin, 1991

[249] **Wellburn, A.:** Luftverschmutzung und Klimaänderung - Auswirkungen auf Flora, Fauna und Mensch, Berlin Heidelberg, 1997

[250] **Wenborn, M. J.; Marlowe, I. T.; Woodfield, M. J.; Passant, N. J.; Richardson, S. J.; Emmott, M. A.; Warren, R. F.; Leggett, S. M.; ApSimon, H. M.; Smith, S.:** VOC Emissions in Europe: An Assessment of the Potential for Abatement and an Estimate of the Associated Costs, AEA-Technology, 1995

[251] **Wicke, L.; Haasis, H.-D.; Schafhausen, F.; Schulz, W.:** Betriebliche Umweltökonomie - Eine praxisorientierte Einführung, Verlag Vahlen, München, 1992

[252] **Wicke, L.:** Umweltökonomie, 4. Auflage, Verlag Vahlen, München, 1993

[253] **Wietschel, M.:** Die Wirtschaftlichkeit klimaverträglicher Energieversorgung - Entwicklung und Bewertung von CO_2-Minderungsstrategien in der Energieversorgung und -nachfrage, Erich Schmidt Verlag, Berlin, 1995; zugl.: Universität Karlsruhe, Dissertation, 1995

[254] **Wietschel, M.; Dorn, R.; Mollenkopf, C.; Zundel, T.; Rentz, O.:** Die UN/ECE Protokolle der zweiten Generation; in: Elektrizitätswirtschaft, Band 95, Heft 15(1996), S. 977-982, 1996

[255] **Wietschel, M.; Lüth, O.; Rentz, O.:** Der Integrated Assessment Ansatz zur Entwicklung von Luftreinhaltestrategien, in: (Hrsg.) Lessing, H., Lipek, U. W.: Informatik für den Umweltschutz, 10. Symposium, Hannover 1996, Metropolis Verlag, Marburg, 1996

[256] **World Health Organisation (WHO):** Air Quality Guidelines for Europe, WHO Regional Publications, European Series, No. 23, Copenhagen, 1997

[257] **World Meterological Organisation**: Scientific Assessment of Ozone Depletion 1994, Global Ozone Research and Monitoring Project, 1994

[258] **Wuester, H.:** The Role of VOC Abatement Cost Estimates in the Preparations of a New Protocol under the Convention on Long-range Transboundary Air Pollution; in: Proceedings of the UN/ECE Workshop on "VOC Abatement Options and their Costs for Use in Integrated Assessment Modelling, 28. - 30. Oktober 1996, Karlsruhe, 1996

[259] **Young, O. R.:** Perspectives on International Organizations; in: Sjösted, G. (Hrsg.): International Environmental Negotiation, International Institute for Applied System Analysis, Sage Publications, 1993

[260] **Zachariadis, T.; Samaras, Z.; Zierock, K.-H.:** Dynamic Modelling of Vehicle Populations: An Engineering Approach for Emission Calculations; Technological Forecasting and Social Change 1995, Heft 50, 1995, S. 135 - 149

[261] **Zimmermann, H.; Hansjürgens, B.:** Prinzipien der Umweltpolitik in ökonomischer Sicht, Economica Verlag, Bonn, 1994

[262] **Züblin Umwelttechnik GmbH:** Persönliche Herstellerinformationen, 1997

X. Tabellenverzeichnis

XI. Abbildungsverzeichnis

XII. Abkürzungsverzeichnis

Abkürzung	Erklärung
a	Jahr
a.	an, am
AAE	Average accumulated excess
ABS	Absorption
Abs.	Absatz
ACEA	Association des Constructeurs Européens d'Automobiles
ADEME	Agence de l'Environnement et de la Maîtrise de l'Energie
ADS	Adsorption
AEB	Ausgangsemissionen im Basisjahr
aeq	acid equivalents
AOT40	hourly daylight ozone in excess of a 40 ppb threshold accumulated over a time period of three month
AOT60	excess ozone over a threshold of 60 ppb accumulated over a time period of six month
ARGUS-VOC	Allokationsmodul zur rechnergestützten Generierung wirtschaftlicher Umweltschutzstrategien für VOC-Emissionen
Art.	Artikel
ASAM	Abatement Strategies Assessment Model
Aufl.	Auflage
Az.	Aktenzeichen
BAT	Best available technology (dt.: beste verfügbare Technologie)
BF	Biofilter
BImSchG	Bundesimmissionsschutzgesetz
BImschV	Bundesimmissionsschutzverordnung
BVT	Beste verfügbare Technologie (engl.: best available technology)
bzw.	beziehungsweise
CASM	Coordinated Abatement Strategy Model
CASPER	Calculation Scheme for Predicting Emissions into Air
CCC	Chemical Coordination Centre
CFC	Chloroflourocarbon
CH_4	Methan
CITEPA	Centre Interprofessionnel Technique d'Etudes de la Pollution Atmosphérique
CLRTAP	Convention on Long-range Transboundary Air Pollution (dt.: Konvention über den weiträumigen Transport von Luftschadstoffen der UN/ECE)
CNRS	Centre national de la recherche scientifique

Abkürzung	Erklärung
CO	Kohlenmonoxid
CO_2	Kohlendioxid
CORINAIR	EU-Emissionskataster-Systematik für die Bilanzierung von Emissionen in die Luft (Unterprogramm von CORINE)
CORINE	Coordination d'Information Environnementale
COV	Composantes organiques volatils
d	Tag
d. h.	das heißt
DFIU	Deutsch-Französisches Institut für Umweltforschung
DG	Directorat Générale
DIN	Deutsches Institut für Normung
Diss.	Dissertation
DIW	Deutsches Institut für Wirtschaftsforschung
DM	Deutsche Mark
dt.	deutsch
EB	Executive Body (Ausführunggremium der CLRTAP)
ECU	European Currency Unit
EEA	European Environmental Agency (dt.: Europäische Umweltagentur)
EF	Emissionsfaktor
EFOM-ENV	Energy Flow Optimisation Model - Environment
EG	Europäische Gemeinschaft
EGS	Emissionsminderung mit signifikanter Gradientensteigerung der Kostenfunktion
EK > 0	Emissionsminderung, bei der die Kostennulllinie überschritten wird
EMEP	Cooperative Programme for Monitoring and Evaluation of Long-range Transmission of Air Pollutants in Europe
engl.	englisch
EP	Europäisches Parlament
EPA	Environmental Protection Agency
ERM	Environmental Resources Management
etc.	et cetera (dt.: und so weiter)
EU	Europäische Union
€	Euro
EUROSTAT	Statistisches Amt der Europäischen Kommission
EWG	Europäische Wirtschaftsgemeinschaft
EWGV	Vertrag zur Gründung der Europäischen Wirtschaftsgemeinschaft
Fahrzg.	Fahrzeug
FCKW	Flour-Chlor-Kohlenwasserstoffe
FRG	Federal Republic of Germany

Abkürzung	Erklärung
g	Gramm
GAMS	General Algebraic Modelling System
GB	Gigabyte
GK	Grenzkosten
GmbH	Gesellschaft mit beschränkter Haftung
GP95	Systematisches Güterverzeichnis für Produktionsstatistiken, Ausgabe 1995 (Statistisches Bundesamt)
GRASCE	Groupe de recherche sur l'adaptation, la systémique et la complexité économique
h	Stunde
H_2O	Wasser
Habil-Schr.	Habilitationsschrift
Hrsg.	Herausgeber
I	Investition
i. a.	im allgemeinen
IAM	Integrated-Assessment-Modell
ICP	International Cooperation Programme
IER	Institut für Energiewirtschaft und Rationelle Energieanwendung
IIASA	International Institute for Applied System Analysis
IIP	Institut für Industriebetriebslehre und Industrielle Produktion
INSEE	Institut national de la statistique et des études économiques
INTERREG	Gemeinschaftsinitiative der EU zur Förderung der grenzüberschreitenden Zusammenarbeit zwischen europäischen Grenzgebieten
Inv	Investition
IPCC	Intergovernmental Panel on Climate Change
IR	Infrarot
ISIC	International Standard Industrial Classification of all Economic Activities
IVU	Integrierte Vermeidung und Verminderung der Umweltverschmutzung
K	Konvexität
k. A.	keine Angabe
Kfz	Kraftfahrzeug
KME	Kosten der maximalen Emissionsminderung
KNV	Katalytische Nachverbrennung
KOND	Kondensation
KWh	Kilowattstunde
LP	lineares Problem
Ltd.	Limited (mit beschränkter Haftung)

Abkürzung	Erklärung
m	Meter
M1	Kategorie von Fahrzeugen zur Beförderung von Personen, welche nicht mehr als acht Sitzplätze zusätzlich zum Fahrersitz aufweisen
MARKAL	Market Allocation Model
Max.	Maximum
MB	Megabyte
MEM	Maximale Emissionsminderung
MESSAGE	Model for Energy Supply System Alternatives
MHz	Megahertz
min	Minute
Mio.	Millionen
MIT	Massachusetts Institute of Technology
MSC-E	Methodological Synthesizing Centre East
MSC-W	Methodological Synthesizing Centre West
N_2O	Distickstoffoxid
NACE	Ökonomische Nomenklatur auf europäischer Ebene; allgemeine Systematik der Wirtschaftszweige, die für alle (Wirtschafts-) Statistiken der EU zugrunde gelegt werden soll
NH_3	Ammoniak
NMVOC	Nicht-Methan-VOC
NO	Stickstoffmonoxid
n^o	Numéro
NO_2	Stickstoffdioxid
NO_x	Stickstoffoxide
Nr.	Nummer
O_3	Ozon
OC	Operating Costs (dt.: Betriebskosten)
OECD	Organisation of Economic Cooperation and Development (dt.: Organisation für wirtschaftliche Zusammenarbeit und Entwicklung)
OEP	Official Energy Pathway
OSL	Optimization Subroutine Library
Pa	Druckeinheit Pascal ($1 N/m^2 = 1 Pa$)
PC	Personal Computer
PER	Perchlorethylen
pH-Wert	Der negative dekadische Logarithmus des Zahlenwerts der H_3O^+-Konzentration
POP	Persistent organic pollutant
ppb	parts per billion (Konzentrationsmaß - 1 ppb = 10^{-6} g/kg)

Abkürzung	Erklärung
PVC	Polyvinylchlorid
RAINS	Regional Air Pollution Information System
RIVM	Rijksinstitut voor Volksgezonheid en Milieuhygiene (NL)
RTN	Regenerative thermische Nachverbrennung
s. a.	siehe auch
SCR	Selective catalytic reduction
SEI	Stockholm Environment Institute
SNAP	Selected Nomenclature for Air Pollution
SO_2	Schwefeldioxid
SO_3	Schwefeltrioxid
sog.	sogenannt
SO_x	Schwefeloxide
SO_x	Schwefeloxid
TA-Luft	Technische-Anleitung-Luft
TF	Task Force
th	thermisch
TNV	Thermische Nachverbrennung
TOMA	Tropospheric Ozone Management Area
u. a.	unter anderem
UBA	Umweltbundesamt
UK	United Kingdom
UN	United Nations (dt.: Vereinte Nationen)
UN/ECE	United Nations Economic Commission for Europe (dt.: Europäische Wirtschaftskommission der Vereinten Nationen)
US	United States
USA	United States of America
US-EPA	United States Environmental Protection Agency
usw.	und so weiter
UV	Ultraviolett
$\dot{V}$	Volumenstrom
VDI	Verein Deutscher Ingenieure
vgl.	vergleiche
VOC	Volatile Organic Compounds (dt.: flüchtige organische Stoffe)
W	Watt
WG	Working Group
WHO	World Health Organisation
wt.-%	Gewichtsprozente
z. B.	zum Beispiel

Abkürzung	Erklärung
z. T.	zum Teil
zugl.	zugleich
€	Euro
§	Paragraph

XIII. Präfixe der verwendeten Einheiten

SI-Abküzung	SI-Präfix	Erklärung	Zahl
m	Milli	Tausendstel	10^{-3}
h	Hekto	Hundert	10^{2}
k	Kilo	Tausend	10^{3}
M	Mega	Million	10^{6}
G	Giga	Milliarde	10^{9}

Carsten Krebs / Danyel T. Reiche

Der mühsame Weg zu einer „Ökologischen Steuerreform"

Ein Beitrag zur Systematisierung der Debatte

Frankfurt/M., Berlin, Bern, New York, Paris, Wien, 2. überarb. Aufl., 1997.
192 S., 16 Abb.
Europäische Hochschulschriften: Reihe 5, Volks- und Betriebswirtschaft. Bd. 1938
ISBN 3-631-32299-2 · br. DM 65.–*

Nach Einführung einzelner Umweltabgaben findet die Forderung, die Rohstoffpreise schrittweise und langfristig zu verteuern, immer mehr Anhänger. Eine „Ökologische Steuerreform" wird von vielen sogar als Herzstück einer alternativen Wirtschaftspolitik begriffen. Carsten Krebs und Danyel Reiche zeichnen zunächst die wissenschaftlichen Grundlagen und die Debatte um eine „Ökologische Steuerreform" in Verbänden und Parteien nach. Zur Systematisierung der unterschiedlichen Vorschläge entwickeln sie schließlich eine „3-Punkte-Typologie".

„Die Autoren erläutern die theoretischen Grundlagen von Umweltabgaben, zählen realisierte Ansätze auf und bewerten sie, richten einen kurzen vergleichenden Blick ins Ausland und rekonstruieren die politische Debatte. Der Band liefert einen komprimierten Überblick".
Frankfurter Rundschau
„... ein lohnendes, weil informatives Buch, das durch seine nüchtern-wissenschaftliche Betrachtungsweise besticht."
Offenburger Tageblatt

Aus dem Inhalt: Umweltabgaben und ihre theoretischen Grundlagen · Bestandsaufnahme bestehender Umweltabgaben · Ökosteuer-Konzepte aus Politik, Wirtschaft und Wissenschaft · Ökologische Steuerreform in Europa · Faktoren für den bundesdeutschen Diskussionsprozeß · Rekonstruktion der Debatte um eine „Ökologische Steuerreform" · Systematisierung in die „3-Punkte-Typologie" · Einschätzung der politischen Umsetzbarkeit · Interviews mit Alfons Kühn, Max Schön und Frieder O. Wolf